U0290382

普通高等教育“十一五”国家级规划教材

电力系统继电保护原理及新技术

（第三版）

李佑光　钟加勇
林　东　罗　平　编著

科学出版社
北京

内 容 简 介

本书在系统全面讲述继电保护基本原理和整定计算方法的基础上，着力体现故障分量、自适应和智能电网数字化继电保护等新技术的应用。对智能变电站继电保护、高压输电线路和大型发电机、变压器的微机保护做了较深入的讨论，对电动机、电容器等电气设备的保护也做了适当介绍。

全书共11章。内容包括绪论，微机、数字化继电保护基础，基于单端信息的输电线路相间短路保护，基于单端信息的线路接地短路保护，输电线路全线快速保护，自动重合闸，电力变压器的继电保护，发电机保护，母线保护及断路器失灵保护，高压电动机、电容器保护，智能变电站继电保护新技术。

本书可作为高等院校电气工程与自动化及相关专业的本科生、研究生教材以及电力职工培训教材，也可供电力自动化、继电保护装备厂家和电力企业工程技术人员参考。

图书在版编目(CIP)数据

电力系统继电保护原理及新技术/李佑光等编著. —3版. —北京：科学出版社，2017.2

普通高等教育"十一五"国家级规划教材

ISBN 978-7-03-051844-6

Ⅰ.①电… Ⅱ.①李… Ⅲ.①电力系统-继电保护-高等学校-教材 Ⅳ.①TM77

中国版本图书馆CIP数据核字(2017)第033591号

责任编辑：余 江 张丽花 / 责任校对：郭瑞芝

责任印制：张 伟 / 封面设计：迷底书装

科学出版社出版

北京东黄城根北街16号

邮政编码：100717

http://www.sciencep.com

北京建宏印刷有限公司印刷

科学出版社发行 各地新华书店经销

*

2003年6月第 一 版 开本：787×1092 1/16

2009年8月第 二 版 印张：15 3/4

2017年2月第 三 版 字数：356 000

2019年3月第十四次印刷

定价：49.00元

(如有印装质量问题，我社负责调换)

前　言

《电力系统继电保护原理及新技术》(第二版)出版使用7年来,随着通信、信息处理等新技术的不断发展,继电保护从原理到技术也有了较大变化。在我国智能电网、智能发电厂和智能变电站建设中,数字化继电保护新技术起到了至关重要的作用,这对广大从事继电保护专业的工作人员既是机遇,也是挑战,只有不断学习、坚持创新,才能跟上知识爆炸时代的步伐。

无论从电力生产发展的需要,还是从教学的角度,都有急需调整教材内容的必要,本书旨在跟踪业内前沿,着力反映近几年来继电保护的新技术。除对第二版基本内容适当调整外,增加了智能变电站继电保护新技术内容。

高校专业教学改革的深入,个性化特点凸显,使本门课程学时数和内容的选择各有侧重,为此编者力图在内容的广度和深度上都有所体现,尽量满足不同需求的读者。本书除了介绍基础理论和基本概念,还从实用角度出发对一些技术细节做了较深入的讨论,以期对初学者和科研人员都有建设性的帮助。

本书几乎涉及电力系统发、输、配、用各环节电气设备的继电保护原理,采用针对不同电气设备和不同故障类型为主线的叙述方法,强调基本概念,突出新技术。其特点是内容丰富,结构紧凑,语言简练,实用性强。既可作为高等院校本科电类专业教材,还适合相关专业的广大科技人员、工程技术人员阅读和参考。

本书由李佑光、钟加勇、林东、罗平共同完成,李佑光执笔统稿,卢继平教授主审。在编写过程中得到了重庆大学熊小伏、罗建、沈智建等老师的大力支持,在此向他们表示深切谢意。

由于篇幅有限,个别实用技术的表述可能不够详细,同时受编者水平所限,难免有疏漏之处,敬请广大读者提出宝贵意见。

编　者

2016年11月

目　录

第1章　绪　　论

1.1　电力系统继电保护的任务与要求

1. 电力系统继电保护的任务

电力工业是国民经济基础，能源战略支柱，它与国家的兴盛和人民安康幸福有着密切的关系，因此，要求电力产品必须安全、可靠、优质、经济。

随着国民经济的飞速发展，电力系统的规模越来越大，结构越来越复杂。在整个电力生产过程中，由于人为因素或大自然，难免会发生这样那样的故障和不正常运行状态。

电力系统非正常运行可能引发故障，一旦发生故障会产生以下严重后果。

(1) 数值很大的短路电流通过短路点会燃起电弧，使故障设备烧坏、损毁。

(2) 短路电流通过故障设备和非故障设备时会发热并产生电动力，使设备受到机械性损坏和绝缘损伤以至缩短设备使用寿命。

(3) 电力系统中电压下降，使大量用户的正常工作遭受破坏或产生废品。

(4) 破坏电力系统各发电厂之间并列运行的稳定性，导致事故扩大，甚至造成整个系统瓦解、瘫痪。

对于电力系统运行中存在的这些故障隐患，必须采取积极的预防性措施，如提高设备质量，增加可靠性和延长使用寿命。从运行管理角度出发，应提高从业人员的专业水平、安全意识和增强责任心，提高科学管理水平，强化安全措施以尽量减少事故的发生。

对于不可抗拒事故的发生应做到及时发现，并迅速有选择性地切除故障器件，隔离故障范围，以保证系统非故障部分的安全稳定运行，尽可能减小停电范围，保护设备安全。

继电保护就是一种能及时反应电力系统故障和不正常状态，并动作于断路器跳闸或发出信号的自动化设备，也是研究电力系统故障和危及安全运行的异常工况，以探讨其对策的反事故自动化措施。继电保护一词是指继电保护技术或由各种继电保护装置(或单元)组成的继电保护系统。其主要任务如下。

(1) 自动、迅速、有选择地切除故障器件，使无故障部分设备恢复正常运行，故障部分设备免遭毁坏。

(2) 及时发现电气器件的不正常状态，根据运行维护条件发信号、减负荷或跳闸。

2. 对电力系统继电保护的基本要求

为了使继电保护能有效地履行其任务，在技术上，对动作于跳闸的继电保护应满足四个基本要求，即灵敏性、选择性、速动性和可靠性。现分别讨论如下。

1) 灵敏性

继电保护的灵敏性是指对于保护范围内发生故障或不正常运行状态的反应能力。满足灵敏性要求的保护装置，应该是在事先规定的保护范围内发生故障时，无论短路点的位置在何处，短路的类型如何，系统是否发生振荡，以及短路点是否有过渡电阻，都应敏锐感觉，正确反应。保护装置的灵敏性，通常用灵敏系数来衡量，它主要决定于被保护元件及电力系统的参数、故障类型和运行方式。

2）选择性

继电保护动作的选择性是指保护装置动作时，仅将故障元件从电力系统中切除，使停电范围尽量缩小，以保证系统中的无故障部分仍能继续安全运行。

在图 1-1 所示的网络中，当 k_1 点短路时，应由距短路点最近的保护 1 和保护 2 动作跳闸，将故障线路切除，变电所 B 则仍可由另一条无故障的路继续供电。而当 k_3 点短路时，保护 6 动作跳闸，切除线路 CD，此时只有变电所 D 停电。由此可见，继电保护有选择性的动作可将停电范围限制到最小，甚至可以做到不中断向用户供电。

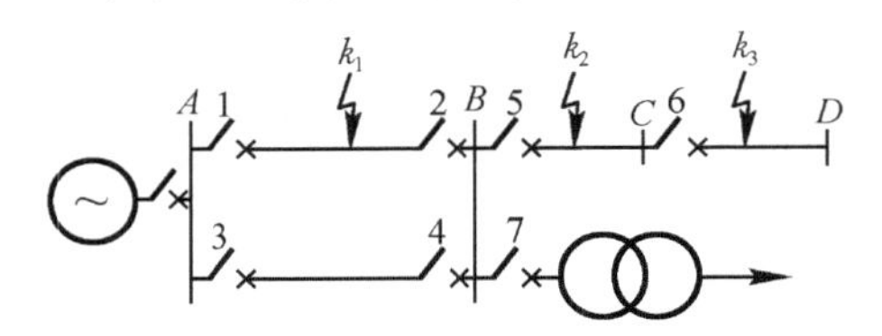

图 1-1 保护的选择性说明图

3）速动性

快速切除故障可以提高电力系统并列运行的稳定性，减少用户在低电压情况下的工作时间，减小故障器件的损坏程度。因此，速动性是指在发生故障时，保护装置力求尽可能快速动作切除故障。

在某些情况下，电力系统允许保护装置在切除故障时带有一定的延时。因此，对继电保护速动性的具体要求，应根据电系统的接线以及被保护器件的具体情况来确定。下面列举一些必须快速切除的故障：

(1) 根据维持系统稳定性的要求，需快速切除高压输电线路上发生的故障；

(2) 导致发电厂或重要用户的母线电压低于允许值(一般为额定电压的 70%)的故障；

(3) 大容量的发电机、变压器及电动机内部所发生的故障；

(4) 1～10kV 线路导线截面过小，为避免过热不允许延时切除的故障等；

(5) 可能危及人身安全，对通信系统或铁道信号标志系统有强烈干扰的故障等。

故障切除的总时间等于保护装置和断路器动作时间之和。一般的快速保护的动作时间为 0.06～0.12s，最快的可达 0.01～0.04s，一般的断路器的动作时间为 0.06～0.15s，最快的可达 0.02～0.06s。

4）可靠性

保护装置的可靠性是指在规定的保护范围内，发生了应该动作的故障时，不应该拒绝动作；而在该保护不该动作的情况下，则不误动作。因此可靠性包含两方面的内容：可靠不拒动和可靠不误动，从这一层面讲，灵敏性和选择性又可看作是可靠性的细分指标。

一般来说，保护装置的组成硬件的质量越高，现场接线越简单，保护装置的工作就越可靠。同时，科学的保护原理与合理的保护配置、精细的制造工艺、正确的整定计算和调整试验、良好的运行维护以及丰富的运行经验，对于提高保护的可靠性均具有重要的作用。

继电保护装置除应满足以上技术层面的 4 个基本要求外，还应适当考虑经济条件。首先应从国民经济的整体利益出发，按被保护对象在电力系统中的作用和地位来确定保护配置方式，而不能只从保护装置本身的投资来考虑。这是因为保护不完善或不可靠给国民经济所造成的损失，一般都远远超过即使是最复杂的保护装置的投资。

以上基本要求是分析研究继电保护性能的基础，也是贯穿全课程的一个基本脉络。在它们之间，既有矛盾的一面，又有在一定条件下统一的一面。继电保护的科学研究、设计、制造和运行的绝大部分工作也是围绕着如何处理好这些要求之间的辩证统一关系而进行的。学习中，应注意运用这样的思想和分析方法。

1.2 电力系统继电保护的基本原理及分类

要完成继电保护的任务，首先应正确区分电力系统正常运行与发生故障或不正常运行状态之间的差别，找出电力系统被保护范围内电气设备（输电线路、发电机、变压器等）发生故障或不正常运行时的特征，有针对性配置完善的保护以满足继电保护技术要求。

电力系统不同电气元件故障或不正常运行时的特征可能是不同的，但在一般情况下，发生短路故障之后总是伴随电流增大，电压降低，电流、电压间的相位发生变化，测量阻抗发生变化等，利用正常运行时这些基本参数与故障后的稳定值间的区别，可以构成不同稳态原理的继电保护，简称“稳态保护”。例如，反应电流增大的过流保护，反应电压降低的低电压保护，反应故障点到保护安装处之间距离（或阻抗）的距离保护，反应电流、电压间相位的方向保护等。

随着微型计算机继电保护的深入发展，以电力系统故障过程中的瞬间信息为故障特征的“瞬态保护”应运而生。例如，输电线路行波保护，基波突变量保护，故障分量距离、故障分量方向、故障分量电流差动保护等。

构成各种继电保护装置时，可使它们反应每相中的某一个或几个基本电气参数（如相电流或相电压等），也可以使之反应这些基本参数的一个或几个对称分量（如负序、零序或正序等）。例如，利用零序构成接地保护，利用负序量构成相间保护。

绝大多数保护启动量是基于工频的基波信号，也有一些利用反映基本参数的某次谐波分量的保护。例如，发电机三次谐波定子单相接地保护，变压器保护的二次、五次谐波制动等。

除反应各电气元件电气量的保护外，还有根据电气设备的特点实现反应非电气量的保护。例如，变压器油箱内部绕组短路时，反应油被分解产生气体压力而构成的瓦斯保护，反应电动机绕组温度升高而构成的过热保护等。

继电保护装置（或系统）是由各种继电器（机电式）或元件（微机电保护）组成。继电器或元件的分类方法很多，其中按不同参量的过量、欠量和差量划分的有过电流继电器、低电压继电器、电流差动继电器；若按其结构原理划分则有电磁型、整流型、晶体管型和微机型等继电器。从继电保护系统的规模和检测控制方式可分为集中式和分布式。

此外，还有保护定值随运行环境、运行方式、故障类型等因素的变化而实时自调整或自动生成的自适应保护；根据引入保护装置的现场物理量位置不同又有单端信息保护、多端信息的纵联保护；直接引入数字化物理量的数字化保护、智能保护等名目繁多的分类和称谓。

1.3 继电保护装置的基本结构与配置原则

1.3.1 基本结构

尽管继电保护装置的分类繁多，但就一般而言其基本结构主要包括现场信号输入部分、测量部分、逻辑判断部分和输出执行部分。原理结构框图如图 1-2 所示。

图 1-2 继电保护装置基本原理结构框图

1）现场信号输入部分

现场物理量有电气量和非电气量，有状态量和模拟量，微机保护中，如果现场模拟量由传统电磁型互感器引入需要如电平转换、低通滤波等前置处理后再转换成数字量。如果现场模拟量是由电子互感器、光电互感器等数字传感器引入则前置处理、A/D转换均由互感器实现，保护装置硬件得到简化。

2）测量部分

测量部分是检测经现场信号输入电路处理后的与被护对象有关的物理量，并与已给定的定值或自动实时生成的判据（自适应保护）进行比较，根据比较的结果给出“是”或“非”，即“0”和“1”性质的一组逻辑信号或电平信号，经判断确定保护是否应启动。

3）逻辑判断部分

逻辑判断部分是根据测量部分输出量的大小、性质、逻辑状态、输出顺序等信息，按一定的逻辑关系组合、运算，最后确定是否应该使断路器跳闸或发出信号，并将有关命令传给执行部分。常用逻辑一般有“或”“与”“非”“延时”“记忆”等功能。

4）输出执行部分

非智能电器系统继电保护的输出执行部分是根据逻辑部分送来的出口信号，完成保护装置的最终任务。主要负责保护装置与现场设备的隔离、连接、电平转换、出口跳闸功率驱动等。

1.3.2 配置原则

电力系统继电保护配置指的是对被保护对象，选用恰当的保护元件（或继电器）组成满足基本技术要求的高效保护系统。因此，针对不同的保护个体配置方案可能是不同的，但总的配置原则仍是从四个技术基本要求出发。

从可靠性考虑，必然会想到继电保护或断路器拒绝动作的可能性。应对继电保护拒动常用双重主保护或配置主保护和后备保护的方案解决。所谓主保护是指按系统稳定性要求的时限内切除保护区内故障的保护，如阶段式电流速断和限时速断，而后备保护则是指当主保护拒动时用以切除该故障的另一套保护，如定时限过流保护。如图1-1所示，当k_3点短路时，距短路点最近的保护6本应动作，切除故障，但由于某种原因，该处的继电保护或断路器拒绝动作，故障便不能消除。此时，如其前面一条线路（靠近电源侧）的保护5能动作，故障也可消除。能起保护5这种作用的保护称为相邻器件C线路的后备保护。同理，保护1和保护3又应该作为保护5和保护7的后备保护。按以上方式构成的后备保护是在远处实现的，因此又称为远后备保护（亦即与主保护安装位置不同的后备保护）。在复杂的高压电网中，当实现远后备保护在技术上有困难时，也可以采用多重主保护和近后备保护（即与主保护同一安装位置的后备保护）的方式；当断路器拒绝动作时，就由同一发电厂或变电所内的其他有关保护和断路器动作，切除故障，该后备保护被称作断路器失灵保护。此外在某些特殊情况下可能存在主保护和后被保护均不起作用的死区，这时还应配置用以补充主保护、后备保护不足的辅助保护。

应当指出，在保护配置过程中除了考虑可靠性，还应兼顾速动性指标。阶段式配置中的远后备保性能比较完善，它对于由相邻器件的保护装置、断路器、二次回路和直流电源等所引起的拒绝动作，均能起到后备保护作用，同时，它的实现简单、经济，但切除故障的时限往往较长，在超高压、特高压电网中不能满足速动性指标的要求，因此，在高压（110kV）及以下电压等级可优先采用远后备，当远后备不能满足速动性指标要求时，必须配置断路器失灵保护；目前在超高压、特高压系统均选用多重主保护、近后备和断路器失灵保护的配置方式，以满足速动性和可靠性要求。

1.4 继电保护的历史、现状与发展趋势

继电保护技术随着电力系统的发展而发展，同时也随着通信、信息、电子、计算机等相关技术的发展而不断创新。最初为了保护电机免受短路电流的破坏，首先出现了反应电流超过一预定值的过电流保护熔断器，熔断器的特点是融保护装置与切断电流的装置于一体，其结构最为简单。由于用电设备的功率、发电机的容量不断增大和电网的接线不断复杂化，熔断器不能满足选择性和速动性等技术要求，19 世纪 80 年代出现了在断路器上直接反应一次短路电流的电磁型过电流继电器。1901 年出现了感应型过电流继电器。1908 年提出了比较被保护器件两端电流的电流差动保护原理。1910 年方向保护开始应用，20 世纪 20 年代距离保护出现。1927 年前后出现了利用高压输电线上高频载波电流传送和比较输电线两端功率方向或电流相位的高频保护。20 世纪 50 年代出现利用微波中继通信的微波保护。20 世纪 70 年代又诞生了行波保护。近些年光纤保护得到广泛应用，如光纤差动保护、光纤距离保护等。

继电保护装置的器件、材料和保护装置的结构形式、制造工艺等也在与时俱进不停变革。20 世纪 50 年代以前的继电保护装置都是由电磁型、感应型或电动型继电器组成。这些继电器都具有机械转动部件，统称为机电式继电器或机电式保护装置。这种保护装置因体积大、能耗大、动作速度慢，转动部分和触点容易损坏或粘连，调试维护复杂而被淘汰。20 世纪 50 年代，曾短时出现过晶体管式继电保护，也称为电子式静态保护装置。但随着大规模集成电路、计算机技术的发展，20 世纪 80 年代后期很快被微机继电保护装置取代。

20 世纪 60 年代末微机继电保护在硬件结构和软件技术方面已趋成熟。微机继电保护具有巨大的计算、分析和逻辑判断能力，有存储记忆和自检功能，因而可用以实现任何性能完善且复杂的保护原理，可靠性很高，可用同一硬件实现不同的保护原理，制造大为简化，易于保护装置的标准化。微机继电保护除了具有保护功能外，还有故障录波、故障测距、事件顺序记录以及与调度计算机交换信息等辅助功能，对于简化保护的调试、事故分析和事故后的处理等都有重大意义。进入 20 世纪 90 年代以来，在我国得到大量应用。当今的微机继电保护的体积更小、功能更强、性能更优，如硬件结构方面，采用具有强大数据处理功能的 DSP 微处理芯片和 FPGA 等芯片后，装置的体积、功耗、可靠性等方面得到很大提升，基于国际通信标准 IEC 61850 的新一代数字化保护已在国内多个变电站推广应用，整体综合性能已跻身世界先进行列。

在建设坚强智能电网的新形势下，保护原理、动作判据算法等技术必然会不断创新，我国继电保护必将向测量数字化、事件 GOOSE 化、状态可视化、功能一体化、信息互动化和界面人性化的智能保护方向高速发展。智能保护的重要特征之一是保护装置的所有功能件均能自适应。所谓自适应，即是保护动作门槛无需人工整定，根据运行环境、运行方式和故障类型的变化自动实时生成或调整，使保护装置始终工作在最佳状态。随着 IEC 61850 通信标准的规范实施，打通了不同保护系统、自动化装备、智能电器设备间资源共享，事件、信息互联互通、控制操作互动的瓶颈。继电保护的功能大大延伸并与其他自动化、测控装备和功

能融合一体。保护系统结构将以高速可靠的通信网为支撑，以智能电气设备为目标节点的分布式网络形式出现。一般主保护由智能电气设备就地完成，后备保护则多由网络保护实现。智能保护无疑是高压智能器、智能厂站、智能电网不可缺失的核心技术之一。

练习与思考

1.1　继电保护的任务是什么？

1.2　对电力系统继电保护有哪些基本技术要求？简述它们的含义。

1.3　什么是主保护、远后备保护、辅助保护、断路器失灵保护？

1.4　220kV及以上电压等级电网的保护配置一般原则是什么？

1.5　请你展望电力系统继电保护未来的发展趋势。

第 2 章　微机、数字化继电保护基础

近年来电力系统自动化设备全面进入数字时代，微机继电保护、数字化继电保护(数字式、智能变电站继电保护的简称)是以单片机、DSP 为核心的安全自动化设备。微机继电保护的现场输入信号一般由传统电磁式互感器提供，输出命令由开关量输出电路执行；数字化继电保护的现场输入信号则主要是由电子互感器或合并器提供的数字量采样值(Sampled Value，SV)，输出功能是以面向通用对象的变电站事件(Generic Object Oriented Substation Event，GOOSE)报文形式用通信方式来实现的。当下大量运行的仍是微机继电保护，数字化继电保护正在快速推广应用，新一代保护装置一般兼有二者功能，以便适应不同用户的需要。本章重点介绍微机保护基础知识，数字化继电保护将在第 11 章中详细介绍。

2.1　微机继电保护的硬件构成原理

微机继电保护是以微型计算机为核心，配置相应的外围接口，执行元件的计算机控制系统。根据保护装置微处理器的多少可分为单处理器系统和多处理器系统。其硬件构成包括以下五个部分。

1) 微机系统

微机系统的任务是对反映电力系统运行状态的电压、电流等电气量和非电气量的实时数据进行采集、分析和处理，实现各种继电保护功能。同时，在电力系统正常运行时，微机系统还实时进行工况检测和自检，以提高工作可靠性。微机系统种类较多，常用的主要有 8 位单片机、16 位单片机、32 位单片机和数字处理器(DSP)等以微处理器芯片为核心的多 CPU 系统。

2) 模拟数据采集系统

模拟数据采集系统是把模拟量信号采集转换成对应的数字量的硬件电路设备，包括前置低通滤波器等。

3) 开关量输入和输出系统

使用一些并行接口设备和光电隔离元件来完成各种继电保护命令(如出口跳闸、信号报警)及外部节点输入和人机对话任务的相关电路称为开关量输入和输出系统。

4) 人机对话微机系统

人机对话微机系统用一个专用的微机系统来完成微机继电保护的调试、工作方式设定、整定值输入、保护装置定期检查、保护动作行为的记录、保护装置与系统的通信等任务。

5) 电源系统

电源系统是保护装置可靠工作的基础，除精度、纹波系数等指标有一定要求外，还必须有能连续可靠地供给保护系统多个不同电压的直流电源。常用的有 3V、5V、±15V、24V 等直流电源。

微机继电保护的硬件构成原理框图如图 2-1 所示。本章将对数据采集系统和开关量输入输出系统的构成原理及作用进行详细的讨论，对人机对话微机系统的基本作用做简要的

介绍。关于微机系统的组成原理已有专门的课程介绍，这里不再讨论。

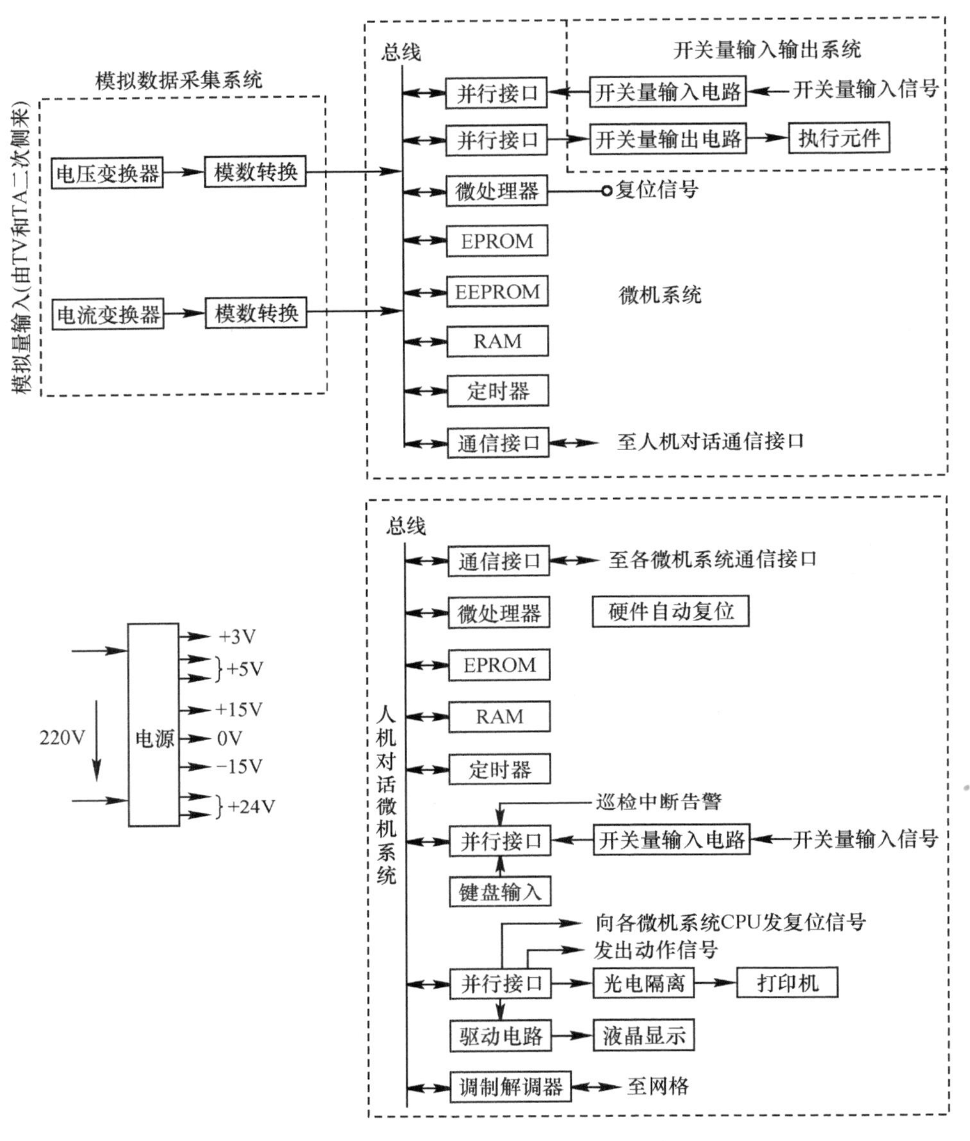

图 2-1　微机继电保护的硬件构成原理框图

2.1.1　模拟数据采集系统

电力系统运行时，各运行变量如节点电压和线路上的电流都是时间的连续函数，即都是模拟量，而数字式的微机继电保护只能接收和处理数字信号。为此，首先必须将来自被保护对象的现场模拟信号(交、直流电压和电流等)进行采样和模数转换(A/D)处理，将模拟量转换成对应的数字量。

所谓采样，即将连续时间信号变为对应的离散信号的过程。

将时间上连续的模拟信号转换成与之对应的在时间上离散的信号的理论基础就是采样定理。采样定理的内容是：对连续时间信号 $x(t)$ 进行采样时，周期采样频率 f_s 必须大于被

采样原始信号$x(t)$的最大截止频率 f_c 的两倍，才能从离散的数字信号 $x_s(t)$中完全恢复出原始信号 $x(t)$。换句话说，当 $f_s>2f_c$ 时，采样信号 $x_s(t)$完全能代表原始信号 $x(t)$，但前提是$x(t)$的频谱 $x(f)$是有限带宽[即当$|f|>f_s/2$时，有 $x(f)=0$]。$x(f)=0$ 时的信号频率 f 即为$x(t)$的最大截止频率 f_c。

反映电力系统设备运行状态的模拟量主要有两种：一种是分别来自电压互感器和电流互感器二次侧的交流电压和交流电流信号；另一种是分别来自分压器的直流电压和直流电流信号。上述模拟信号在进入微机之前，首先被转换成与微机接口设备相匹配的电平信号，经过模拟低通滤波器滤除其中不满足采样定理的高频分量后，然后利用采样保持器对模拟信号进行采样、离散化处理，最后经过模数转换器把模拟量转化成对应的数字量。

A/D转换器种类较多，分类方法也不统一，目前，电力系统微机继电保护的数据采集系统主要有两种形式，即以逐次比较方式的A/D转换器构成的逐次比较式数据采集系统和以电压频率变换方式的A/D转换器构成的电压/频率变换式(VFC)数据采集系统。

1. *逐次比较式模拟数据采集系统的采样方式*

1) 采样频率的方式选择

根据模拟输入信号中的基波频率与采样频率之间的关系，采样方式可分为异步采样方式和同步采样方式两种。所谓异步和同步是指采样频率与信号频率的关系。

(1) 异步采样。异步采样也称定时采样，即采样周期 T_s 和采样频率 f_s 永远保持固定不变。在这种采样方式下，采样频率 f_s 不随模拟输入信号的基波频率变化而调整，人为地认为模拟输入信号的基波频率保持不变。在此条件下，通常取采样频率 f_s 为电力系统正常运行时工频 50Hz 的整数倍 N，即 $f_s=50N$(Hz)。

在电力系统正常运行时，系统运行的基波频率偏离 50Hz 可能性不大。但是在故障状态下，基波频率偏离 50Hz 的可能性很大。在此情况下，若还采用异步采样方式，这时的 N 个采样值不再是模拟输入信号的一个完整周期，同时，相邻两个采样时刻间隔的电角度也不再是 50Hz 时整定的数值。这样将给微机继电保护的许多算法带来计算误差。异步采样方式在系统发生故障时，若系统的运行频率偏离 50Hz 较小时或采样频率很高仍是可以采用的，其实现方法简单、易行。

(2) 同步采样。同步采样也称跟踪采样，即为了使采样频率 f_s 始终与系统实际运行的频率 f_1 保持固定的比例关系 $N=f_s/f_1$，必须使采样频率随系统运行频率的变化而实时地调整。这种同步采样方式可利用硬件测频设备或软件计算跟踪频率的方法来配合实现。

采用同步采样技术后，对于数字滤波器和微机继电保护算法能够消除因系统频率偏离 50Hz 运行所带来的计算误差。显然，同步采样方式下，相邻两个采样时刻的电角度始终是 $360°/N$。从计算精度讲，同步采样优于异步采样，但同步采样硬件开销相对较大。

2) 对多个模拟输入信号的采样方式

微机继电保护绝大多数的算法都是基于多个模拟输入信号(如三相电压、三相电流、零序电流和零序电压等电气量)采样值进行计算的。如何对多个模拟输入信号进行采样，根据多个模拟输入信号在采样时刻上的对应关系，可分别采用以下三种采样方式。

(1) 同时采样。在同一个采样时刻上，同时对所有多个模拟输入信号进行采样的采样方式，称为同时采样。其硬件原理框图如图 2-2 所示。

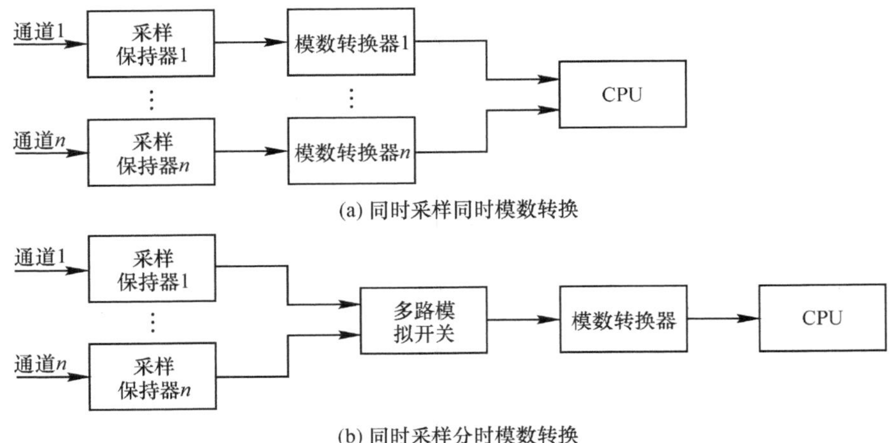

(a) 同时采样同时模数转换

(b) 同时采样分时模数转换

图 2-2　同时采样硬件原理框图

这种采样并数字化的实施有两种方法：一是在每一个模拟输入通道上设置一个模数转换器，即同时采样，同时完成模数转换，如图 2-2(a)所示。二是全部模拟输入通道合用一个模数转换器，各模拟输入信号同时采样，利用多路模拟开关分时依次将各模拟输入信号的采样值进行模数转换，即同时采样、分时依次模数转换。原理框图如图 2-2(b)所示。

(2) 顺序采样。在每一个采样周期内，依次对每一个模拟输入信号进行采样和模数转换，这种方式称为顺序采样。原理框图如图 2-3 所示。

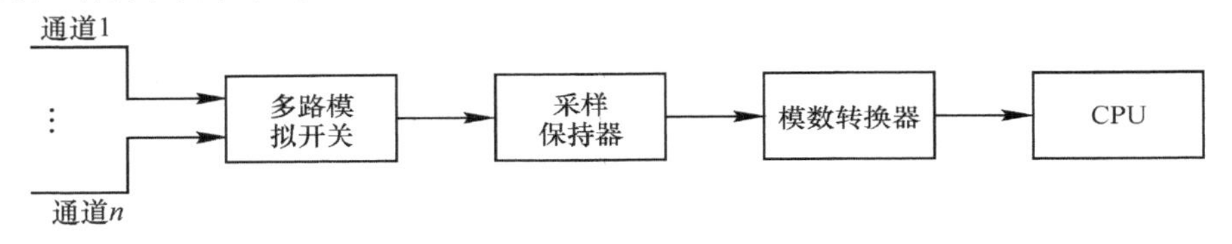

图 2-3　顺序采样原理框图

采用顺序采样方式，必然使各模拟输入信号的采样值之间在时间上造成差别。如果采用高速采样保持器和模数转换器时，这个差别不是很大，但若模拟输入信号较多时，采样值之间的时间差别很大，使各模拟信号的采样值存在相角差。设有 n 个模拟输入通道，每一通道采样时间为 ΔT_s，模数转换器的转换时间为 $\Delta T_{A/D}$，那么第一模拟通道与第 n 个模拟通道间采样间隔时间为

$$\Delta T_n = (n-1)(\Delta T_s + \Delta T_{A/D}) \tag{2-1}$$

相角差为

$$\Delta\theta_n = (n-1)(\Delta T_s + \Delta T_{A/D}) \cdot 2\pi f_1 \quad (\text{rad}) \tag{2-2}$$

式中，f_1 是基波频率，$f_1=50\text{Hz}$。

例如，假设采样顺序为先对三相电流及零序电流进行采样，然后对三相电压和零序电压进行采样，且同相电压与电流间的各项参数为 $n=5$，$f_1=50\text{Hz}$，$\Delta T_s=10\mu\text{s}$，$\Delta T_{A/D}=30\mu\text{s}$。于是，同相电流采样值和同相电压采样值相隔的电角度为

$$\begin{aligned}\Delta\theta_5 &= (5-1)\times(10+30)\times10^{-6}\times2\pi\times50\\ &=4\times40\times10^{-6}\times314\\ &=5.024\times10^{-2}(\text{rad})\\ &=0.576^\circ\end{aligned} \tag{2-3}$$

(3) 分组同时采样。所谓分组同时采样是指将所有的模拟输入信号分成若干组，在同组内的各模拟信号同时采样，不同组模拟信号之间用顺序采样，在完成同一组的模拟输入信号采样后，再对其他组的模拟输入信号进行采样。

在微机继电保护中有一些要求电压或电流旋转一个角度，可通过对模拟输入信号的采样增加合适的延时来实现。延时时间 ΔT_g 与旋转角度 θ 之间的关系为

$$\theta = 2\pi f_1 \times \Delta T_g(\text{rad}) \quad 或 \quad \theta = 360 f_1 \times \Delta T_g(^\circ)$$

所以，采样的延时时间为

$$\Delta T_g = \frac{\theta}{2\pi f_1}(\text{s}) \quad 或 \quad \Delta T_g = \frac{\theta}{360 f_1}(\text{s})$$

例如，若要求 $\theta=5^\circ$，则 ΔT_g 选择为 $\Delta T_g=\frac{1}{3600}\text{s}$。

2. 逐次比较式数据采集系统的组成

逐次比较式数据采集系统的组成原理框图如图 2-4 所示。

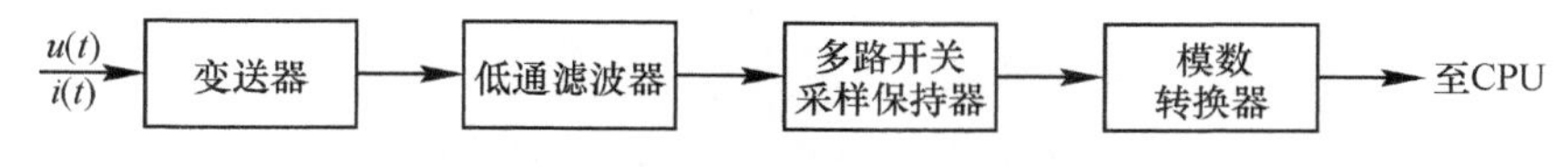

图 2-4 逐次比较式数据采集系统的组成原理框图

1) 变送器(变换器)

变送器主要有交(直)流电压和交(直)流电流等电量变送器及压力温度等非电量传感器。其作用有两个：一是可将不同物理量(电量或非电量)转换成电压信号，并使输入信号电平与微机继电保护装置的模拟输入通道的允许电平相匹配；二是将微机系统与外部互感器回路在电气上完全隔离，有利于提高微机继电保护装置的抗干扰能力。

在实际中，经常采用电流变换器的二次侧接入一个固定电阻，将电流信号变换成电压信号。这类模拟输入信号在系统正常运行与故障期间数值的变化范围较大，特别是交流电流信号，故障电流的数值可能达到正常运行数值的 10～20 倍。因此为了保证模数转换器等设备不被损坏，应合理地选择交流电流变换器的变比，即应按故障时的最大短路电流计算电流变换器二次最大电流。

2) 前置模拟低通滤波器

前置模拟低通滤波器的作用是用来阻止频率高于某一频率的信号进入采样及模数转换器。

在电力系统发生故障时，故障电压和电流信号中含有一定的高次谐波分量，而某些较高频率的高次谐波分量并不是继电保护原理所要获取的反映系统故障的主要特征量，为了满足采样定理，必须将高于某一频率的干扰信号滤除，确保采样数据的质量。具体采取的措施是，在各模拟信号的输入通道上，在对各模拟信号采样之前装设模拟低通滤波器。

模拟低通滤波器可以分为无源滤波器和有源滤波器两种。在早期的微机继电保护中常采用阻容(RC)低通滤波器，滤波器的阶数则根据具体的要求来确定。图 2-5 给出了一个二阶阻容低通滤波电路及其频率特性。

二阶阻容低通滤波电路的传递函数为

$$H(s) = \frac{1}{(RCs)^2 + 3RCs + 1} \tag{2-4}$$

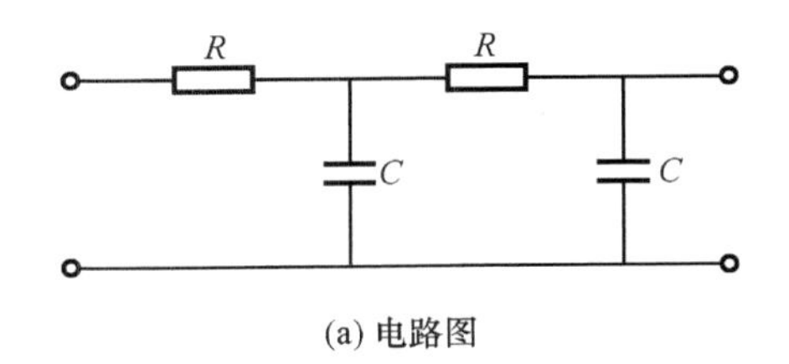

(a) 电路图

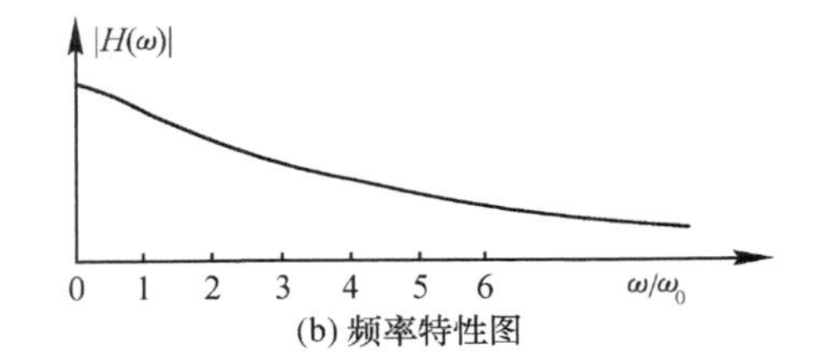

(b) 频率特性图

图 2-5　二阶阻容低通滤波器及其幅频特性

频率特性为

$$H(\mathrm{j}\omega)=\frac{1}{(RC\mathrm{j}\omega)^2+3RC\mathrm{j}\omega+1}=\frac{1}{1+(RC\omega)^2+3\mathrm{j}\omega RC} \tag{2-5}$$

令 $\omega_0=\dfrac{1}{RC}$，则幅频特性为

$$H(\omega)=\frac{1}{\left\{\left[1+\left(\frac{\omega}{\omega_0}\right)^2\right]^2+\left(3\frac{\omega}{\omega_0}\right)^2\right\}^{1/2}} \tag{2-6}$$

模拟低通滤波器的幅频特性的最大截止频率必须根据采样频率 f_s 的取值来确定。例如，当采样频率是 1000Hz 即交流工频 50Hz 时，每周期采 20 个点，则要求模拟低通滤波器必须滤除模拟输入信号中大于 500Hz 的高频分量；而当采样频率是 600Hz 时，则要求必须滤除输入信号中频率大于 300Hz 以上的高频分量。

3）采样保持器

连续时间信号的采样及其保持是指在采样时刻上，把输入模拟信号的瞬时值记录下来，并按要求准确地保持一段时间，供模数转换器（A/D）使用。图 2-6 是一典型的采样保持器电路原理示意图。

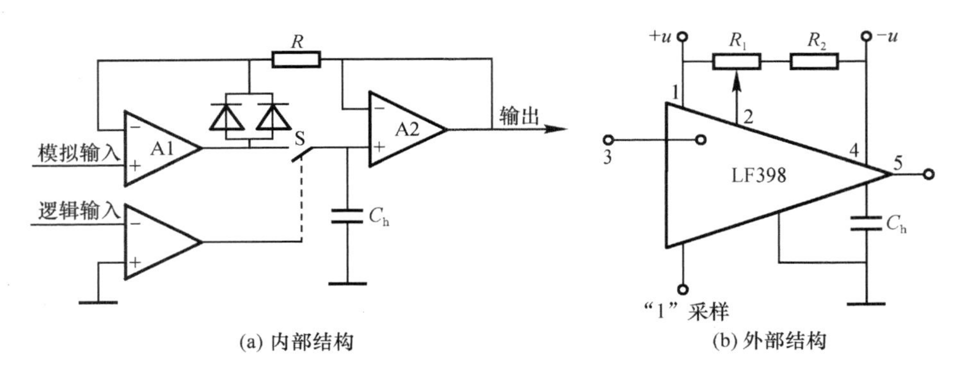

(a) 内部结构　　(b) 外部结构

图 2-6　采样保持器电路原理示意图

该电路主要由两个高性能的运算放大器 A1 和构成跟随器的 A2 组成，利用保持电容 C_h 和电子控制的采样开关来完成对模拟输入信号的采样和保持功能。

当采样开关 S 闭合时，电容 C_h 两端的电压将随模拟输入信号的变化而变化。这时该电路处于自然采样阶段。在接到来自微机发来的控制信号后，控制开关 S 瞬时被打开，此刻输入模拟信号的电压值被电容 C_h 记忆下来。由于输入跟随器的输入阻抗很大，保持电容 C_h 上的电压能保持一段时间。在保持结束后，控制开关 S 重新闭合，进入下一轮的采样保持阶段。但是由于电容 C_h 上事先存有一定的电荷，故此从开关闭合到电容 C_h 两端电压精确地跟踪输入模拟信号电压的变化需要一定的时间(即建立时间),该时间的长短受模拟输入信号电压幅值的变化大小的影响。同时影响采样时间的其他因素还有信号源的带负荷能力等。

对于采样保持器的性能,通常用电压保持的下降率来衡量。早期的微机继电保护中,通常 $C_h=0.01\mu F$,保持电压下降率大约为 2mV/s,最小采样时间大约为 10μs。

4) 多路模拟开关

如果多个模拟输入信号共同使用一个模数转换器将模拟量转换成数字量时,必须使用某一元件把各个模拟输入信号依次接入模数转换器的输入端,那么这一元件就是多路模拟开关。因模数转换器的价格较高,采用多个模拟输入信号共用一个模数转换器的数据采集方式得到较为广泛的应用。而多路模拟开关选哪一路模拟输入信号进行模数转换完全由控制字来决定。

5) 模数转换器(A/D)

如图 2-8 所示,逐次比较式 A/D 转换器主要由比较器、数模转换器、时序及逻辑控制等部分组成。在介绍 A/D 转换器的工作原理前,有必要先介绍数模转换器(D/A)的工作原理。

(1) 数模转换器的工作原理。

数模转换器的作用是将数字量经过解码电路转换成对应的模拟电压量输出。数字量转换成相对应的模拟量,必须将每一位代码按其权的值转换成相应的模拟量,然后将它们相加而得出与数字量对应的模拟量,完成数模转换。

图 2-7 是一个简单的 4 位数模转换器的原理电路示意图。图中的 4 个电子开关S0~S3 分别受输入的四位数字量 B_4~B_1 的控制。当其中的某一位是“0”时,其对应的开关与地接通;而该位是“1”时,对应的开关与运算放大器的负输入端接通。因此,流入运算放大器 A 负输入端的电流反映了 4 个数字量 B_1~B_4 的数值。

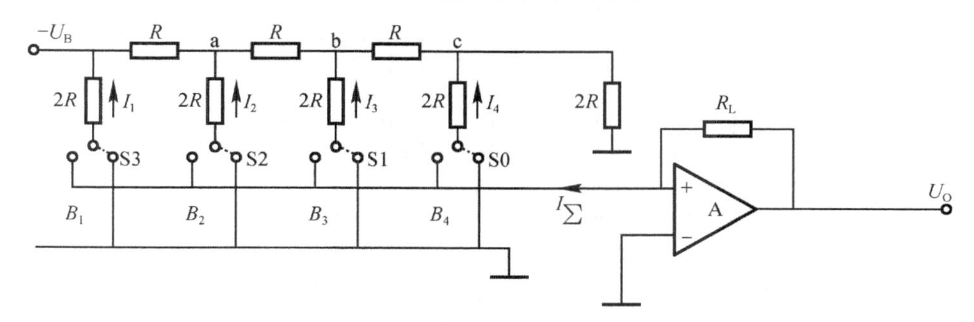

图 2-7 4 位数模转换器的原理电路示意图

根据电路的分流定理,我们可以得出各支路电流表达式为

$$I_1=U_B/(2R)$$

$$I_2=I_1/2=U_B/(2^2R)$$

$$I_3=U_B/(2^3R)$$

$$I_4=U_B/(2^4R)$$

所以,总电流 I_Σ 与各支路电流间的关系是

$$I_\Sigma=B_1I_1+B_2I_2+B_3I_3+B_4I_4$$

$$=(U_B/R)(B_1 2^{-1}+B_2 2^{-2}+B_3 2^{-3}+B_4 2^{-4})$$
$$=(U_B/R)D \tag{2-7}$$

则数模转换器输出的模拟电压是

$$U_O=I_{\sum}R_L=R_L U_B D/R \tag{2-8}$$

至此，完成了将数字量 D 转换成模拟电压 U_O 的工作。

（2）逐位比较式模/数转换器（A/D）的工作原理。

逐位比较式 A/D 转换器是模仿天秤称重的方法，实现快速转换。逐位比较式 A/D 转换器电路原理框图如图 2-8 所示。它主要由逐位逼近寄存器 SAR、时序及控制逻辑、D/A 转换器、高性能比较器等组成。其工作步骤是：当控制逻辑接到转换命令开始时刻，立即将 SAR 清零，从最高位开始，逐位进行试探、比较，直到最低位（LSB）。每一位的工作过程是：控制逻辑将该位 D_i 试探预置"1"，产生 SAR 新的数码，经 D/A 正比转换成标准的比较电压 U_{ri}，与输入电压 U_I 比较。若$U_{ri}\leqslant U_I$，比较器输出高电平"1"，控制逻辑使 SAR 预置的"1"得以保留，即确定 D_i="1"。若 $U_{ri}>U_I$，则比较器输出低电平，将预置的"1"改写为"0"，即 D_i="0"，从而根据 U_{ri}与 U_I 的大小关系即可确定 D_i 是"1"还是"0"。最末一位（LSB）比较完成后，SAR 中的数字量即为 U_I 进行 A/D 转换的结果。

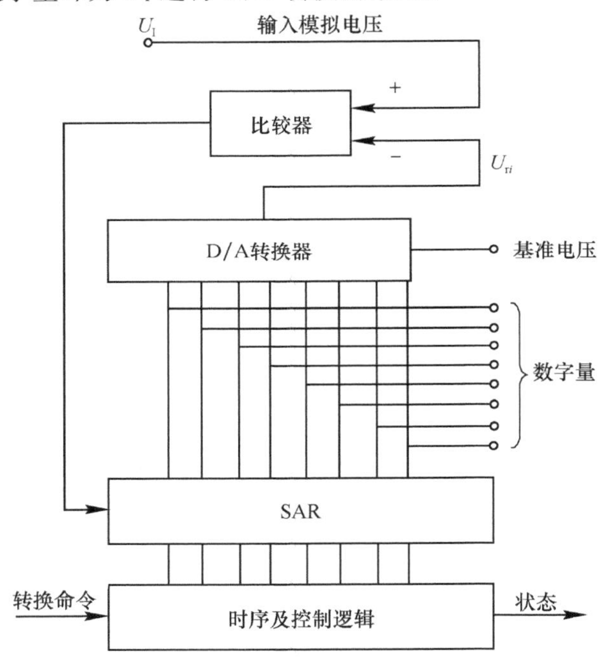

图 2-8 8 位逐位比较式 A/D 转换器电路原理框图

例如 D/A、A/D 转换器为 10 位，D/A 基准电压为 10.23V，则 D/A 输入数字量由"0"到全"1"时，共有 $2^{10}-1$ 个二进制数码，其中每一个数码所转换成的模拟量 $U_{LSB}=\frac{10.23V}{2^{10}-1}=$ 10mV。不难理解，该最低有效位的值 U_{LSB} 即为 A/D 转换系数。假设 U_I=5.0V，转换开始时，D_9="1"，D/A 输出为 5120mV，U_{r9}=5120mV$>U_I$，则使 D_9 改为"0"，下次再使 D_8="1"，得 U_{r8}=2560mV$<U_I$，故保留 D_8="1"，以此逐位比较，最终留在 SAR 中的二进制数 0111110101 就是转换结果。

(3) 逐次比较型模数转换器的主要技术指标如下。

① 分辨率：模数转换时，数字量对模拟输入量的辨别能力称为分辨率。通常用数字量的位数来表示。例如 8 位、12 位的模数转换器分辨率分别是 8 位和 12 位，它表明了模数转换器能反映满量程的增量为 2^{-n}($n=8,12$)。

② 输入模拟量的极性：模数转换器要求输入信号是单极性直流量还是双极性交流量取决于模数转换器本身的要求。如果有些模数转换器要求单极性输入，对于双极性的模拟输入信号，可采用相应的转换电路来保证接入模数转换器输入端的信号是单极性信号，接线原理如图 2-9 所示的电路及电压波形。

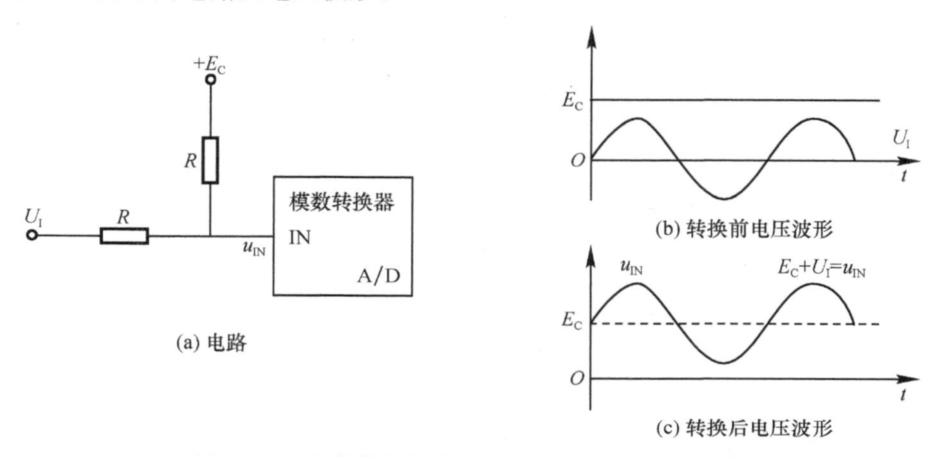

图 2-9 双极性模拟量输入单极性 A/D 时采取的对策

③ 量程：模数转换器输入模拟电压转换的范围，如 0～3V，0～5V，0～10V，－5～＋5V，－10～＋10V 等。

④ 精度：模数转换器的转换精度有绝对精度和相对精度两种表示方法。通常用数字量的最低有效位来表示绝对精度。如精度是最低有效位的 1/2，即±(1/2)U_{LSB}。而相对误差则用满量程的百分比来表示，如±0.05%。

⑤ 转换时间：模数转换器完成一次将模拟量转换为数字量所需要的时间，称为模数转换器的转换时间。

⑥ 输出逻辑电平：在微机继电保护装置之中使用的模数转换器，大多与 TTL 电平相配合，所以应注意其输出电平与其他元件的兼容问题。同时还要考虑到数字量输出与微机数据总线联系时，模数转换器输出数字量的锁存问题等。

(4) 模拟量的标度变换。

微机继电保护采集的模拟量有电压、电流等不同类型，这些不同物理量经过电压互感器、电流互感器、传感器、电量变换器、A/D 转换器等环节，最终得到相应的数字量。该数字量不能完全等同于变换前的物理量的大小，二者之间存在着一线性系数的差别，工作人员总是希望直接知道实际物理量的大小，因此需要将数字量乘变换系数以得到实际物理量值。这一过程称为数字量的标度变换，所乘的系数称为标度变换系数。

例如某线路电流的满量程(最大值)为 1500A，电流互感器变比为 1500/5，A/D 转换器输入电压为－5～＋5V 交流电压，转换精度为 12 位(其中最高位为符号位)。此时若输入为 1500A 电流，则经 A/D 转换的最大值(满量程值)应是 11111111111B＝2047。因此该电流量的标度变换系数为

$$K = \frac{S}{D} = \frac{1500}{2047} = 0.732779677 \tag{2-9}$$

式中，S 为模拟量的一次实际值；D 为 A/D 转换后数字量对应的十进制数。

在保护中，采集的物理量不同，则其标度变换系数也不一样，这些系数可事先确定并存放在 EEPROM 中。

2.1.2 开关量输入输出电路

微机继电保护装置在运行时经常需要接收或者发送一些开关量形式的信号。在接收这些开关量信号时，微机不能直接接收，而是必须经过专用的开关量输入电路转换成微机接口元件可接收的电平信号。而在微机发送出这类开关量信号时，这种数字信号也不能直接去驱动相关的执行元件，而是将这种输出的数字信号经过专用的开关量输出电路转换成模拟电压信号，驱动相应的执行元件，完成微机发出的继电保护命令。在这一节，我们将介绍开关量输入输出电路的组成原理。

1. 开关量输入原理

1）开关量分类

向微机保护装置输入的开关量通常为触点状态的输入信号，通常可分类为内部开关量和外部开关量。

（1）内部开关量。

反映安装在微机继电保护装置内部触点状态的开关量，称为内部开关量。如启动继电器触点状态，当线路发生故障时，启动继电器动作，其触点闭合；保护装置在调试或运行中定期检修时使用的操作键盘的触点状态；切换工作方式的转换开关状态等。

（2）外部开关量。

从微机继电保护装置的外部，通过接线端子排引入微机的开关信号称为外部开关量。这类开关量主要有保护屏上的压板、连片、切换开关触点、操作继电器的触点、现场断路器触头接点、隔离刀闸触点等。

2）开关量输入电路

对于不同的开关量信号经常采用两种开关量输入电路。

对于如键盘操作节点的内部开关量，可直接接至微机的并行输入接口芯片上，如图 2-10(a)所示。这种输入电路的工作原理是在初始化程序时，规定该并行接口芯片的工作方式，例如将 PA 口设置为输入口或位控口，则微机的中央处理器 CPU 可通过软件查询或中断方式，随时可以获取图 2-10(a)所示开关量的状态。

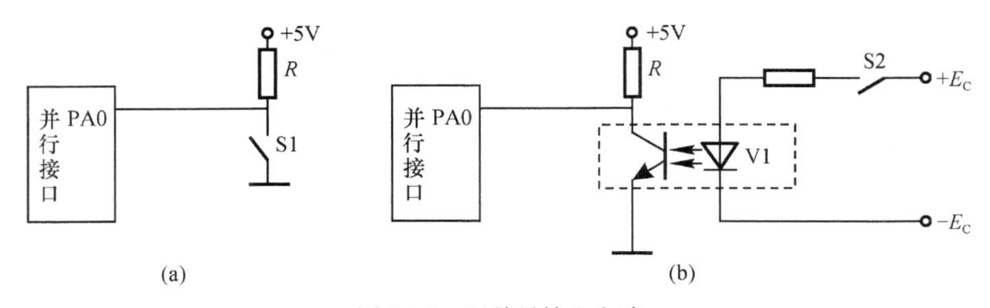

图 2-10　开关量输入电路

对于从微机继电保护装置外部引入的开关触点状态(外部开关量)，如果也按图 2-10(a)

的接线方式引入，将给微机带来干扰信号，因此应采用光电耦合隔离技术将开关量回路与微机并行接口回路隔离，接于微机并行接口上，如图 2-10(b)所示电路。

图 2-10(b)中虚线框内是一个光电耦合器件，集成在一个芯片内。当外部触点闭合时，有电流流过光电器件，致使光敏三极管导通；而当外部触点打开时，无电流流过发光二极管，光敏三极管截止。由此可见，光敏三极管的工作状态——导通或截止直接反映出外部开关触点的状态——闭合或断开。

图 2-10(a)、(b)中的并行接口还可以用三态门代替。

2. 开关量输出电路

在微机继电保护中，由微机发出的开关量信号主要用于保护跳闸及其他控制，这类数字信号一般经过专用开关量输出电路将数字信号转换成模拟电压信号，然后才能驱动相应的执行元件。对于开关量输出接口可采用如图 2-11 所示原理电路。

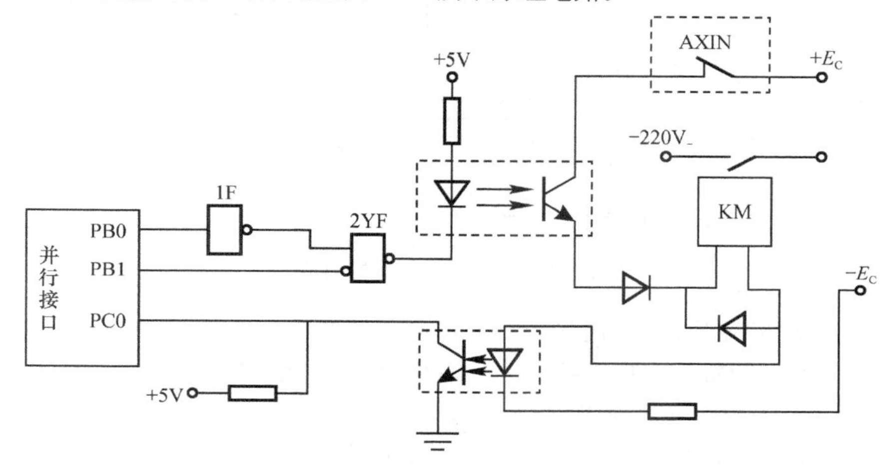

图 2-11　开关量输出接口电路原理图

该电路具有以下的特点。

(1) 采用编码方案使每一路开关量输出的驱动电路都由两根并行口输出线来控制，通过反相器和与非门执行，这样做一方面是因为并行输出口的带负载能力有限，另一方面是采用与非门后要满足两个条件方能使执行元件动作，可有效地防止执行元件的误动作，提高此回路的抗干扰能力。

(2) 采用光电耦合元件，防止干扰窜入微机继电保护装置中。

(3) 由并行口的 PC0 取回该路送出的控制命令(开出量)工作状态，以便检查是否可靠出口。

(4) 将保护装置总报警继电器(AXIN)的常闭接点串入出口回路，以保证装置异常时不会误出口。

2.1.3　人机对话系统的硬件原理

电力系统微机继电保护装置中，普遍采用多微处理器系统来实现不同的继电保护功能，同时还具有与电力系统自动化网络相联系的计算机接口。

按功能划分，人机对话的硬件电路主要有以下几个部分：键盘响应电路、液晶显示电路、硬件时钟电路、硬件自动复位电路、多机通信电路、打印机驱动电路等。

1）键盘响应电路

键盘响应电路原理框图如图 2-12 所示，该电路采用非编码矩阵式键盘，设有 16 个按键，按照 4 行 4 列构成，在行与列的交叉处接入开关式按键。其中按键的行号由并行口 8256 的 PC 口 PC4～PC7 来提供，列号由经过双向数据缓冲器与微处理器数据总线的低四位相连来提供。

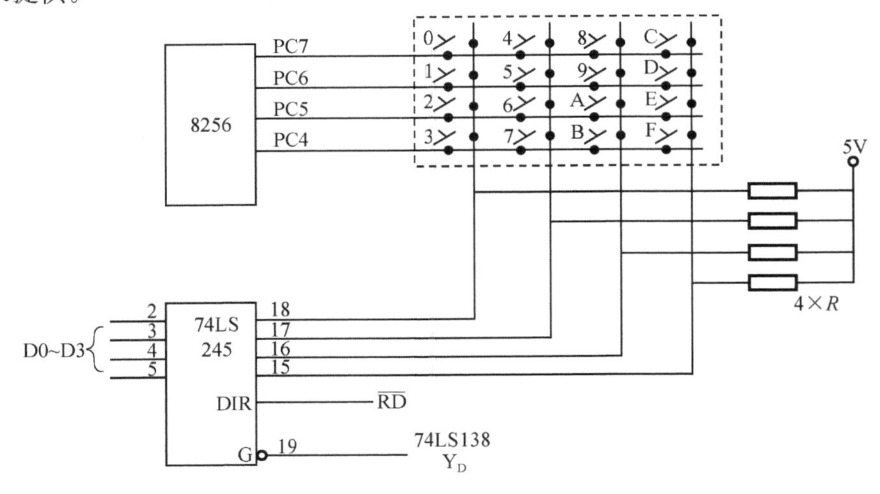

图 2-12　键盘响应电路原理框图

键盘响应处理包括以下三个内容。

（1）落键识别。判断图中 16 个按键是否有按键落下。当有按键落下时，并行口 8256 PC 口的四根线 PC4～PC7 中有一个低电位，得到按键的行号，然后再从双向数据缓冲器 74LS245 读入按键的列号，从而确定下落按键的位置。当没有按键落下时，D0～D3 全是 1，且并行口 8256 PC 口的 PC4～PC7 全都是 1。利用软件识别可有效地消除按键下落时的抖动问题。

（2）键号的识别。采用行扫描和列扫描技术可确定出下落按键的位置，并利用查表技术获得该下落按键所对应的操作指令，通知人机对话的微处理器执行相应的按键功能命令。

（3）重键处理。利用软件来实现当按下键释放后，才能接收下一个按键对应的指令。

2）液晶显示电路

液晶显示电路以菜单的形式显示出各个键盘操作及执行的结果，以及实时工况参数、图表等信息的显示，为使用人员调试和检修微机继电保护装置提供方便，使人机联系更加直观。液晶显示模块硬件电路如图 2-13 所示。该电路主要由多功能异步通信接收发送器芯片的两个并行口控制。图 2-13 中并行口 8256 的 PB 口工作在输出方式，PC0～PC7 提供液晶显示器的数据，而 PB 口的 PB4，PB5，PB6 三条线，作为液晶显示器的控制线。

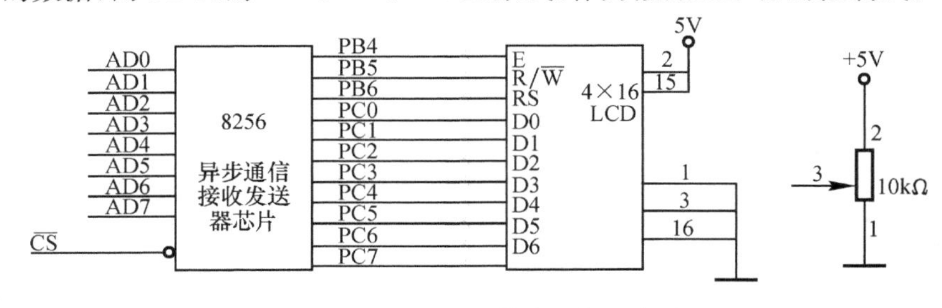

图 2-13　液晶显示模块硬件电路图

点阵式液晶显示器具有体积小、功耗小、接口简单的特点，在许多电子仪器中得到了应用。在液晶显示屏上并列排放着若干个点阵的字符显示位，每一位显示一个字符，根据需要将要输出的数据或信息转换成显示符代码后，再通过 8256 的 PC 口将需要显示的数据输送到不同的显示位上。

3）打印机的接口电路

打印机作为一种输出设备，在人机联系过程中发挥着重要的作用。在调试方式下，输入命令，装置可以通过打印机将执行结果打印出来，便于使用者了解装置是否正常运行，在运行方式下，电力系统发生故障后，打印机可以将有关故障的信息，保护动作行为和采样报告打印输出，为事故分析提供保护动作信息。打印机可根据需要来选择其型号，打印机与微处理器的联络主要有两方面的内容：一是数据线之间的联系接口电路设计；二是打印机与微处理器之间的应答控制信号之间的接口电路设计。接口电路原理图如图 2-14 所示。

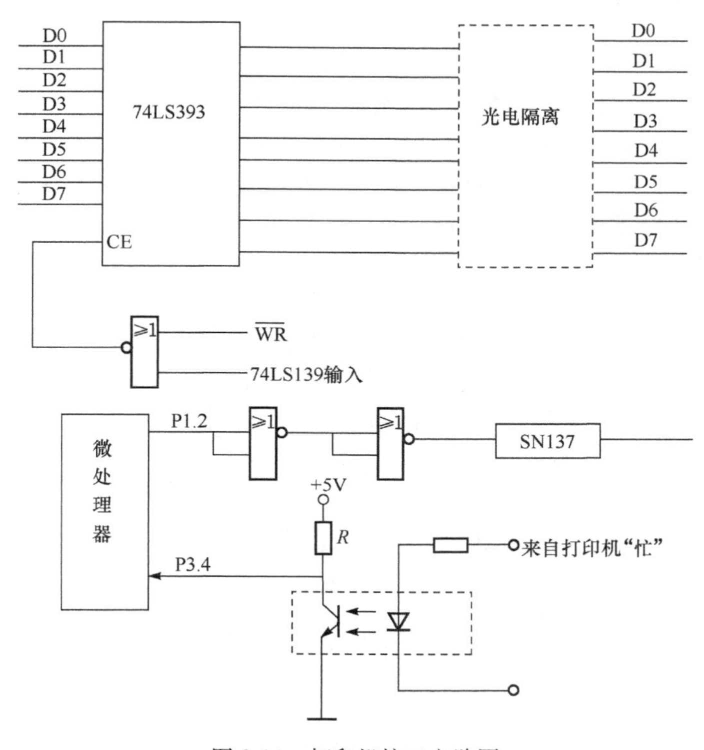

图 2-14 打印机接口电路图

数据总线 D0～D7 经过 74LS393 锁存后，其输出端经过光电耦合隔离芯片后与打印机的数据输入线相连接。打印机的选通信号由微处理器上的并行口 P1 口的输出线 P1.2 经过 74LS02 或非门及光电隔离芯片后发出。来自打印机的响应控制信号经过一光电耦合隔离芯片和电源引入至微处理器并行口的输入线。图中锁存器的选通信号由 $\overline{\text{WR}}$ 线读写和口地址译码器 74LS139 输出的信号通过 74LS02 或非门后来提供。当执行向打印机传递数据的命令时，线读写和口地址译码器输出信号同时为低电平，输出为高电平，选通数据锁存器 74LS393，则数据锁存器将其锁存的数据送至打印机的数据线上。

4）硬件时钟电路

装置的运行过程中，为了能够准确地提供出当前的运行时间，应设置一套时钟系统。时钟的设计有许多种方法。从提高时钟系统工作的可靠性出发，现在普遍采用专用硬件时钟电路向微型机提供时间。图 2-15 给出一种典型时钟电路原理图。

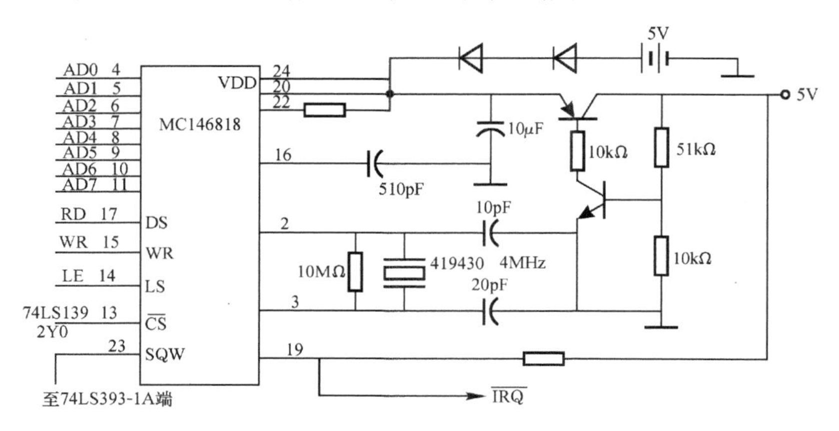

图 2-15 硬件时钟电路

该电路有自己独立的工作电源，有独立的振荡晶体，微型机通过对该时钟硬件设备的寄存计数器访问，就可以得出当前的时间信息。即使装置停止运行，该时钟电路也不受影响，继续工作。影响该时钟电路计数准确性的因素主要取决于振荡晶体振荡频率的稳定性。

该硬件时钟电路是以 MC146818 实时日历时钟芯片为核心元件构成的。详见 MC146818 的使用手册。

5）硬件自动复位电路

在装置中，硬件自动复位电路提高了装置工作的可靠性。在干扰信号窜入微型机地址总线和数据总线后，将造成软件程序执行出轨。利用该电路自动给微型机的微处理器一个复位脉冲，使应用软件程序重新从初始化开始运行。图 2-16 是一种经常采用的硬件自动复位电路。

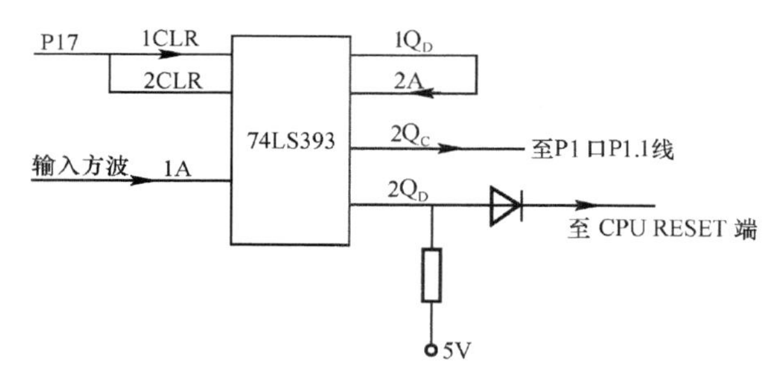

图 2-16 硬件自动复位电路

图中 74LS393 是一分频计数器，其输入方波信号的频率由专用的硬件时钟电路来提供。在清零端 1CLR 为低电位时，由 $1Q_A1Q_B1Q_C1Q_D$ 输出信号的频率是输入方波信号频率的 1/2、1/4、1/8、1/16 分频，而将 $1Q_D$ 的输出信号再接入 2A 端时，同时，在清零输入端 2CLR 为低电位时，$2Q_A2Q_B2Q_C2Q_D$ 端输出信号的频率是 2A 输入信号频率的 1/2、1/4、1/8、1/16 分频。合理地选择输入信号的周期，可以使 $2Q_C$ 输出信号的周期为 5/3ms。

在正常运行时，装置中微型机每隔一定时间响应一次中断，执行一次中断服务程序。在中断服务子程序中，发出一个清零信号，使输出端都是低电平。可见在正常执行程序时，$2Q_D$ 输出高电平之前，定时器被清零，$2Q_D$ 端不可能变为高电平；而当程序因干扰而出轨时，则不能发出清零信号，导致 $2Q_D$ 端变为高电平而使微处理器复位。

6）整定值的输入方法及其固化电路

对于装置需要整定的项目很多，早期定值输入控制在装置操作面板上，采用键盘输入方式，将整定值送入微型机并固化在可以电改写的 EEPROM 之中。图 2-17 是一典型的整定值固化电路。

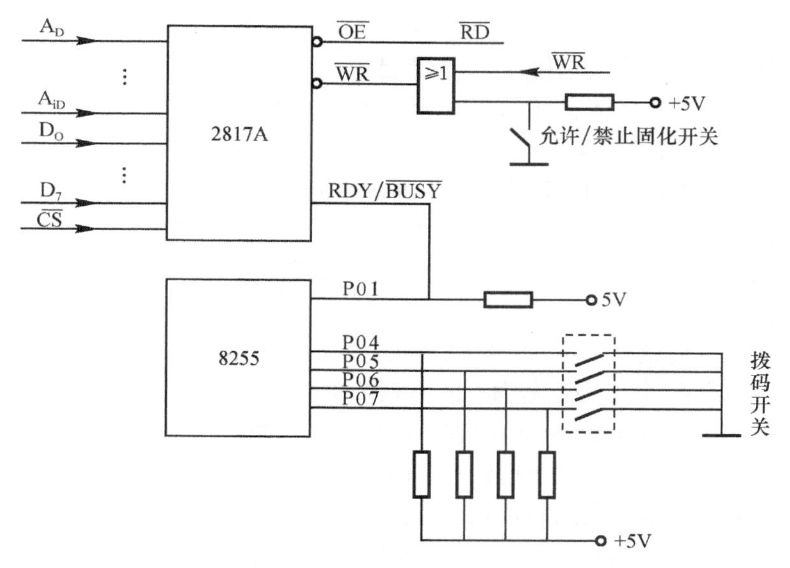

图 2-17　整定值固化原理图

图中 2817A 是可电擦除、电改写的 EEPROM 芯片，内存含有 2K 字节的存储单元。为了防止在正常运行时，WR 线上出现负脉冲干扰而破坏整定值的内容，对接入的写信号 WR 加入一个保护性控制电路 74LS32 或门电路。74LS32 的输入端与微处理器 CPU 的 WR 线相连，而另一个输入端接至允许/禁止固化的控制开关。当调试人员向 2817A 的某一内存区写入定值时，将允许/禁止开关拨至允许位置。然后通过键盘将定值写入，在写入期间的管脚 BUSY 为低电平，而当写入结束时，为高电平。将信号接至 8255C 口的 P01 线上，通过访问并行接口芯片的 P01 口，可以确定定值写入过程是否结束，如果结束，应该将允许/禁止开关拨回禁止位置。

为了确保定值写入 2817A 中应存入的内存单元，在装置面板上设置了定值区码轮拨开关，在整定值输入前，由接至 8255C 口的数据线 PC4～PC7 先指示出输入的整定值在 2817A 中应该存储的存储区，然后再通过键盘输入整定值。

应该指出，目前的微机保护装置定值固化电路有较大改进，定值分区和允许/禁止写入等功能开关改用软件密码控制。

7）继电保护系统通信

电力系统微机保护装置多采用多微处理器即多 CPU 结构，早期产品的人机对话微机系统与各 CPU 间的通信采用点对点的串行异步方式，目前普遍被现场总线方式代替。继电保护装置与现场设备包括智能设备间的通信常采用现场总线方式通信，继电保护与站级设备间用工业以太网通信。

（1）现场总线。

现场总线可用双绞线、光纤等介质在现场组成网络，实现分散控制。其特点主要有如下几个。

① 开放性。通信协议公开，方便各不同厂家的设备之间互联。

② 互动互通。实现互联设备间、系统间的信息传送与沟通，不同生产厂家性能类似的设备可互掺互用。

③ 可靠性。对现场环境适应性强，具有较全面的抗干扰措施。

现场总线种类较多，其中应用较广的一类是 CAN 总线。CAN 总线最早用于汽车内部测量与执行部件之间的数据通信协议，其规范已被 ISO 国际标准组织定为国际标准。CAN 采用非破坏性仲裁，网上所有节点不分主、从，可设不同优先级，最高优先级最长传送时间 134μs。仅对标识符滤波即可实现点对点，一点对多点和广播传输等多种通信方式。速率在 50kbit/s 以下时传输距离 10km，1Mbit/s 时可达 40m，可有 110 个节点，短帧报文结构，抗干扰强，传输时间短，误码率低，具有 CRC 检错功能。介质可为双绞线、同轴电缆或光缆，节点出错可自动关闭而不影响其他节点，性价比高。开发成本低等优势。

（2）工业以太网。

以太网作为一种局域网基本介质接入技术，最初是由 Xerox 公司开发的一种基带局域网技术，使用同轴电缆作为网络媒体，采用载波侦听多路访问/碰撞检测（Carrier Sense Multiple Access/Collision Detection，CSMA/CD）机制，并以 10Mbit/s 速率在同轴电缆上运行。如今以太网一词已被用来泛指各种采用 CSMA/CD 技术的局域网。

工业以太网是在传统以太网的基础上进化而来，已成为目前有线通信市场的主流，由于光纤的使用，成熟的 G 比特高速技术，解决了网络带宽的制约因素，因冲撞引起的传输延时缺点不再显现。变电站继电保护、自动化系统中，通信网络的拓扑结构主要有总线结构、星形结构和环形结构三种基本的网络结构。

为了解决变电站通信网络的节点数目多，重载运行的信息拥塞状态，工业以太网采取了一系列有效的方法解决实时性和可靠性问题。

① 交换式以太网技术。

传统以太网采用随机的 CSMA/CD 机制，其传输不确定性是以太网进入实时控制领域的主要障碍。交换式以太网具有微网段和全双工传输的特性，每个站点都具有独立的冲突域，不再受限于原有的 CSMA/CD 工作方式，可以随时发送和接收数据，大大改进了以太网的实时性，从而为用于变电站的过程总线提供了技术支持。

② 虚拟局域网技术（VLAN）。

VLAN 是一种通过将局域网内的设备逻辑地而不是物理地划分成一个个网段从而实现虚拟工作组的新兴技术。VLAN 技术允许网络管理者将一个物理的 LAN 逻辑地划分成不同的广播域（或称虚拟 LAN，即 VLAN），每一个 VLAN 都包含一组有着相同需求的计算机工作站，与物理上形成的 LAN 有着相同的属性。通过划分 VLAN，可将某个交换端口划到某个 VLAN 中，把广播信息限制在各个 VLAN 内部，从而大大减少了 VLAN 中的广播信息，解决了因广播信息的泛滥而造成的网络堵塞，提高了网络传输效率。

由于 VLAN 的划分是逻辑地而不是物理地划分，所以同一个 VLAN 内的各个工作站无需被放置在同一个物理空间里，即这些工作站不一定属于同一个物理 LAN 网段。一个 VLAN 内部的广播和单播流量都不会转发到其他 VLAN 中，从而有助于控制流量、减少设备投资、简化网络管理、提高网络的安全性。

③ IEEE 802. IP 排队特性。

实时数据和非实时数据在同一个网络中传输时，容易发生竞争服务资源的情况。IEEE

802.IP 排队特性采用带 IEEE 802.IQ 优先级标签的以太网数据帧，使得具有高优先级的数据帧获得更快的响应速度。该技术使得变电站过程总线和站级总线有可能合并为同一个物理网络。

④ 快速生成树协议(RSTP)。

传统的以太网拓扑中不能出现环路，因为由广播产生的数据包会引起无限循环而导致阻塞。环路问题依靠生成树算法解决。RSTP 使算法的收敛过程从 1min 降低到 1～10s。这样，在基于以太网的变电站通信网络中可以采用多种冗余链路设计，以保证网络的可靠性。

2.1.4 时钟同步系统基本概念

变电站时钟同步系统是站内继电保护、故障分析和处理的时间依据，也是提高电网运行管理水平的必要技术手段，电子互感器的同步采样对继电保护和系统稳定分析及控制具有重要意义。所以时钟同步技术是智能变电站、数字化继电保护必须解决的重大技术之一。

目前我国电力系统采用的基准时钟源主要分为两种：一种是高精度的原子钟(如铷钟等)；另一种是全球定位系统(GPS)导航卫星发送的无线标准时间信号。由 GPS 时钟接收装置通过天线获取 GPS 时钟，再向其他被授时端发送准确的时钟同步信号进行对时。采用原子钟作为基准源时，可由专用或公用的有线通信通道将该时钟信号传向各个被授时装置。国内变电站时钟同步对时系统主要采用的还是 GPS 时间信号作为主时钟的外部时间基准信号。一旦美国关闭或调整 GPS 信号，这必将引起电网系统的重大事故。北斗卫星导航系统是我国自主研发、独立运行的全球卫星导航系统。它是继美国 GPS 和俄罗斯 GLONASS 后的全球第 3 个卫星导航授时系统，具有优异的授时体制，授时性能优于 GPS。它主要由空间段、地面段和用户段三部分组成。空间段包括 5 颗静止轨道卫星和 30 颗非静止轨道卫星，地面段包括主控站、注入站和监测站等若干个地面站，用户段包括北斗用户终端以及与其他卫星导航系统兼容的终端。

智能变电站的对时方式主要有以下 3 种。

1) 脉冲对时方式

脉冲对时方式主要有秒脉冲信号(每秒一个脉冲)和分脉冲信号(每分钟一个脉冲)硬对时方式。秒脉冲是利用 GPS 所输出的每秒一个脉冲方式进行时钟同步校准，获得与世界标准时(UTC)同步的时间精度，上升沿时刻的误差不大于 1μs。分脉冲是利用 GPS 所输出的每分钟一个脉冲的方式进行时钟同步校准，获得与 UTC 同步的时间精度，上升沿时刻的误差不大于 3μs。秒脉冲的对时方式在国内变电站自动化系统中应用较广泛。

2) 编码对时方式

目前国内变电站自动化系统普遍采用的编码对时信号为美国靶场仪器组码 IRIG(Inter Range Instrumentation Group)。IRIG 串行时间码共有 6 种格式，即 A、B、D、E、G、H，其中 B 码应用最为广泛，有调制和非调制 2 种。调制美国靶场仪器组码 IRIG-B 输出的帧格式是每秒输出 1 帧。每帧有 100 个代码，包含了秒段、分段、小时段、日期段等信号。非调制美国靶场仪器组码 IRIG-B 信号是一种标准的 TTL 电平，适合传输距离不大的场合。

3) 网络对时方式

网络对时是依赖变电站自动化系统的数据网络提供的通信通道，以监控时钟或 GPS 为主时钟，将时钟信息以数据帧的形式发送给各个授时装置。被授时装置接收到报文后通过解析帧获取当时的时刻信息，以校正自己的时间，达到与主时钟时钟同步的目的。

上述对时方式在实际的智能变电站系统中通常配合使用，共同完成全站时钟同步。

通常，智能变电站配置一套公用的时钟同步系统，主时钟双重化配置，支持北斗系统和GPS系统单向标准授时信号，优先采用北斗系统，一种主备式时钟同步系统框图如图2-18所示。时钟同步系统的对时精度和守时精度均应满足站内所有设备的要求，站控层和间隔层对时通过开放的通信网络体系，站控层设备采用SNTP网络对时方式，误差不大于1ms。间隔层和过程层设备采用IRIG-B(DC)码对时方式，预留IEC 61588接口。过程层对时也可以采用光纤IPPS秒同步脉冲对时方式，精度：秒脉冲1μs，分脉冲4μs，时脉冲25μs。

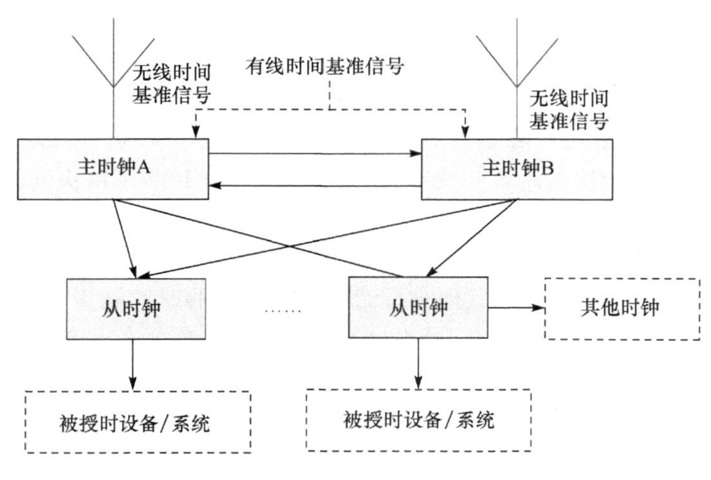

图2-18　主备式时钟同步系统的组成

2.2　微机继电保护的基本算法

微机继电保护算法的任务是寻找有效的计算机数字运算方法，使运算在满足工程精度要求的情况下尽可能简便快捷地得到目标结果。

针对电力系统不同电气元件和不同故障类型，有不同的微机保护算法，如正弦函数模型算法、周期函数模型算法、微分方程算法、随机函数模型算法、突变量算法和故障分量算法等。在这些算法中一类是利用采样值，先算出有关的电流及电压的幅值、相角、功率等基本电参数，然后根据不同保护原理、动作判据实现保护功能的基本算法；另一类则是将电量基本参数运算与动作判据直接结合考虑，而不必先计算电压电流幅值、幅角等基本参数，这类算法一般称作继电器式算法，如阻抗方向算法、解微分方程算法等。

2.2.1　周期函数模型算法

正弦函数模型算法要求输入信号为纯正弦信号。电力系统发生故障时，输入继电保护装置的信号，往往有较多的非正弦成分，虽不能视为正弦模型但可以近似看成周期性变化函数(一般衰减的非周期分量比例较小)，可以作为周期函数模型处理。

周期函数模型算法有傅里叶算法(以下简称傅氏算法)和沃尔什函数算法等几种，仅就常用的傅氏算法做介绍。

1. 全周波傅氏算法的基本原理

周期函数 $x(t)$ 可以用傅氏级数的形式来表示，即可将周期函数进行傅氏分解成直流分量基波及整数倍谐波分量之和的形式，即

$$x(t)=\sum[a_n\sin(n\omega_1 t)+b_n\cos(n\omega_1 t)],\quad n=0,1,2,\cdots \tag{2-10}$$

式中，ω_1 为基波角频率，$\omega_1=2\pi f_1$，$f_1=50\text{Hz}$；a_n 为 n 次谐波正弦项幅值（系数）；b_n 为 n 次谐波余弦项幅值（系数）。

根据正交函数的定义，积分方程 $X(t)=\dfrac{2}{T}\displaystyle\int_{-\frac{T}{2}}^{\frac{T}{2}}x(t)y(t)\mathrm{d}t$ 中如果待分析的时变函数 $x(t)$ 可以分解为一个级数，且级数各项都同属于正交函数，则 X 的结果是 $x(t)$ 中与样品函数 $y(t)$ 相同分量的模值。由正弦交流在复平面的相量表示，很容易导出 $x(t)$ 的 n 次倍频分量的实部和虚部为

$$\begin{cases}X_{\mathrm{R}}=\dfrac{2}{T}\displaystyle\int_{-\frac{T}{2}}^{\frac{T}{2}}x(t)\cos\ (n\omega_1 t)\mathrm{d}t=\dfrac{2}{T}\displaystyle\int_0^T x(t)\sin\ (n\omega_1 t)\mathrm{d}t\\ X_{\mathrm{I}}=\dfrac{2}{T}\displaystyle\int_{-\frac{T}{2}}^{\frac{T}{2}}x(t)\sin\ (n\omega_1 t)\mathrm{d}t=\dfrac{2}{T}\displaystyle\int_0^T x(t)\cos\ (n\omega_1 t)\mathrm{d}t\end{cases} \tag{2-11}$$

同时还可导出

$$\begin{cases}a_n=X_{\mathrm{R}}=\dfrac{2}{T}\displaystyle\int_0^T x(t)\sin(n\omega_1 t)\mathrm{d}t\\ b_n=X_{\mathrm{I}}=\dfrac{2}{T}\displaystyle\int_0^T x(t)\cos(n\omega_1 t)\mathrm{d}t\end{cases} \tag{2-12}$$

式中，T 表示函数 $x(t)$ 的 n 次谐波的周期。

若令 X_n 和 θ_n 为 $X(t)$ 的 n 次谐波分量（含基波和直流）的幅值和幅角，则

$$x(t)=a_n\sin\omega_n t+b_n\cos\omega_n t=X_n\sin(\omega_n t+\theta_n)$$

$$X_n^2=a_n^2+b_n^2,\quad \theta_n=\arctan(b_n/a_n) \tag{2-13}$$

由积分过程可知，傅氏算法本身具有滤波作用，它可以从 $x(t)$ 的采样值中提取某次谐波而抑制其他成分，结果是直接得到某次谐波的幅值和幅角。这与数字滤波得到某次谐波的采样值是有区别的。全周波傅氏算法兼备了滤波和计算基本电气量的过程，是一种较好的算法。但其数据窗至少需要一个周期采样值，仍显得速度不够快。因此提出了下面的改进算法，即半周波傅氏算法。

2. 半周波傅氏算法的基本原理

根据全周波傅氏算法的推导过程，同样可以确定半周波傅氏算法中周期函数 $x(t)$ 各次谐波正弦项幅值和余弦项幅值的表达式为

$$\begin{cases}a_n=(4/T)\displaystyle\int_0^{\frac{T}{2}}2x(t)\sin(n\omega_1 t)\mathrm{d}t\\ b_n=(4/T)\displaystyle\int_0^{\frac{T}{2}}x(t)\cos(n\omega_1 t)\mathrm{d}t\end{cases}\quad n=1,3,5,\cdots \tag{2-14}$$

式中，T 为周期函数 $x(t)$ 的 n 次谐波的周期；n 为周期函数 $x(t)$ 中基波及基波的奇数倍高次谐波。这里 n 为奇数是因为半周期傅氏算法不能滤除基波的偶数倍谐波分量。因此，半周波傅氏算法只适合于 $x(t)$ 中只含有基波和基波奇数倍高次谐波的情况。

$x(t)$ 的某奇数次谐波的幅值 X_n 和幅角 θ_n 可由下式确定：

$$X_n = \sqrt{a_n^2 + b_n^2}, \quad \theta_n = \arctan(b_n / a_n) \tag{2-15}$$

它和全周波傅氏算法有相同的形式，只是 a_n、b_n 的数值不同。

3. 傅氏算法的数字化表述

根据周期函数 $x(t)$ 的正弦项幅值 a_n、余弦项幅值 b_n 的表达式，用计算机计算 $x(t)$ 中各次谐波分量幅值和幅角的步骤如下。

(1) 对 $x(t)$ 进行周期采样，得到 $x(t)$ 的采样值 $x(1),x(2),\cdots,x(N)$，其中 N 为每周期的采样点数。

(2) 用梯形法或矩形法对 $x(t)$ 的正弦项、余弦项幅值表达式进行数字化处理。如果用矩形法计算积分，则可得全周波和半周波两种傅氏算式。

全周波傅氏算法时有

$$\begin{aligned} a_n &= (2/N)\sum X(k)\sin(k2n\pi/N), \quad k = 1,2,\cdots,N \\ b_n &= (2/N)\sum X(k)\cos(k2n\pi/N), \quad k = 1,2,\cdots,N \end{aligned} \tag{2-16}$$

半周波傅氏算法时有

$$\begin{aligned} a_n &= (4/N)\sum X(k)\sin(k2n\pi/N), \quad k = 1,2,\cdots,N/2 \\ b_n &= (4/N)\sum X(k)\cos(k2n\pi/N), \quad k = 1,2,\cdots,N/2 \end{aligned} \tag{2-17}$$

式中，$X(k)$ 表示在 $t=KT$ 采样时刻周期函数的采样值，T 为采样周期；N 表示周期函数在一周内的采样点数；K 表示采样点序号；a_n 表示第 n 次谐波分量正弦项幅值；b_n 表示第 n 次谐波分量余弦项幅值；n 表示 $x(t)$ 中谐波分量的次数。

(3) 由 a_n、b_n 求出 n 次谐波幅值 X_n 和幅角 θ_n 等基本电气参数。

可以证明，傅氏算法的各次谐波幅值与 $x(t)$ 周期函数的采样区间无关，即无论用哪个区间 (t_1, t_1+T) 的采样值，算出的幅值结果不变，但初相角会随采样区间的不同而变化。如果电压电流同时采样，它们间的相角差不会随采样区间的不同而发生变化，即不会影响 $x(t)$ 某次谐波的幅值、功率、测量阻抗和相角等电气参数。

由于傅氏算法是采用 $x(t)$ 的周期采样值与滤波系数的乘积累加运算代替积分运算，如果采样频率与 $x(t)$ 谐波频率严格同步时，其计算结果没有误差。在实际工程中，采用采样频率跟踪被采样信号频率进行同步采样的技术，可以达到减少误差提高精度的目的。

傅氏算法以其精度高，反应时间快而具有实用意义，在继电保护中得到了广泛应用。

傅氏算法的缺点是对衰减的非周期分量不能起滤波作用，在实际应用中还应考虑采取措施对 $x(t)$ 中的衰减的非周期分量进行抑制。

4. 递推傅氏算法

前述的全周波和半周波傅氏算法使用的是实时数据窗，其计算量大。例如，用全周波傅氏算法计算一个交流量的基波幅值，需 $2N+2$ 次乘法和 $2N+1$ 次加法，N 为基波一周内的采样点数。在系统故障判据计算中，要求计算量小，计算时间少，能快速得到目标判据。递推算法可以较好地解决这一问题。

全周波傅氏算法中，若用某一时刻 t 的数据窗数据进行计算，而用 $t+\Delta T$ 时刻的数据窗数据进行下一次计算(其中采样间隔 $\Delta T=N/T$，T 为工频周期，N 为工频周期内的采样点数)，每次计算均向波形前进方向移动一个采样数据而形成新的实数据窗。这种移动数据窗全周波傅氏算法的 t 时刻数据窗与 $t+\Delta t$ 时刻数据窗的数据，有 $N-1$ 个数据都是相同的。

若用最新一点的采样值代替上次计算中最早一点的采样值，然后将上次计算结果加上两者不同的部分，即可得到新数据窗的计算结果。以此类推，这一方法就是递推算法。

假设正弦交流信号为 $x(t)$，对 $x(t)$ 采样得到的数据窗内的采样数据序列可表示为

第一次计算数据窗的采样数据

$$x_0, x_1, x_2, \cdots, x_{N-1}$$

第二次计算数据窗的采样数据

$$x_1, x_2, x_3, \cdots, x_N$$

第三次计算数据窗的采样数据

$$x_2, x_3, x_4, \cdots, x_{N+1}$$

若设 $x(t)$ 的某一瞬时相量为 $\overline{X}$，前一次的计算相量为 $\overline{X}_{(\mathrm{old})}$，间隔一个采样点后的计算相量为 $\overline{X}_{(\mathrm{new})}$，则二相量的关系为

$$\overline{X}_{(\mathrm{old})} = \overline{X}\mathrm{e}^{\mathrm{j}\varphi}$$

$$\overline{X}_{(\mathrm{new})} = \overline{X}\mathrm{e}^{\mathrm{j}\left(\varphi+\frac{2\pi}{N}\right)} = \overline{X}_{(\mathrm{old})}\mathrm{e}^{\mathrm{j}\frac{2\pi}{N}}$$

式中，φ 为 $\overline{X}_{(\mathrm{old})}$ 相对于 $\overline{X}$ 的相角。

一般而言，对于 k 次数据窗，应有

$$\overline{X}_{(k)} = \overline{X}_{(k-1)}\mathrm{e}^{\mathrm{j}\frac{2\pi}{N}} \tag{2-18}$$

由此可得全周波傅氏递推算法的表达式，$x(t)$ 的基波实部 X_{R}、虚部 X_{I} 和模 X_k 分别为

$$X_{\mathrm{R}} = X_{\mathrm{R}(k-1)} + \frac{2}{N}(x_k - x_{(k-N)})\sin\left[\frac{2\pi}{N}(k-1)\right] \tag{2-19}$$

$$X_{\mathrm{I}} = X_{\mathrm{I}(k-1)} + \frac{2}{N}(x_k - x_{(k-N)})\cos\left[\frac{2\pi}{N}(k-1)\right] \tag{2-20}$$

$$X_k = \sqrt{X_{\mathrm{R}}^2 + X_{\mathrm{I}}^2} \tag{2-21}$$

同理，还可以导出半周波傅氏递推算法的表达式和对称分量的傅氏递推算法。

5. 对称分量傅氏算法

电力系统中的故障，大多数是三相不对称的，如两相短路和接地短路等。在分析三相不对称系统时广泛采用对称分量法，即将不对称系统相量分解成三个对称的正序、负序和零序分量，然后用分析研究对称系统的方法来分析研究不对称系统。一个不对称系统等于对应的三个对称的序分量系统的叠加。在继电保护中，根据不对称故障会出现零序、负序分量的特点，以序分量为判据检测电力系统故障非常有效，因此，较多地采用该原理。

设电力系统三相基波电量为 $X_{\mathrm{a}}, X_{\mathrm{b}}, X_{\mathrm{c}}$，将其分解成三个对称分量的正序、负序和零序分别为 X_1, X_2, X_0，它们之间有如下关系：

$$\begin{cases} X_0 = \dfrac{1}{3}(X_{\mathrm{a}} + X_{\mathrm{b}} + X_{\mathrm{c}}) \\ X_1 = \dfrac{1}{3}(X_{\mathrm{a}} + \alpha X_{\mathrm{b}} + \alpha^2 X_{\mathrm{c}}) \\ X_2 = \dfrac{1}{3}(X_{\mathrm{a}} + \alpha^2 X_{\mathrm{b}} + \alpha X_{\mathrm{c}}) \end{cases} \tag{2-22}$$

式中，$\alpha = \mathrm{e}^{\mathrm{j}\frac{2\pi}{3}} \approx -0.5 + \mathrm{j}0.866$，$\alpha$ 又称为旋转因子，$\alpha^2 = \mathrm{e}^{-\mathrm{j}\frac{2\pi}{3}} \approx -0.5 - \mathrm{j}0.866$。

式(2-22)为三相稳态基波对称分量表达式。在电力系统故障过程中三相正弦可能含有多次谐波和非周期分量,因此不能简单地用该式进行基波的序分量计算,可直接采用对称分量的傅氏算法而求得。下面介绍对称分量的全周波傅氏算法。

设 $x(t)$ 的采样值 $x_k=x(k\Delta T)$,$\Delta T=T/N$ 为采样间隔时间,T 为工频周期,$k=0,1,2,\cdots,N-1$,则有 $x(t)$ 幅值 X 的复数形式表达式为

$$X=\frac{2}{N}\sum_{k=0}^{N-1}x_k e^{-j\frac{2\pi}{N}k}=\frac{2}{N}\sum_{k=0}^{N-1}x_k W_k \tag{2-23}$$

式中,$W_k=e^{-j\frac{2\pi}{N}k}=\cos\frac{2\pi k}{N}-j\sin\frac{2\pi k}{N}$,因此有

$$\alpha X=\frac{2}{N}\sum_{k=0}^{n-1}x_k e^{-j\frac{2\pi}{N}k}\cdot e^{j\frac{2\pi}{3}}=\frac{2}{N}\sum_{k=0}^{N-1}x_k e^{j\frac{2\pi}{3}}\cdot W_k \tag{2-24}$$

$$\alpha^2 X=\frac{2}{N}\sum_{k=0}^{n-1}x_k e^{-j\frac{2\pi}{N}k}\cdot e^{-j\frac{2\pi}{3}}=\frac{2}{N}\sum_{k=0}^{N-1}x_k e^{-j\frac{2\pi}{3}}\cdot W_k \tag{2-25}$$

然后,将 $X,\alpha X,\alpha^2 X$ 代入式(2-22)即可得到三个对称分量零序、正序和负序。

例如,$N=12$ 时,则有

$$W_k=e^{-j\frac{\pi}{6}k}$$

而

$$X=\sum_{k=0}^{11}X_k W_k$$

$$\alpha X=\frac{1}{6}\sum_{k=0}^{11}x_k e^{-j\frac{\pi}{6}(k-4)}=\frac{1}{6}\sum_{k=0}^{11}x_k W_{k-4}$$

$$\alpha^2 X=\frac{1}{6}\sum_{k=0}^{11}x_k e^{-j\frac{\pi}{6}(k+4)}=\frac{1}{6}\sum_{k=0}^{11}x_k W_{k+4}$$

式中

$$W_{k-4}=e^{-j\frac{\pi}{6}(k-4)},\quad W_{k+4}=e^{-j\frac{\pi}{6}(k+4)}$$

因此,零序分量、正序分量和负序分量的表达式分别为

$$X_0=\frac{1}{18}\sum_{k=0}^{11}X_k W_k(x_{ak}+x_{bk}+x_{ck})$$

$$X_1=\frac{11}{18}\sum_{k=0}^{11}X_k(W_k x_{ak}+W_{k-4}x_{bk}+W_{k+4}x_{ck})$$

$$X_2=\frac{1}{18}\sum_{k=0}^{11}X_k(W_k x_{ak}+W_{k+4}x_{bk}+W_{k-4}x_{ck})$$

另外,如果在其他保护元件中,用全周波傅氏算法已求出各相电量的实部和虚部,则可直接利用这些结果求取序分量的实部和虚部。由式(2-22)可得零序分量、正序分量和负序分量。

$$X_{0R}=\frac{1}{3}(X_{aR}+X_{bR}+X_{cR})$$

$$X_{0I}=\frac{1}{3}(X_{aI}+X_{bI}+X_{cI})$$

$$X_0=\sqrt{X_{0R}^2+X_{0I}^2}$$

$$X_{1R}=\frac{1}{3}[X_{aR}+(-0.5X_{bR}+0.866X_{bR})+(-0.5X_{cR}-0.866X_{cR})]$$

$$X_{1I}=\frac{1}{3}[X_{aI}+(-0.5X_{bI}+0.866X_{bI})+(-0.5X_{cI}-0.866X_{cI})]$$

$$X_{1}=\sqrt{X_{1R}^{2}+X_{1I}^{2}}$$

$$X_{2R}=\frac{1}{3}[X_{aR}+(-0.5X_{bR}-0.866X_{bR})+(-0.5X_{cR}+0.866X_{cR})]$$

$$X_{2I}=\frac{1}{3}[X_{aI}+(-0.5X_{bI}-0.866X_{bI})+(-0.5X_{cI}+0.866X_{cI})]$$

$$X_{2}=\sqrt{X_{2R}^{2}+X_{2I}^{2}}$$

2.2.2 自适应突变量算法

当前的微机保护特别是高压线路保护中常采用突变量作为被保护对象是否发生故障的先行判据，当突变量元件动作后说明保护区内可能发生了故障，马上转入故障判别程序，若确诊为故障则出口跳闸或报警，此外突变量元件还广泛用于操作电源闭锁、保护定值切换、振荡闭锁和故障选相等场合。因此要求突变量启动判据必须具有极高灵敏性，以免漏掉某些轻微故障而造成严重后果；同时在保证灵敏性的前提下应尽可能减少误动。为保证在各种故障情况下保护均能灵敏启动，可采用电压、电流、负序和零序等不同的突变量或它们的各种组合等多种形式。

由于微机保护装置的循环寄存区有一定的数据记忆容量，为实现突变量计算提供了方便。由图 2-19 可知，当电力系统正常运行时，负荷电流基本稳定，即便有点变化，也不会在很短的时间内突然发生大的变化。令 t 时刻计算的突变量为

$$\Delta I(t)=|i(t)-i(t-T)| \tag{2-26}$$

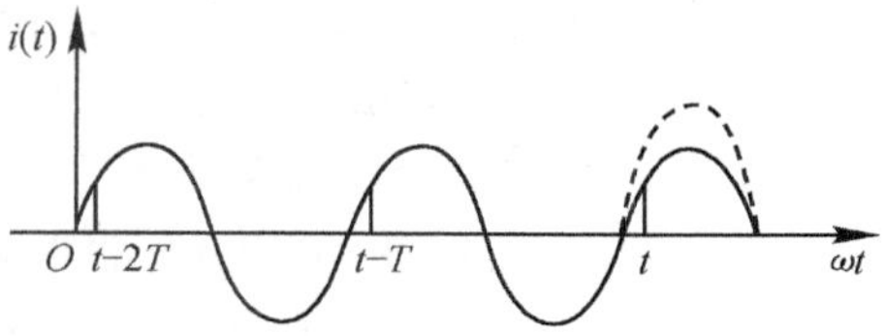

图 2-19 突变量元件原理图

式中，$i(t)$为 t 时刻的电流采样值；T 为工频周期(20ms)；$i(t-T)$为 $i(t)$前一个周期对应时刻的采样值。由于 $i(t)$和 $i(t-T)$很接近，因此 $\Delta I(t)$近似等于零。但如果系统发生故障时短路电流会突然增大，显然此时 $\Delta I(t)$等于 t 时刻短路后总的电流减去故障前的负荷电流，必然有较大的值，且仅在短路故障发生后的第一个周期内存在。即 $\Delta I(t)$的输出在故障后会持续一个周波的时间。

式(2-26)在电网频率发生波动而不再是标准 50Hz，特别是负荷电流波动很大时，可能产生大的不平衡电流而使 $\Delta I(t)$误动。为此电流突变量 $\Delta I(t)$应按下式计算：

$$\Delta I(t)=|i(t)-2i(t-T)+i(t-2T)| \tag{2-27}$$

以尽可能地减少不平衡电流的影响。

1. *自适应工频电流突变量启动元件*

(1) 相电流突变量启动元件及动作方程为

$$\Delta I_{\Phi qd}(t)=\Delta I_{\Phi}(t)-I_{\Phi qd}-1.25\Delta I_{\Phi T}(t)>0 \tag{2-28}$$

式中，Φ 指 A、B、C 三相；$I_{\Phi qd}$为突变量固定门槛初值，一般取 $0.2I_{N}$，I_{N} 为线路额定电流(由人机界面给定)，开机后可根据线路参数和正常运行参数实现自适应调整，以保证重负荷时长线路末端短路有足够的灵敏度。

式(2-28)中的相电流突变量由式(2-27)可得

$$\Delta I_{\Phi}(t) = | i_{\Phi}(t) - 2i_{\Phi}(t - T) + i_{\Phi}(t - 2T) | \tag{2-29}$$

为了有效消除正常运行时的负荷电流波动造成对判据的影响,还设置了式(2-30)自适应门槛:

$$\Delta I_{\Phi T}(t) = | i_{\Phi}(t - T) - 2i_{\Phi}(t - 2T) + i_{\Phi}(t - 3T) | \tag{2-30}$$

式中,$i_{\Phi}(t-T)$为t时刻前一工频T时刻的采样瞬时相量值;$i_{\Phi}(t-2T)$为t时刻前两个T时刻的采样瞬时相量值;$i_{\Phi}(t-3T)$为t时刻前三个T时刻的采样瞬时相量值。

(2) 相电流差突变量启动元件$\Delta I_{\Phi\Phi\mathrm{qd}}$及动作方程。

按以上思路可得自适应工频相电流差突变量启动元件,动作方程为

$$\Delta I_{\Phi\Phi\mathrm{qd}}(t) = \Delta I_{\Phi\Phi}(t) - I_{\Phi\Phi\mathrm{qd}} - 1.25\Delta I_{\Phi\Phi T}(t) > 0 \tag{2-31}$$

式中,下标$\Phi\Phi$表示相电流差,即$\Phi\Phi=$AB,BC,CD,如$i_{AB}=i_A-i_B$。

其余参数求取方法与相电流突变量启动元件类似,将相电流变为相电流差即可。

2. 电压突变量启动元件

类似电流突变量启动元件,则有相电压突变量和相电压差突变量启动元件,动作方程分别为

$$\Delta U_{\Phi\mathrm{qd}}(t) = \Delta U_{\Phi}(t) - U_{\Phi\mathrm{qd}} - 1.2\Delta U_{\Phi T}(t) > 0 \tag{2-32}$$

$$\Delta U_{\Phi\Phi\mathrm{qd}}(t) = \Delta U_{\Phi\Phi}(t) - U_{\Phi\Phi\mathrm{qd}} - 1.2\Delta U_{\Phi\Phi T}(t) > 0 \tag{2-33}$$

式中,$\Delta U_{\Phi}(t)$为相电压突变量;$U_{\Phi\mathrm{qd}}$为突变量固定门槛初值,一般取$(0.1\sim0.3)U_{\Phi\mathrm{N}}$,$U_{\Phi\mathrm{N}}$为线路额定相电压(由人机界面给入);$\Delta U_{\Phi\Phi}(t)$为相电压突变量;$U_{\Phi\Phi\mathrm{qd}}$为突变量固定门槛初值,一般取$(0.1\sim0.3)U_{\Phi\Phi\mathrm{N}}$,$U_{\Phi\Phi\mathrm{N}}$为线路额定相电压差(由人机界面给入)。

其余参数求取方法与自适应工频电流突变量启动元件类似。

3. 零序电流突变量启动元件

零序电流来自零序电流互感器时,零序电流突变量启动元件动作方程为

$$\Delta 3I_{0\mathrm{qd}}(t) = \Delta 3I_0(t) - I_{0\mathrm{qd}} - 1.25\Delta 3I_{0T}(t) > 0 \tag{2-34}$$

式中,$\Delta 3I_0(t)$为零序电流突变量;$I_{0\mathrm{qd}}(t)$为零序电流启动固定门槛值,取$0.1I_{\mathrm{N}}$,I_{N}为线路额定电流(由人机界面给入)。

$\Delta 3I_{0T}(t)$为自适应门槛,按下式求得:

$$\Delta 3I_{0T}(t) = | 3i_0(t - T) - 2 \times 3i_0(t - 2T) + 3i_0(t - 3T) |$$

即正常运行时的零序不平衡电流。其中:

$3i_0(t-T)$为t时刻前一个工频周期对应时刻的采样零序电流瞬时相量值;

$3i_0(t-2T)$为t时刻前两个工频周期对应时刻的采样零序电流瞬时相量值;

$3i_0(t-3T)$为t时刻前三个工频周期对应时刻的采样零序电流瞬时相量值。

$\Delta 3I_0(t)$为t时刻突变量的计算值,按下式计算:

$$\Delta 3I_0(t) = | 3i_0(t) - 2 \times 3i_0(t - T) + 3i_0(t - 2T) |$$

式中,$3i_0(t)$为本次采样瞬时相量值;$3i_0(t-T)$为前一周期同一时刻采样瞬时相量值;$3i_0(t-2T)$为前两个周期同一时刻采样瞬时相量值,T为工频周期(20ms)。

4. 零序电压突变量启动元件

零序电压来自零序电压互感器时,零序电压突变量启动元件动作方程为

$$\Delta 3U_{0\mathrm{qd}}(t) = \Delta 3U_0(t) - U_{0\mathrm{qd}} - 1.25\Delta 3U_{0T}(t) > 0$$

式中，$\Delta 3U_0(t)$为零序电压突变量；U_{0qd}为零序电压启动固定门槛，一般取 $0.1U_N$，U_N 为线路额定线电压(由人机界面给入)。

其余参数求取方法与自适应零序电流突变量启动元件类似。

负序突变量算法类似于零序突变量。

5. 短数据窗突变量元件

为了有效躲过系统振荡可采用短数据窗算法获得突变量元件，即用采样间隔为 $T/2$ 的两个采样值相加之差，具体表示为

$$\Delta I_{\Phi\Phi}(t)=||i_{\Phi\Phi}(t)+i_{\Phi\Phi}(t-T/2)|-|i_{\Phi\Phi}(t-T/2)+i_{\Phi\Phi}(t-T)|| \quad (2\text{-}35)$$

式中参数含义同1中所述。

2.2.3 故障分量及算法

1. 故障分量的基本概念

所谓故障分量即仅当电力系统发生故障时才产生的电气量，是一个不含负荷分量的电气量，如零序分量、负序分量等都是故障分量家族的成员。故障分量同样有暂态和稳态之分。

电力系统发生短路故障时，可将短路电流、电压各分解为两部分，一部分为故障前负荷状态下的电流、电压；另一部分为故障产生的分量(即故障分量)。二者可用近似线性叠加方法处理。

如图 2-20(a)的短路状态可分解为图 2-20(b)和图 2-20(c)两种状态下电流、电压的叠加。由于反映工频故障分量的继电器不受负荷状态的影响，因此，可只考虑图 2-20(c)的故障分量。

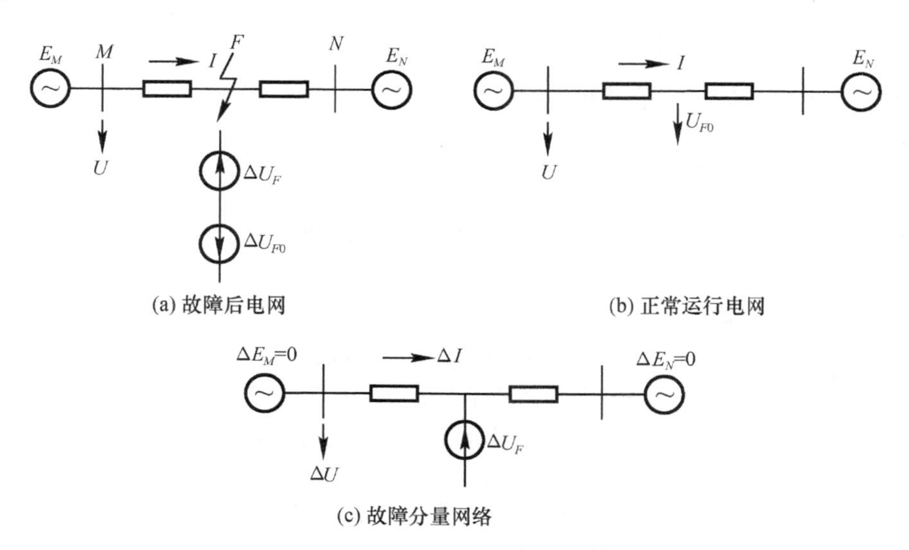

图 2-20　短路系统故障分量叠加原理图

故障分量网络与故障前电源、负荷电流等正常运行参数无关，可示为以故障前瞬故障点电压的负值为电动势激励下的无源网络，此时在保护安装处感受到的附加电流和电压(ΔI，ΔU)就是故障分量电流和电压。

2. 故障分量提取算法

故障分量的提取主要有消除非故障分量法和故障特征检出法。

1）消除非故障分量法

快速保护可直接用故障时的检测量减去故障前瞬间的检测量得到故障分量，对非快速保护则还应考虑自动装置的实时调节作用的影响。

例如，瞬态故障分量电流的近似计算可以按式(2-27)或式(2-35)进行。也就是说故障分量的计算方法可以和突变量算法相同，但故障分量和突变量的物理含义是不同的，应提请注意。式(2-35)作为避免系统振荡影响提出的短数据窗故障分量算式，两式中的所有符号含义也不变。

2）故障特征检出法

根据网络结构、故障类型等不同，其故障分量特征也不同的特点来提取故障分量。如大电流接地系统发生接地故障时产生零序电流分量，不对称故障会产生负序分量以及它们的综合故障分量等。由正序故障分量和负序故障分量组合成的综合故障分量可以为

$$\Delta U_{12}=\Delta U_1+\Delta U_2,\quad \Delta I_{12}=\Delta I_1+\Delta I_2$$

式中，下标 1 表示正序；2 表示负序。正、负序分量的算法同前所述。

3. 故障分量的特点

(1) 故障分量的附加网络由故障前故障点电压的负值和电动势为零的原网络组成。

(2) 故障分量与负荷电量无关，但仍然受运行方式影响。

(3) 故障点故障分量电压最大，中性点故障分量电压为零，因此故障分量方向元件可消除母线附近相间故障的死区。

(4) 故障分量电压与电流间的相位关系由保护安装处至反方向侧系统中性点间的阻抗确定，不受电动势和保护安装处到短路点间阻抗及过渡电阻的影响。

2.2.4 采样频率跟踪的自适应算法

当我们用异步采样时，由于系统信号频率发生变化而采样频率保持不变，傅氏算法、滤波算法的基础被破坏，计算结果会有较大偏差，这是我们不希望的。用硬件方法实现采样频率自动跟踪会增加成本。用软件实现采样频率跟踪的自适应算法能起到事半功倍的效果，一种简单实用的算法如下。

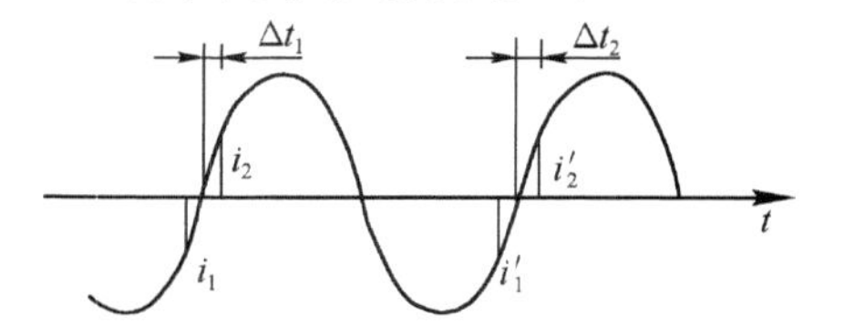

图 2-21 采样频率跟踪方法原理图

如图 2-21 所示，设在周期正弦函数过零点前后取采样点 i_1、i_2 和取下一个周波过零点前后的相邻两个采样点 i_1'、i_2'，由于采样频率一般较高，过零点前后正弦函数非常接近直线，因此做线性处理有

$$\Delta t_1=\frac{i_2}{i_2-i_1}T_{s1},\quad \Delta t_2=\frac{i_2'}{i_2'-i_1'}T_{s2} \tag{2-36}$$

在 i_1 点之前采样周期为 T_{s1}，在 i_2 点之后的一个工频周期内采样周期为 T_{s2}。当一个工频周期恰好与采样周期 kT_s 同步时(k 为一个工频周期内的采样点数)，$\Delta t_1=\Delta t_2$。若 $\Delta t_1<\Delta t_2$，意味着采样周期 kT_s 大于工频周期，应减小采样周期，其减小值为

$$\Delta t=\frac{\Delta t_2-\Delta t_1}{T_1} \tag{2-37}$$

式中，T_1 为工频信号周期。

反之，若 $\Delta t_1 > \Delta t_2$，意味着采样周期 kT_s 小于工频周期，应加大采样周期，其值为

$$\Delta t = \frac{\Delta t_1 - \Delta t_2}{T_1} \tag{2-38}$$

每一工频周期调整一次。

练习与思考

2.1 微机保护模拟量输入系统主要由哪几部分组成？简述各部分的工作原理与作用。

2.2 微机保护现场开关量如何引入保护装置？开关量输出执行有何可靠性措施？

2.3 什么是标度变换系数？有何用处？怎样求取？

2.4 数字化继电保护与传统微机保护的主要区别何在？

2.5 工业以太网与传统以太网比有何差别？

2.6 电力系统故障时综合电流里含有哪些成分？

2.7 傅氏算法有何优点？

2.8 自适应突变量在继电保护中有何作用？

2.9 什么是故障分量？如何求取？有何特点？

第 3 章　基于单端信息的输电线路相间短路保护

一般来说，电网发生短路故障时在保护安装处所检测到的电流会升高，电压要降低，阻抗、相位等都会发生变化。我们可以根据这一普遍规律，分别用电流继电器、电压继电器、阻抗继电器和方向继电器等基本保护继电器（微机保护中通常称继电器为保护元件）组成保护系统。对于线路保护而言，如果仅利用线路一侧的现场信息（母线或线路二次电压、线路二次电流等）就能实现对线路的继电保护任务，我们称该保护为基于单端信息的线路保护。此类保护主要作为高、中、低压电网线路的成套保护，也可以作为超高压、特高压线路和电气设备的后备保护。电力系统庞大而复杂，但对线路保护而言，可将电网结构分成单侧电源辐射网络线路和双侧电源复杂网络线路（含闭环线路、双回线路等）两大类，所谓双侧电源线路是指从两个或以上方向，向短路点提供短路电流的线路。从继电保护角度又可将线路故障类型分为相间故障和接地故障两大类。为了简便清晰，下面我们以不同网络结构的输电线路发生不同类型的故障为主线分别进行讨论。

3.1　单侧电源辐射网络线路相间短路的电流、电压保护

根据电力系统的结构特征和运行要求，反应短路时电流增加的电流保护有电流速断、限时电流速断、定时过电流和反时限电流等多种元件。反应电网短路时母线电压降低的电压保护一般不单独使用，在多数情况下与其他元件（如电流继电器）联合使用。构成这些保护的基本元件是电流、电压继电器，在机电式继电保护中电流、电压继电器有自己独立的结构形式，而微机保护电流、电压元件的硬件与其他保护功能元件兼容，无明显独立结构。

由于电网短路电流总是较正常运行电流增大，因此电流继电器是反应电流增加而动作的保护元件（简称增量元件或增量继电器），其动作值总是大于返回值。同理因低电压继电器动作值总是小于返回值，则称其为减量（或欠量）继电器。通常我们定义继电器的返回系数为

$$K_{re}=\frac{返回值}{动作值}$$

显然，电流继电器的返回系数总是小于 1，低电压继电器的返回系数总是大于 1。返回系数是反映继电器或保护元件灵敏性的参数，电磁电流继电器一般取 0.85 左右，微机保护电流元件一般取 0.95 左右。

3.1.1　单侧电源辐射网络线路的保护配置与组成逻辑

所谓继电保护系统配置是指对特定的保护对象，选用哪些继电器（或元件）以何种逻辑组合才能达到四个基本技术要求的性能指标，保证被保护对象的运行安全。单侧电源辐射网络线路的电压等级不同，其继电保护系统配置也应不一样。对 110kV 及以下电压等级电网线路一般配用阶段式电流保护系统（按动作门槛值的大小顺序排列，一个门槛值对应一段），以三段式为最常见，即是电流速断（Ⅰ段），限时速断（Ⅱ段）和定时过流（Ⅲ段）。对于

110kV 及以下电压等级的末短线路和高压电气设备常配置基于单短信息的反时限电流保护。对于 220kV 及以上电压等级线路,可选用基于单端信息的电流、电压保护作为后备保护。三段式电流保护系统的逻辑框图如图 3-1 所示。线路每相配置相同,第一段启动无延时出口,第二段经小延时 t''出口,第三段经长延时 t'''出口。

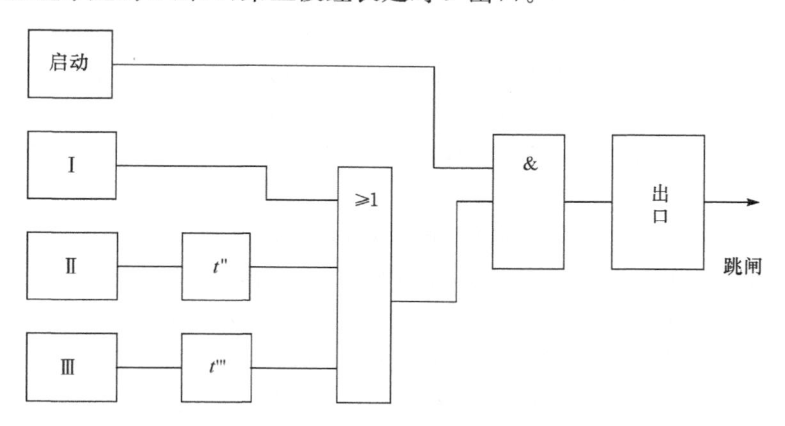

图 3-1　三段式电流保护组成元件与逻辑框图

3.1.2　电流速断保护

为了满足系统稳定和保证重要用户供电可靠性。在简单、灵敏、可靠和保证选择性的前提下,保护装置动作切除故障的时间总是越快越好。因此,在各种电气元件上,应力求装设快速动作的继电保护。对于仅反应电流增大而瞬时动作的电流保护,被称为电流速断保护。

1. 电流速断保护原理及整定计算

1)保护原理

以图 3-2 所示的网络接线为例,假定在每条线路上均装有电流速断保护,则当线路 A-B 上发生故障时,希望保护 2 能瞬时动作,而当线路 B-C 上故障时,希望保护 1 能瞬时动作,它们的保护范围最好能达到本线路全长的 100%。

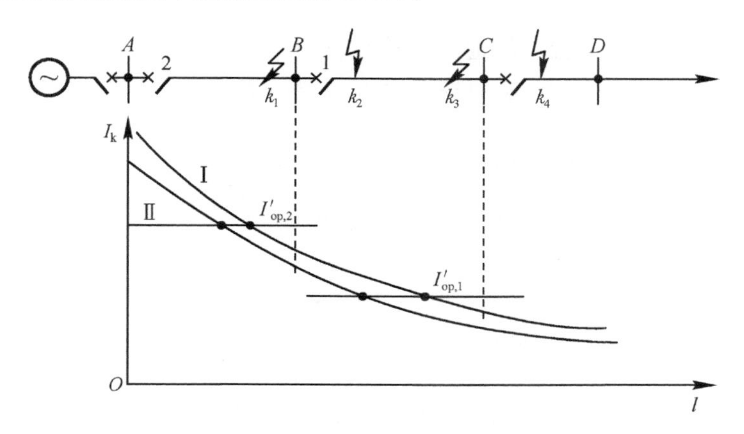

图 3-2　定值电流速断保护动作特性的分析

以保护 2 为例,当本线路末端 k_1 点短路时,希望速断保护 2 能够瞬时动作切除故障,而当相邻线路 B-C 的始端(习惯上又称为出口处)k_2 点短路时,按照选择性的要求,速断保护 2

就不应该动作，因为该处的故障应由速断保护 1 动作切除。但是实际上，k_1 点和 k_2 点短路时，从保护 2 安装处所流过短路电流的数值与保护 1 几乎是一样的。因此，希望 k_1 点短路时速断保护 2 能动作，而 k_2 点短路时又不动作的要求就不可能同时得到满足。同样的，保护 1 也无法区别 k_3 和 k_4 点的短路。

为解决这个矛盾可以有两种办法，通常都是优先保证动作的选择性，即从保护装置启动参数的整定上保证下一条线路出口处短路时不启动，这又称为按躲开下一条线路出口处短路的条件整定。另一种办法就是在个别情况下，当快速切除故障是首要条件时，就采用无选择性的速断保护，用自动重合闸来纠正这种无选择性动作。以下只讲有选择性的电流速断保护。

对反应电流升高而动作的电流速断保护而言，能使该保护装置启动的最小电流值称为保护装置的启动电流，以 I'_{op} 表示，显然必须当实际的短路电流 $I_k > I'_{op}$ 时，保护装置才能启动。保护装置的启动值 I'_{op} 是用电力系统一次侧的参数表示的，它所代表的意义是：当在被保护线路的一次侧电流达到这个数值时，安装在该处的这套护装置就能够启动。

2）电流速断保护整定计算原则与方法

由电力系统短路分析可知，当电源电势一定时，短路电流的大小决定于短路点和电源之间的总阻抗 Z_r，三相短路电流可表示为

$$I_k = \frac{E_\phi}{Z_r} = \frac{E_\phi}{Z_s + Z_k} \tag{3-1}$$

式中，E_ϕ 为系统等效电源的相电势；Z_k 为短路点至保护安装处之间的阻抗；Z_s 为保护安装处到系统等效电源之间的阻抗。

在一定的系统运行方式和故障类型下，E_ϕ 和 Z_s 等于常数，此时 I_k 将随 Z_k 的增大而减小，因此可以经计算后绘出 $I_k = f(l)$ 的变化曲线，如图 3-2 所示。当系统运行方式及故障类型改变时，I_k 都将随之变化。对每一套保护装置来讲，通过该保护装置的短路电流为最大时对应的一次系统运行方式，称为系统最大运行方式，而短路电流为最小的方式，则称为系统最小运行方式。对不同安装地点的保护装置，应根据网络接线的实际情况选取其最大或最小运行方式。

在最大运行方式下三相短路时，通过保护装置的短路电流为最大，而在最小运行方式下两相短路时，则短路电流为最小，这两种情况下短路电流的变化如图 3-2 中的曲线 Ⅰ 和 Ⅱ 所示。

为了保证电流速断保护动作的选择性，以保护 1 来讲，其启动电流 $I'_{op,1}$ 必须整定得大于 C 母线上短路时，可能出现的最大短路电流，即在最大运行方式下变电所 C 母线上三相短路时的电流 $I_{k,C,max}$，亦即

$$I'_{op,1} > I_{k,C,max} \tag{3-2}$$

引入可靠系数 $K'_{rel} = 1.2 \sim 1.3$，则式(3-2)即可写为

$$I'_{op,1} \geqslant K'_{rel} I_{k,C,max} \tag{3-3}$$

对保护 2 来讲，按照同样的原则，其启动电流应整定得大于 B 母线短路时的最大短路电流 $I_{k,B,max}$，即

$$I'_{op,2} \geqslant K'_{rel} I_{k,B,max} \tag{3-4}$$

$I'_{op,1}$ 和 $I'_{op,2}$ 在图 3-2 上是直线，它与曲线 Ⅰ 和 Ⅱ 各有一个交点。在交点以前短路时，由于短路电流大于启动电流，保护装置都能动作。而在交点以后短路时，由于短路电流小于启

动电流，保护将不能启动，由此可见，有选择性的电流速断保护不可能保护线路的全长。

3）电流速断的灵敏性校验

速断保护对被保护线路内部故障的反应能力（即灵敏性），可用电流速断实际保护范围的大小来衡量，此保护范围通常用线路全长的百分数来表示。由图 3-2 可见，当系统为最大运行方式时，电流速断的保护范围为最大，当出现其他运行方式或两相短路时，速断的保护范围都减小，而当出现系统最小运行方式下的两相短路时，电流速断的保护范围为最小。一般情况下，应按这种运行方式和故障类型来校验其保护范围。一种方法是利用最大、最小短路电流和整定值做出如图 3-2 所示的曲线和直线，求得最小保护范围，判断灵敏性是否满足要求。对于单侧电源辐射线路也可以用式(3-5)计算出实际最小保护范围来判断。

$$L_{\min,2}=\left(0.866\frac{E_{\phi}}{I'_{\mathrm{op},2}}-Z_{\mathrm{s,max}}\right)/Z_1 \tag{3-5}$$

式中，Z_1 为线路单位长度(1km)正序阻抗，E_{ϕ} 为相电势。

2. 电流速断保护的特点及电流、电压联锁保护

电流速断保护的主要优点是简单可靠，动作迅速，获得了广泛的应用。它的缺点是不可能保护线路的全长，并且保护范围直接受系统运行方式变化的影响。当系统运行方式变化很大，或者被保护线路的长度很短时，速断保护就可能没有保护范围，因而不能用。

但在个别情况下，有选择性的电流速断也可以保护线路的全长，例如，当电网的终端线路上采用线路一变压器组的单元接线方式时，如图 3-3 所示，由于线路和变压器可以看成是一个元件，因此，速断保护就可以按照躲开变压器低压侧线路出口处 k_1 点的短路来整定，由于变压器的阻抗一般较大，因此，k_1 点的短路电流就大为减小，这样整定之后，电流速断就可以保护线路 A-B 的全长，并能保护变压器的一部分。

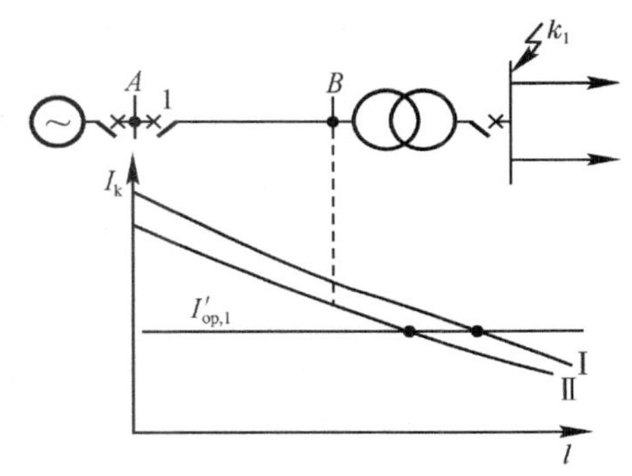

图 3-3　用于线路-变压器组的电流速断保护

当系统运行方式变化很大而电流速断的保护范围很小或失去保护范围时，可考虑用电流、电压联锁速断保护，在保证速动性情况下，增加保护范围和提高灵敏度。

电流电压联锁速断保护的整定计算有多种方法，其中按等保护范围原则整定计算，其电流、电压动作值的方法比较常用。所谓等保护范围是指电流元件和电压元件的启动值均按系统在经常运行方式下有较大的保护范围确定(一般按经常运行方式的保护区为线路全长的 75%考虑，即 $L'=75\%L$)。因此，电流电压联锁保护动作值为

$$\begin{cases} I_{\mathrm{op}}^{u}\geqslant\dfrac{E_{\phi}}{Z_{\mathrm{s}}+Z_{\mathrm{k}}}=\dfrac{E_{\phi}}{Z_{\mathrm{s}}+Z_1L'} \\ U_{\mathrm{op}}^{I}\leqslant\sqrt{3}I_{\mathrm{op}}^{u}Z_1L' \end{cases}$$

式中，E_{ϕ} 为系统等效电源相电势；Z_s 为保护安装处至等效电源之间的阻抗；Z_1 为被保护线路每公里正序阻抗；L'为经常运行方式下的保护范围。

最大运行方式下区外故障，电流继电器可能误动，但此时母线残压高于 U_{op}^{I}，电压元件不动作，联锁保护不会误动，在最小运行方式下，区外故障时低电压元件可能误动，但电流元

件不会误动，同样能保证联锁保护不误动。

3.1.3 自适应电压、电流速断保护

定值电流、电压速断保护启动值是在离线环境的最大、最小系统运行方式下整定计算的，在最大运行方式时有较好的灵敏性，而在其他运行方式下保护的性能势必变坏，即保护性能受系统运行方式、故障类型的变化影响大。自适应保护能根据系统运行方式的变化、故障类型的不同等因数实时生成或调整保护动作门槛，以达到使保护动作性能始终保持最佳状态的目的。自适应电压电流速断保护的关键在于实时计算出故障时电源侧的等值综合阻抗和电源的电势。综合阻抗 Z_c 可根据故障分量理论求取，即

$$Z_c=\frac{\Delta U_{mf}}{\Delta I_{mf}} \tag{3-6}$$

式中，ΔU_{mf}、ΔI_{mf}分别为保护安装处的故障分量电压和故障分量电流。三相电力系统的序阻抗可由对称分量法求得，正序、负序分量可分别表示为

$$Z_{1c}=\frac{\Delta U_{1mf}}{\Delta I_{1mf}},\quad Z_{2c}=\frac{\Delta U_{2mf}}{\Delta I_{2mf}}$$

式中，ΔU_{1mf}、ΔI_{1mf}、ΔU_{2mf}、ΔI_{2mf}分别为保护安装处的故障分量正序电压、电流和故障分量负序电压、电流。

由故障类型和序阻抗按复合序网理论亦可求出不对称故障系统的综合阻抗，但显然很烦琐，远不如微机保护快捷简便。

当系统电源侧等效阻抗已知后，系统的等值电势即可按下式算出：

$$E=U_{mf}+I_{mf}Z_c$$

式中，U_{mf}、I_{mf}为系统故障时的测量全电压和测量全电流。

1. 自适应电压速断保护

1）自适应电压速断保护的动作方程

如果我们事先知道被保护线路阻抗，利用实时检测到的故障时保护安装处电压，即可得到自适应电压保护动作判据方程表达式：

$$U_{mf}\leqslant U'_{op}=\frac{EZ_L}{K_{rel}(Z_c+Z_L)} \tag{3-7}$$

式中，U_{mf}为故障时测得的母线电压幅值；U'_{op}为自适应电压速断动作门槛；Z_L 为线路阻抗，一般单位长度阻抗值和线路长度均为已知；K_{rel}为可靠系数，一般取 1.2～1.3；E 为电源侧等效电势幅值。

2）自适应电压速断保护的保护范围

故障时母线电压 U_{mf}不仅与系统综合阻抗有关，而且还与故障点的位置有关，设在线路上 αZ_L 处故障，则保护安装处检测的故障电压为

$$U_{mf}=\frac{E\alpha Z_L}{Z_c+\alpha Z_L}$$

将其代入动作方程表达式即可求得自适应电压速断保护的保护范围：

$$\alpha=\frac{1}{K_{rel}+(K_{rel}-1)Z_L/Z_c}$$

显然，当电源侧等值电抗取最大值时有最大保护范围，当电源侧等值电抗取最小时有最小保

护范围。

由此可见自适应电压速断保护在系统最大运行方式(最小等值阻抗)下有着和传统定值保护相同的灵敏性,而在其他运行方式下自适应电压速断保护均有比传统定值保护大的保护范围。

2. 自适应电流速断保护

如果电流速断保护能根据电网实时运行方式和故障类型自动生成或调整动作判据,就能构成自适应电流速断保护,这种保护具有优良的动作性能。

1) 自适应电流速断的动作方程

用与自适应电压速断相同的思路考虑故障类型因素,可得其动作方程表达式:

$$I_{mf} \geqslant I'_{op} = \frac{K_{rel}K_f E}{Z_c + Z_L} \tag{3-8}$$

式中,I_{mf}为故障时测量的全电流幅值;E 为电源侧等值电势;I'_{op}为电流速断动作门槛;K_{rel}、K_f 分别为可靠系数和故障类型系数,当三相短路时 K_f 为 1,当两相短路时 K_f 为 0.866,可靠系数取值与定值电流速断相同。

2) 自适应电流速断保护的保护范围

同样假设在线路上 αZ_L 处故障,则保护安装处检测的故障电流为

$$I_{mf} = \frac{K_f E}{Z_c + \alpha Z_L}$$

令以上两式右边相等即可导出保护范围表达式:

$$\alpha = \frac{Z_L - (K_{rel} - 1)Z_c}{K_{rel}Z_L}$$

式中,α 表示故障点到保护安装位置的距离,它与故障类型无关,仅随电网运行方式的变化而改变,总能满足选择性的要求,使保护范围处于最优化。当综合阻抗为最小时有最大保护范围,综合阻抗为最大时有最小保护范围。

传统定值电流速断保护的最小保护范围可由下式求得

$$\alpha_{min} = \frac{K_f(Z_{s,min} + Z_L) - K_{rel}Z_s}{K_{rel}Z_L}$$

式中,$Z_{s,min}$、Z_s、Z_L 分别为最小等值电源阻抗、电源阻抗和线路阻抗。

比较以上两式不难看出,自适应电流速断与传统定值电流速断的保护范围只有在电网最大运行方式下发生三相短路时二者才相等,其余情况下自适应电流速断保护范围均大于传统电流速断,因为除最大运行方式外自适应综合阻抗均小于电源等值阻抗。

3.1.4 限时电流速断保护

具有完全选择性的定值电流速断不能保护本线路的全长时,可考虑增加一段保护,用来切除本线路上定值速断保护范围以外的死区故障,同时兼作速断保护近后备。对这段保护的要求,首先是在任何情况下都能保护本线路的全长,并具有足够的灵敏性和具有最小的动作时限。正是由于它能以最小时限快速切除全线路范围内的故障,因此,称之为限时电流速断保护。

1. 工作原理和定值计算

由于要求限时速断保护必须保护本线路的全长,因此它的定值保护范围必然要延伸到

下一条线路中去，这样当下一条线路出口处发生短路时，就可能启动，出现灵敏性和选择性的矛盾，为了保证动作的选择性，就必须使保护的动作带有一定的时延，延时的大小与其延伸的范围有关。为了使这一时限尽量缩短，首先考虑使它的保护定值范围不超出下一条线路速断保护的范围，而动作时限则比下一条线路的速断保护高出一个时间阶梯，此时间阶梯以 Δt 表示。

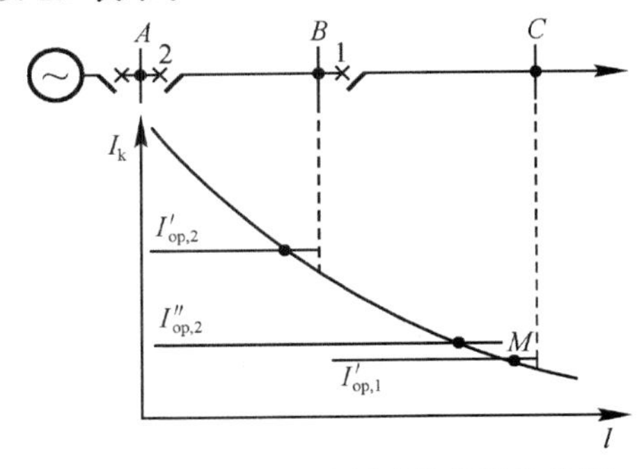

图 3-4　限时电流速断动作特性的分析

现以图 3-4 的保护 2 为例来说明限时电流速断保护的整定方法。设保护 1 装有电流速断，其启动电流按式(3-3)计算后为 $I'_{op,1}$，它与短路电流变化曲线的交点 M 即为保护 1 电流速断的保护范围，当在此点发生短路时，短路电流即为 $I'_{op,1}$，速断保护刚好能动作。根据以上分析，保护 2 的限时电流速断不应超出保护 1 电流速断的保护范围，因此在单侧电源供电的情况下，它的启动电流就应该整定为

$$I''_{op,2} \geqslant I'_{op,1}$$

该式中如果选取两个电流相等，就意味着保护 2 限时速断的保护范围正好和保护 1 速断保护的范围相重合，这在理想的情况下虽然可以，但是在实际中是不允许的，因为保护 2 和保护 1 安装在不同的地点，使用的是不同的电流互感器和继电器，因此它们之间的特性很难完全一样，如果正好遇到保护 1 的电流速断出现负误差，其保护范围比计算值缩小，而保护 2 的限时速断是正误差，其保护范围比计算值增大，那么实际上，当保护范围末端短路时，就会出现保护 1 的电流速断已不能动作，而保护 2 的限时速断仍然会启动的情况。由于故障位于线路 $B-C$ 的范围以内，当其电流速断不动之后，本应由保护 1 的限时速断切除故障，如果保护 2 的限时速断也启动了，其结果就是两个保护的限时速断同时动作于跳闸，因而保护 2 失去了选择性。为了避免这种情况的发生，就不能采用两个电流相等的整定方法，而必须采用 $I''_{op,2} > I'_{op,1}$，引入可靠系数 K''_{rel}，则得整定动作值为

$$I''_{op,2} = K''_{rel} I'_{op,1} \tag{3-9}$$

对 K''_{rel}，考虑到短路电流中的非周期分量已经衰减，故可选取得比速断保护的 K'_{rel} 小一些，一 般取为 1.1～1.2。

2. 动作时限的选择

从以上分析中已经得出，限时速断的动作时限 t''_2，应选择得比下一条线路速断保护的动作时限 t'_1 高出一个时间阶段 Δt，即

$$t''_2 = t'_1 + \Delta t \tag{3-10}$$

从尽快切除故障的观点来看，Δt 应越小越好，但是为了保证两个保护之间动作的选择性，其值又不能选择得太小。现以线路 B-C 上发生故障时，保护 2 与保护 1 的配合关系为例，说明确定 Δt 的原则如下。

(1) Δt 应包括故障线路断路器 QF 的跳闸时间 $t_{QF,1}$（即从操作电流送入跳闸线圈的瞬间算起，直到电弧熄灭的瞬间），因为在这一段时间里，故障并未消除，因此保护 2 在故障电流的作用下仍处于启动状态。

(2) Δt 还应包括出口继电器的延时，若机电式继电保护还应包括时间继电器的提前或延后，测量电流继电器的延时返回惯性时间等，我们这里统称为继电器延迟用 t_g 表示。

(3) 考虑一定的裕度，即再增加一个裕度时间 t_γ，就得到 t''_2 和 t'_1 之间的关系 Δt 为

$$\Delta t = t_{QF,1} + t_g + t_r \tag{3-11}$$

Δt 通常取为 0.5s，对于微机保护 Δt 可取 0.3～0.4s。

按照上述原则整定的时限特性如图 3-5(a)所示。由图可见，在保护 1 电流速断范围以内的故障，将以 t'_1 的时间被切除，此时保护 2 的限时速断虽然可能启动，但由于 t''_2 较 t'_1 大一个 Δt，因而从时间上保证了选择性。又如当故障发生在保护 2 电流速断的范围以内时，则将以 t'_2 的时间被切除，而当故障发生在速断的范围以外同时又在线路 A-B 的范围以内时，则将以 t''_2 的时间被切除。

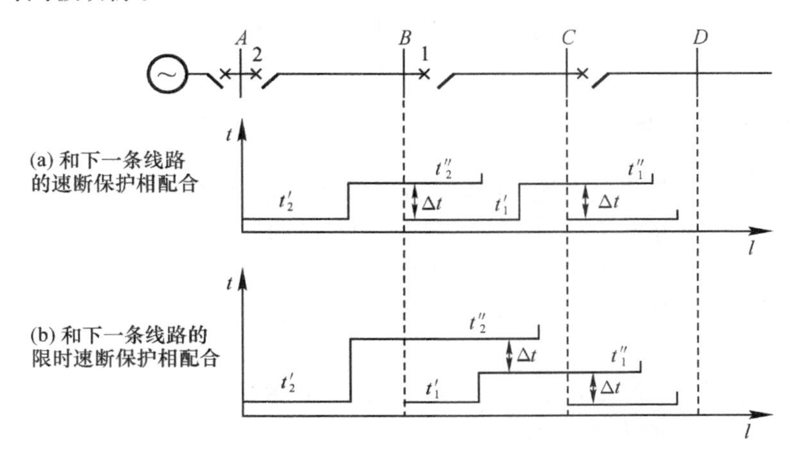

图 3-5 限时电流速断动作时限的配合

由此可见，当线路上装设了电流速断和限时电流速断保护以后，它们的联合工作就可以保证全线路范围故障都能够在 0.5s 的时间以内予以切除，在一般情况下都能够满足 110kV 及以下电压等级线路速动性的要求。因此它们被称作此类线路的“主保护”。

3. 保护装置灵敏性的校验

为了能够保护本线路的全长，限时电流速断保护必须在系统最小运行方式下，线路末端发生两相短路时，具有足够的反应能力，这个能力通常用灵敏系数 K_{sen} 来衡量。对反应于数值上升而动作的过量保护装置，灵敏系数的含义是

$$K''_{sen} = \frac{\text{保护范围末端发生金属性短路时的最小电流值}}{\text{保护装置的动作电流}} \tag{3-12}$$

式中，故障电流的计算值，应根据实际情况合理地采用最不利于保护动作的系统运行方式和故障类型来选定。但不必考虑可能性很小的特殊情况。

对保护 2 的限时电流速断而言，即应采用系统最小运行方式下线路 A-B 末端发生两相短路时的短路电流。设此电流为 $I_{k,B,min}$，代入式(3-12)中则灵敏系数为

$$K''_{sen,2} = \frac{I_{k,B,min}}{I''_{op,2}}$$

为了保证在线路末端短路时，保护装置一定能够动作，对限时电流速断保护应要求 $K''_{sen} \geqslant 1.3$。

影响保护启动灵敏性的因素如下：

(1) 故障点一般都不是金属性短路，而是存在过渡电阻，它将使短路电流减小；

(2) 实际的短路电流由于计算误差或其他原因而小于计算值；

(3) 保护装置所使用的电流互感器，在短路电流通过的情况下，一般都具有负误差，因此使实际流入保护装置的电流小于按额定变比折合的数值。

当校验灵敏系数不能满足要求时，那就意味着将来真正发生内部故障时，由于上述不利因素保护可能不启动，也就是达不到保护线路全长的目的，这是不允许的。为了解决这个问题，通常都是考虑进一步延伸限时电流速断的保护范围，使之与下一条线路的限时电流速断相配合，这样其动作时限就应该选择得比下一条线路限时速断的时限再高一个 Δt，按照这个原则整定的时限特性如图 3-5(b)所示，此时

$$t''_2 = t''_1 + \Delta t$$

应该指出，这样做不能保证主保护的速动性，因此仅在一些对速动性要求不高的场合使用。

3.1.5 定时限过电流保护

过电流保护通常是指启动电流按照躲开最大负荷电流来整定，而动作时限与短路电流大小无关的保护。它在正常运行时不应该启动，而在电网发生故障时，则能反应于电流的增大而动作，在一般情况下，它不仅能够保护本线路的全长，而且也能保护相邻线路的全长，以起到本线路近后备和相邻线路(下一线路)远后备保护的作用。

1. 工作原理和定值计算

为保证在正常运行情况下过电流保护绝不动作，显然保护装置的启动电流必须整定得大于该线路上可能出现的最大负荷电流 $I_{l,max}$。然而，在实际上确定保护装置的启动电流时，必须考虑在外部故障切除后，保护装置是否能够返回的问题。例如，在图 3-6 所示的网络接线中，当 k_1 点短路时，短路电流将通过保护 5、4、3，这些保护都要启动，但是按照选择性的要求应由保护 3 动作切除故障，然后保护 4 和 5 由于电流已经减小而立即返回。

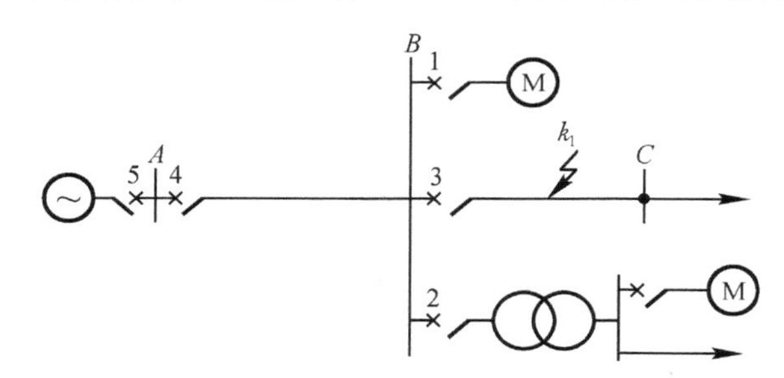

图 3-6 选择过电流保护启动电流和动作时间的网络图

此外，由于短路时电压降低，变电所 B 母线上所接负荷的电动机被制动，因此，在故障切除后电压恢复时，电动机有一个自启动的过程。电动机的自启动电流要大于它正常工作的电流，可能使上一级的过流保护不误动，保护 4 和 5 在这个自启动电流的作用下也应立即返回。因此，引入一个自启动系数 K_{ss} 来消除这种误动，它被定义为自启动时最大电流 $I_{ss,max}$ 与正常运行时流过保护安装处的最大负荷电流 $I_{l,max}$ 之比，即

$$K_{ss} = I_{ss,max} / I_{l,max}$$

这时保护 4 和 5 的返回电流 I_{re} 应大于 $I_{ss,max}$。考虑可靠系数 K'''_{rel}，则

$$I_{re} = K'''_{rel} I_{ss,max} = K'''_{rel} K_{ss} I_{l,max}$$

保护装置返回电流与启动电流之间的关系用继电器的返回系数 K_{re} 表示，则保护装置的启动电流为

$$I'''_{op,4} \geqslant \frac{1}{K_{re}} I_{re} = \frac{K'''_{rel} K_{ss}}{K_{re}} I_{1,max} \tag{3-13}$$

式中，K'''_{rel} 为可靠系数，一般采用 1.15～1.25；K_{ss} 为自启动系数，数值大于 1，应由网络具体接线和负荷性质确定；K_{re} 为机电式电流继电器的返回系数，一般采用 0.85。

显然当 K_{re} 越小时，保护装置的启动电流越大，因而灵敏性就越差，这是不利的。微型机继电保护的返回系数接近 1，灵敏性得到提高。

2. 过电流保护灵敏系数的校验

过电流保护灵敏系数的校验仍采用式(3-12)的形式，当过电流保护作为本线路的主保护时，应采用最小运行方式下本线路末端两相短路时的电流进行校验，要求 $K''_{sen} \geqslant 1.3$；当作为相邻线路的远后备保护时，则应采用最小运行方式下相邻线路末端两相短路时的电流进行校验，此时要求 $K'''_{sen} \geqslant 1.2$。

此外，在各个过电流保护之间，还必须要求灵敏系数相互配合，即对同一故障点而言，要求越靠近故障点的保护应具有越高的灵敏系数。例如，在图 3-7 的网络中，当 k_1 点短路时，应要求各保护的灵敏系数之间具有下列关系：

$$K'''_{sen,1} > K'''_{sen,2} > K'''_{sen,3} > K'''_{sen,4} > \cdots \tag{3-14}$$

在单侧电源的网络接线中，由于越靠近电源端，保护装置的定值越大，而发生故障后，各保护装置均流过同一个短路电流，因此上述灵敏系数应互相配合的要求是自然能够满足的。

在后备保护之间，只有当灵敏系数和动作时限都互相配合时，才能切实保证动作的选择性，这一点在复杂网络的保护中，尤其应该注意。以上要求同样适用于以后要讲的零序Ⅲ段和距离Ⅲ段保护。

当过电流保护的灵敏系数不能满足要求时，应该采用性能更好的其他保护方式。

3. 过电流保护的动作时限选择

为了满足选择性的要求，在启动电流确定后还应考虑各保护元件间动作时间的配合。如图 3-7 所示，假定在每个电气元件上均装有过电流保护，各保护装置的启动电流均按照躲开被保护元件上各自的最大负荷电流来整定。这样当 k_1 点短路时，保护 1～5 在短路电流的作用下都可能启动，但要满足选择性的要求，应该只有保护 1 动作，切除故障，而保护 2～5 在故障切除之后应立即返回。这个要求只有依靠使各保护装置带有不同的时限来满足。

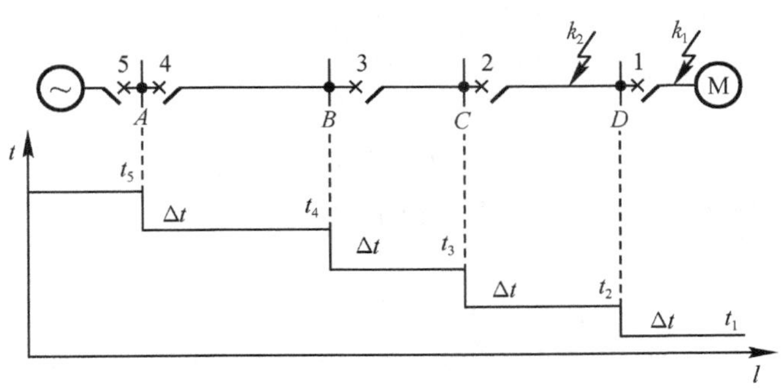

图 3-7 单侧电源放射形网络中过电流保护动作时限选择说明

保护 1 位于电网的最末端，只要电动机内部故障，它就可以瞬时动作予以切除，t_1 即为保护装置本身的固有动作时间。对保护 2 来讲，为了保证 k_1 点短路时动作的选择性，则应整定其动作时限 $t_2>t_1$。引入时间阶段 Δt，则保护 2 的动作时限为

$$t_2=t_1+\Delta t$$

保护 2 的时限确定以后，当 k_2 点短路时，它将以 t_2 的时限切除故障，此时为了保证保护 3 动作的选择性，又必须整定 $t_3>t_2$。引入 Δt 以后则得

$$t_3=t_2+\Delta t$$

依次类推。

一般说来，任一过电流保护的动作时限，应选择得比相邻各元件保护的动作时限均高出至少一个 Δt，这就是所谓的阶梯形动作时限，只有这样才能充分保证动作的选择性。

这种保护当故障越靠近电源端时，短路电流越大，而由以上分析可见，此时过电流保护动作切除故障的时限反而越长，因此，这是一个很大的缺点。正是由于这个原因，所以在电网中广泛采用电流速断和限时电流速断来作为本线路的主保护，以快速切除故障，利用过电流保护来作为本线路和相邻元件的后备保护。

由以上分析也可以看出，处于电网终端附近的保护装置，过电流保护的动作时限并不长，因此在这种情况下它就可以作为主保护，而无需再装设电流速断保护。

3.1.6 反时限电流保护

定时限过流保护的缺点是保护越靠近电源，其动作时限越长，对系统稳定和设备安全不利。如果能使保护在短路电流大时切除故障时间短，短路电流小时切除故障时间相对较长就能较好解决这一问题，这种故障切除时间长短与短路电流大小成反相关特性的保护常称作反时限电流保护。反时限过流保护数学模型有标准反时限、非常反时限和极端反时限等三种不同的形式。由用户根据使用条件进行合理选择。

1. 标准反时限的动作方程

方程以保护动作时间 t 与曲线整定时间系数 K、实时短路电流 I 及定时限过流整定动作值 I_{op} 等参数间关系的形式给出，即

$$t=\frac{0.14K}{(I/I_{op})^{0.02}-1} \tag{3-15}$$

2. 特性曲线族

图 3-8 所示的是标准反时限特性曲线族，曲线族的左侧纵坐标为反时限保护动作时间，横坐标为实时检测电流与整定电流之比，右侧还标有每条曲线对应的时间系数 K 值。

3. 工程应用

如果需要在前后多条线路配置反时限电流保护，应考虑在同一特性曲线族中选用合适的特性曲线，否则相邻线路反时限的选择性很难配合。

1) 曲线的选择

如图 3-9(c)所示，由于各线路首端短路时故障电流最大，应对应于最小动作时限(或无延时)，得到一个点，用短路电流等于过流保护定值与对应的时限(定时限过流整定时限)，得到另一点，并将它们代入式(3-15)算出 K 值，选择一条 K 值曲线使之经过坐标上的这两点即可。

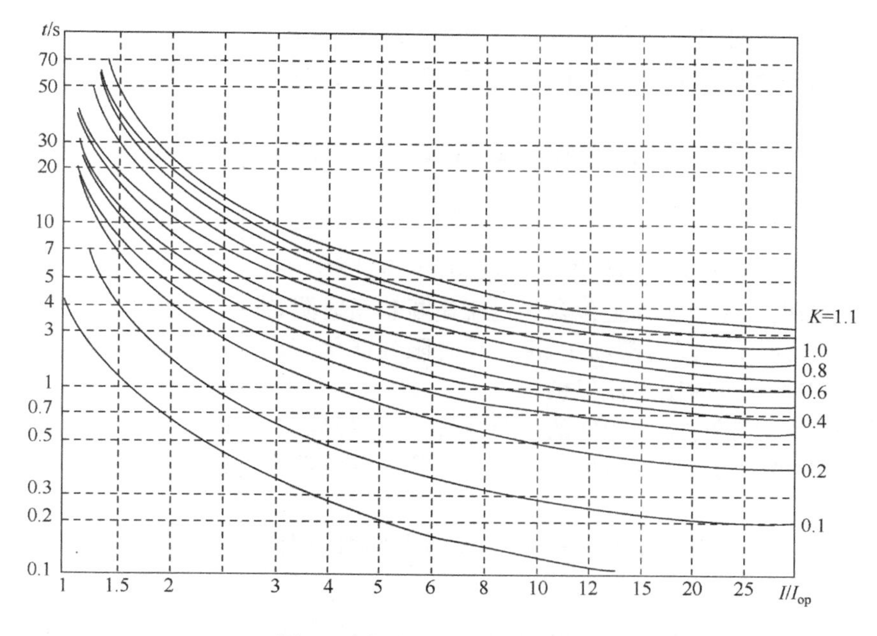

图 3-8　标准反时限特性曲线族

2）反时限特性上下级间的配合整定

如图 3-9(d)所示，由负荷端开始，用 1)的方法选择最末级线路的反时限曲线，其中的最大短路电流和最小时限点为上下级线路选择性配合的关键点，亦称配合点。为了保证选择性，上一线路在该点的动作应延长一个时间间隔，因此上一线路的特性曲线就应经过该延时点，再由该线路的过流定值及相应的时限求得对应的 K 值，选一 K 值曲线经过新的两点配合即可。以此类推可实现各级线路的时限整定与配合。

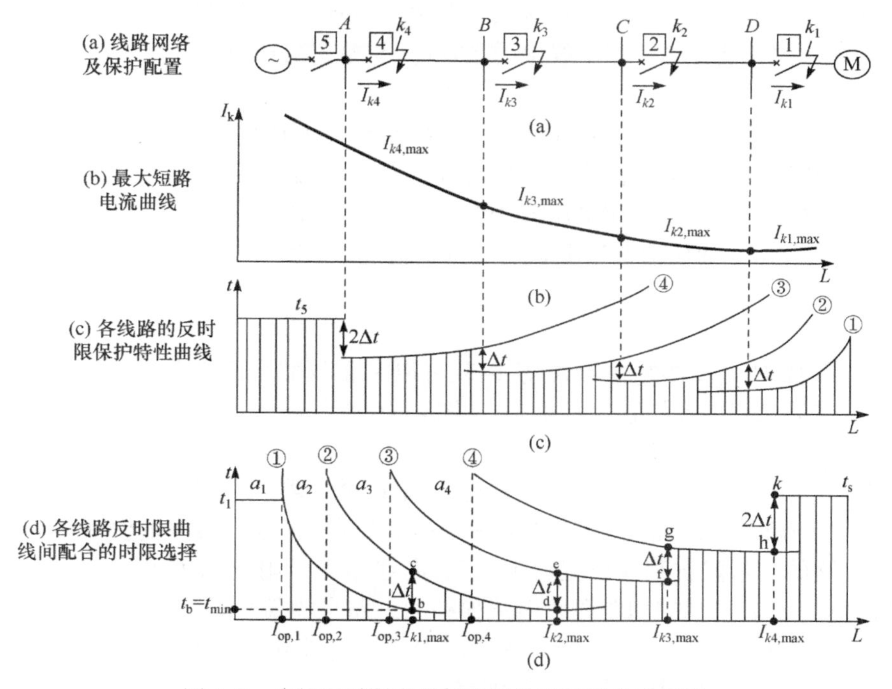

图 3-9　多级反时限电流保护间的时限配合说明图

3）反时限和定时限的配合

如果需要定时限和反时限保护的配合时，电源侧定时限应考虑至少高出反时限保护 2 个时间间隔。

在一些特殊情况下可选用非常反时限和极端反时限特性，它们的动作方程分别为

$$t=\frac{13.5K}{(I/I_{op})-1} \quad 和 \quad t=\frac{80K}{(I/I_{op})^2-1}$$

式中的符号含义、选用方法等与标准反时限同，不再重复。

这些反时限电流保护实际上包含了电流速断和反时限特性，当短路电流大于速断时会瞬时动作，其余情况下为反时限动作，由于反时限性能优于定时限，因此如果选择性不是问题时可考虑优先选择反时限电流保护。

时限的选择主要考虑上下级间的配合，定值的选择应按本线路末端短路时和下一线路末端短路时均有足够的灵敏性考虑，近后备、远后备灵敏系数应分别要求大于 1.5 和 1.2。

3.2 单侧电源辐射线路相间距离保护

电流保护的主要优点是简单、经济、工作可靠，但其灵敏性受电网运行方式的影响大，一般在 35kV 以上电压等级的电网中很难满足灵敏性的要求。因此有必要采用性能更加优良的保护。

用反应故障点到保护安装处阻抗大小来判断故障是否发生在被保护区内的保护常称之为距离保护（或阻抗保护），反应相间故障的距离保护简称相间距离保护。距离保护的核心是阻抗继电器（或阻抗元件）。

3.2.1 阻抗继电器

阻抗继电器的主要作用是测量短路点到保护安装地之间的阻抗大小，由于测量短路阻抗与短路点到保护安装处的距离呈线性关系，将其与整定阻抗值进行比较，就可确定保护是否应该动作。

由欧姆定律可知阻抗等于加到线路上的电压与由此而产生的电流之比，三相线路距离保护采用分相装设阻抗继电器作为各相检测继电器（元件），单相阻抗继电器是指加入继电器的只有一个电压 $\dot{U}_K$（可以是相电压或线电压）和一个电流 $\dot{I}_K$（可以是相电流或线电流）的阻抗继电器，$\dot{U}_K$ 和 $\dot{I}_K$ 的比值称为继电器的测量阻抗 Z_K，即

$$Z_K=\frac{\dot{U}_K}{\dot{I}_K} \tag{3-16}$$

由于 Z_K 可以写成 $R+jX$ 的复数形式，所以就可以利用复数平面来分析这种继电器的动作特性，并用一定的几何图形把它表示出来，如图 3-10 所示。

1. 构成阻抗继电器的基本原理

以图 3-10(a) 中线路 B-C 的保护 1 为例，将阻抗继电器的测量阻抗画在复数阻抗平面上，如图 3-10(b) 所示。线路的始端 B 位于坐标的原点，正方向线路的测量阻抗在第一象限，反方向线路的测量阻抗则在第三象限，正方向线路测量阻抗与 R 轴之间的角度为线路 B-C 的阻抗角 φ_k。如果我们用阶段式电流保护的思路考虑保护 1 的距离 I 段，假定启动阻抗整定为 B-C 线路的 85%，即 $Z'_{op,1}=0.85Z_{BC}$，阻抗继电器的启动特性就应包括 $0.85Z_{BC}$ 以内的阻抗，可用图 3-10(b) 中阴影线的范围表示。

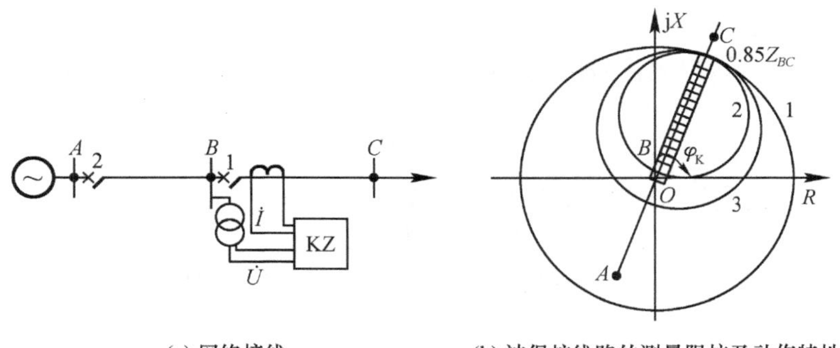

(a) 网络接线　　(b) 被保护线路的测量阻抗及动作特性

图 3-10　用复数平面分析阻抗继电器的特性

如果保护装置的整定阻抗经计算以后为 Z_{set}，当继电器感受到的测量阻抗 Z_K 小于 Z_{set} 时，继电器应该动作，因此继电器的动作阻抗应该选择为

$$Z_{op} \leqslant Z_{set}$$

为了能消除过渡电阻以及互感器误差的影响，在机电式保护中尽量简化继电器的接线，并便于制造和调试，通常把阻抗继电器的动作特性扩大为一个圆。如图 3-10(b)所示，其中 1 为全阻抗继电器的动作特性(以整定阻抗为为半径的圆)，2 为方向阻抗继电器的动作特性(以整定阻抗为直径的圆)，3 为偏移特性阻抗继电器的动作特性(方向阻抗圆向反方向偏移适当位置)。此外尚有动作特性为透镜形及各式多边形的继电器等。在微机保护中实现各种多边形动作特性非常方便。因此多用多边形特性以提升距离保护的品质。

2. 利用复数平面分析全阻抗继电器特性

全阻抗继电器的特性是以 B 点(继电器安装点)为圆心，以整定阻抗 Z_{set} 为半径所作的一个圆，如图 3-11 所示。当测量阻抗 Z_K 位于圆内时继电器动作，即圆内为动作区，圆外为不动作区。当测量阻抗正好位于圆周上时，继电器刚好动作，对应此时的阻抗就是继电器的启动阻抗 $Z_{op,K}$。由于这种特性是以原点为圆心而作的圆，因此，不论加入继电器的电压与电流之间的角度 φ_K 为多大，只要 $|Z_{op,K}| \leqslant |Z_{set}|$ 都动作，其中 Z_{set} 为整定阻抗。具有这种动作特性的继电器称为全阻抗继电器，它没有方向性。

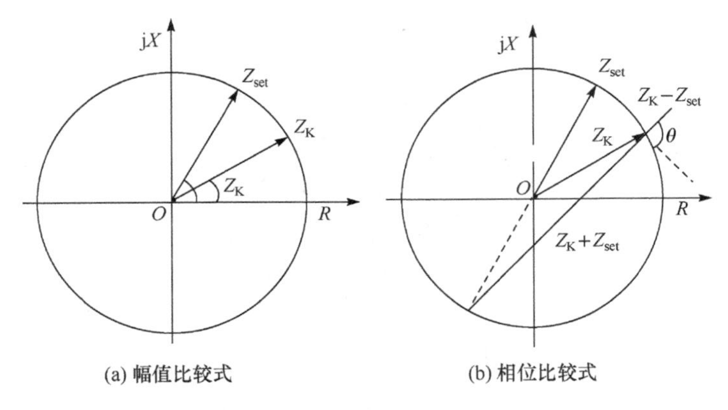

(a) 幅值比较式　　(b) 相位比较式

图 3-11　全阻抗继电器的动作特性

阻抗继电器，还可以采用两个电压幅值比较或两个电压相位比较的方式构成，现分述如下。

1）全阻抗幅值比较方式

如图 3-11(a)所示，当测量阻抗 Z_K 位于圆内时，继电器能够启动，其启动的条件可用阻抗幅值来表示，即

$$|Z_K| \leqslant |Z_{set}| \tag{3-17}$$

式(3-17)两端乘以电流 $\dot{I}_K$，因 $\dot{I}_K\dot{Z}_K=\dot{U}_K$，变成为

$$|\dot{U}_K| \leqslant |\dot{I}_K Z_{set}| \tag{3-18}$$

式(3-18)可看作两个电压幅值的比较，式中 $\dot{I}_K\dot{Z}_{set}$ 表示电流在某一个恒定阻抗 Z_{set} 上的电压降落。

2）相位比较方式全阻抗继电器的动作特性

当测量阻抗 Z_K 位于圆周上时，如图 3-11(b)所示，向量(Z_K+Z_{set})超前于(Z_K-Z_{set})的角度 $\theta=90°$，而当 Z_K 位于圆内时，如图 3-12 所示，$\theta>90°$；Z_K 位于圆外时，如图 3-13 所示，$\theta<90°$。因此，继电器的启动条件即可表示为

$$270° \geqslant \arg\frac{Z_K+Z_{set}}{Z_K-Z_{set}} \geqslant 90° \tag{3-19}$$

式中，$\arg\frac{Z_K+Z_{set}}{Z_K-Z_{set}}=\theta\leqslant 270°$对应于 Z_K 超前于 Z_{set}时的情况，此时 θ 为负值，如图 3-14 所示。

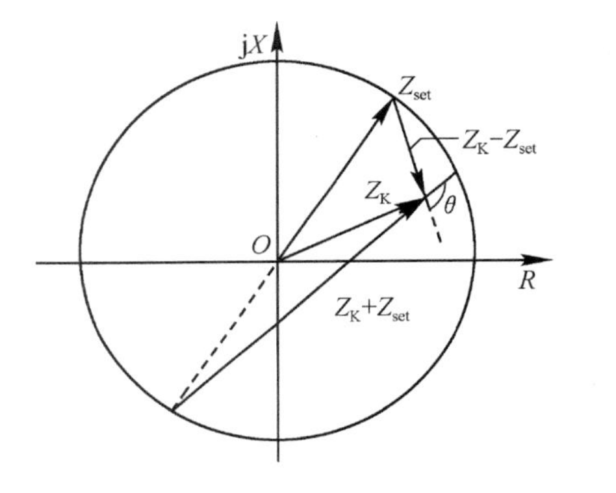

图 3-12　测量阻抗在圆内

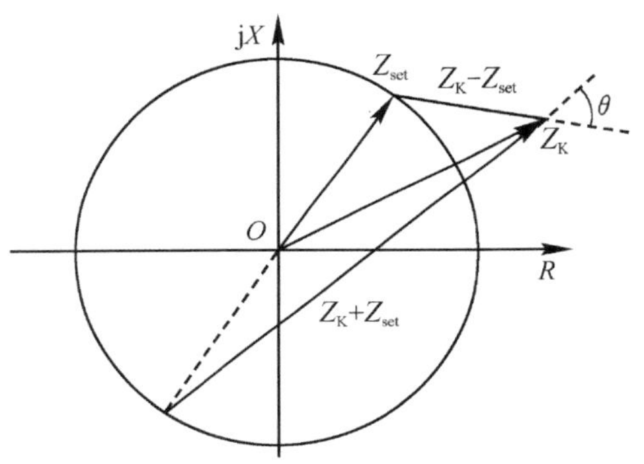

图 3-13　测量阻抗在圆外

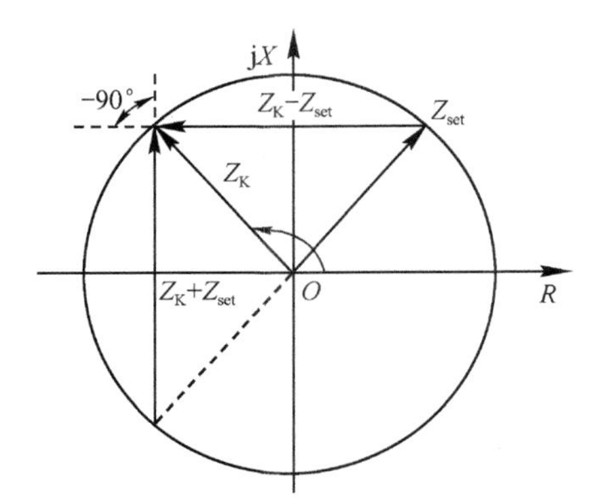

图 3-14　Z_K 超前于 Z_{set}

将两个向量均以电流 $\dot{I}_K$ 乘之，即可得到比较其相位的两个电压分别为

$$\dot{U}_p=\dot{U}_K+\dot{I}_K Z_{set}$$
$$\dot{U}'=\dot{U}_K-\dot{I}_K Z_{set}$$

因此继电器的动作条件又可写成

$$270°\geqslant \arg\frac{\dot{U}_K+\dot{I}_K Z_{set}}{\dot{U}_K-\dot{I}_K Z_{set}}\geqslant 90° \text{或} 270°\geqslant \arg\frac{\dot{U}_p}{\dot{U}'}\geqslant 90° \tag{3-20}$$

此时继电器能够启动的条件只与 $\dot{U}_p$ 和 $\dot{U}'$ 的相位差有关，而与其大小无关。式(3-20)可以看成继电器的作用是以电压 $\dot{U}_p$ 为参考向量，来测定故障时电压向量 $\dot{U}'$ 的相位。在机电式继电器中一般称 $\dot{U}_p$ 为极化电压，$\dot{U}'$ 为补偿后的电压，简称补偿电压。

上述动作条件，也可表示为

$$90°\geqslant \arg\frac{\dot{U}_K+\dot{I}_K Z_{set}}{\dot{I}_K Z_{set}-\dot{U}_K}\geqslant -90° \tag{3-21}$$

除全阻抗继电器外还有带方向的各式阻抗继电器，它们的分析方法与全阻抗继电器相同。方向及带方向的阻抗继电器常用于双侧电源复杂电网的保护，后面再述。

3. 阻抗继电器接线方式选择

1）对接线方式的基本要求

根据距离保护的工作原理，加入继电器的电压 $\dot{U}_K$ 和电流 $\dot{I}_K$ 应满足以下要求：

(1) 继电器的测量阻抗应正比于短路点到保护安装地间的距离；

(2) 继电器的测量阻抗应与故障类型无关，也就是保护范围不随故障类型而变化。

2）相间短路阻抗继电器的 0°接线方式

所谓零度接线，即当阻抗继电器加入的电压和电流间的相位角为零度(纯电阻负载)的接线方式，如接入电压 $\dot{U}_{AB}$ 和接入电流 $\dot{I}_A-\dot{I}_B$。此外还有“+30°”和“−30°”接线方式，当采用三个继电器分别接于三相时，可以证明这三种方式都能满足基本要求，但由于 0°接线方式灵敏性相对最好，因此在距离保护中广被泛采用。

3.2.2 单侧电源辐射线路相间距离保护的配置与组成逻辑

1. 保护配置

按单侧电源辐射线路相间电流保护的思路，反应线路相间短路时阻抗减小而动作的各相距离保护系统仍用阶段式方法配置，典型配置为三段式，即距离Ⅰ段、Ⅱ段和Ⅲ段。同样由距离Ⅰ、Ⅱ段完成主保护，第Ⅲ段作为本线路的近后备和相邻线路的远后备。

2. 主要组成元件逻辑

在一般情况下，距离保护装置由以下元件组成，其逻辑关系如图 3-15 所示。

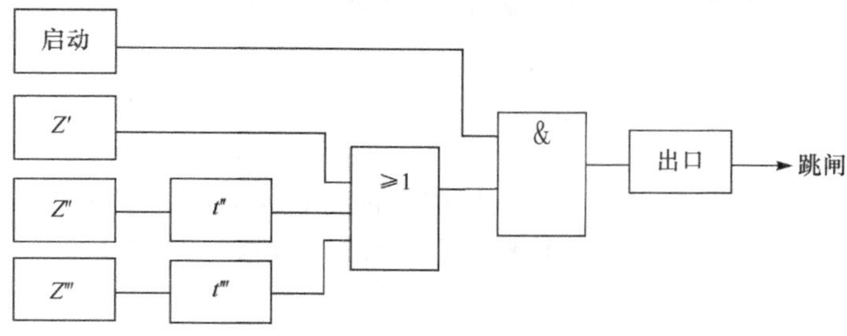

图 3-15　三段式距离保护的组成元件和逻辑框图

1）启动元件

启动元件的主要作用是在发生故障的瞬间启动整套保护，并和距离元件动作后组成与门，启动出口回路动作于跳闸，以提高保护装置的可靠性。启动元件可用电流、电压或负序和零序等突变量，具体选用哪一种，应由被保护线路的情况确定。

2）距离元件（Z'、Z''和Z'''）

距离元件的主要作用实际上是测量短路点到保护安装地点之间的阻抗（亦即距离）。单侧电源辐射线路用全阻抗特性，双侧电源复杂线路一般采用带方向的阻抗特性。

当发生故障时，启动元件动作，如果故障位于第Ⅰ段范围内，则Z'动作，并与启动元件的输出信号通过与门，瞬时作用于出口回路，动作于跳闸。如果故障位于距离Ⅱ段保护范围内，则Z'不动作而Z''动作，随即启动Ⅱ段的时间元件t''，等t''延时到达后，也通过与门启动出口回路动作于跳闸。如果故障位于距离Ⅲ段保护范围以内，则Z'''动作启动t'''，在t'''的延时之内，如果故障未被其他的保护动作切除，则在t'''延时到达后，仍通过与门和出口回路动作于跳闸，起到后备保护的作用。

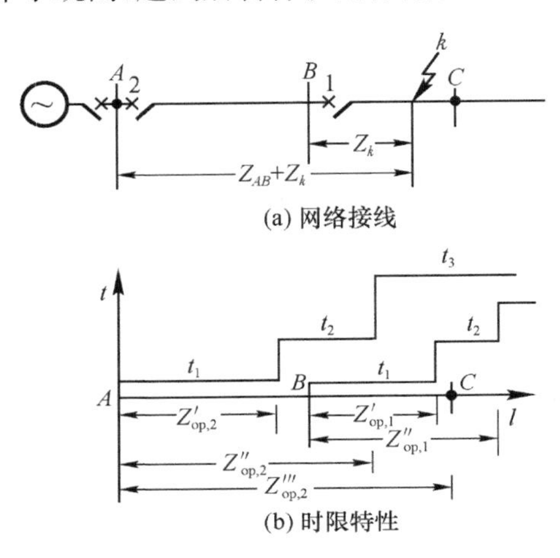

图 3-16　距离保护的作用原理

3.2.3　距离保护基本原理及整定计算

1. 基本原理

距离保护是反应短路点至保护安装地之间的距离（或阻抗）而启动的，当短路点距保护安装处近时，其测量阻抗小；当短路点距保护安装处远时，其测量阻抗增大。为了保证选择性，如图 3-16 所示，当k点短路时，保护 1 测量的阻抗是Z_k，保护 2 测量的阻抗是$Z_{AB}+Z_k$。按阶段式电流保护的思路可以整定保护 1 的动作时间比保护 2 的动作时间短，这样，故障将由保护 1 切除，而保护 2 不致误动作。这种选择性的配合，是靠适当地选择各个保护的整定值和动作时限来完成的。

2. 距离保护整定计算

1）距离Ⅰ段

与电流速断对应，距离保护Ⅰ段瞬时动作没有延时，t_1是保护本身的固有动作时间。以保护 2 为例，其第Ⅰ段本应保护线路 A-B 的全长，即保护范围为全长的 100%，然而实际上却是不可能的，因为当线路 B-C 出口处短路时，保护 2 第Ⅰ段不应动作，为此，其启动阻抗的整定值必须躲开这一点短路时所测量到的阻抗Z_{AB}，即$Z'_{op,2}<Z_{AB}$。考虑到阻抗继电器和电流、电压互感器的误差，需引入可靠系数K'_{rel}（一般取 0.8～0.85），则

$$Z'_{op,2}\leqslant K'_{rel}Z_{AB} \tag{3-22}$$

同理对保护 1 的第Ⅰ段整定动作值应为

$$Z'_{op,1}\leqslant K'_{rel}Z_{BC} \tag{3-23}$$

如此整定后，虽然定值具有完全选择性，但只能保护本线路全长的 80%～85%，这是一个严重缺点。为了切除本线路末端 15%～20%范围以内的故障，就需设置距离保护第Ⅱ段。

由于距离保护Ⅰ段不受系统运行方式影响，除非特别短线路，基本上均具有一定灵敏

度，因此一般可不进行灵敏性校验。

2）距离Ⅱ段

距离Ⅱ段整定值的选择相似于限时电流速断，即应使其不超出下一条线路距离Ⅰ段的保护范围，同时带有高出一个 Δt 的时限，以保证选择性。例如图 3-16(a)单侧电源网络中，当保护 1 第Ⅰ段末端短路时，保护 2 的测量阻抗 Z_2 为

$$Z_2 = Z_{AB} + Z'_{\mathrm{op},1}$$

引入可靠系数 K''_{rel}，则保护 2 的启动阻抗为

$$Z''_{\mathrm{op},2} \leqslant K''_{\mathrm{rel}}(Z_{AB} + Z'_{\mathrm{op},1}) = 0.8(Z_{AB} + K'_{\mathrm{rel}} Z_{BC}) \tag{3-24}$$

距离Ⅰ段与Ⅱ段共同构成本线路的主保护。

计算距离Ⅱ段在本线路末端短路的灵敏系数，由于是反应于数值下降而动作，因此其灵敏系数为

$$K_{\mathrm{sen}} = \frac{\text{保护装置的动作阻抗}}{\text{保护范围末端发生金属性短路时故障阻抗的计算值}} \tag{3-25}$$

对距离Ⅱ段来讲，在本线路末端短路时，其测量阻抗即为 Z_{AB}，因此灵敏系数为

$$K_{\mathrm{sen}} = \frac{Z''_{\mathrm{op},2}}{Z_{AB}} \tag{3-26}$$

一般要求 $K_{\mathrm{sen}} \geqslant 1.25$。当校验灵敏系数不满足要求时，可进一步延伸保护范围，使之与下一条线路的距离Ⅱ段相配合，考虑原则与限时电流速断保护相同。

3）距离Ⅲ段

距离Ⅲ段作为相邻线路保护装置和断路器拒绝动作的远后备保护，同时也作为本线路距离Ⅰ、Ⅱ段的近后备保护。

第Ⅲ段采用全阻抗继电器，其启动阻抗一般按躲开最小负荷阻抗 $Z_{\mathrm{l,min}}$ 来整定，它表示当线路上流过最大负荷电流 $I_{\mathrm{l,max}}$ 且母线上运行电压最低时(用 $\dot{U}_{\mathrm{l,min}}$ 表示)，在线路始端所测量到的阻抗值为

$$Z_{\mathrm{l,min}} = \frac{\dot{U}_{\mathrm{l,min}}}{I_{\mathrm{l,max}}} \tag{3-27}$$

参照过电流保护的整定原则，考虑到外部故障切除后，在电动机自启动的条件下，保护第Ⅲ段必须立即返回原位的要求，应采用

$$Z'''_{\mathrm{op},2} \leqslant \frac{1}{K_{\mathrm{rel}} K_{\mathrm{ss}} K_{\mathrm{re}}} Z_{\mathrm{l,min}} \tag{3-28}$$

式中，可靠系数 K_{rel}、自启动系数 K_{ss} 和返回系数 K_{re} 均为大于 1 的数值。

与定时过电流保护相似，启动阻抗按躲开正常运行时的最小负荷阻抗来选择，而动作时限则应根据图 3-16 的原则，使其比距离Ⅲ段保护范围内其他各保护及相邻线路的最大动作时限高出一个 Δt。

3.3 双侧电源复杂网络线路相间短路保护

单侧电源辐射网络线路，各保护都安装在被保护线路靠近电源的一侧，在发生故障时短路电流从母线流向被保护线路(在无串联电容也不考虑分布电容的线路上短路时认为短路电流由电源流向短路点)。在此基础上按照选择性的条件协调配合工作。

实际上现代电网都是由很多电源组成的复杂网络，分析双侧电源供电情况可以发现，若在线路两侧都装上阶段式电流保护（因为两侧均有电源），则误动的保护都是在自己保护线路的反方向发生故障时，由对侧电源供给的短路电流所致。对误动的保护而言，短路电流由线路流向母线，与保护线路内故障时的短路电流方向刚好相反。为了消除这种无选择的动作，必须用方向元件，方向元件正方向动作，反方向不动作（即闭锁保护）。

当双侧电源网络上的保护装设方向元件后，就可以把它们拆开成两个单侧电源网络保护看待，两组方向保护之间不要求配合关系，其整定计算仍可按单侧电源网络保护原则进行。

双侧电源网络相间短路方向保护就是在单侧电源网络相间保护的基础上增加方向判别元件以保证其选择性的保护。双侧电源网络方向保护主要有功率方向和阻抗方向两种。

3.3.1 相间功率方向继电器的工作原理及接线方式

1. 相间功率方向继电器工作原理

在图 3-17(a)所示的网络接线中，对保护 1 而言，当正方向 k_1 点三相短路时，如果短路电流 $\dot{I}_{k1}$ 的给定正方向是从保护安装处母线流向线路，则它滞后于该母线电压 $\dot{U}$ 一个相角 φ_{k1}（φ_{k1} 为从母线至 k_1 点之间的线路阻抗角），其值为 $0°<\varphi_{k1}<90°$，如图 3-17(b)所示。当反方向 k_2 点短路时，通过保护 1 的短路电流是由电源 $\dot{E}_{\mathrm{II}}$ 供给的。如以母线电压 $\dot{U}$ 作为参考向量，并设 $\varphi_{k1}=\varphi_{k2}=\varphi_{\mathrm{k}}$，则 $\dot{I}_{k1}$ 和 $\dot{I}_{k2}$ 的相位相差 180°。如图 3-17(c)所示。

用以判别功率方向或测定电流、电压间相位角的继电器称为功率方向继电器。由于它主要反应于加入继电器中电流和电压之间的相位而工作，因此用相位比较方式来实现最为简单。

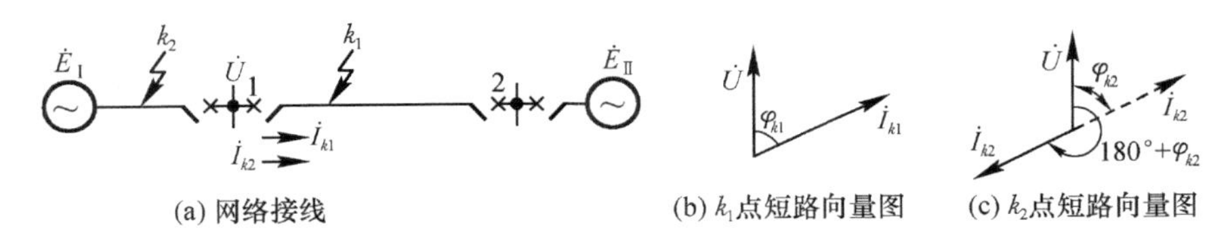

图 3-17　方向继电器工作原理的分析

2. 接线方式

1）0°接线方式

所谓 0°接线，即假定负载为纯电阻时电压与电流间的相角为 0°的接线，对 A 相的功率方向继电器，加入电压 $\dot{U}_{\mathrm{K}}(=\dot{U}_{\mathrm{A}})$ 和电流 $\dot{I}_{\mathrm{K}}(=\dot{I}_{\mathrm{A}})$，则当正方向短路时，如图 3-17(b)所示，继电器中电压、电流之间的相角为

$$\varphi_{\mathrm{KA}}=\arg\frac{\dot{U}_{\mathrm{A}}}{\dot{I}_{k1\mathrm{A}}}=\varphi_{k1}=\varphi_{\mathrm{k}} \tag{3-29}$$

反方向短路时，如图 3-20(c)所示，为

$$\varphi_{\mathrm{KA}}=\arg\frac{\dot{U}_{\mathrm{A}}}{I_{k2\mathrm{A}}}=180°+\varphi_{k2} \tag{3-30}$$

式中，符号 arg 表示向量 $\dot{U}_{\mathrm{A}}/\dot{I}_{k2\mathrm{A}}$ 的幅角，亦即分子的向量超前于分母向量的角度，由 $p=U_{\mathrm{K}}I_{\mathrm{K}}\cos\varphi_{\mathrm{K}}$ 可知，若输入电压和电流的幅值不变时，当 $\varphi_{\mathrm{K}}=0°$时 P 为最大值，输出为最大时的相位差称为继电器的最大灵敏角 φ_{sen}。一般 φ_{k} 均在 0°～90°范围内变化，为了保证正方向

继电器都能可靠动作，继电器动作角度（$\varphi_{op,K}$）的范围通常取为 $\varphi_{sen}\pm 90°$。动作特性在复数平面上是一条直线，如图 3-18 所示，阴影部分为动作区。其动作方程可表示为

$$90°\geqslant \arg\frac{\dot{U}_K e^{-j\varphi_{sen}}}{\dot{I}_K}\geqslant -90° \text{或} \ \varphi_{sen}+90°\geqslant \arg\frac{\dot{U}_K}{\dot{I}_K}\geqslant \varphi_{sen}-90° \quad (3\text{-}31)$$

采用这种特性和接线的继电器时，在其正方向出口附近发生三相短路、A-B 或 C-A 两相接地短路，以及 A 相接地短路时，由于 $U_A\approx 0$ 或数值很小，使继电器不能动作，这称为继电器的“电压死区”，这是一个很大的缺点。

2）$-90°$接线方式（简称 90°接线）

$-90°$接线是指纯电阻负载情况下电压与电流的相位差为$-90°$的接线。为了减小和消除死区，在实际上广泛采用非故障的相间电压作参考量去判别电流的相位。例如对 A 相的方向继电器加入电流 $\dot{I}_A$ 和电压 $\dot{U}_{BC}$，此时，$\varphi_K=\arg(\dot{U}_{BC}/\dot{I}_A)$，当正方向短路时，$\varphi_K=\varphi_k-90°$，反方向短路时，$\varphi_K=(180°+\varphi_k)-90°$。在这种情况下，继电器的最大灵敏角应设计为 $\varphi_{sen}=\varphi_k-90°$，动作特性如图 3-19 所示，动作方程为

$$90°\geqslant \arg\frac{\dot{U}_K e^{j(90°-\varphi_k)}}{\dot{I}_K}\geqslant -90° \quad (3\text{-}32)$$

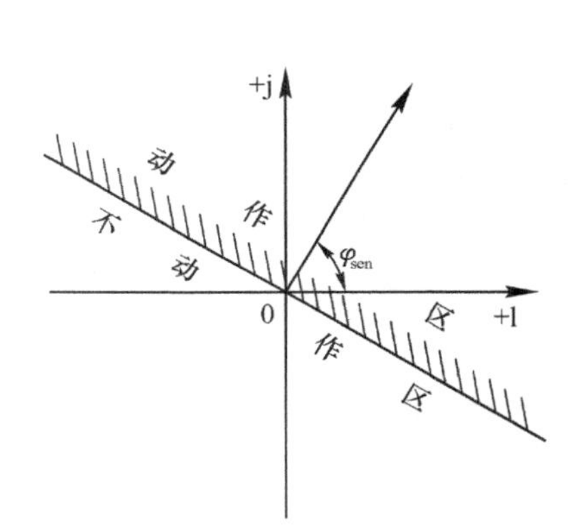

图 3-18　0°接线时的动作特性（$\varphi_k=60°$）

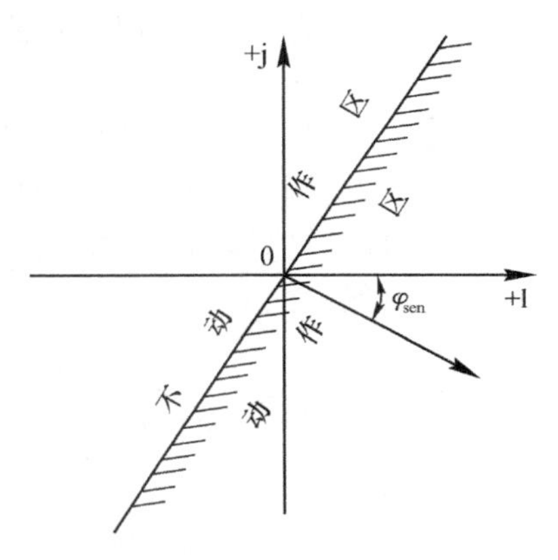

图 3-19　90°接线时的动作特性（$\varphi_k=60°$）

习惯上采用 $90°-\varphi_k=\alpha$，α 称为功率方向继电器的内角，则用内角表示的动作方程变为

$$90°-\alpha\geqslant \arg\frac{\dot{U}_K}{\dot{I}_K}\geqslant -90°-\alpha \quad (3\text{-}33)$$

若用功率的形式表示，则为

$$U_K I_K\cos(\varphi_K+\alpha)>0 \quad (3\text{-}34)$$

对 A 相的功率方向继电器而言，可具体表示为

$$U_{BC} I_A\cos(\varphi_K+\alpha)>0 \quad (3\text{-}35)$$

除正方向出口附近发生三相短路时 $U_{BC}\approx 0$，继电器具有很小的电压死区以外，在其他任何包含 A 相的不对称短路时，I_A 的电流很大，U_{BC}的电压很高，因此继电器不仅没有死区，而且动作灵敏度很高。为了减小和消除三相短路时的死区，也可以采用电压记忆措施，以尽量提高继电器动作时的灵敏度。

综合三相和各种两相短路的分析可以得出，当 $0<\varphi_k<90°$时，使方向继电器在一切相间短路情况下都能动作的条件应为

$$30° \leqslant \alpha \leqslant 60° \tag{3-36}$$

传统保护中用于相间短路的功率方向继电器一般都提供了 $\alpha = 45°$ 和 $\alpha = 30°$ 两个内角，满足上述要求。

对某一已经确定了阻抗角 φ_k 的送电线路而言，应采用 $\alpha = 90° - \varphi_k$，以便获得最大的灵敏度。

由以上分析可见，$-90°$接线方式的主要优点是：①对各种两相短路都没有死区，因为继电器加入的是非故障的相间电压，其值很高，很灵敏；②适当地选择继电器的内角 α 后，对线路上发生的各种相间故障，都能保证动作的方向性。因此$-90°$接线得到了广泛的应用。

最后顺便指出，在正常运行时，位于线路送电侧的功率方向继电器，在负荷电流的作用下，一般都是处于动作状态。

3.3.2 双侧电源网络线路中电流保护整定的特点

1. 电流速断保护

双侧电源辐射线路电流速断保护整定计算与单侧电源辐射线路相间电流速断相同，只需增加功率方向元件即可，这样做既能保证选择性，还能提高灵敏性。必须指出，在某些情况下，不加方向元件也有选择性，但会降低灵敏性。因此建议双侧电源线路电流速断均加方向元件。

如图 3-20 所示，当任一侧区外相邻线路出口处，图中的 k_1 点或 k_2 点短路时，短路电流 I_{k1} 或 I_{k2} 要同时流过两侧的保护 1 和 2，此时按照选择性的要求，两个保护均不应动作，因此两个保护的启动电流应选得相同，并按照较大的一个短路电流进行整定即可，但这将使位于小电源侧保护 2 的保护范围缩小。

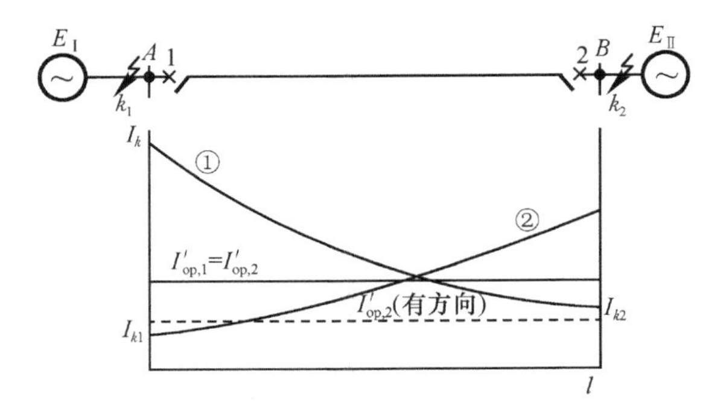

图 3-20 双侧电源线路上电流速断保护的整定

如果在保护 2 处装设方向元件，使其只当电流从母线流向被保护线路时才动作，这样保护 2 的启动电流就可以按照躲开 k_1 点短路来整定，如图中的虚线所示，其保护范围较前增加了很多。

2. 限时电流速断保护

这里与电流速断一样需增加功率方向元件，其整定计算仍与单侧电源辐射线路限时电流速断基本相同，但需考虑保护安装地点与短路点之间有分支电流的影响。对此可归纳为如下两种典型的情况。

(1) 助增电流的影响。如图 3-21 所示，分支电路中有电源，此时故障线路中的短路电流 I_{BC} 将大于 I_{AB}，其值为 $I_{BC} = I_{AB} + I'_{AB}$。这种使故障线路电流增大的现象，称为助增。有助增以后的短路电流分布曲线也示于图 3-21 中。

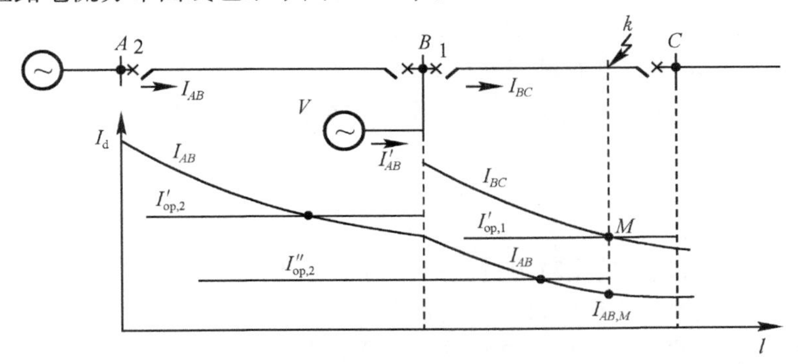

图 3-21 有助增电流时，限时电流速断保护的整定

此时保护 1 电流速断的整定值仍按躲开相邻线路出口短路整定为 $I'_{op,1}$，其保护范围末端位于 M 点。在此情况下，流过保护 2 的电流为 $I_{AB,M}$，其值小于 $I_{BC,M}(=I_{op,1})$，因此保护 2 限时电流速断的整定动作值为

$$I''_{op,2} \geqslant K''_{rel} I_{AB,M} \tag{3-37}$$

显然 $I''_{op,2} < I_{BC,M}$，若用 $I'_{op,1}$ 配合整定而不考虑助增电流影响，则保护 2 的实际保护范围将伸过 C 母线，造成无选择性误动，为此应引入分支系数 K_b，其定义为

$$K_b = \frac{\text{故障线路流过的短路电流}}{\text{保护所在线路上流过的短路电流}} \tag{3-38}$$

在图 3-21 中，整定配合点 M 处的分支系数为

$$K_b = \frac{I_{BC,M}}{I_{AB,M}} = \frac{I'_{op,1}}{I_{AB \cdot M}} > 1 \tag{3-39}$$

代入式(3-37)，则得

$$I''_{op,2} \geqslant \frac{K''_{rel}}{K_b} I'_{op,1} \tag{3-40}$$

与单侧电源线路的整定公式相比，在分母上多了一个大于 1 的分支系数的影响。

(2) 外汲电流的影响。如图 3-22 所示，分支电路为一并联的线路，此时故障线路中的电流 $\dot{I}_{BC}$ 将小于 I_{AB}，其关系为 $I_{AB}=I'_{BC}+I''_{BC}$，这种使故障线路中电流减小的现象称外汲。此时分支系数 $K_b<1$。短路电流的分布曲线也示于图 3-22 中。

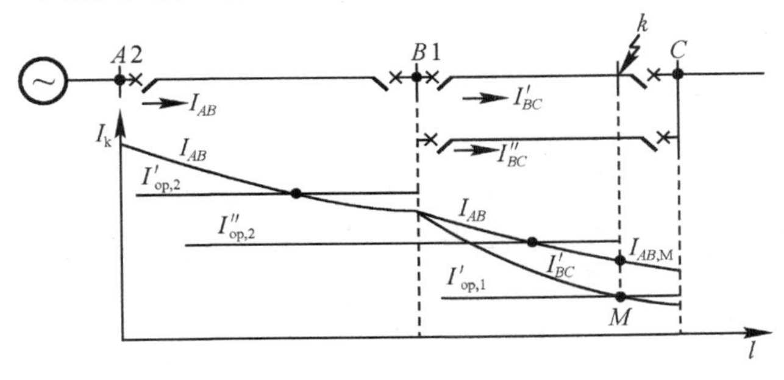

图 3-22 有外汲电流时，限时电流速断保护的整定

有外汲电流影响时的分析方法同于有助增电流的情况，限时电流速断的启动电流仍应按式(3-40)整定。

(3) 当变电所 B 母线上既有电源又有并联的线路时，其分支系数可能大于1也可能小于1，此时应根据实际可能的运行方式，选取分支系数的最小值进行整定计算即为

$$I''_{op,2} \geqslant \frac{K''_{rel}}{K_{b,min}} I'_{op,1} \tag{3-41}$$

3. 定时限过流保护

双侧电源复杂网络线路的定时限过流保护的整定计算与单侧电源线路过流保护相同，为了保证选择性，必须增加方向元件。在远后备灵敏性校验时应注意考虑分支电流的因素。

由此可知，双测电源复杂网络线路段式电流保护的特点是每段均应增加方向元件，限时电流速断应考虑分支电流的影响，其余的定值计算、时限整定、灵敏性校验等于单侧电源辐射网络相同。

例 3-1 已知网络如图 3-23 所示，假如保护 1 配置三段式电流保护，试整定计算。

$K'''_{rel}=1.2, K_{re}=0.85, K_{ss}=1, K'_{rel}=1.25, K''_{rel}=1.22, Z_1=0.4\Omega/\text{km}$。

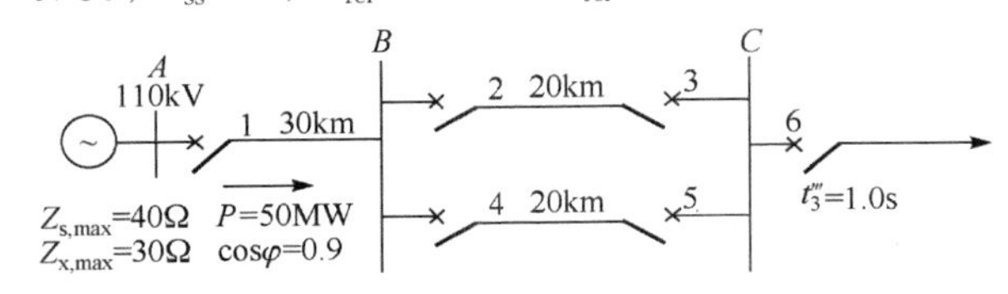

图 3-23 例 3-1 图

解 对保护 1 配置三段式电流保护。

分别计算保护 1 和保护 2 的电流速断定值：

$$I_{k,B,max}=\frac{(121/1.732)}{30+(30\times 0.4)}=1.66(\text{kA})$$

$$I_{k,C,max}=\frac{(121/1.732)}{30+(30+20)\times 0.4}=1.397(\text{kA})$$

$$I'_{op,1}=K'_{rel}I_{k,B,max}=1.25\times 1.66=2.075(\text{kA})$$

$$I'_{op,2}=K'_{rel}I_{k,C,max}=1.25\times 1.397=1.746(\text{kA})$$

保护 1 的限时电流速断定值整定：

$$K_{b,min}\approx 1/2=0.5$$

$$I''_{op,1}=K''_{rel}I'_{op,2}/K_{b,min}=1.23\times 1.746/0.5\approx 4.32(\text{kA})$$

$$I_{k,B,min}=\frac{(99/1.732)\times 0.866}{40+12}\approx 0.952(\text{kA}), \qquad K''_{sen,1}=\frac{0.952}{4.32}=0.22$$

电流限时速断不满足灵敏性的要求。

保护 1 定时过流整定：

$$I_{l,max}=\frac{P}{\sqrt{3}U_{min}\cos\varphi}=\frac{50}{\sqrt{3}\times 0.9\times 99}=0.324(\text{kA})$$

$$I''_{op,1}=\frac{K_{rel}k_{ss}I_{l,max}}{k_{re}}=\frac{1.2\times 1\times 0.324}{0.85}=0.457(\text{kA})$$

远后备灵敏性检验：

$$I_{k,C,min}=\frac{\sqrt{3}}{2}\frac{E_s}{Z_{s,max}+Z_{AB}+Z_{BC}}=\frac{\sqrt{3}}{2}\times\frac{110/\sqrt{3}\times 0.9}{40+12+8}=0.852(\text{kA})$$

$$K'''_{sen,1}=\frac{I_{k,C,min}}{I_{op,1}}=\frac{0.822}{0.457}\approx 1.8$$

满足远后备灵敏性的要求。

过电流第Ⅲ段的时限：$t'''_1=t'''_6+2\Delta t=1+2\times 0.5=2(s)$。

从本例可见电流保护受系统运行方式及线路长度的影响使主保护没有灵敏性。这种情况下应改用距离保护或差动保护作为主保护。

3.3.3　三相线路电流保护的互感器连接方式

这里指的是各相电流互感器二次侧接入保护装置的方式。一般多采用三相星形和两相不完全星形两种。

1. 三相完全星形接线

1）三相三继电器式

三相三继电器式接线方式如图 3-24 所示，每相电流互感器极性端连接保护装置的对应相变送器(或继电器)，非极性端短接并与地和从保护装置出来的三电流回线相连。其特点是能反应各种短路，接线系数为 1，多用于大电流接地系统。所谓接线系数是指流出电流互感器二次电流与流入保护装置电流之比。

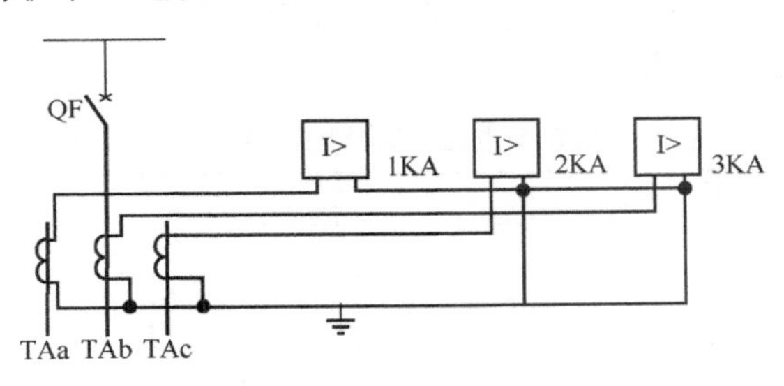

图 3-24　三相三继电器接线

2）三相四继电器式

三相四继电器式的接线方式如图 3-25 所示，与三相三继电器式不同的是在电流回路的中性线上多串接一个继电器。其特点是能反应各种短路及不平衡电流，接线系数为 1，多用于大电流接地系统。

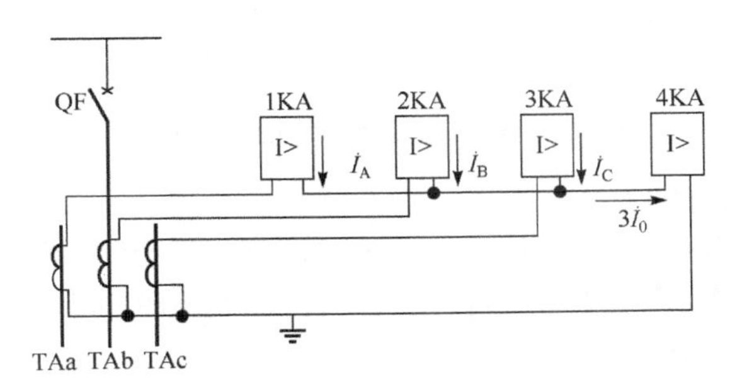

图 3-25　三相四继电器接线

2. 两相不完全星形

两相不完全星形接线图如图 3-26 所示，除 B 相没有电流互感器和保护继电器外，接线形式与三相三继电器基本相同。可以直接获得 A、C 相电流，不可直接得到 B 相电流。

必须注意保护应统一安装在同名相上(通常装于 A、C 相),否则当发生某些两点接地故障时,保护将会拒动,如图 3-27 所示,当 k_1 和 k_2 两点同时接地时,属于不同线路两相短路,应该跳开其中一条线路的一相,避免对设备和系统造成破坏并减少停电面积,但由于保护没按同名相装设而拒动。

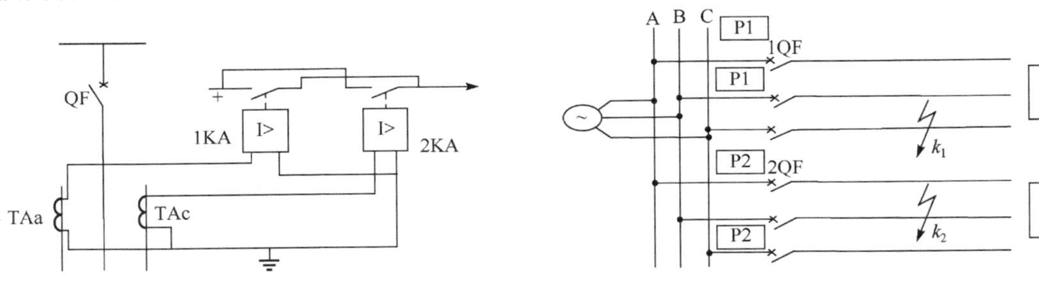

图 3-26　两相不完全星形接

图 3-27　不同线路不同相别两点接地时保护拒动的说明图

其特点是能反应相间短路,不能反应 B 相接地短路,接线系数为 1,多用于小接地电流系统。这种不完全星形接线可提高对用户的供电可靠性,但同时也存在保护误动的可能,由表 3-1 可知这种系统存在三分之一的误动概率,即出现在不同线路的 A、C 两相同时接地时,因为供电可靠性要求只跳其中一相。

表 3-1　不同线路的不同相别两点接地短路时不完全星形接线保护动作情况表

线路 $L1$ 接地相别	A	A	B	B	C	C
线路 $L2$ 接地相别	B	C	C	A	A	B
$L1$ 保护动作情况	动作	动作	不动作	不动作	动作	动作
$L2$ 保护动作情况	不动作	动作	动作	动作	动作	不动作
停电回线路数	1	2	1	1	2	1

3. Yd11 变压器后两相短路时各种接线效果的分析

保护配置单线图和变压器接线及电流分布分别示于图 3-28 和图 3-29 中。

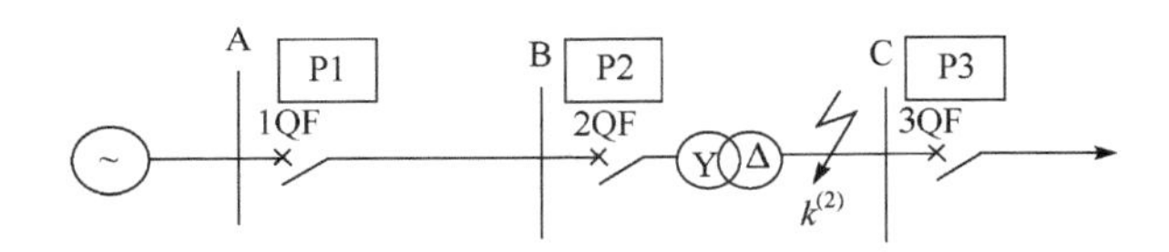

图 3-28　Yd11 变压器后短路保护配置图

1) 采用三相星形接线时

B 相上装有继电器的电流比其他两相大 1 倍,因此灵敏系数增大 1 倍,这是十分有利的。适合与在大电流接地系统中采用,在小电流接地系统采用这种接线会降低对用户供电的可靠性,因此一般不采用。

2) 采用两相不完全星形接线时

理论上由于 B 相上没有装设继电器,使 B 相中比 A 相、C 相大一倍的电流遗失,不能使保护的灵敏性得以充分发挥。但如果在两相星形接线的中线上再接上一个继电器(两相三继电器方式)就可弥补该缺点。如图 3-29 所示,这种方式下当变压器低压侧 A-B 两相短路时,高压侧各相的电流分布为 A 相等于 C 相,B 相是 A 相两倍的负值,如图 3-29(c)

所示。若在高压侧 B-C 两相短路时，低压侧电流分布为 A 相等于 C 相，B 相是 A 相两倍的负值，如图 3-29(d)所示。

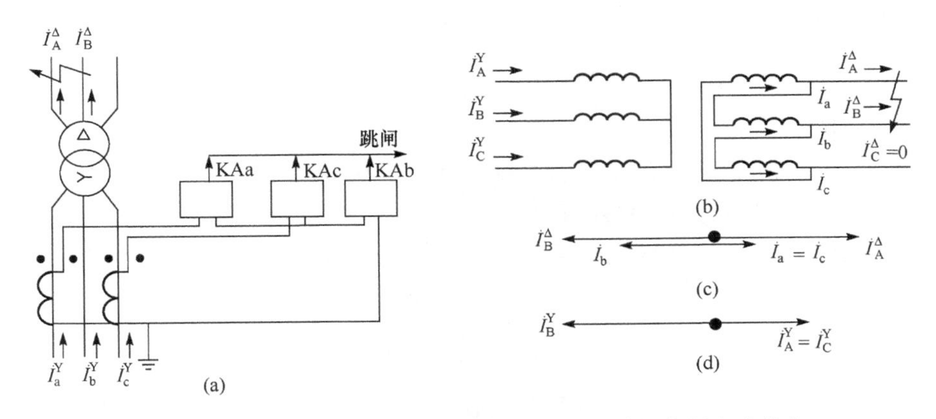

图 3-29　两相星形接线时 Yd11 变压器相间短路的各侧电流分布

3.3.4　带方向的阻抗继电器动作特性

在单侧电源电网中线路距离保护不用考虑方向，用全阻抗继电器即可，在双侧电源网络中为了满足选择性则必须考虑方向。方向距离保护常用各种带方向的阻抗继电器。

1. 方向圆阻抗继电器的动作特性

方向圆阻抗继电器的特性是以整定阻抗 Z_{set} 为直径而经坐标原点的一个圆（即坐标原点在圆周上），如图 3-30 所示，圆内为动作区，圆外为不动作区。当加入继电器 $\dot{U}_K$ 和 $\dot{I}_K$ 之间的相位差 φ_K 为不同数值时，此种继电器的启动阻抗也将随之改变。当 φ_K 等于 Z_{set} 的阻抗角时，继电器的启动阻抗达到最大，等于圆的直径，此时，阻抗继电器的保护范围最大，工作最灵敏，因此，这个角度称为继电器的最大灵敏角，用 φ_{sen} 表示。当保护范围内部故障时，$\varphi_K=\varphi_k$（被保护线路的短路阻抗角），因此继电器工作在最灵敏时的最大灵敏角为

$$\varphi_{sen}=\varphi_k$$

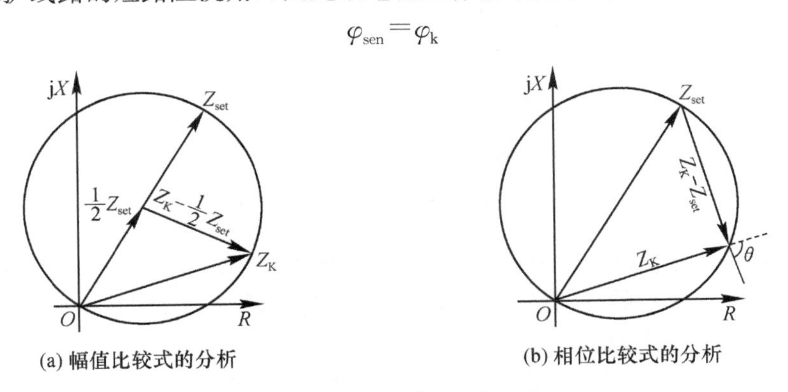

图 3-30　继电器的动作特性

当反方向发生短路时，测量阻抗 Z_K 位于第三象限，继电器不能动作，因此它本身就具有方向性，故称之为方向阻抗继电器。方向阻抗继电器也可由幅值比较或相位比较的方式构成。

1）幅值比较

如图 3-30(a)所示，用全组抗继电器的分析方法可得继电器能够启动的阻抗幅值比较式为

$$\left|Z_K-\frac{1}{2}Z_{set}\right|\leqslant\left|\frac{1}{2}Z_{set}\right| \tag{3-42}$$

等式两端均以电流 $\dot{I}_K$ 乘之，即变为电压的幅值的比较式：

$$\left|\dot{U}_K-\frac{1}{2}\dot{I}_K Z_{set}\right|\leqslant\left|\frac{1}{2}\dot{I}_K Z_{set}\right| \tag{3-43}$$

2）相位比较

如图 3-30(b)所示，当 Z_K 位于圆周上时，阻抗 Z_K 与(Z_K-Z_{set})之间的相位差为 $\theta=90°$，类似于对全阻抗继电器的分析，同样可以证明 $270°\geqslant\theta\geqslant90°$是继电器能够启动的条件。

将 Z_K 与(Z_K-Z_{set})均以电流 $\dot{I}_K$ 乘之，即可得到比较相位的两个电压分别为

$$\left.\begin{aligned}&\dot{U}_P=\dot{U}_K=\dot{I}_K Z_K\\&\dot{U}'=\dot{U}_K-\dot{I}_K Z_{set}\\&\theta=\arg\frac{\dot{U}_P}{\dot{U}'}\end{aligned}\right\} \tag{3-44}$$

2. 偏移方向阻抗继电器动作特性

偏移特性阻抗继电器的特性是当正方向的整定阻抗为 Z_{set}时，同时向反方向偏移一个 αZ_{set}，式中 $0<\alpha<1$，继电器的动作特性如图 3-31 所示，圆内为动作区，圆外为不动作区。由图 3-31 可见，圆的直径为 $|Z_{set}+\alpha Z_{set}|$，圆心的坐标为 $Z_0=\frac{1}{2}(Z_{set}-\alpha Z_{set})$，圆的半径为 $|Z_{set}-Z_0|=\frac{1}{2}|Z_{set}+\alpha Z_{set}|$。

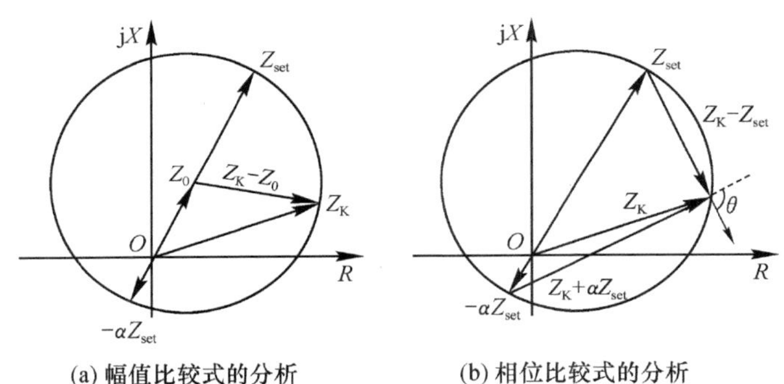

图 3-31 具有偏移特性的阻抗继电器

这种继电器的动作特性介于方向阻抗继电器和全阻抗继电器之间，其启动阻抗 $Z_{op,K}$既与 φ_K 有关，但又没有完全的方向性，一般称其为具有偏移特性的阻抗继电器。实用上通常采用 $\alpha=0.1\sim0.2$，以便消除方向阻抗继电器的死区。

(1) 用幅值比较方式分析如图 3-31(a)所示，继电器能够启动的条件为

$$|Z_K-Z_0|\leqslant|Z_{set}-Z_0| \tag{3-45}$$

等式两端均以电流 $\dot{I}_K$ 乘之，即变为如下两个电压的幅值的比较：

$$|\dot{U}_K-\dot{I}_K Z_0|\leqslant|\dot{I}_K(Z_{set}-Z_0)| \tag{3-46}$$

或

$$\left|\dot{U}_K-\frac{1}{2}\dot{I}_K(1-a)Z_{set}\right|\leqslant\left|\frac{1}{2}\dot{I}_K(1+a)Z_{set}\right|$$

(2) 用相位比较方式的分析如图 3-31(b)所示，当 Z_K 位于圆周上时，向量(Z_K+aZ_{set})与(Z_K-Z_{set})之间的相位差为 $\theta=90°$，同样可以证明，$270°\geqslant\theta\geqslant90°$也是继电器能够启动的条件。

将(Z_K+aZ_{set})和(Z_K-Z_{set})均以电流 $\dot{I}_K$ 乘之，即可得到用以比较其相位的两个电压为

$$\left.\begin{aligned}\dot{U}_P&=\dot{U}_K+a\dot{I}_KZ_{set}\\\dot{U}'&=\dot{U}_K-\dot{I}_KZ_{set}\end{aligned}\right\}\quad(3\text{-}47)$$

微机保护多以记忆故障前母线电压作为参考电压消除死区，因此偏移阻抗目前很少使用。

3. *具有直线特性和多边形阻抗继电器动作特性*

1）具有直线特性的继电器

当要求继电器的动作特性为任一直线时，如图 3-32 所示，由 O 点作动作特性边界线的垂线，其向量表示为 Z_{set}，测量阻抗 Z_K 位于直线的左侧为动作区，右侧为不动作区。

当用幅值比较方式分析继电器的启动特性时，如图 3-32(a)所示，继电器能够启动的条件可表示为

$$|Z_K|\leqslant|2Z_{set}-Z_K|$$

两端均以电流 $\dot{I}_K$ 乘之，则变为如下两个电压的比较

$$|\dot{U}_K|\leqslant|2\dot{I}_KZ_{set}-\dot{U}_K|\quad(3\text{-}48)$$

若用相位比较方式分析继电器的动作特性，则如图 3-32(b)所示，继电器能够启动的条件是向量 Z_{set}和(Z_K-Z_{set})之间的夹角为 $270°\geqslant\theta\geqslant90°$，将 Z_{set}和(Z_K-Z_{set})均以电流 $\dot{I}_K$ 乘之，即可得到可用以比较相位的两个电压分别为

$$\left.\begin{aligned}\dot{U}_P&=\dot{I}_KZ_{set}\\\dot{U}'&=\dot{U}_K-\dot{I}_KZ_{set}\end{aligned}\right\}\quad(3\text{-}49)$$

在以上关系中，如果取 $Z_{set}=jX_{set}$，则动作特性如图 3-32(c)所示，即为一电抗型继电器，此时只要测量阻抗 Z_K 的电抗部分小于 X_{set}，就可以动作，而与电阻部分的大小无关。

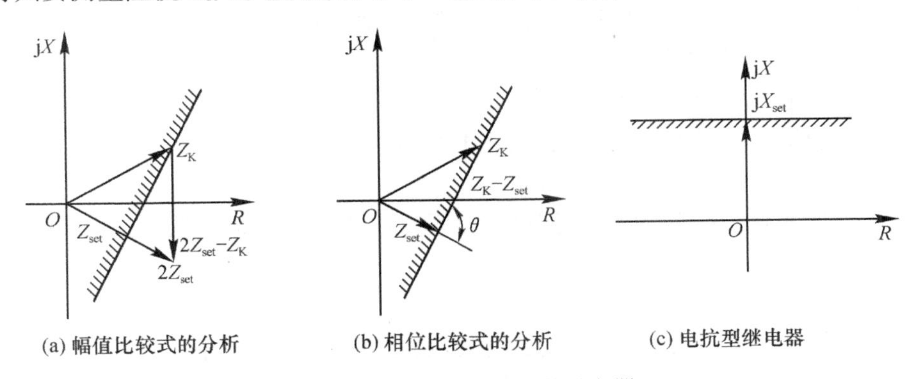

图 3-32　具有直线特性的继电器

2）多边形继电器特性

继电保护领域最初的非圆形特性有三条直线限制的杯形动作区以及四条直线围成的四边形特性。四边形特性最大的优点是有较大的耐受过渡电阻的能力，但构成传统保护设备时比圆特性复杂。对微机保护而言，则容易实现，因此，这种特性的优越性非常突出。目前国内外最新的继电保护装置，多采用四边形、五边形或其他类似特性。图 3-33 所示为五边

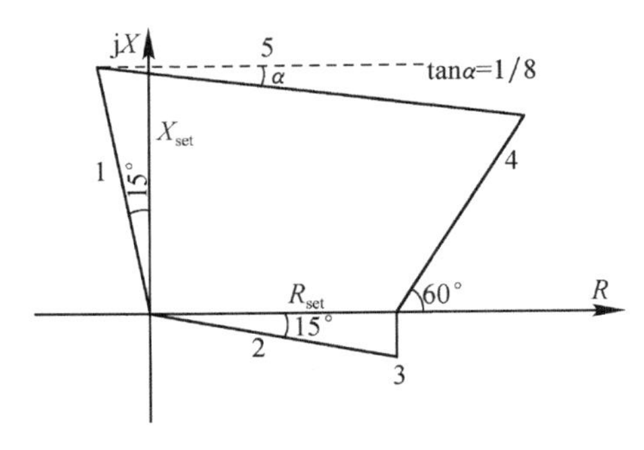

图 3-33　WXB-11 型线路保护距离元件特性图

形特性；它用于 WXB-11 型微机线路保护的距离元件，其特性由五根直线组成，它们的动作方程分别为

$$
\begin{aligned}
&\text{线 1}\quad R_m \geqslant -\tan 15° \cdot X_m \\
&\text{线 2}\quad X_m \geqslant -\tan 15° \cdot R_m \\
&\text{线 3}\quad R_m \leqslant R_{set} \\
&\text{线 4}\quad R_m \leqslant \cot 60° \cdot X_m + R_{set} \\
&\text{线 5}\quad X_m \leqslant X_{set} - R_m \tan\alpha
\end{aligned}
\tag{3-50}
$$

式中，R_m、X_m 为测量电阻和测量电抗，R_{set}、X_{set} 分别为整定电阻和整定电抗，三段的整定电阻均一样。五边形内为动作区。

4. 距离保护的三个基本阻抗

(1) Z_K 是继电器的测量阻抗，由加入继电器中电压 $\dot{U}_K$ 与电流 $\dot{I}_K$ 的比值确定，Z_K 的阻抗角就是 $\dot{U}_K$ 和 $\dot{I}_K$ 之间的相位差 φ_K。

(2) Z_{set} 是继电器的整定阻抗，一般取继电器安装点到保护范围末端的线路阻抗作为整定阻抗。对全阻抗继电器而言，就是圆的半径，对方向阻抗继电器而言，就是在最大灵敏角方向上的圆的直径，而对偏移特性阻抗继电器，则是在最大灵敏角方向上由原点到周圆上的长度。

(3) $Z_{op,K}$ 是继电器的启动阻抗，它表示当继电器刚好动作时，加入继电器中电压 $\dot{U}_K$ 与电流 $\dot{I}_K$ 的比值，除全阻抗继电器以外，$Z_{op,K}$ 是随着 φ_K 的不同而改变的，当 $\varphi_K=\varphi_{sen}$ 时，$Z_{op,K}$ 的数值最大，等于 Z_{set}，继电器最灵敏。

3.3.5　双侧电源复杂网络线路距离保护整定计算与特点

1. 距离保护的整定计算

与双侧电源复杂网络线路相间电流保护类似，这种线路相间距离保护的整定计算均应使用具有方向性的阻抗继电器。

1) 距离保护第Ⅰ段

整定计算与单侧电源网路线路相间距离Ⅰ段相同。

2) 距离保护第Ⅱ段

如图 3-34 所示，按双侧电源复杂网络线路限时电流速断类似方法，必须考虑最小分支系数的影响。

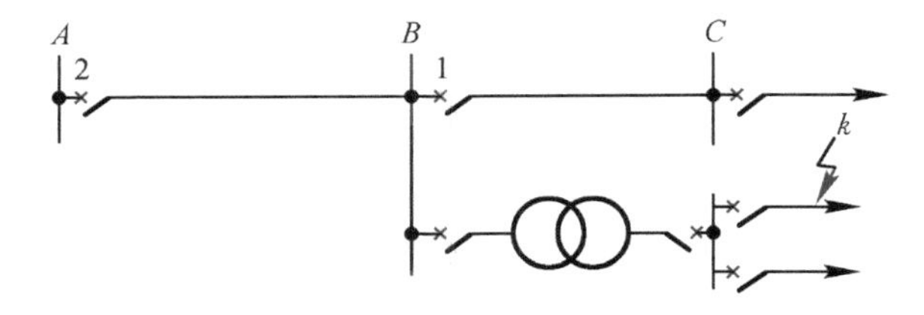

图 3-34　选择整定阻抗的网络接线

当与相邻线路距离保护第Ⅰ段相配合时，可采用式(3-51)进行计算：

$$Z''_{op,2} \leqslant K''_{rel}(Z_{AB} + K_{b,min} Z'_{op,1}) \tag{3-51}$$

当与变压器配合时，躲开线路末端变电所变压器低压侧出口处 k 点短路时的阻抗值整定，设变压器的阻抗为 Z_T，则启动阻抗应整定为

$$Z'_{op,2} \leqslant K_{rel}(Z_{AB} + K_{b,min} \cdot Z_T) \tag{3-52}$$

式中，K_{rel} 为与变压器配合时的可靠系数，考虑到 Z_T 的误差较大，一般采用 $K_{rel}=0.7$；$K_{b,min}$ 则应采用当 k 点短路时可能出现的最小分支系数。

最终应取以上两式中数值较小的一个。此时距离Ⅱ段的动作时限应与相邻线路的Ⅰ段相配合，一般取为 0.5s。

灵敏系数按的计算、时限整定等均与单侧电源网络线路距离Ⅱ段相同。

例 3-2 如图 3-35 所示各线均装距离保护，对保护 1 的距离Ⅱ段进行整定计算。假设：$Z_1=0.4\Omega/\text{km}$，$K'_{rel}=0.8=K''_{rel}$。

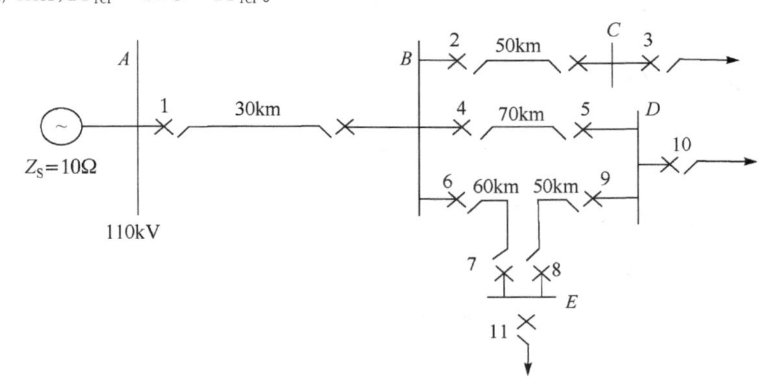

图 3-35 例 3-2 图

解 ① 与保护 2 配合：

$$Z''_{set,1}=0.8(Z_{AB}+Z'_{set,2})=0.8\times(30\times0.4+0.8\times50\times0.4)=22.4(\Omega)$$

② 与保护 4 配合：

$$Z'_{set,4}=0.8Z_{BD}=0.8\times70\times0.4=22.4(\Omega)$$

$$K_{b4,min}=\frac{I_4}{I_1}=\frac{0.2\times70+(50+60)}{70+50+60}=0.69$$

$$Z''_{set,1}=0.8(Z_{AB}+K_{b4,min}Z'_{set,4})=0.8\times(30\times0.4+0.69\times224)=2192(\Omega)$$

③ 与保护 6 配合：

$$Z'_{set,6}=0.8Z_{BE}=0.8\times60\times0.4=19.2(\Omega)$$

$$K_{b6,min}=\frac{I_6}{I_1}=\frac{0.2\times60+50+70}{60+50+70}=0.73$$

$$Z''_{set,1}=0.8\times(12+0.73\times19.2)=20.8(\Omega)$$

最终取三者中最小者：

$$Z''_{set,1}=20.8\Omega, \qquad t''_1=0.5\text{s}$$

$$K_{sen}=\frac{Z''_{set,1}}{Z_{AB}}=\frac{20.8}{12}=1.73$$

灵敏性校验合格。

3）距离保护第Ⅲ段

距离保护第Ⅲ段的定值、时限整定原则与单侧电源网络线路Ⅲ段距离保护相同。此时

得到的是全阻抗定值，不带方向，为了选择性必须将其转换成方向阻抗定值。

由图 3-36 和图 3-37 可导出全阻抗特性整定阻抗转换为方向阻抗特性整定阻抗的计算式：

$$Z'''_{\text{set}} = \frac{Z'''_{\text{set},1}}{\cos(\varphi_{\text{k}} - \varphi_{\text{L}})} \tag{3-53}$$

根据距离保护灵敏系数求取公式，可求得距离方向第Ⅲ段作为远后备的灵敏系数：

$$K'''_{\text{sen},2} = \frac{Z'''_{\text{op},2}}{Z_{AB} + K_{\text{b,max}} Z_{BC}} \tag{3-54}$$

式中分支系数取最大值，一般要求 $K'''_{\text{sen}} > 1.2$，动作时限整定：t'''_2 一般应比保护范围内其他保护和相邻线路动作时限的最大者高出 Δt。

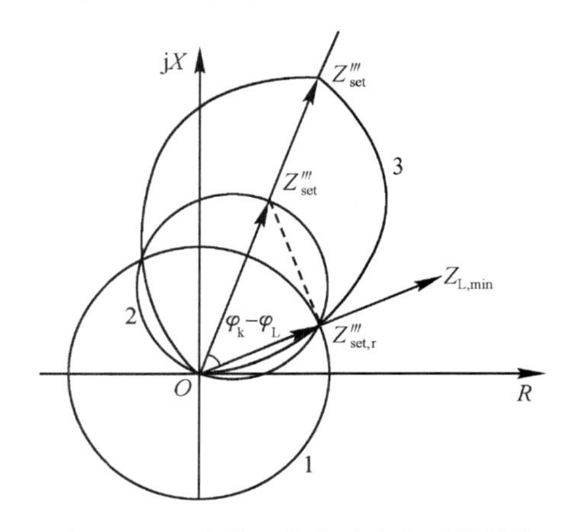

图 3-36　距离第三段启动方向阻抗整定

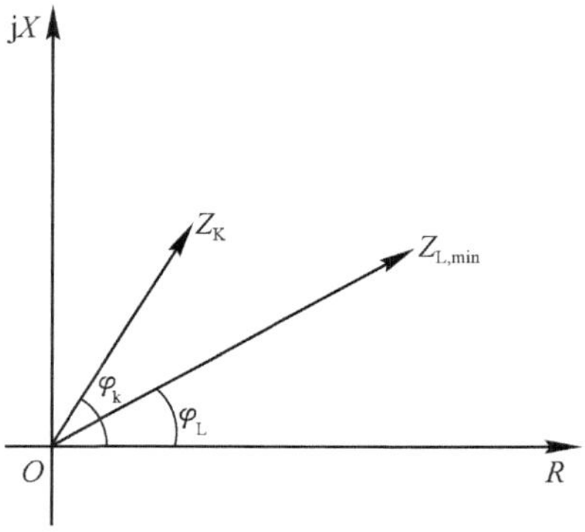

图 3-37　测量阻抗相量图

例 3-3　如图 3-38 所示，各线路均装设距离保护，$k'_{\text{rel}} = k''_{\text{rel}} = 0.8$，$k_{\text{ss}} = 1$，$k_{\text{re}} = 1.3$，$k'''_{\text{rel}} = 1.2$，$Z_1 = 0.4\Omega/\text{km}$，假设各点短路时的短路阻抗角均为 65°，功率因数角为 35°，试对保护 1 的距离Ⅱ段和Ⅲ段进行整定计算。

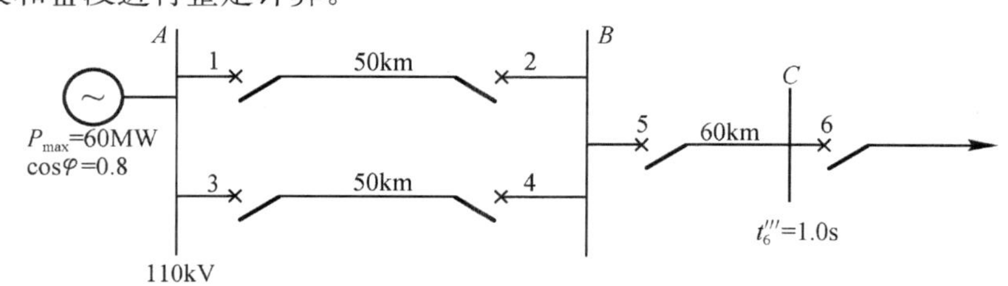

图 3-38　例 3-3 系统网络简图

解　① 保护 1 的距离Ⅱ段的整定值公式应为

$$Z''_{\text{op},1} \leqslant k_{\text{rel}}(Z_{AB} + k_{\text{b,min}} Z'_{\text{op},5})$$

② AB 段线路的阻抗为

$$Z_{AB} = 50 \times 0.4 = 20(\Omega)$$

③ 保护 5 的距离Ⅰ段动作阻抗幅值为

$$Z'_{\text{op},5} \leqslant K_{\text{rel}} Z_{BC} = 0.8 \times 0.4 \times 60 = 19.2(\Omega)$$

④ 最小分支系数：$k_{b,min}=1$（双回线停运一回时）；

⑤ 将所有参数代入(1)，得保护1的距离Ⅱ段动作阻抗幅值为

$$Z''_{op,1}\leqslant 0.8\times(20+1\times 19.2)=31.36(\Omega)$$

最大灵敏角为

$$\varphi_{sen}=65^{\circ}$$

⑥ 保护1的距离Ⅱ段时限配合原则是比保护5距离Ⅰ段高出0.5s，所以

$$t''_1=0.5s$$

⑦ 距离Ⅱ段的灵敏度校验

$$K_{sen}=\frac{Z''_{op,1}}{Z_{AB}}=\frac{31.36}{50\times 0.4}=1.68>1.3$$

满足要求。

⑧ 保护1的距离Ⅲ段的全阻抗动作值整定幅值为

$$Z'''_{op,1}\leqslant\frac{Z_{l,min}}{k'''_{rel}k_{ss}k_{re}}=\frac{\dot{U}_{l,min}}{k'''_{rel}k_{ss}k_{re}\dot{I}_{l,max}}=\frac{U_{l,min}\sqrt{3}U_{min}\cos\varphi}{k'''_{rel}k_{ss}k_{re}P_{max}}$$

$$=\frac{110\times 0.9\times 0.8\times\sqrt{3}\times 110\times 0.9\times 10^{6}}{1.2\times 1\times 1.3\times 60\times 10^{6}}$$

$$=\frac{13581.49}{93600}=145(\Omega)$$

⑨ 转换成方向阻抗元件时的整定幅值为

$$Z'''_{set,1}=\frac{Z'''_{op,1}}{\cos(\varphi_k-\varphi_L)}=\frac{145}{\cos(65^{\circ}-35^{\circ})}=\frac{145}{\cos 30^{\circ}}=167.4(\Omega)$$

最大灵敏角为

$$\varphi_{sen}=65^{\circ}$$

⑩ 作为保护5的远后备灵敏度校验

$$K'''_{sen}=\frac{Z'''_{set,1}}{Z_{AB}+K_{b,max}Z_{BC}}=\frac{167.4}{0.4\times 50+(0.4\times 60)\times 2}=2.46>1.2$$

满足要求。

保护1的距离Ⅲ段的时限整定

$$t'''_1=t'''_5+\Delta t=t'''_6+2\Delta t=1.0+0.5+0.5=2(s)$$

2. 对阶段式相间距离保护的评价。

(1) 根据距离保护的工作原理，它可以在多电源的复杂网络中保证动作的选择性。

(2) 距离Ⅰ段是瞬时动作的，但是它只能保护线路全长80%～85%，因此，两端合计有30%～40%线路长度内的故障不能瞬时切除。在220kV及以上电压的网络中，一般不能满足电力系统稳定性的要求而不能作为主保护来应用。

(3) 由于阻抗继电器同时反应于电压的降低和电流的增大而动作，因此，距离保护较电流、电压保护具有较高的灵敏度。此外，距离Ⅰ段的保护范围不受系统运行方式变化的影响，其他两段受到的影响也比较小，保护范围比较稳定。

练习与思考

3.1　基于单端信息的阶段式电流保护和距离保护中，哪些是主保护？哪些是后备保护？

3.2　电流速断与定时过流保护的定值整定原则有何不同？

3.3　阶段式保护中各段的时限如何确定？

3.4　反时限电流保护的特点为何？

3.5　双侧电流复杂网络线路阶段式保护与单侧电源辐射线路保护的配置有何异同？

3.6　距离保护有何优点？距离Ⅲ段的方向阻抗元件如何整定？

3.7　故障分量距离保护有哪些优点？

3.8　相间功率方向继电器通常采用哪种接线方式？如何解决三相短路的死区问题？

3.9　阶段式电流、距离保护定值整定计算中都有哪些系数？它们的定义为何？

第4章 基于单端信息的线路接地短路保护

接地短路故障是指导线与大地之间的不正常连接，包括单相接地故障和两相接地故障。统计表明，单相接地故障占高压线路总故障的70%以上，占配电线路总故障次数的80%以上，而且绝大多数相间故障都是由单相接地故障发展而来的。因此接地故障保护对于电力线路乃至整个电力系统安全运行至关重要。

接地故障与中性点接地方式密切相关，相同的故障条件但不同的中性点接地方式，接地故障所表现出的故障特征和后果、危害完全不同，因而保护策略也不相同。电力系统中性点的工作方式是综合考虑了供电的可靠性、系统过电压、系统绝缘水平、继电保护的要求等因素而确定的。采用的中性点工作方式主要有中性点直接接地系统和中性点非直接接地系统两大类。

在中性点直接接地系统中，当发生一点接地故障时就构成单相接地短路，故障相中流过很大短路电流，故又称之为大电流接地系统。在中性点非直接接地系统中，发生单相接地故障时，由于故障点电流很小，往往比负荷电流小得多，所以又称之为小电流接地系统。国际上对大电流接地和小电流接地方式有个定量的标准。因为对接地点的零序综合电抗 $Z_{0\Sigma}$ 与正序综合电抗 $Z_{1\Sigma}$ 之比越大，则接地点电流越小。我国规定，当 $Z_{0\Sigma}/Z_{1\Sigma}>4\sim5$ 倍时属于小电流接地系统，否则属于大电流接地系统。目前我国110kV及以上电压等级的电力系统均属于大电流接地系统，而110kV以下高电压等级的电力系统均属于小电流接地系统。

4.1 大电流接地系统高压线路接地短路保护

当中性点直接接地的电网中发生接地短路时，将出现很大的零序电流，而在正常运行情况下几乎不存在零序电流，因此利用零序电流来构成接地短路的保护，就具有显著的优点。

在电力系统中发生接地短路时，如图4-1(a)所示，可以利用对称分量的方法将电流和电压分解为正序、负序和零序分量，并利用复合序网来表示它们之间的关系。短路计算的零序等效网络如图4-1(b)所示，零序电流可以看成是在故障点出现一个零序电压 U_{k0} 而产生的，它必须经过变压器接地的中性点构成回路。对零序电流的参考方向，仍然采用母线流向故障点为正，而对零序电压的参考方向，是线路高于大地的电压为正，如图4-1(b)中的"→"所示。

由上述等效网络可见，零序分量的参数具有如下特点。

(1) 故障点的零序电压最高，系统中距离故障点越远处的零序电压越低。零序电压的分布如图4-1(c)所示，在变电所 A 母线上零序电压为 U_{A0}，变电所 B 母线上零序电压为 U_{B0}，等等。

(2) 由于零序电流是由 $\dot{U}_{k0}$ 产生的，当忽略回路的电阻时，按照规定的参考正方向画出零序电流和电压的相量图，如图4-1(d)所示，$\dot{I}_0'$ 和 $\dot{I}_0''$ 将超前 $\dot{U}_{k0}$ 90°，而当计及回路电阻时，例如取零序阻抗角为 $\varphi_{k0}=80°$，则如图4-1(e)所示，$\dot{I}_0'$ 和 $\dot{I}_0''$ 将超前 $\dot{U}_{k0}$ 100°。

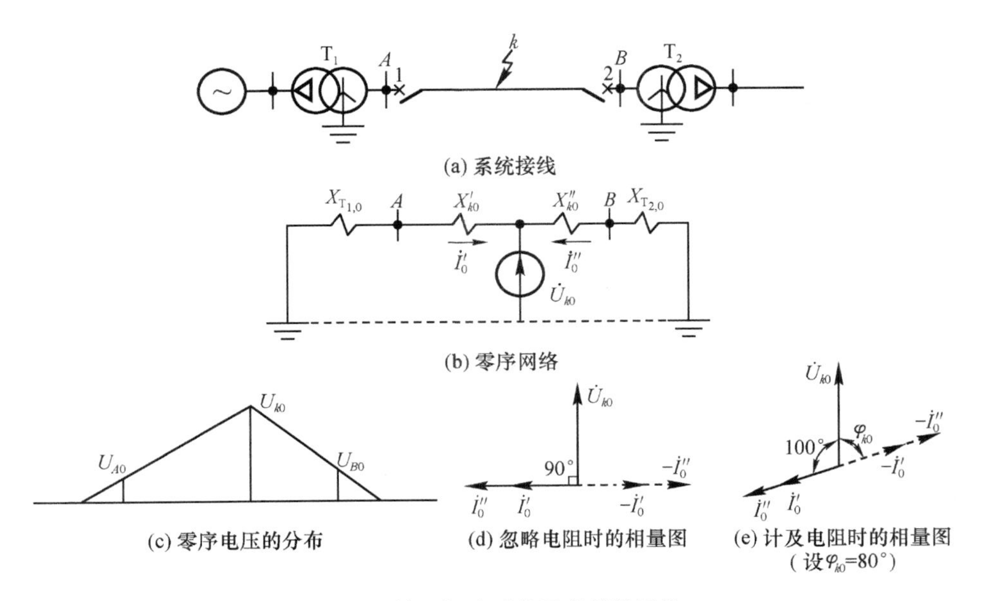

图 4-1　接地短路时的零序等效网络

零序电流的分布，主要决定于送电线路的零序阻抗和中性点接地变压器的零序阻抗，而与电源的数目和位置无关。例如在图 4-1(a)中，当变压器 T_2 的中性点不接地时，则 $I''_0=0$。

(3) 对于发生故障的线路，两端零序功率的方向与正序功率的方向相反，零序功率方向实际上都是由线路流向母线的。

(4) 从任一保护(如保护 1)安装处的零序电压与电流之间的关系看，由于 A 母线上的零序电压 $\dot{U}_{A0}$ 实际上是从该点到零序网络中性点之间零序阻抗上的电压降，因此可表示为

$$\dot{U}_{A0}=(-\dot{I}'_0)Z_{T_{1,0}}$$

式中，$Z_{T_{1,0}}$ 为变压器 T_1 的零序阻抗。

该处零序电流与零序电压之间的相位差也将由 $Z_{T_{1,0}}$ 的阻抗角决定，而与被保护线路的零序阻抗及故障点的位置无关。

(5) 当电力系统的运行方式发生变化时，如果送电线路和中性点接地的变压器数目不变，则零序阻抗和零序等效网络就是不变的。但此时，系统的正序阻抗和负序阻抗要随着运行方式而变化，正、负序阻抗的变化将引起 U_{k1}，U_{k2}，U_{k0} 之间电压分配的改变，因而间接影响零序分量的大小。

用零序电压和零序电流过滤器即可实现接地短路的零序电流和方向保护。

4.1.1　零序电压过滤器

为了取得零序电压，通常采用如图 4-2(a)所示的三个单相式电压互感器或图 4-2(b)所示的三相五柱式电压互感器，其一次绕组接成星形并将中性点接地，其二次绕组接成开口三角形，这样从 m，n 端子上得到的输出电压为

$$\dot{U}_{mn}=\dot{U}_a+\dot{U}_b+\dot{U}_c=3\dot{U}_0$$

而对正序或负序分量的电压，因三相相加后等于零，没有输出。因此，这种接线实际上就是零序电压过滤器。

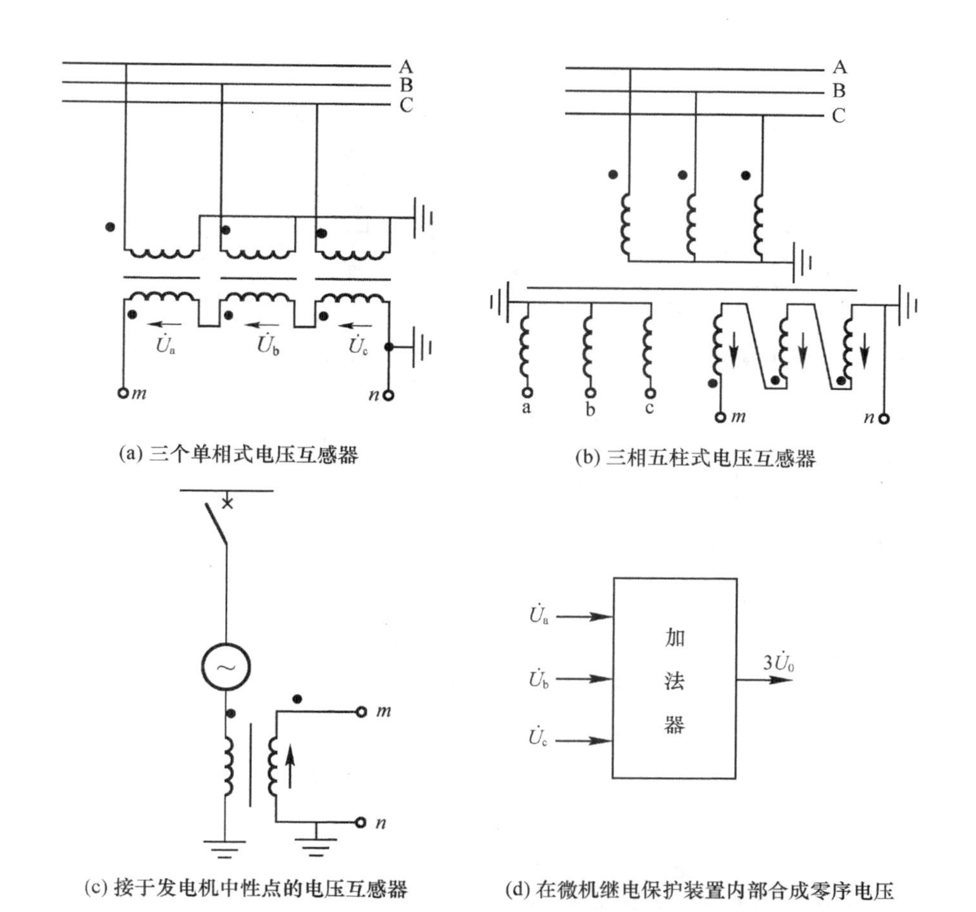

(a) 三个单相式电压互感器

(b) 三相五柱式电压互感器

(c) 接于发电机中性点的电压互感器

(d) 在微机继电保护装置内部合成零序电压

图 4-2　取得零序电压的接线图

此外，当发电机的中性点经电压互感器或消弧线圈接地时，如图 4-2(c)所示，从它的二次绕组中也能够取得零序电压。

在微机继电保护中，三个相电压相量瞬时值相加，如图 4-2(d)所示，也可以合成零序电压。

实际上，在正常运行和电网相间短路时，由于电压互感器的误差以及三相系统对地不完全平衡，在开口三角形侧也可能有数值不大的电压输出，此电压称为不平衡电压(以 U_{dsq} 表示)。此外，当系统中存在三次谐波分量时，在零序电压过滤器的输出端也有三次谐波的电压输出。对反应零序电压而动作的保护装置，应该考虑避开它们的影响。

4.1.2　零序电流过滤器

为了取得零序电流，通常采用三相电流互感器按图 4-3(a)的方式连接，此时流入继电器回路中的电流为

$$\dot{I}_K = \dot{I}_a + \dot{I}_b + \dot{I}_c = 3\dot{I}_0 \tag{4-1}$$

而对正序或负序分量的电流，因三相相加后等于零，因此，就没有输出。这种过滤器的接线实际上就是分别将三相的电流互感器按三相星形接线方式连接，在中线上获取零序电流。

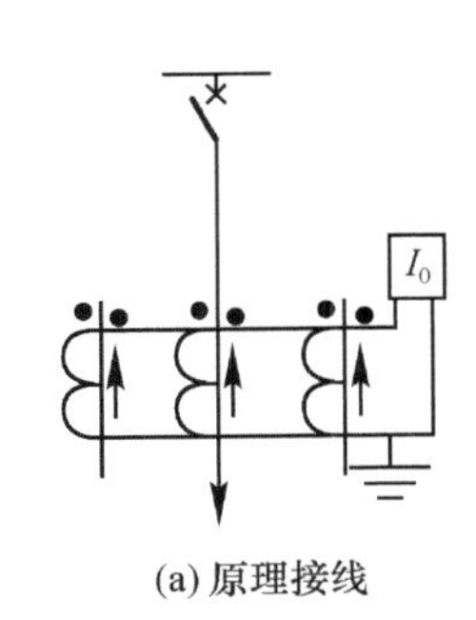

(a) 原理接线

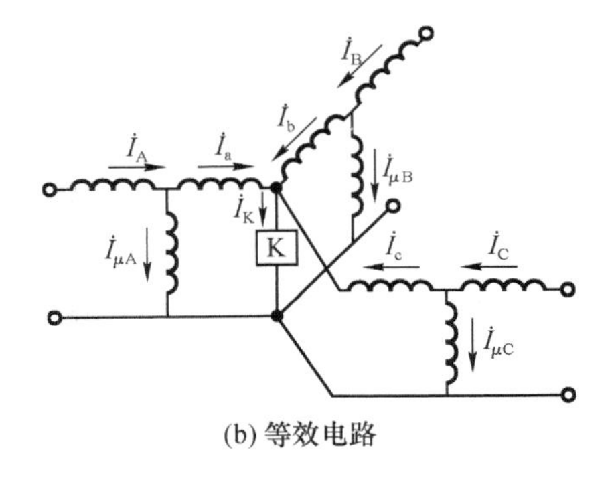

(b) 等效电路

图 4-3 零序电流过滤器

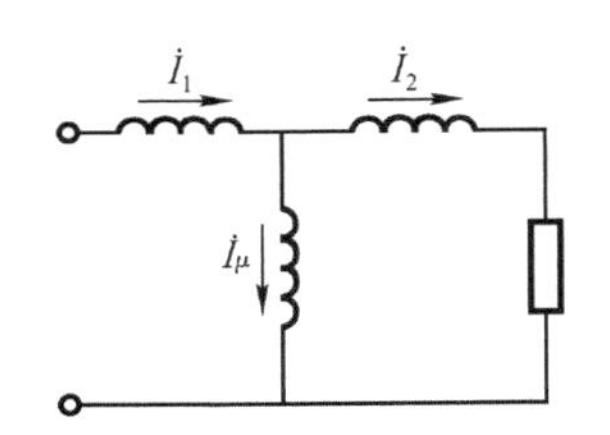

图 4-4 电流互感器的等效电路

零序电流过滤器也会产生不平衡电流。图 4-4 所示为一个电流互感器的等效回路，考虑励磁电流 I_μ 的影响后，二次电流和一次电流的关系应为

$$\dot{I}_2 = \frac{1}{n_{\mathrm{TA}}}(\dot{I}_1 - \dot{I}_\mu) \tag{4-2}$$

因此，零序电流过滤器的等效回路即可用图 4-3(b)来表示，此时流入继电器的电流为

$$\begin{aligned} I_{\mathrm{K}} &= I_{\mathrm{a}} + I_{\mathrm{b}} + I_{\mathrm{c}} \\ &= \frac{1}{n_{\mathrm{TA}}}[(\dot{I}_{\mathrm{A}} - \dot{I}_{\mu\mathrm{A}}) + (\dot{I}_{\mathrm{B}} - \dot{I}_{\mu\mathrm{B}}) + (\dot{I}_{\mathrm{C}} - \dot{I}_{\mu\mathrm{C}})] \\ &= \frac{1}{n_{\mathrm{TA}}}(\dot{I}_{\mathrm{A}} + \dot{I}_{\mathrm{B}} + \dot{I}_{\mathrm{C}}) - \frac{1}{n_{\mathrm{TA}}}(\dot{I}_{\mu\mathrm{A}} + \dot{I}_{\mu\mathrm{B}} + \dot{I}_{\mu\mathrm{C}}) \end{aligned} \tag{4-3}$$

在正常运行和一切不伴随有接地的相间短路时，三个电流互感器一次侧电流的向量和必然为零，因此，流入继电器中的电流即为

$$\dot{I}_{\mathrm{K}} = -\frac{1}{n_{\mathrm{TA}}}(\dot{I}_{\mu\mathrm{A}} + \dot{I}_{\mu\mathrm{B}} + \dot{I}_{\mu\mathrm{C}}) = \dot{I}_{\mathrm{dsq}} \tag{4-4}$$

此 $\dot{I}_{\mathrm{dsq}}$ 称为零序电流过滤器的不平衡电流。它是由三个互感器励磁电流不相等而产生的，而励磁电流的不相等，则是由于铁心的磁化曲线不完全相同以及制造过程中的某些差别而引起的。当发生相间短路时，电流互感器一次侧流过的电流值最大并且包含非周期分量，因此不平衡电流也达到最大值，以 $I_{\mathrm{dsq,max}}$ 表示。

当发生接地短路时，在过滤器的输出端有 $3I_0$ 电流输出，此时 I_{dsq} 相对于 $3I_0$ 一般很小，因此，可以忽略，零序保护即可反应这个电流而动作。

此外，对于采用电缆引出的送电线路，还广泛采用了零序电流互感器的接线以获得 $3I_0$，如图 4-5 所示，此电流互感器就套在电缆的外面，从其铁心穿过的电缆就是电流互感器的一次绕组，因此，这个互感器的一次电流就是 $\dot{I}_{\mathrm{A}}+\dot{I}_{\mathrm{B}}+\dot{I}_{\mathrm{C}}$，只有当一次侧出现零序电流时，在互感器二次侧才有相应的 $3I_0$ 输出，故称它为零序电流互感器。零序电流互感器的主要优点是没有不平衡电流，同时接线也更简便。微机继电保护还可以从各瞬时相电流中用软件算出零序电流。

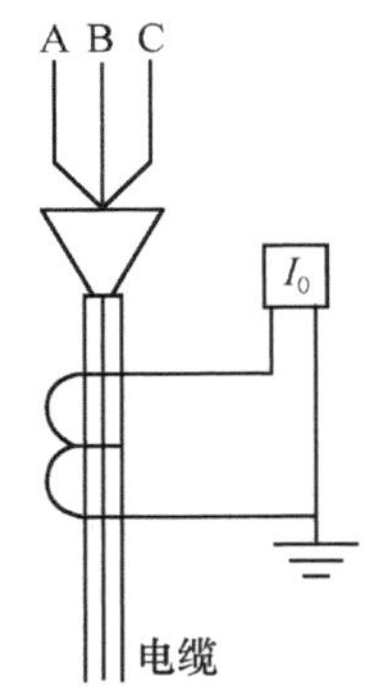

图 4-5 零序电流互感器接线示意图

4.1.3 零序电流速断(零序电流Ⅰ段)保护

在发生单相或两相接地短路时,也可以求出零序电流 $3I_0$ 随线路长度 l 变化的关系曲线,然后根据相似于相间短路电流保护的原则,进行保护的整定计算。

零序电流速断保护可按如下原则整定:

(1) 避开下一条线路出口处单相或两相接地短路时可能出现的最大零序电流 $3I_{0,\max}$,引入可靠系数 K'_{rel}(一般取为1.2～1.3),即为

$$\dot{I}'_{\text{op}} \geqslant K'_{\text{rel}} 3I_{0,\max} \tag{4-5}$$

(2) 避开断路器三相触头不同期合闸时所出现的最大零序电流 $3I_{0,\text{QF}}$,引入可靠系数 K_{rel},即为

$$I'_{\text{op}} \geqslant K_{\text{rel}} 3I_{0,\text{QF}} \tag{4-6}$$

最终整定值应选取其中较大者。显然,如按照式(4-6)整定将使启动电流过大,导致保护范围缩小,如果使零序Ⅰ段带有一个小的延时(约0.1s),以避开断路器三相不同期合闸的时间,这样就无需再考虑原则(2)了。

(3) 当线路上采用单相自动重合闸时,按上述原则(1)、(2)整定的零序Ⅰ段,往往不能避开在非全相运行状态下发生系统振荡时所出现的最大零序电流,反之如果按非全相运行条件进行整定,则全相运行发生接地故障时,保护范围很小,不能充分发挥零序Ⅰ段作用。为了解决这个矛盾,通常是设置两个零序Ⅰ段保护,一个是按原则(1)或(2)整定,它的主要任务是对全相运行状态下的接地故障起保护作用,具有较大的保护范围,而当单相重合闸启动时自动闭锁,待恢复全相运行时才能重新投入。另一个是按躲过非全相运行时又发生振荡出现的最大零序电流整定(称为不灵敏Ⅰ段)。装设它的主要目的是在单相重合闸过程中,其他两相又发生接地故障时,用以弥补失去灵敏Ⅰ段的缺陷,尽快地将故障切除。当然,不灵敏Ⅰ段也可能反应全相运行状态下的接地故障,只是其保护范围较灵敏Ⅰ段为小,所以称不灵敏Ⅰ段。二者在非全相和全相运行之间互相切换,不灵敏Ⅰ段无延时出口。

4.1.4 零序电流限时速断(零序电流Ⅱ段)保护

零序Ⅱ段的工作原理与相间短路限时电流速断保护一样,其启动电流首先考虑和下一条线路的零序电流速断相配合,并带有高出一个 Δt 的时限,以保证动作的选择性。

但是,当两个保护之间的变电所母线上接有中性点接地的变压器时,如图4-6(a)所示,则由于这一分支电路的影响,将使零序电流的分布发生变化,此时的零序等效网络如图4-6(b)所示,零序电流的变化曲线如图4-6(c)所示。当线路 BC 上发生接地短路时,流过保护1和2的零序电流分别为 $\dot{I}_{k0,BC}$ 和 $\dot{I}_{k0,AB}$,两者之差就是从变压器 T_2 中性点流回的电流 $\dot{I}_{k0,\text{T2}}$。

显然可见,这种情况与有助增电流的情况相同,引入零序电流的分支系数 $K_{0\text{b}}$ 之后,则零序Ⅱ段的启动电流应整定为

$$I''_{\text{op},2} \geqslant \frac{K''_{\text{rel}}}{K_{0\text{b},\min}} I'_{\text{op},1} \tag{4-7}$$

当变压器 T_2 切除或中性点改为不接地运行时,则该支路即从零序等效网络中断开,此时 $K_{0\text{b}}=1$。

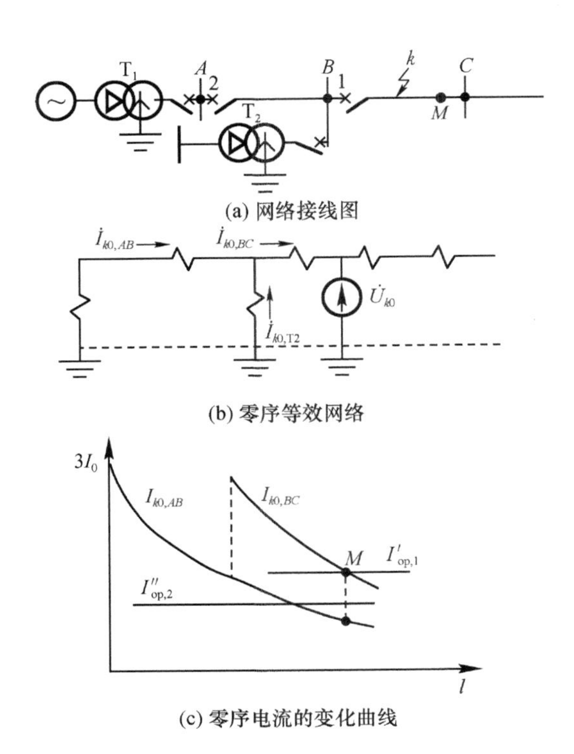

图 4-6 有分支电路时，零序Ⅱ段动作特性的分析

零序Ⅱ段的灵敏系数，应按照本线路末端接地短路时的最小零序电流来校验，并应满足 $K_{sen}>1.5$ 的要求。当由于下一线路比较短或运行方式变化比较大，因而不能满足对灵敏系数的要求时，可以考虑用下列方式解决。

(1) 使零序Ⅱ段保护与下一条线路的零序Ⅱ段相配合，时限再抬高一级，取为 1～1.2s。

(2) 保留 0.5s 的零序Ⅱ段，同时再增加一个按第(1)项原则整定的保护，这样保护装置中，就具有两个定值和时限均不相同的零序Ⅱ段，一个是定值较大，能在正常运行方式和最大运行方式下，以较短的延时切除本线路上所发生的接地故障；另一个则具有较长的延时，它能保证在各种运行方式下线路末端接地短路时，保护装置具有足够的灵敏系数。

(3) 从电网接线的全局考虑，改用接地距离保护。

4.1.5 零序过电流(零序电流Ⅲ段)保护

零序Ⅲ段的作用类似于相间短路的定时过电流保护，在一般情况下是作为后备保护使用的，但在中性点直接接地电网中的终端线路上，它也可以作为主保护使用。

在零序过电流保护中，对继电器的启动电流，原则上是按照避开在下一条线路出口处相间短路时所出现的最大不平衡电流 $I_{dsq,max}$ 来整定，引入可靠系数 K_{rel}，即动作电流为

$$I'''_{op,K} \geqslant K_{rel} I_{dsq,max} \tag{4-8}$$

式中，$I_{dsq,max}=0.1K_{np}K_{sam}I_{k,max}$，$K_{np}$ 为非周期分量系数，K_{sam} 为 TA 同型系数。

同时还必须要求各保护之间在灵敏系数上互相配合，因此，实际上对零序过电流保护的整定计算，必须按逐级配合的原则来考虑，具体地说，就是本保护零序Ⅲ段的保护范围，不能超出相邻线路零序Ⅲ段的保护范围。当两个保护之间具有分支电路时，应考虑分支系数的影响，因此保护装置的启动电流应整定为

$$I'''_{op,2} \geqslant \frac{K'''_{rel}}{K_{0b,min}} I'''_{op,1} \tag{4-9}$$

式中，K'''_{rel}为可靠系数，一般取为1.1～1.2；K_{0b}为零序分支系数，在相邻线路的零序Ⅲ段保护范围末端发生接地短路时，故障线路中零序电流与流过本保护装置中零序电流之比。$K_{0b,min}$为最小分支系数。

按上述原则整定的零序过电流保护，其启动电流一般都很小(在二次侧为2～3A)，为了保证保护的选择性，各保护的动作时限也应按阶梯形逐级配合原则来确定。如图4-7所示的网络接线中，安装在受端变压器T_1上的零序过电流保护4可以是瞬时动作的，因为在Y/△变压器低压侧的任何故障都不能在高压侧引起零序电流，因此无需考虑和保护1～3的配合关系。按照选择性的要求，保护5应比保护4高出一个时间阶段，保护6又应比保护5高出一个时间阶段，等等。

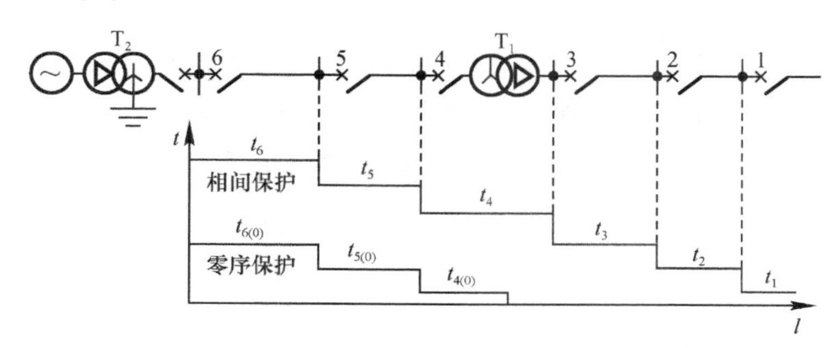

图4-7　零序过电流保护的时限特性

为了便于比较，在图4-7中也绘出了相间短路过电流保护的动作时限，它是从保护1开始逐级配合的。由此可见，在同一线路上的零序过电流保护与相间短路的过电流保护相比，将具有较小的时限。这也是它的一个优点。

对于保护装置的灵敏系数，当作为相邻元件的后备保护时，应按照相邻元件末端接地短路时，流过本保护的最小零序电流(应考虑图4-6所示的分支电路使电流减小的影响)来校验。

例4-1　如图4-8所示网络，对开关1处配置的三段式零序电流保护进行整定计算。假设$K'_{rel}=K''_{rel}=K'''_{rel}=1.2$，零序最大不平衡电流的计算系数设为0.1，$C$母线第Ⅲ段零序电流保护动作时间为1s(不考虑非全相运行状态时系统发生振荡的情况和零序功率方向)。

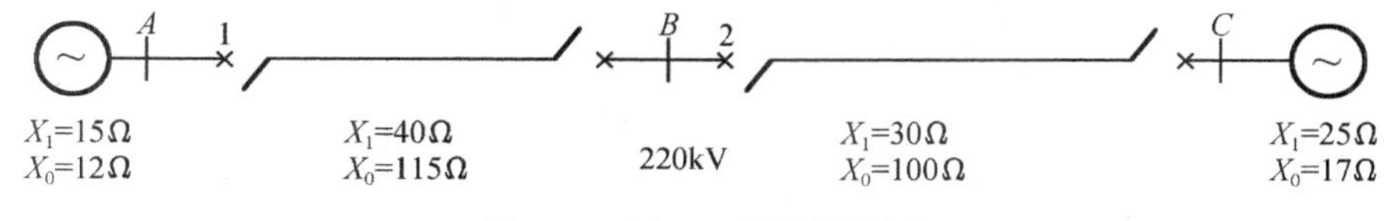

图4-8　例4-1的网络简图

解　(1) 求保护1的第Ⅰ段定值。

B点短路时总的序阻抗(正序、零序)：

$$X_{B.\sum 1} = \frac{(15+40)\times(30+25)}{15+40+30+25} = 27.5(\Omega)$$

$$X_{B.\sum 0} = \frac{(12+115)\times(100+17)}{12+115+100+17} = 60.89(\Omega)$$

由于零序阻抗大于正序阻抗，所以按单相接地故障整定。用分流公式求出流过保护安装处的零序电流，然后代入定值计算公式求得第Ⅰ段定值。

$$I_{B,0}=\frac{117}{127+117}I_{k,B,\max}=\frac{117}{127+117}\times\frac{231/\sqrt{3}}{2\times27.5+60.89}\approx0.55(\text{kA})$$

$$I'_{op,1}\geqslant k'_{rel}3I_{B,0}=1.2\times3\times0.55\approx1.986(\text{kA})$$

为了防止断路器三相不同时合闸可能出现误动，因此设定时延躲过。

$$t'_1=0.1\text{s}$$

(2) 求保护1的第Ⅱ段定值。

C 点短路时总的序阻抗(正序、零序)为

$$X_{C,\sum1}=\frac{(15+40+30)\times25}{15+40+30+25}=19.3(\Omega)$$

$$X_{C,\sum0}=\frac{(12+115+100)\times17}{12+115+100+17}=15.8(\Omega)$$

由于零序阻抗小于正序阻抗，所以按两相接地故障整定。用分流公式求出流过保护安装处的零序电流，然后代入定值计算公式分别求得保护2的第Ⅰ段和保护1的第Ⅱ段定值。

$$I_{C,f,1}=\frac{231/\sqrt{3}}{19.3+\dfrac{19.3\times15.8}{19.3+15.8}}\approx4.766(\text{kA})$$

$$I_{C,f,0}=I_{C,f,1}\frac{X_{\sum2}}{X_{\sum2}+X_{\sum0}}=4.766\times\frac{19.3}{19.3+15.8}=2.62(\text{kA})$$

$$I_{C,2,0}=I_{C,f,0}\times\frac{17}{17+227}=0.18(\text{kA})$$

$$I'_{op,2}\geqslant k'_{rel}3I_{C,2,0}=1.2\times3\times0.18\approx0.648(\text{kA})$$

$$I''_{op,1}\geqslant k''_{rel}I''_{op,2}=1.2\times0.648\approx0.778(\text{kA})$$

(3) 保护1第Ⅱ段的灵敏度校验。

按两相短路接地计算出末端短路时的最小短路电流幅值如下：

$$I_{B,f,0}=I_{B,f,1}\frac{X_{\sum2}}{X_{\sum2}+X_{\sum0}}=\frac{U_{f|0|}}{X_{\sum1}+\dfrac{X_{\sum0}X_{\sum2}}{X_{\sum0}+X_{\sum2}}}\times\frac{X_{\sum2}}{X_{\sum0}+X_{\sum2}}$$

$$=\frac{231/\sqrt{3}}{27.5+\dfrac{27.5\times60.89}{27.5+60.89}}\times\frac{27.5}{27.5+60.89}\approx0.89(\text{kA})$$

$$I_{B,1,0}=I_{B,f,0}\times\frac{117}{127+117}=0.89\times\frac{117}{244}\approx0.426(\text{kA})$$

$$K''_{sen,1}=\frac{3I_{B,1,0}}{I''_{op,1}}=\frac{3\times0.426}{0.778}\approx1.64$$

大于1.5，满足要求。

(4) 保护1第Ⅱ段时限整定。

$$t''_1=0.5\text{s}$$

(5) 保护1的第Ⅲ段定值。

按本线路末端三相短路故障时的最大不平衡电流整定。

$$I'''_{\text{op},1} \geqslant K'''_{\text{rel}} I_{\text{dsq},B} = 1.2 \times 0.1 \times \frac{231/\sqrt{3}}{15+40} = 0.291(\text{kA})$$

(6) 保护 1 第Ⅲ段近后备的灵敏度校验。

$$K'''_{\text{sen},1} = \frac{3I_{B,1,0}}{I'''_{\text{op},1}} = \frac{3 \times 0.426}{0.291} \approx 4.4$$

大于 1.3,满足要求。

(7) 保护 1 第Ⅲ段远后备的灵敏度校验。

按 C 母线单相接地短路的最小短路电流校验。

$$I_{C,\text{k},\min} = \frac{U_{f|0|}}{X_{\sum 1} + X_{\sum 2} + X_{\sum 0}} = \frac{231/\sqrt{3}}{19.3+19.3+15.8} = \frac{133.36}{54.4} = 2.45(\text{kA})$$

$$I_{C,1,0,\min} = I_{C,\text{k},\min} \times \frac{17}{12+115+100} = 2.45 \times \frac{17}{227} = 0.18(\text{kA})$$

$$K'''_{\text{sen},1} = \frac{3I_{C,1,0,\min}}{I'''_{\text{op},1}} = \frac{3 \times 0.18}{0.291} \approx 1.86$$

大于 1.5,满足要求。

(8) 保护 1 的第Ⅲ段时限整定。

$$t'''_1 = 1 + 0.5 + 0.5 = 2(\text{s})$$

4.1.6 方向性零序电流保护

在双侧或多侧电源的网络中,电源处变压器的中性点一般至少有一台要接地。由于零序电流的实际流向是由故障点流向各个中性点接地的变压器,因此在变压器接地数目比较多的复杂网络中,为了保证选择性,就需要考虑零序电流方向性问题。

如图 4-9(a)所示的网络接线,两侧电源处的变压器中性点均直接接地,这样当 k_1 点短路时,其零序等效网络和零序电流分布如图 4-9(b)所示,按照选择性的要求,应该由保护 1 和保护 2 动作切除故障,但是零序电流 $\dot{I}'_{0k1}$ 流过保护 3 时,就可能引起它的误动作。同样当 k_2 点短路时,如图 4-9(c)所示,零序电流 $\dot{I}'_{0k2}$ 又可能使保护 2 误动作。此情况必须在零序电流保护上增加功率方向元件,利用正方向和反方向故障时零序功率方向的差别,来闭锁可能误动作的保护,才能保证动作的选择性。

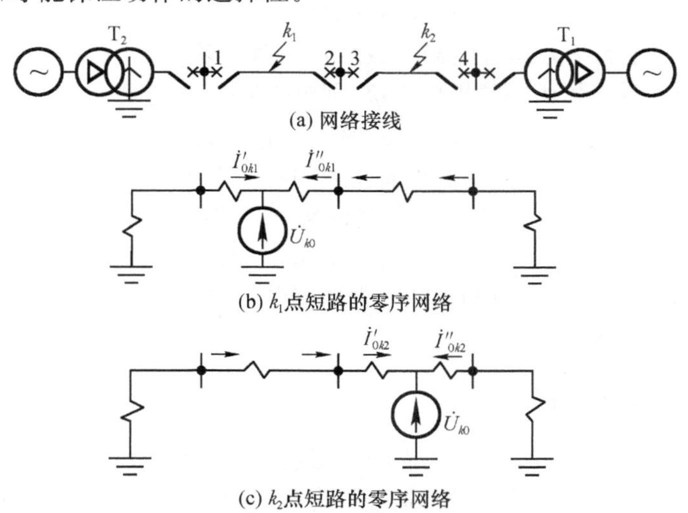

图 4-9 零序方向保护工作原理的分析

零序功率方向继电器接于零序电压 $3\dot{U}_0$ 和零序电流 $3\dot{I}_0$ 之上，如图 4-10 所示，它只反应零序功率的方向而动作。当保护范围内部故障时，按规定的电流、电压正方向看，$3\dot{I}_0$ 超前 $3\dot{U}_0$ 95°～110°（对应于保护安装地点背后的零序阻抗角为 85°～70°的情况），继电器此时应正确动作，并应工作在最灵敏的条件之下。

根据零序分量的特点，零序功率方向继电器显然应该采用最大灵敏角 $\varphi_{sen}=-110°\sim-95°$。当按规定极性对应加入 $3\dot{U}_0$ 和 $3\dot{I}_0$ 时，继电器正好工作在最灵敏的条件下，其接线如图 4-10(a)所示。在微机继电保护中零序功率方向继电器的技术条件规定其最大灵敏度为 $-105°\pm5°$，与上述接线是一致的。

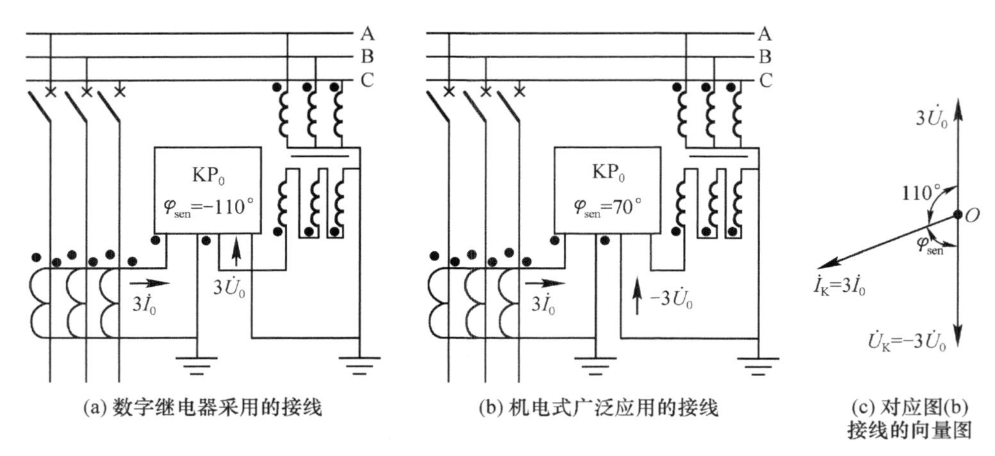

图 4-10　零序功率方向继电器的接线方式

机电式整流型零序功率方向继电器都是把最大灵敏角做成 $\varphi_{sen}=70°\sim85°$，即要求加入继电器的 $\dot{U}_K$ 应超前 $\dot{I}_K$ 70°～85°时动作最灵敏。为了适应这个要求，对于这种零序功率方向继电器的接线应如图 4-10(b)所示，将电流线圈与电流互感器之间同极性相连，而将电压线圈与电压互感器之间不同极性相连，即 $\dot{I}_K=3\dot{I}_0$，$\dot{U}_K\approx-3U_0$，$\varphi_K=70°\sim85°$，向量关系如图 4-10(c)所示，刚好符合最灵敏的条件。

图 4-10(a)、(b)的接线实质上完全一样，只是在图(b)的情况下，先在继电器内部的电压回路中倒换一次极性，然后在外部接线时再倒换一次极性。由于在正常运行情况下，没有零序电流和电压，零序功率方向继电器的极性接错时不易发现，故在实际工作中应特别注意。接线时必须检查继电器内部的极性连接，画出向量图，并进行试验，以免发生错误。

由于越靠近故障点，零序电压越高，因此零序方向元件没有电压死区。相反，倒是当故障点距离保护安装地点很远时，由于保护安装处的零序电压较低，零序电流较小，继电器反而可能不启动。为此，必须校验方向元件在这种情况下的灵敏系数。例如，作为相邻元件的后备保护，相邻元件末端短路时，应采用在本保护安装处的最小零序电流、电压或功率（经电流、电压互感器转换到二次侧的数值）与功率方向继电器的最小启动电流、电压或启动功率之比来计算灵敏系数，并要求 $K_{sen}\geqslant1.5$。

4.1.7　对零序电流保护的评价

在相间短路电流保护中，若采用三相星形接线方式时，它也可以保护单相接地短路。那么为什么要采用专门的零序电流保护？这是因为两者相比，后者具有如下优点：

(1) 相间短路的过电流保护是按照大于负荷电流进行整定的，继电器的启动电流一般为5～7A，而零序过电流保护则按照避开不平衡电流的原则进行整定，其值一般为2～3A。由于发生单相接地短路时，故障相的电流与零序电流 $3I_0$ 相等，因此，零序过电流保护的灵敏度高。

此外，由图4-7可见，零序过电流保护的动作时限也较相间保护短。尤其是对于两侧电源的线路，当线路内部靠近任一侧发生地短路时，本侧零序Ⅰ段动作跳闸后，对侧零序电流增大可使对侧零序Ⅰ段也相继动作跳闸，因而使总的故障切除时间更加缩短。

(2) 相间短路的电流速断和限时电流速断保护直接受系统运行方式变化的影响很大，而零序电流保护受系统运行方式变化的影响要小得多。

此外，由于线路零序阻抗远较正序阻抗大，$X_0=(2\sim3.5)X_1$，故线路始端与末端短路时，零序电流变化显著，曲线较陡，因此零序Ⅰ段的保护范围较大，也较稳定，零序Ⅱ段的灵敏系数也易于满足要求。

(3) 当系统中发生某些不正常运行状态时，如系统振荡、短时过负荷等，由于三相是对称的，相间短路的电流保护均将受它们的影响而可能误动作，因而需要采取必要的措施予以防止，而零序保护则不受它们的影响。

零序电流保护的缺点如下：

(1) 对于短线路或运行方式变化很大的情况，保护往往不能满足灵敏性的要求。

(2) 随着单相重合闸的广泛应用，在重合闸动作的过程中将出现非全相运行状态，再考虑系统两侧的电机发生摇摆，则可能出现较大的零序电流，因而影响零序电流保护的正确工作，此时应从整定计算上予以考虑，或在单相重合闸动作过程中使之短时退出运行。

(3) 当采用自耦变压器联系两个不同电压等级的网络时(如110kV和220kV电网)，则任一网络的接地短路都将在另一网络中产生零序电流，这将使零序保护的整定配合复杂化，并将增大第Ⅲ段保护的动作时限。

实际上，在中性点直接接地的电网中，由于零序电流保护简单、经济、可靠，因而获得了广泛应用。

4.1.8 接地距离保护及其接线方式

在中性点直接接地的电网中，当零序电流保护不能满足要求时，一般考虑采用接地距离保护，它的主要任务是正确反应这个电网中的接地短路，因此，对阻抗继电器的接线方式需要做进一步的讨论。

在单相接地时，只有故障相的电压降低，电流增大，而其他任何相间电压都是很高的，因此，从原则上看，应该将故障相的电压和电流加入继电器中。例如，对A相阻抗继电器采用

$$\dot{U}_K=\dot{U}_A,\quad \dot{I}_K=\dot{I}_A$$

关于这种接线能否满足要求，现分析如下：将故障点的电压 $\dot{U}_{KA}$ 和电流 $\dot{I}_A$ 分解为对称分量，则

$$\begin{cases}\dot{I}_A=\dot{I}_1+\dot{I}_2+\dot{I}_0\\ \dot{U}_{KA}=\dot{U}_{K1}+\dot{U}_{K2}+\dot{U}_{K0}=0\end{cases}\tag{4-10}$$

按照各序的等效网络，在保护安装地点母线上各对称分量的电压与短路点的对称分量电压之间，应具有如下的关系：

$$\begin{cases}\dot{U}_1=\dot{U}_{K1}+\dot{I}_1Z_1l\\ \dot{U}_2=\dot{U}_{K2}+\dot{I}_2Z_1l\\ \dot{U}_0=\dot{U}_{K0}+\dot{I}_0Z_0l\end{cases}\tag{4-11}$$

因此，保护安装地点母线上的 A 相电压即应为

$$\begin{aligned}\dot{U}_A&=\dot{U}_{A1}+\dot{U}_{A2}+\dot{U}_{A0}=\dot{U}_{K1}+\dot{I}_1Z_1l+\dot{U}_{K2}+\dot{I}_2Z_1l+\dot{U}_{K0}+\dot{I}_0Z_0l\\&=Z_1l\left(\dot{I}_1+\dot{I}_2+\dot{I}_0\frac{Z_0}{Z_1}\right)=Z_1l\left(\dot{I}_A-\dot{I}_0+\dot{I}_0\frac{Z_0}{Z_1}\right)\\&=Z_1l\left(\dot{I}_A+\dot{I}_0\frac{Z_0-Z_1}{Z_1}\right)\end{aligned}\tag{4-12}$$

当采用 $\dot{U}_K=\dot{U}_A$ 和 $\dot{I}_K=\dot{I}_A$ 的接线方式时，继电器的测量阻抗为

$$Z_K=\frac{\dot{U}_K}{\dot{I}_K}=Z_1l+\frac{\dot{I}_0}{\dot{I}_A}(Z_0-Z_1)l\tag{4-13}$$

此阻抗值与 $\frac{\dot{I}_0}{\dot{I}_A}$ 值有关，而这个比值因受中性点接地数目与分布的影响，并不等于常数，故继电器就不能准确地测量从短路点到保护安装地点之间的阻抗，因此，不能采用。

为了使继电器的测量阻抗在单相接地时不受 $\dot{I}_0$ 的影响，根据以上分析的结果，就应该给阻抗继电器加入如下的电压和电流：

$$\begin{cases}\dot{U}_K=\dot{U}_A\\ \dot{I}_K=\dot{I}_A+\dot{I}_0\dfrac{Z_0-Z_1}{Z_1}=\dot{I}_A+K3\dot{I}_0\end{cases}\tag{4-14}$$

式中，$K=\frac{Z_0-Z_1}{3Z_1}$。一般可近似为零序阻抗角和正序阻抗角相等，因而 K(零序电流补偿系数)是一个实数，这样，继电器的测量阻抗将是

$$Z_K=\frac{\dot{U}_K}{\dot{I}_K}=\frac{Z_1l(\dot{I}_A+K3\dot{I}_0)}{\dot{I}_A+K3\dot{I}_0}=Z_1l\tag{4-15}$$

它能正确地测量从短路点到保护安装地点之间的阻抗，并与相间短路的阻抗继电器所测量的阻抗为同一数值，因此，这种接线得到了广泛的应用。

为了反应任一相的单相接地短路，接地距离保护必须采用三个阻抗继电器，其接线方式分别为 $\dot{U}_A$，$\dot{I}_A+K3\dot{I}_0$；$\dot{U}_B$，$\dot{I}_B+K3\dot{I}_0$；$\dot{U}_C$，$\dot{I}_C+K3\dot{I}_0$。

这种接线方式同样能够反应两相接地短路和三相短路，此时接于故障相的阻抗继电器的测量阻抗亦为 Z_1l。

由此可见，接地距离保护的整定计算与相间距离保护相同，只是接线方式不同而已，若遇某些特殊情况可用修正可靠系数来满足要求。

4.1.9 自适应故障分量距离保护原理

为了提高距离保护抗过渡电阻能力、增强速动性改善保护性能，超高压线路保护近年来广泛采用自适应故障分量瞬态原理的距离保护。根据故障分量的理论，当电力系统故障时的故障分量附加网络如图 4-11 所示。线路 MN 的 M 侧装有距离保护，其故障分量电压为 ΔU，故障分量电流为 ΔI。当正方向区内、反方向和正方向区外故障时，故障点激励电势分

别为 ΔU_{F1}，ΔU_{F2}，ΔU_{F3}。设距离保护整定阻抗为 Z_{set}，一般取 0.8～0.9 倍线路全长阻抗。

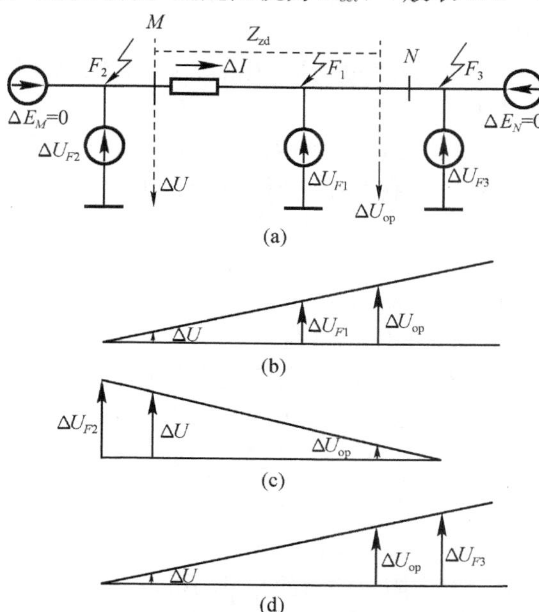

图 4-11　保护区内外各点金属性短路时电压分布图

1. 阻抗幅值比较动作判据

由图 4-11(a)可得

$$\Delta U_{F1} = \Delta U - \Delta I Z_{K}$$

而 $\Delta U_{F1} = -U_{F0}$，Z_{K} 为保护安装处到短路点的阻抗，U_{F0} 为故障前瞬母线工作电压，其值可近似在线计算，即 $U_{F0} = U_{L} - I_{L} Z_{set}$，式中 U_{L}、I_{L} 分别为正常工作时的母线负荷电压和负荷电流，U_{F0} 也可近似取母线故障前的记忆电压。

所以测量到的短路阻抗就可求出

$$Z_{K} = \frac{\Delta U - U_{F0}}{\Delta I}$$

距离保护的阻抗幅值比较动作方程则为

$$|Z_{K}| \leqslant |Z_{set}| \tag{4-16}$$

2. 工频故障分量阻抗元件电压幅值动作判据

将阻抗动作方程两边同乘故障分量电流 ΔI，即可得到电压比较式为

$$|\Delta U_{op}| > \Delta U_{set}$$

式中，ΔU_{op} 为距离保护动作电压；ΔU_{set} 为整定门槛，各故障点故障前电压近似等于保护安装处故障前瞬的工作电压，即 $\Delta U_{set} = |\Delta U_{F}|$。

在相间故障时有

$$\Delta U_{op\Phi\Phi} = \Delta U_{\Phi\Phi} - \Delta I_{\Phi\Phi} Z_{set}$$

式中，下标 $\Phi\Phi$=ab，bc，ca，即代表线电压、线电流。

在接地故障时有

$$\Delta U_{op\Phi} = \Delta U_{\Phi} - (\Delta I_{\Phi} + K3\Delta I_{0}) Z_{set}$$

式中，下标 Φ=a，b，c，即代表相电压、相电流。

当区内故障时，如图 4-11(b)所示，ΔU_{op}在本侧系统零电位至故障点 ΔU_{F1}连线的延长线上，有 $\Delta U_{op}>\Delta U_{F1}$，继电器动作。

当反方向故障时，如图 4-11(c)所示，ΔU_{op}在 ΔU_{F2}与对侧系统零电位的连线上，显然，$\Delta U_{op}<\Delta U_{F2}$，继电器不会动作。

当区外正方向故障时，如图 4-11(d)所示，ΔU_{op}在 ΔU_{F3}与本侧系统零电位的连线上，$\Delta U_{op}<\Delta U_{F3}$，继电器也不会动作。在系统正常运行时 $\Delta U_{op}=0$，因此区内正方向故障的电压动作判据是

$$|\Delta U_{op}|>|\Delta U_{F1}| \tag{4-17}$$

3. 经过渡电阻故障时的动作特性分析

1）正方向经过渡电阻故障时的动作特性

如图 4-12 所示，在正方向故障时，故障点经过渡电阻短路时，故障点处电压故障分量为

$$\Delta\dot{U}_F=\Delta\dot{E}_{F1}+\dot{I}_k R_F=\Delta\dot{U}-\Delta\dot{I}_M Z_{Lk}$$

$$Z_{Lk}=\frac{(\Delta\dot{U}-\Delta\dot{E}_{F1})}{\dfrac{\Delta\dot{I}_M-\dot{I}_k R_F}{\Delta\dot{I}_M}}=\frac{Z_k-\dot{I}_k R_F}{\Delta\dot{I}_M} \tag{4-18}$$

式中，Z_k 为保护安装处 M 经过渡电阻短路时的测量阻抗，Z_{Lk}为 M 到短路点的阻抗。

$$\dot{I}_k=\Delta\dot{I}_M+\Delta\dot{I}_N$$

$$Z_k=Z_{Lk}+(\Delta\dot{I}_M+\Delta\dot{I}_N)R_F/\Delta\dot{I}_M \tag{4-19}$$

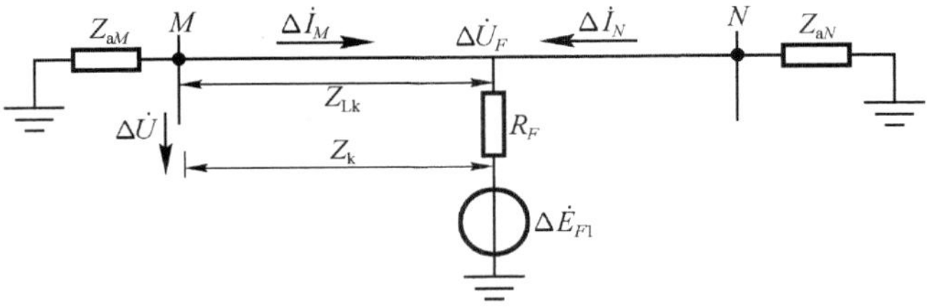

图 4-12　正方向故障点经过渡电阻短路的附加状态

由式(4-19)可知，在经过渡电阻 R_F 短路时，距离元件测量阻抗 Z_k 多了一项与 R_F 有关的阻抗$(\Delta\dot{I}_M+\Delta\dot{I}_N)R_F/\Delta\dot{I}_M$，使得距离元件的保护范围减少，而且所增加阻抗是纯电阻性。因为故障分量电流量 ΔI_M 和 ΔI_N 的相位几乎总是相同的，所以不会因对侧的助增电流引起超越现象。这是故障分量距离元件的一大优点。

2）反方向故障动作特性

对于反方向故障，故障点经过渡电阻短路时，可从图 4-13 分析距离元件的阻抗动作特性。

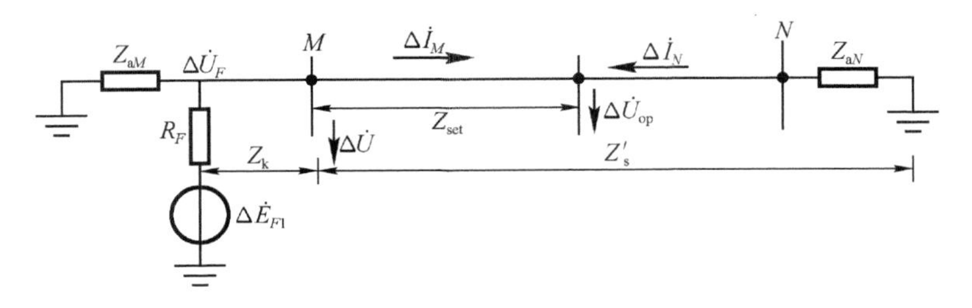

图 4-13　反方向故障点经过电阻短路的附加状态

由图 4-13 可得

$$\Delta\dot{E}_{F1}=\Delta\dot{I}(Z_k+Z'_s)$$

$$\Delta\dot{U}_{\mathrm{op}}=\Delta\dot{U}-\Delta\dot{I}Z_{\mathrm{set}}$$

为了检验反方向故障时，距离元件的方向性及过渡电阻对其的影响，将上面 $\Delta\dot{E}_{F1}$、$\Delta\dot{U}_{\mathrm{op}}$代入距离元件电压动作特征方程(4-17)得

$$|\Delta\dot{U}-\Delta\dot{I}Z_{\mathrm{set}}|>|\Delta\dot{I}(Z_{\mathrm{k}}+Z'_{\mathrm{s}})|$$

不等式两边均除以 $\Delta\dot{I}$，得

$$|Z'_{\mathrm{s}}-Z_{\mathrm{set}}|>|Z'_{\mathrm{s}}+Z_{\mathrm{k}}|$$

式中，反方向故障地点是随机的，因此，$-Z_{\mathrm{k}}$ 是变量，如设测量阻抗 $Z_{\mathrm{r}}=-Z_{\mathrm{k}}$，则上式可改写为

$$|Z'_{\mathrm{s}}-Z_{\mathrm{set}}|>|Z_{\mathrm{r}}-Z'_{\mathrm{s}}|$$

显然反方向故障时，变量 Z_{r} 的动作轨迹在阻抗平面上是以矢量 Z'_{s}末端为圆心，以$|Z'_{\mathrm{s}}-Z_{\mathrm{set}}|$为半径的上抛阻抗圆。实际上 Z_{k} 总是电感性的，因此$-Z_{\mathrm{k}}$ 总是在第三象限，不可能落到位于第一象限的阻抗圆内，距离元件不可能动作，所以工频故障分量距离元件具有明确的方向性。同时，在反方向故障时具有很大的克服过渡电阻能力。

4.2 小电流接地电网单相接地保护

在中性点非直接接地电网(又称小电流接地系统)中发生单相接地时，由于故障点的电流很小，而且三相之间的线电压仍然保持对称，对负荷的供电没有影响，因此，在一般情况下都允许再继续运行 1～2h，而不必立即跳闸。这也是采用中性点非直接接地运行的主要优点。但是在单相接地以后，其他两相的对地电压要略升高$\sqrt{3}$倍。为了防止故障进一步扩大成两点或多点接地短路，就应及时发出信号，以便运行人员采取措施予以消除。

因此，在单相接地时，一般只要求继电保护能有选择性地发出信号，而不必跳闸。但当单相接地对人身和设备的安全有危险时，则应动作于跳闸。

中性点非直接接地有不接地、经消弧线圈接地和经阻抗接地等多种方式。

4.2.1 中性点不接地电网中单相接地故障的特点

如图 4-14 所示的最简单的网络接线，在正常运行情况下，三相对地有相同的电容 C_0，在相电压的作用下，每相都有一超前于相电压 90°的电容电流流入地中，而三相电流之和等于零。假设在 A 相发生了单相接地，则 A 相对地电压变为零，对地电容被短接，而其他两相的对地电压升高$\sqrt{3}$倍，对地电容电流也相应地增大$\sqrt{3}$倍，相量关系如图 4-15 所示。在单相接地时，由于三相中的负荷电流和线电压仍然是对称的，因此，在下面分析中不予考虑，而只分析对地关系的变化。

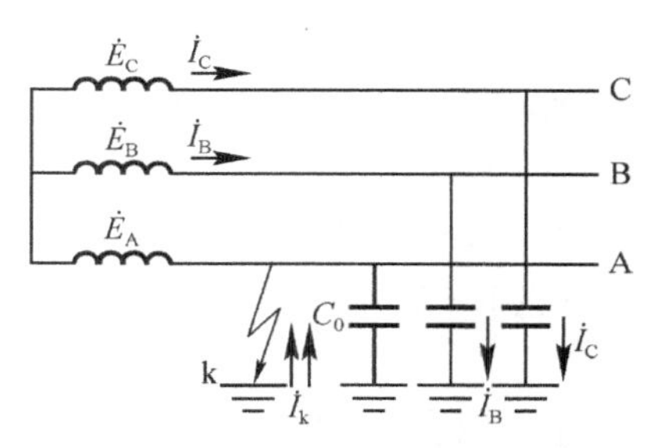

图 4-14 简单网络接线示意图

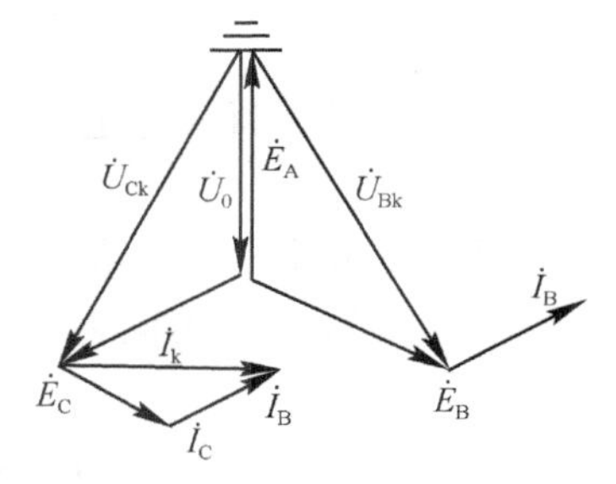

图 4-15 A 相接地时的相量图

在 A 相接地以后，各相对地的电压为

$$\begin{cases}\dot{U}_{\mathrm{Ak}}=0\\ \dot{U}_{\mathrm{Bk}}=\dot{E}_{\mathrm{B}}-\dot{E}_{\mathrm{A}}=\sqrt{3}\dot{E}_{\mathrm{A}}\mathrm{e}^{-\mathrm{j}150^{\circ}}\\ \dot{U}_{\mathrm{Ck}}=\dot{E}_{\mathrm{C}}-\dot{E}_{\mathrm{A}}=\sqrt{3}\dot{E}_{\mathrm{A}}\mathrm{e}^{\mathrm{j}150^{\circ}}\end{cases}\tag{4-20}$$

故障点 k 的零序电压为

$$\dot{U}_{k0}=\frac{1}{3}(\dot{U}_{\mathrm{Ak}}+\dot{U}_{\mathrm{Bk}}+\dot{U}_{\mathrm{Ck}})=-\dot{E}_{\mathrm{A}}\tag{4-21}$$

在非故障相中，流向故障点的电容电流为

$$\begin{cases}\dot{I}_{\mathrm{B}}=\dot{U}_{\mathrm{Bk}}\mathrm{j}\omega C_0\\ \dot{I}_{\mathrm{C}}=\dot{U}_{\mathrm{Ck}}\mathrm{j}\omega C_0\end{cases}\tag{4-22}$$

其有效值为 $I_{\mathrm{B}}=I_{\mathrm{C}}=\sqrt{3}U_{\varphi}\omega C_0$，其中 U_{φ} 为相电压的有效值。此时，从接地点流回的电流为 $\dot{I}_{\mathrm{k}}=\dot{I}_{\mathrm{B}}+\dot{I}_{\mathrm{C}}$。由图 4-15 可见，其有效值为 $I_{\mathrm{k}}=3U_{\varphi}\omega C_0$。

当网络中有发电机(G)和多条线路时，如图 4-15 所示，每台发电机和每条线路对地均有电容存在。设以 $C_{0\mathrm{G}}$，$C_{0\mathrm{I}}$，$C_{0\mathrm{II}}$ 等集中的电容来表示。当线路Ⅱ A 相接地后，如果忽略负荷电流和电容电流在线路阻抗上的电压降，则全系统 A 相对地的电压均等于零，因而各元件 A 相对地的电容电流也等于零，同时 B 相和 C 相的对地电压和电容电流也都升高$\sqrt{3}$倍，仍可用式(4-20)～式(4-22)的关系来表示。在这种情况下的电容电流分布，在图 4-16 中用“→”表示。

由图 4-16 可见，在非故障的线路Ⅰ上，A 相电流为零，B 相和 C 相中流有本身的电容电流，因此，在线路始端所反应的零序电流为

$$3\dot{I}_{0\mathrm{I}}=\dot{I}_{\mathrm{B I}}+\dot{I}_{\mathrm{C I}}$$

参照图 4-15 所示的关系，其有效值为

$$3I_{0\mathrm{I}}=3U_{\varphi}\omega C_{0\mathrm{I}}\tag{4-23}$$

即零序电流为线路Ⅰ本身的电容电流，电容性无功功率的方向为由母线流向线路。

当电网中的线路很多时，上述结论可适用于每一条非故障的线路。

在发电机 G 上，首先有它本身的 B 相和 C 相的对地电容电流 $\dot{I}_{\mathrm{BG}}$ 和 $\dot{I}_{\mathrm{CG}}$，但是，由于它还是产生其他电容电流的电源，因此，从 A 相中要流回从故障点流出的全部电容电流，而在 B 相和 C 相中又要分别流出各线路上同名相的对地电容电流，此时从发电机出线端所反应的零序电流仍应为三相电流之和。由图 4-16 可见，各线路的电容电流由于从 A 相流入后又分别从 B 相和 C 相流出了，因此，相加后互相抵消，而只剩下发电机本身的电容电流，故

$$3\dot{I}_{0\mathrm{G}}=\dot{I}_{\mathrm{BG}}+\dot{I}_{\mathrm{CG}}$$

有效值为 $3I_{0\mathrm{G}}=3U_{\varphi}\omega C_{0\mathrm{G}}$，即零序电流为发电机本身的电容电流，其电容无功功率的方向是由母线流向发电机。

现在再来看看发生故障的线路Ⅱ。在 B 相和 C 相上，与非故障的线路一样，流有它本身的电容电流 $\dot{I}_{\mathrm{B II}}$ 和 $\dot{I}_{\mathrm{C II}}$，而不同之处是在接地点要流回全系统 B 和 C 相对地电容电流之总和，其值为

$$\dot{I}_{\mathrm{k}}=(\dot{I}_{\mathrm{B I}}+\dot{I}_{\mathrm{C I}})+(\dot{I}_{\mathrm{B II}}+\dot{I}_{\mathrm{C II}})+(\dot{I}_{\mathrm{BG}}+\dot{I}_{\mathrm{CG}})$$

有效值为

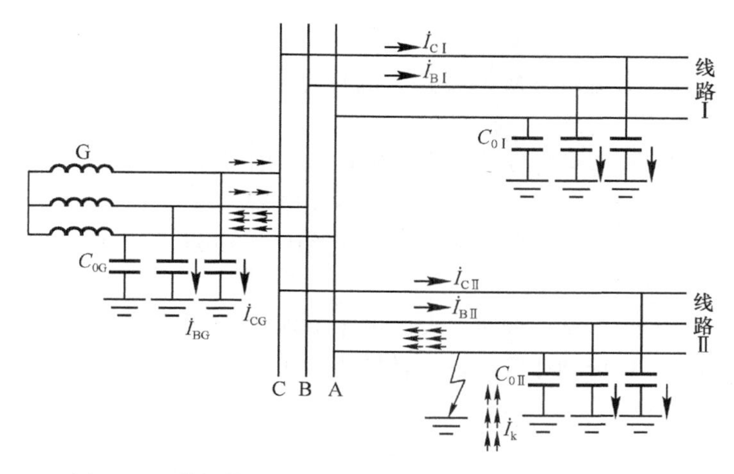

图 4-16 单相接地时,用三相系统表示的电容电流分布图

$$I_k = 3U_\varphi \omega (C_{0Ⅰ} + C_{0Ⅱ} + C_{0G}) = 3U_\varphi \omega C_{0\sum} \tag{4-24}$$

式中,$C_{0\sum}$ 为全系统非故障相对地电容的总和,此电流要从 A 相流回去,因此,从 A 相流出的电流可表示为 $\dot{I}_{AⅡ} = -\dot{I}_k$,这样在线路 Ⅱ 始端所流过的零序电流为

$$3\dot{I}_{0Ⅱ} = \dot{I}_{AⅡ}$$

由此可见,由故障线路流向母线的零序电流,其数值等于全系统非故障元件对地电容电流之总和,其电容性无功功率的方向为由线路流向母线,恰好与非故障线路上的相反。

总结以上分析的结果,可以得出如下结论。

(1) 在发生单相接地时,全系统都将出现零序电压。

(2) 在非故障的元件上有零序电流,其数值等于本身的对地电容电流,电容性无功功率的实际方向为由母线流向线路。

(3) 在故障线路上,零序电流为全系统非故障元件对地电容电流之总和,数值一般较大,电容性无功功率的实际方向为由线路流向母线。

4.2.2 中性点不接地电网中单相接地保护

根据网络接线的具体情况,可利用以下方式来构成单相接地保护。

1. 绝缘监视装置

在发电厂和变电所的母线上,一般装设反应单相接地的绝缘监视装置,利用接地后出现的零序过电压,带延时动作于信号。如图 4-17 所示,可用一过电压继电器接于母线电压互感器二次开口三角形的一侧。

只要发生单相接地故障,则在同一电压等级的所有发电厂和变电所的母线上,都将出现零序电压。可见,这种方法给出的信号是没有选择性的。要想发现故障是在哪一条线路上,还要由运行人员进行检查,即依次短时断开每条线路。当断开某条线路时,零序过电压的信号消失,即表明故障是在该线路之上。目前多采用微机接地故障自动选线装置实现此功能。

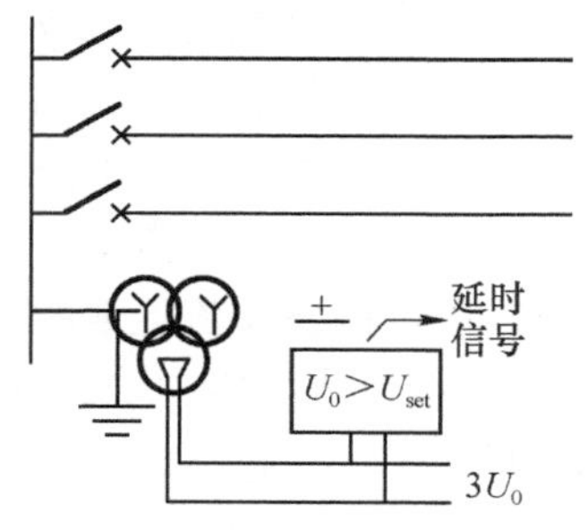

图 4-17 单相接地的信号装置原理接线图

2. 零序电流保护

利用故障线路零序电流较非故障线路大的特点来实现有选择性地发出信号或动作于跳闸。

这种保护一般使用在有条件安装零序电流互感器的线路上(如电缆线路或经电缆引出的架空线路)。当单相接地电流较大,足以克服零序电流过滤器中不平衡电流的影响时,保护装置也可以接于三个电流互感器构成的零序回路中。在微机继电保护中常用三相电流相量经计算获得零序电流。

根据图 4-16 的分析,当某一线路上发生单相接地时,非故障线路上的零序电流为本身的电容电流,因此,为了保证动作的选择性,保护装置的启动电流 I_{op}应大于本线路的电容电流,即

$$I_{op} \geqslant K_{rel} 3U_{\varphi} \omega C_0 \tag{4-25}$$

式中,C_0 为被保护线路每相的对地电容。

按上式整定以后,还需要校验在本线路上发生单相接地故障时的灵敏系数,由于流经故障线路上的零序电流为全网络中非故障元件电容电流的总和,可近似用$3U_{\varphi}\omega(C_{\sum}-C_0)$来表示,因此灵敏系数为

$$K_{sen} = \frac{3U_{\varphi}\omega(C_{\sum}-C_0)}{K_{rel}3U_{\varphi}\omega C_0} = \frac{C_{\sum}-C_0}{K_{rel}C_0} \tag{4-26}$$

式中,$C_{\sum}$ 为同一电压等级网络中,各元件对地电容之和。校验时应采用系统最小运行方式时的电容电流,也就是 $C_{\sum}$ 为最小的电容电流。

由式(4-26)可见,当全电网的电容电流越大,或被保护线路的电容电流越小时,零序电流保护的灵敏系数就越容易满足要求。

3. 零序功率方向保护

利用故障线路与非故障线路零序功率方向不同的特点来实现有选择性的保护,动作于信号或跳闸。这种方式适用于零序电流保护不能满足灵敏系数的要求和接线复杂的网络中。

4.2.3 中性点经消弧线圈接地电网中单相接地故障的特点

根据以上的分析,当中性点不接地电网中发生单相接地时,在接地点要流过全系统的对地电容电流,如果此电流比较大,就会在接地点燃起电弧,一方面烧伤设备,另一方面引起弧光过电压,从而使非故障相的对地电压进一步升高,使绝缘损坏,形成两点或多点的接地短路,造成停电事故。为了解决这个问题,通常在中性点接入一个电感线圈,如图 4-18 所示。这样当单相接地时,在接地点就有一个电感分量的电流通过,此电流和原系统中的电容电流相抵消,就可以减少流经故障点的电流,因此,称它为消弧线圈。

在各级电压网络中,当全系统的电容电流超过下列数值时,则应装设消弧线圈:对 3～6kV 电网——30A;10kV 电网——20A;22～66kV 电网——10A。

当采用消弧线圈以后,单相接地时的电流分布将发生重大的变化。假定在图 4-16 所示的网络中,在电源的中性点接入了消弧线圈,如图 4-18(a)所示,当线路Ⅱ上 A 相接地以后,电容电流的大小和分布与不接消弧线圈时是一样的,不同之处是在接地点又增加了一个电感分量的电流 $\dot{I}_L$,因此,从接地点流回的总电流为

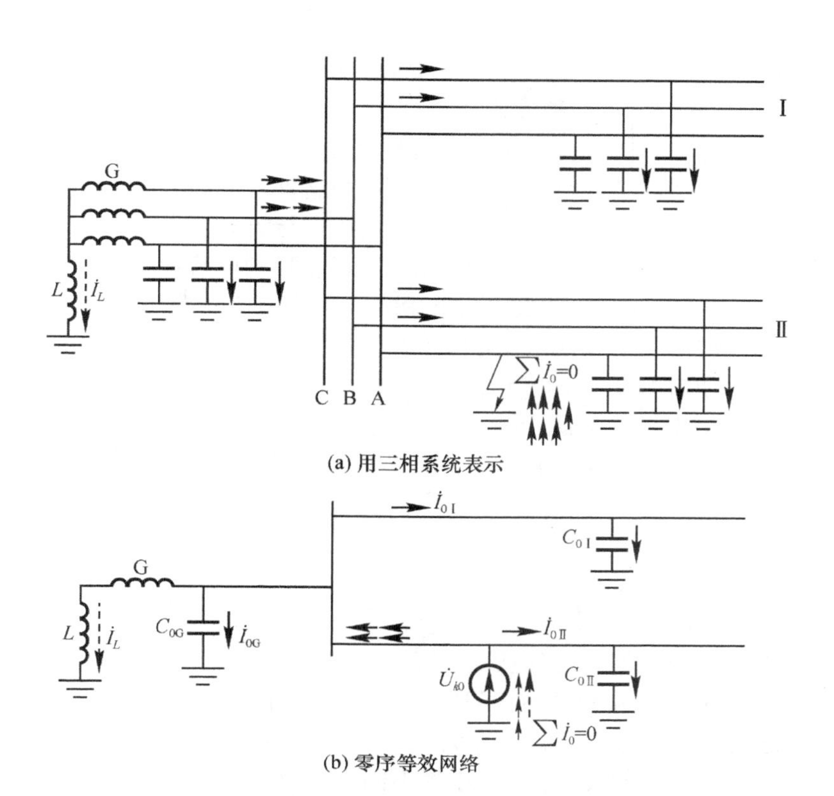

图 4-18　消弧线圈接地电网中，单相接地时的电流分布

$$\dot{I}_{\mathrm{k}} = \dot{I}_L + \dot{I}_{C\sum} \tag{4-27}$$

式中，$\dot{I}_{C\sum}$ 表示全系统的对地电容电流，可用式(4-24)计算；$\dot{I}_L$ 表示消弧线圈的电流，设用 L 表示它的电感，则 $\dot{I}_L = \dfrac{-\dot{E}_{\mathrm{A}}}{\mathrm{j}\omega L}$。

由于 $\dot{I}_{C\sum}$ 和 $\dot{I}_L$ 的相位大约相差 180°，因此，$\dot{I}_{\mathrm{k}}$ 将因消弧线圈的补偿而减小。相似地，可以做出它的零序等效网络，如图 4-18(b) 所示。

根据对电容电流补偿程度的不同，消弧线圈可以分为完全补偿、欠补偿及过补偿三种方式。

(1) 完全补偿就是使 $I_L = I_{C\sum}$，接地点的电流近似为 0。从消除故障点的电弧，避免出现弧光过电压的角度来看，这种补偿方式是最好的，但是因为完全补偿时，$\omega L = \dfrac{1}{3\omega C_{\sum}}$，正好是电感 L 和三相对地电容 $3C_{\sum}$ 对 50Hz 交流串联谐振的条件。这样，在正常情况时，如果架空线路三相的对地电容不完全相等，则电源中性点对地之间就产生电压偏移。根据“电工基础”课程的分析，应用戴维南定理，当 L 断开时中性点的电压为

$$\dot{U}_0 = \frac{\dot{E}_{\mathrm{A}} \cdot \mathrm{j}\omega C_{\mathrm{A}} + \dot{E}_{\mathrm{B}} \cdot \mathrm{j}\omega C_{\mathrm{B}} + \dot{E}_{\mathrm{C}} \cdot \mathrm{j}\omega C_{\mathrm{C}}}{\mathrm{j}\omega C_{\mathrm{A}} + \mathrm{j}\omega C_{\mathrm{B}} + \mathrm{j}\omega C_{\mathrm{C}}} = \frac{\dot{E}_{\mathrm{A}} C_{\mathrm{A}} + \dot{E}_{\mathrm{B}} C_{\mathrm{B}} + \dot{E}_{\mathrm{C}} C_{\mathrm{C}}}{C_{\mathrm{A}} + C_{\mathrm{B}} + C_{\mathrm{C}}} \tag{4-28}$$

式中，$\dot{E}_{\mathrm{A}}$，$\dot{E}_{\mathrm{B}}$，$\dot{E}_{\mathrm{C}}$ 为三相电源电势；C_{A}，C_{B}，C_{C} 为三相对地电容。

此外，在断路器合闸三相触头不同时闭合时，也将短时出现一个数值更大的零序分量电压。

在上述两种情况下所出现的零序电压，都是串联于 L 和 $C_{\sum}$ 之间的，其零序等效网络如图 4-19 所示。此电压将在串联谐振的回路中产生很大的电压降落，从而使电源中性点对地

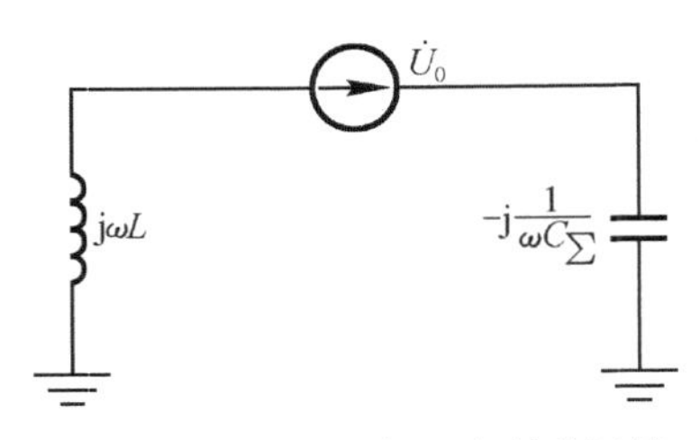

图 4-19　产生串联谐振的零序过程的特点

电压严重升高，这是不能允许的。因此实际上不能采用这种方式。

(2) 欠补偿就是使 $I_L < I_{C\Sigma}$，补偿后的接地点电流仍然是电容性的。采用这种方式时，仍然不能避免上述问题的发生，因为当系统运行方式变化时，例如某个元件被切除或因发生故障而跳闸，则电容电流就将减小，这时很可能又出现 I_L 和 $I_{C\Sigma}$ 两个电流相等的情况，而引起谐振过电压。因此，欠补偿的方式一般也是不采用的。

(3) 过补偿就是使 $I_L > I_{C\Sigma}$，补偿后的残余电流是电感性的。采用这种方法不会发生串联谐振的过电压问题，因此，在实际中获得了广泛的应用。

I_L 大于 $I_{C\Sigma}$ 的程度用过补偿度 P 来表示，其关系为

$$P = \frac{I_L - I_{C\Sigma}}{I_{C\Sigma}} \tag{4-29}$$

一般选择过补偿度 $P=5\%\sim10\%$，而不大于 10%。

总结以上分析的结果，可以得出如下结论。

(1) 当采用过补偿方式时，流经故障线路的零序电流将大于本身的电容电流，而电容性无功功率的实际方向仍然是由母线流向线路，和非故障线路的方向一样。因此，在这种情况下，无法利用稳态功率方向的差别来判别故障线路，而且由于过补偿度不大，也很难像中性点不接地电网那样，利用零序稳态电流大小的不同来找出故障线路。目前基于零序瞬态原理的故障选线装置已进入应用阶段。

(2) 可利用母线零序电压构成单相接地时的零序电压保护(绝缘监视装置)，其原理和接线与中性点不接地电网的绝缘监视装置完全相同。

4.2.4　中性点经电阻接地系统中线路接地保护

中性点经电阻接地方式是在变压器中性点串接电阻或串接一个在其二次侧接有电阻的单相辅助变压器，零序等效网络及相量图如图 4-20 所示，R_{N} 为中性点等值电阻，由图可知流过非故障线路Ⅰ、Ⅱ首端的电流为本线路的对地电容电流，流过故障线路Ⅲ首端的零序电流为

$$3\dot{I}_{0\mathrm{III}} = -\dot{I}_{\mathrm{RN}} - 3(\dot{I}_{0\mathrm{I}} + \dot{I}_{0\mathrm{II}}) = -\dot{U}_0\left[\frac{1}{R_{\mathrm{N}}} + \mathrm{j}3\omega(C_{0\mathrm{I}} + C_{0\mathrm{II}})\right] \tag{4-30}$$

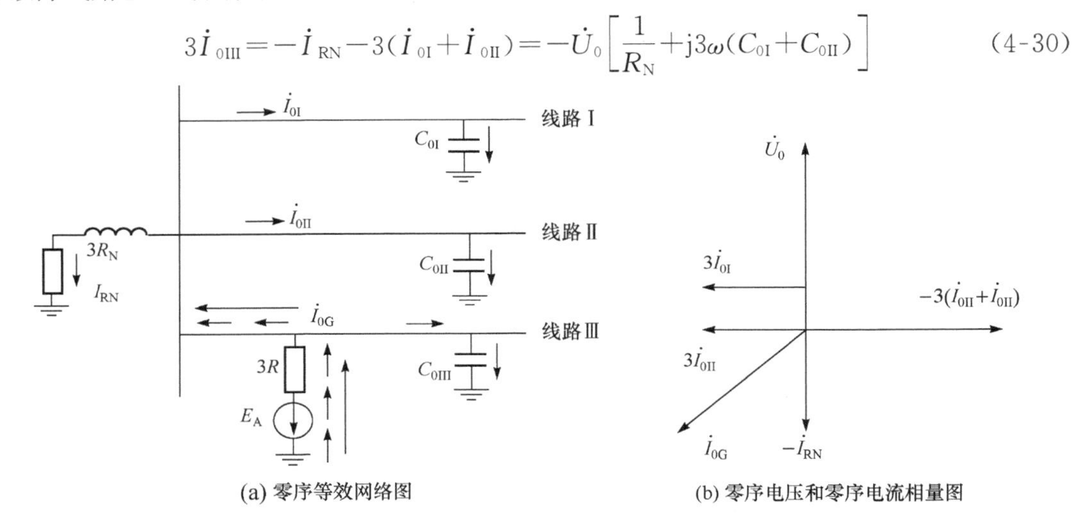

图 4-20　中性点经电阻接地系统零序等效网络及相量图

可见，流过故障线路Ⅲ始端的零序电流可分为两部分：中性点电阻 R_N 产生的有功电流 I_{RN}，其相位与零序电压差 180°；流过故障线路零序电流等于非故障线路零序电流之和 $3(I_{0\text{I}}+I_{0\text{II}})$，相位滞后零序电流 90°。流过非故障线路的零序电流只有本支路对地电容产生的容性电流，相位超前零序电压 90°。

由于零序有功电流只流过故障线路，与非故障线路无关，因此，只要以零序电压作为参考矢量，将此有功电流取出，就可用类似于不接地系统的方法实现接地保护。在中性点经消弧线圈接地系统中，只要消弧线圈本身含有较大的电阻或中性点采用消弧线圈并联电阻、串联电阻的接地方式，也适用此种保护原理。

以上介绍了几种小电流接地系统的接地保护原理，此外还有如电流突变量法、网络化选线方法等故障选线方法。应当指出，上述各种保护方式均有一定的适用条件和局限性。只有将多种数据处理算法和各种选线方法有效域优势互补，适应故障形态的多层次全方位智能选线系统，才能大大提高选出故障线路的可靠性。

练习与思考

4.1 大电流接地系统中发生接地短路时，零序电流的分布与什么有关？

4.2 零序电流保护的整定值为什么不需要避开负荷电流？

4.3 大电流接地系统中为什么不利用三相相间电流保护兼作零序电流保护？

4.4 中性点直接接地电网中，有哪些方法获取零序电流？哪种精度最好？

4.5 中性点不接地电网中，发生单相接地故障时，其零序电压、电流变化的特点是什么？

4.6 何时必须考虑零序保护的方向性？零序功率方向元件有无电压死区？为什么？

4.7 什么叫灵敏Ⅰ段和不灵敏Ⅰ段？二者有何区别？

4.8 零序电流保护与相间短电流保护相比有哪些优点？

4.9 综合考虑，小电流接地系统用何种方式限制接地故障电流最好？

4.10 何谓欠补偿、过补偿、完全补偿？各有何后果？

4.11 大电流接地系统零序电流保护的缺点是什么？

4.12 如图 4-21 所示网络，已知电源等值电抗 $X_1=X_2=3\Omega$，$X_0=8\Omega$；线路正序电抗，零序电抗 $X_1=0.4\Omega/\text{km}$，$X_0=1.4\Omega/\text{km}$；变压器 T_1 额定参数：31.5MV·A，110/6.6kV，$U_K=10.5\%$，其他参数如图 4-21 所示，试确定 AB 线路的零序电流保护第Ⅰ段、第Ⅱ段、第Ⅲ段的动作电流、灵敏系数和动作时限。

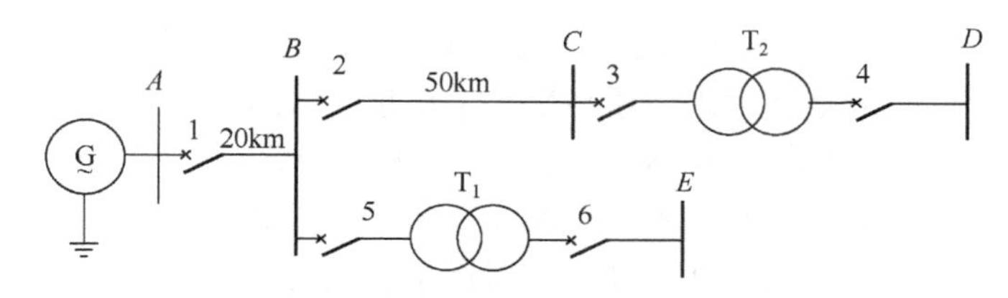

图 4-21 题 4.12 的网络图

第5章 输电线路全线快速保护

5.1 概　　述

前面章节介绍的基于单端信息保护有一个共同的缺点，就是无法快速切除全线路上任何地点的故障，其速动保护只能保护本线路的80%～85%。如图5-1所示，当输电线路两端距离保护Ⅰ段的共同覆盖区域(约占线路全长的60%～70%)发生短路时，线路两端的距离保护Ⅰ段能够瞬时动作跳闸，切除故障，但线路两端区域(约占线路全长的30%～40%)发生短路时，只能依靠阶段式保护Ⅱ段延时0.5s切除故障。在220kV及以上超高压输电线路上，为了保证电力系统运行的稳定性和提高输电线路的输送负荷能力，需要配置全线速动保护，即要求继电保护无时限(小于100ms)切除线路上任何一点发生的各种类型故障，为此目的，必须将线路两端或多端信息综合分析判断。

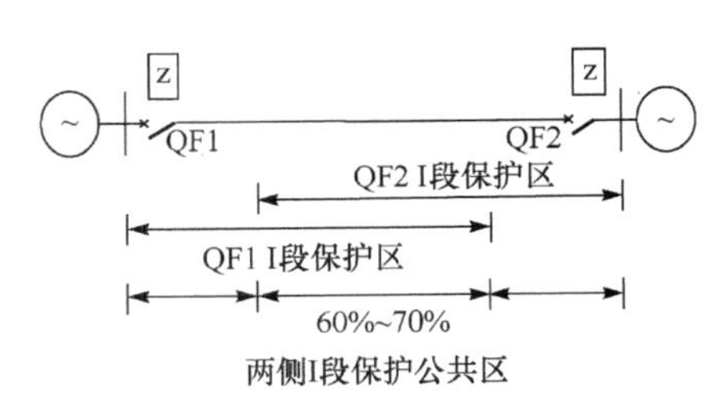

图5-1　线路两端距离保护的共同覆盖区域

多端信息的同步、实时收集必然要用到各种有效通信手段，对于单回路线路各端信息纵向联系简单直接，这就构成了快速纵联保护。所谓输电线路快速纵联保护，就是利用某种通信通道将输电线两(或多)端的保护装置纵向联系起来保护本线路全长，具有完全选择性和速动性的保护。

此外在同杆双回平行线路的保护中还可以将两回线路同一端横联系起来构成快速横联差动保护。

5.1.1　220kV及以上超高压线路的特点及保护配置

1. 特点

220kV及以上的超高压输电线路是高压电网的骨干，其线路联系紧密，发生短路时，短路电流大，电压下降的影响范围大。由于线路传输电能大、距离远，发生短路时，会打破电网供需平衡，发生系统振荡，如果不及时处理会严重影响电力系统的稳定性，因此必须快速切除。此外诸如采用大截面分裂导线、不完全换位；电流互感器变比大；线路分布电容电流明显增大；串联电容器；交直流混合输电等特点，对继电保护提出了更高的要求。

2. 保护配置

(1) 220kV线路保护应按“加强主保护、简化后备保护”的基本原则配置。所谓“加强主保护”是指全线速动主保护的双重化配置，同时，要求每一套全线速动主保护的功能完整，对全线路内发生的各种类型故障，均能快速动作切除。对于要求实现单相重合闸的线路，每套全线速动保护应具有选相功能。所谓“简化后备保护”是指在每一套全线速动保护的功能完整的条件下，带延时的相间和接地Ⅱ、Ⅲ段保护允许与相邻线路或变压器的主保护配合，从而简化动作时间的配合。

一般情况下，220kV线路应装设两套全线速动保护，在旁路断路器代线路断路器运行时，至少应保留一套全线速动保护运行。两套全线速动保护的交流电流、电压回路和直流电源彼此独立。对双母线接线，两套保护可合用交流电压回路。具有全线速动保护的线路，其主保护的整组动作时间应为：对近端故障：≤20ms；对远端故障：≤30ms（不包括通道传输时间）。

（2）330～500kV线路，应设置两套完整、独立的全线速动主保护，两套全线速动主保护的交流电流、电压回路，直流电源互相独立（对双母线接线，两套保护可合用交流电压回路）。

后备保护采用近后备方式。接地后备保护应保证在接地电阻不大于规定数值（330kV线路：150Ω；500kV线路：300Ω）时，有尽可能强的选相能力。

保护应当考虑由于串联电容的影响可能引起故障电流、电压的反相以及故障时串联电容保护间隙击穿的情况。另外，还要考虑电压互感器装设位置（在电容器的母线侧或线路侧）对保护装置工作的影响。

（3）综上所述，220kV及以上电压等级线路保护配置为：用两或三套纵联主保护（如光纤纵差）加断路器失灵保护实现多重化、近后备方式；同时配有阶段式距离、零序电流（接地距离）等后备保护。两套保护的电流、电压回路、直流电源、跳闸回路，均彼此完全独立。

5.1.2 输电线路纵联快速保护的组成

线路纵联快速保护的基本结构框如图5-2所示。主要包括两端的继电保护装置、通信设备和通信通道。

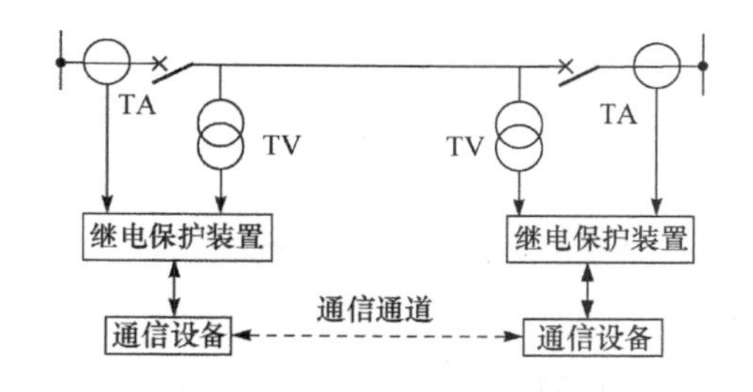

图5-2 线路纵联保护基本结构框图

5.1.3 输电线路纵联保护的分类

线路纵联保护可根据其动作原理和通信方式来分类。

1. 按保护动作原理划分

按保护动作原理划分主要有以基尔霍夫电流定律为基础的电流纵联差动保护、比较线路两侧电流相位关系的相位差动保护和比较线路两侧功率方向的纵联功率方向保护以及反应两侧保护的测量阻抗方向的纵联距离方向保护等类型。

1）纵联差动保护

图5-3所示为电流差动保护原理示意图，电流参考方向规定由母线流向线路为正，保护测量电流为线路两侧电流相量和，也称差动电流 $\dot{I}_{\mathrm{d}}$。将线路看成一个广义节点，正常运行时或外部故障时 $\dot{I}_{\mathrm{d}}=0$，保护不动作，线路内部故障时 $\dot{I}_{\mathrm{d}}=\dot{I}_M+\dot{I}_N$，保护动作切除故障。

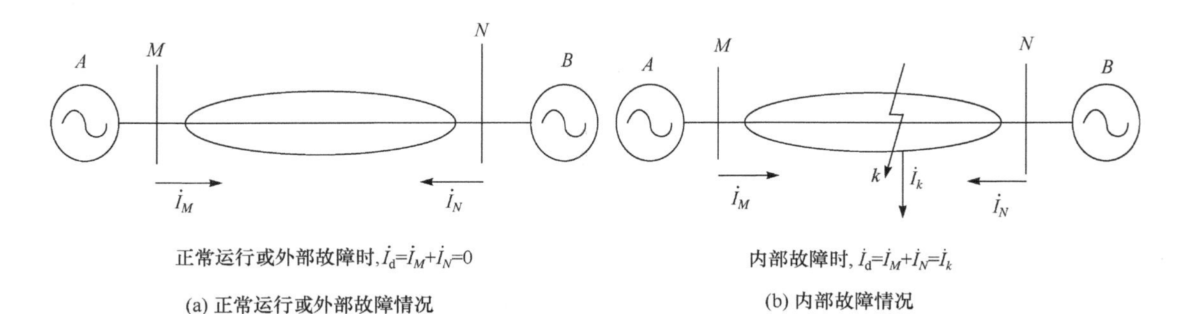

图 5-3 电流差动保护原理示意图

2）纵联方向保护

图 5-4 所示为比较线路两侧方向元件的纵联保护原理示意图。外部故障时，远故障侧保护判别为正向故障，而近故障侧保护判别为反向故障；如果两侧保护均判别为正向故障，则故障在本线路上。由于纵联方向保护仅需由通道传输对侧保护的方向信息，属于逻辑量，对通道的要求较低。方向元件既可以采用各种独立的功率方向元件，也可以利用带方向的测量元件，如距离保护中的阻抗方向元件完成，后者简称纵联距离保护。

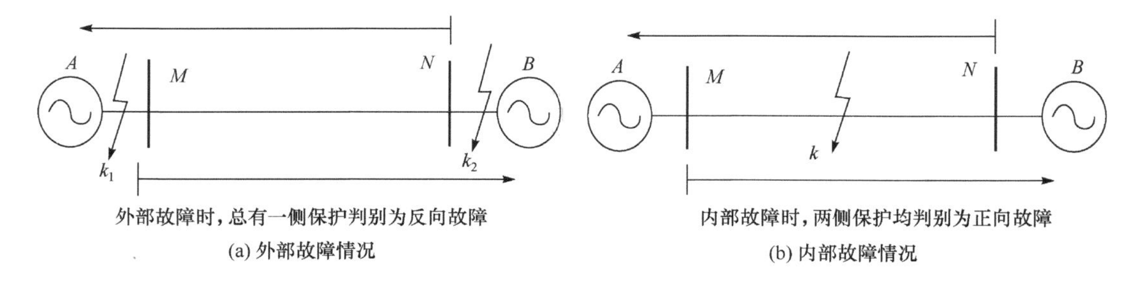

图 5-4 纵联方向保护原理示意图

3）纵联相位差动保护

图 5-5 所示为相位差动保护（简称“相差保护”）原理示意图，保护测量的电气量为线路两侧电流的相位差。

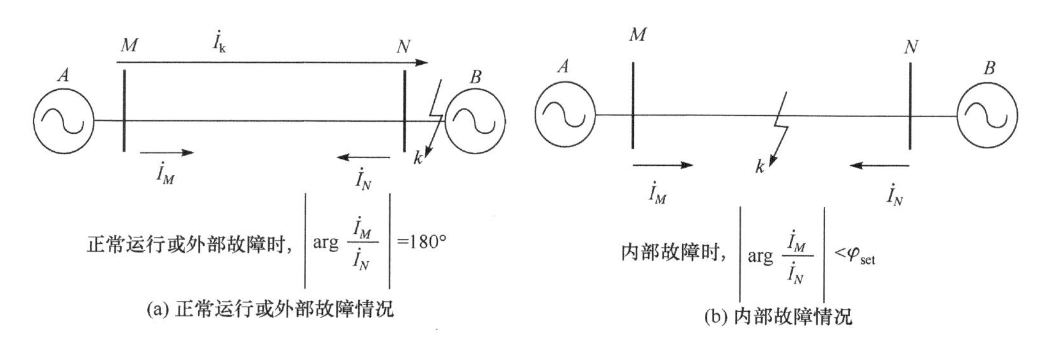

图 5-5 相位差动保护原理示意图

正常运行及外部故障时，流过线路两侧的电流为“穿越性”电流，其相位差为 180°（母线流向线路为参考正方向）；内部故障时，线路两侧电流的相位差较小（理性想情况为 0）。相位差动保护以线路两侧电流相位差小于整定值作为内部故障的判据，由于该保护对通道、收发信机等设备要求较高，技术相对复杂，已很少采用相差高频保护。

纵联保护从原理上可以区分本线路内外故障，时限与定值均不需要和相邻线路配合，因此具有速动性和完全选择性。

2. 按信道分类

纵联保护采用的主要通道有：

1）导引线纵联保护（简称导引线保护）

导引线通道就是用二次电缆将线路两侧保护的电流回路联系起来，一般用于极短线路纵差保护。主要问题是导引线通道长度与输电线路相当，敷设困难；通道发生断线、短路时会导致保护误动，运行中检测、维护通道困难。

2）电力线载波纵联保护（简称载波/高频保护）

电力线载波通道是由电力线路及其信息加工和连接设备（阻波器、结合电容器及高频收、发信机）等构成的一种有线通信通道，比较经济，但抗干扰能力、可靠性较差。

3）微波纵联保护（简称微波保护）

微波通道是一种多路通信通道，具有很宽频带的无线通信，技术较复杂、可靠性较差，目前基本不用。

4）光纤纵联保护（简称光纤保护）

光纤通道是采用光纤或复合光纤作为传输通道，用于光纤分相差动保护。光纤通道具有很多的优点，是目前最理想的保护信道，已被线路保护广泛采用。

5.1.4 输电线路纵联保护的发展趋势

电力系统的发展使网络结构日趋复杂化和多样化。远距离、重负荷、超高压输电线路大量出现，长、短线路相连接的环网、同杆并架多回线和交、直流混合系统等复杂电网已大量涌现。从电网安全可靠出发，首先必须保证继电保护的速动性和选择性，在超高压、特高压系统，纵联保护是最理想的选择。随着通信技术的进步，光纤通信的广泛应用，IEC 61850 通信标准的推广，纵联保护的原理将不断得到发展与完善，分层、分布式高性能网络保护必将迎来更广阔的应用前景。

5.2 线路的光纤差动保护

输电线路光纤差动保护是用光导纤维作为通信信道的纵联差动保护，容量大、速度快、抗干扰等优势突出，对于整定配合比较困难和短线路应优先选用。随着光纤通信的发展，光纤用量增加，产量扩大，价格下降，光纤差动保护的应用已非常广泛，是纵联速动主保护的首选。

5.2.1 无制动特性的线路纵差保护

1. 线路电流纵差保护的基本原理

以极短线路为例，纵联电流差动保护是用导引线将被保护线路两侧的电量连接起来，比较被保护线路首、末两端电流的大小和相位来构成输电线路保护。纵差保护单相原理接线如图 5-6 所示。在线路的两侧装设的电流互感器型号、电流比完全相同，性能完全一致。导引线将两侧电流互感器的二次侧按环流法连接成回路，差动继电器接入差动回路。两侧电流互感器一次回路的正极性均接于靠近母线的一侧，二次回路的同极性端子相连接（标·号者为正极性），差动继电器则并联在电流互感器的二次端子上。按照电流互感器极性和正方向的规定，一次电流从“·”端流入，二次电流从“·”端流出。

1）线路正常运行或外部短路

由图5-6(a)得出流入差动继电器KA的电流为

$$\dot{I}_{r}=\dot{I}_{M2}-\dot{I}_{N2}=\frac{1}{n_{TA}}(\dot{I}_{M}-\dot{I}_{N}) \tag{5-1}$$

在理想情况下：$n_{TA1}=n_{TA2}=n_{TA}$，且电流互感器的其他性能完全一致，则有：$\dot{I}_{r}=0$。

但实际上两侧电流互感器的性能不可能完全相同，电流差也不等于零，因此会有一个不平衡电流I_{unb}流入差动继电器。差动继电器KA的启动电流是按大于不平衡电流整定的，所以，在被保护线路正常及外部故障时差动保护不会动作。

2）线路内部故障

由图5-6(b)得出，$\dot{I}_{r}=\dot{I}_{M2}+\dot{I}_{N2}\neq0$，$\dot{I}_{r}$为流入差动继电器的电流，达到继电器动作条件时，差动继电器动作，跳开线路两侧的断路器，切除短路故障。

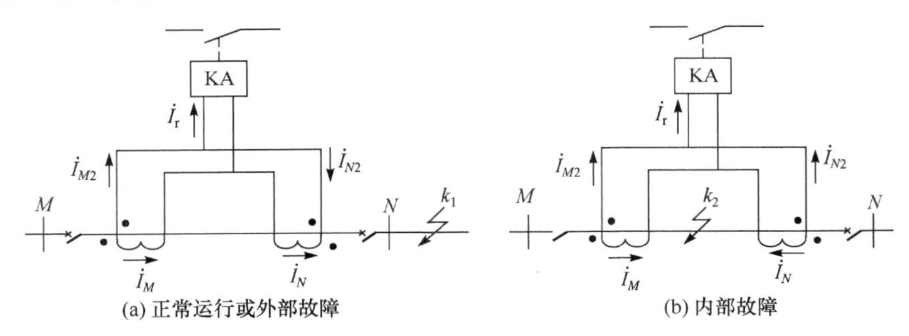

图5-6　环流法接线的纵差保护单相原理接线图

2. 线路纵差回路的不平衡电流

1）稳态不平衡电流

若电流互感器具有理想的特性，则在系统正常运行和外部短路时，差动继电器KA中不会有电流流过。但实际上由于电流互感器励磁特性不完全相同（同一生产厂家相同型号，相同变比的电流互感器也是如此），则在正常运行或外部故障时总有流入差动继电器的不平衡电流I_{unb}，它等于两侧电流互感器的励磁电流相量差，其值不会太大。

2）暂态不平衡电流

由于差动保护是瞬时动作的，故应考虑在保护范围外部短路时的暂态过程，流入差动继电器的不平衡电流即暂态不平衡电流。此时，在短路电流中含有周期分量和按指数规律衰减的非周期分量。由于非周期分量对时间变化率远小于周期分量，故非周期分量很难变换到二次侧而使铁心严重饱和，二次电流的误差增大。暂态不平衡电流要比稳态不平衡电流大得多，并且含有很大的非周期分量。其最大值为

$$I_{unb,max}=K_{err}\cdot K_{st}\cdot K_{np}\cdot I_{k,max} \tag{5-2}$$

式中，K_{np}为非周期分量的影响系数，在接有速饱和变流器时，取为1，否则取为1.5～2；K_{err}为电流互感器误差，取10%；K_{st}为电流互感器的同型系数，两侧电流互感器为同型号时取0.5，否则取l；$I_{k,max}$为被保护线路外部短路时，流过保护线路的最大短路电流。

图 5-7 为外部短路暂态过程中的外部短路电流和不平衡电流的实测波形。由图可见，暂态过程中起始段，直流分量大，铁心高度饱和，一次侧交流分量很难转变到二次侧。所以不平衡电流不大。在结束阶段，铁心饱和消失，电流互感器转入正常工作，不平衡电流又减小。最大不平衡电流发生在暂态过程时间的中段。减小暂态过程中的最大不平衡电流可在差动回路中接入具有快速饱和特性的中间变流器。

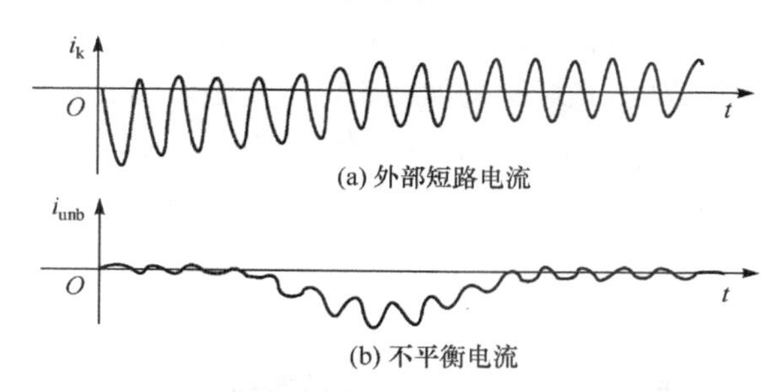

图5-7　外部短路暂态过程中的外部短路电流和不平衡电流

3. 无制动特性的线路纵差保护的整定计算

（1）差动保护的动作电流按躲开外部故障时的最大不平衡电流整定，即为

$$I_{op,r}=\frac{K_{rel}\cdot K_{err}\cdot K_{st}\cdot K_{np}\cdot I_{k,max}}{n_{TA}} \tag{5-3}$$

（2）如果无互感器断线闭锁，为防止电流互感器二次断线差动保护误动，按躲开电流互感器二次断线整定，即为

$$I_{op}=\frac{K_{rel}\cdot I_{L,max}}{n_{TA}} \tag{5-4}$$

（3）灵敏度校验：

$$K_{sen}=\frac{I_{k,min}}{I_{op}}\geqslant 1.5 \tag{5-5}$$

式中，K_{rel}是可靠系数，取 1.2～1.3；$I_{L,max}$为最大负荷电流；$K_{k,min}$为单侧电源供电情况下被保护线路末端短路时流过保护安装处差动继电器的最小短路电流。

4. 影响线路纵差保护性能的因数和措施

根据之前的分析，影响电流纵差保护性能的因数是暂态不平衡电流；无制动特性纵差电流保护的主要缺点是内部轻微故障时灵敏度不够，外部故障时可能会误动。

对于电流互感器的误差在差动保护整定计算时应加以考虑；不平衡电流的影响可以采用带有制动特性的差动继电器，减小动作电流，提高内部短路时的灵敏性，防止外部故障时可能会误动。

此外对于暂态不平衡电流的影响还可在差动回路中接入速饱和变流器来减小影响。

5.2.2　线路的光纤比率制动电流纵差保护

光纤作为继电保护的通道介质，具有不怕超高压与雷电电磁干扰、对电场绝缘、频带宽和衰耗低等优点；电流差动保护原理简单，不受系统振荡、线路串补电容、平行互感、系统非全相运行、单侧电源运行方式等的影响，本身具有选相能力，动作速度快，且有完全选择性；而比率制动特性可提高内部短路时的灵敏性，防止外部故障时误动，是线路纵联快速保护的首选方案。

1. 光纤通道

光纤是一种传导光波的圆柱介质(导波介质);光纤将光波的能量约束在光纤之中,并引导光波沿光纤的轴向传播。

1) 光纤与光缆

(1) 光纤的结构与分类。

它由直径大约 0.1mm 的细玻璃丝构成。继电保护所用光纤为通信光纤,是由纤芯、包层、涂覆层及套塑四部分组成的,光纤结构如图 5-8(a)所示。纤芯由高折射率的高纯度二氧化硅材料制成,直径仅 100~200μm,用于传送光信号;包层为掺有杂质的二氧化硅,作用是将光封闭在纤芯内,使光信号能在纤芯中产生全反射传输,并保护纤芯;涂覆层及套塑用来加强光纤机械强度。

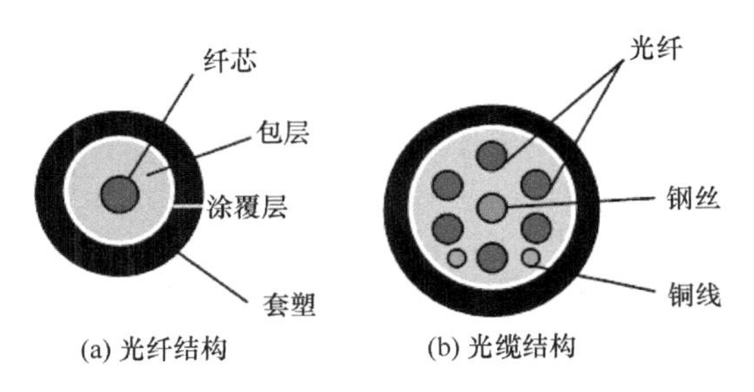

图 5-8 光纤结构与光缆结构

按光在光纤中的传输模式,光纤可分为单模光纤和多模光纤。多模光纤的中心玻璃芯较粗(芯径为 50μm 或 62.5μm),可传多种模式的光,但其模间色散较大,限制了传输数字信号的频率,而且随着距离的增加,其限制效果更加明显。单模光纤的中心玻璃芯很细(芯径一般为 9μm 或 10μm),只能传一种模式的光,因此,其模间色散很小,适用于远程传输,但仍存在着材料色散和波导色散,这样单模光纤对光源的带宽和稳定性有较高的要求,带宽要窄,稳定性要好。继电保护用光纤对衰耗值要求较高,不同波长的光信号衰耗值不同。单模光纤的传输衰耗最小,波长 1.31μm 处是光纤的一个低损耗窗口。所以现在继电保护用光纤均使用单模光纤,使用 1.3μm 的波长段。

(2) 光缆结构。

光缆结构如图 5-8(b)所示,光缆由多根光纤绞制而成,为了提高机械强度,采用多股钢丝起加固作用,光缆中还可以绞制铜线用于电源线或传输电信号。光缆可以埋入地下,也可以固定在杆塔上,或置于空心的架空地线中(架空地线复合光缆/光纤架空地线,OPGW)。近年来,OPGW 在高压电力系统中得到了广泛应用。OPGW 是在电力传输线路的地线中含有供通信用的光纤单元。OPGW 包含一个管状结构,内含一条或多条光缆,而外围由钢及铝组成。架空地线复合光缆架设在超高压铁塔的最顶端。它具有两种功能,其一是作为输电线路的避雷线;其二是通过复合在地线中的光纤,作为传送光信号的介质,可以传送音频、视频、数据和各种控制信号,组建多路宽带通信网。OPGW 与埋设在地下的光缆比较,优势如下:架设成本较低;埋设在地下的光缆容易因路面施工挖掘而被挖断,OPGW 不会有这种问题。

2) 光纤通信的原理与连接方式

光纤通信的原理:是将电气量编码后送入光发送机控制发光的强弱,光在光纤中传送,光接收机则将收到的光信号的强弱变化转为电信号,如图 5-9 所示。

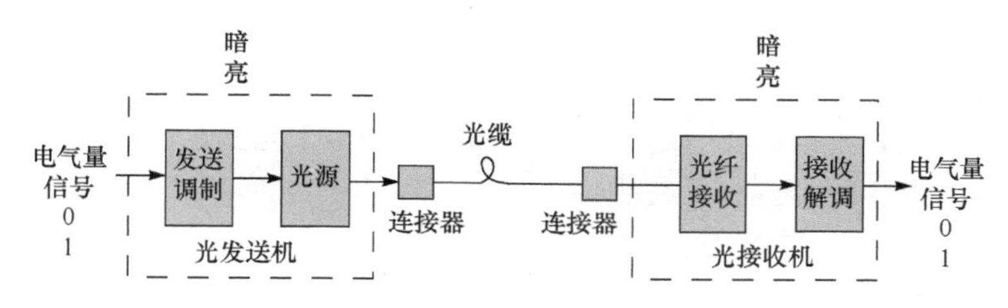

图 5-9　光纤通信原理

光纤通信一般采用脉冲编码调制(PCM)以提高通信容量，信号以编码形式传送，传送率目前一般为 64kbit/s，也有采用 2Mbit/s 的。继电保护光纤通道光源采用发光二极管(LED)，波长为 0.85μm、1.3μm 或 1.55μm，寿命可达 3×10^{6}h。

图 5-10 所示为两种光纤通道连接方式。采用专用光纤方式时，两台纵联保护通过光纤直接相连；采用数字复接方式时，在通信机房增加一台数字复接接口设备。保护单独使用一个光纤通道时采用专用光纤方式连接；保护与通信复用光纤通道时采用数字复接方式连接。

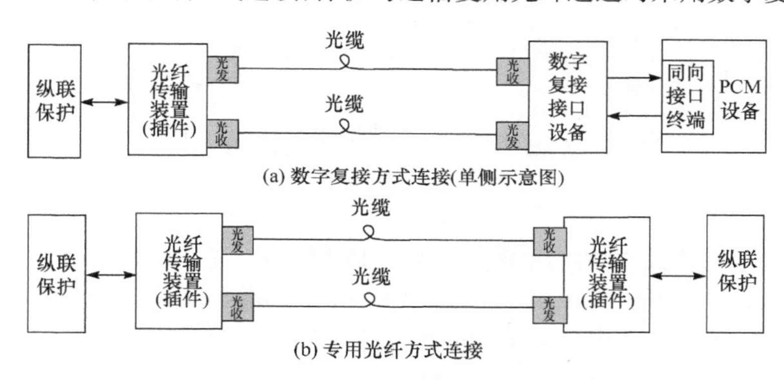

图 5-10　光纤通道的两种连接方式

目前不加中继设备情况下，继电保护光纤通道传输距离已经达到 100km(64kbit/s 速率)，使用 2Mbit/s 速率时衰耗大些，传输距离为 70km。光纤通道除了逐渐取代载波通道用于纵联保护，更为广泛地用于电力系统通信领域。

3）光纤通信的特点

光纤通信有以下几个方面的优点。

(1) 频带宽，通信容量大。现在单模光纤的潜在带宽可达数百 THz · km 量级，极大地扩大了通信容量。目前 400Gbit/s 系统已经投入商业使用。

(2) 传输损耗低，传输距离远。光纤损耗已降至 0.2dB/km 以下，这是以往传输线所不能与之相比的。因此，无中继传输距离可达几十，甚至上百公里。

(3) 制造光纤、光缆的原材料资源丰富，环境保护好，可节约大量制造电缆所需要的铜和铅。由此可见，光纤通信的经济效果很可观。

(4) 光缆体积小、重量轻，便于通信线路的敷设和运输。光缆的适应性强，寿命长。

(5) 光纤通信系统抗电磁干扰能力强、无辐射、传输质量佳、难于窃听、使用安全。光纤将光波的能量约束在光纤之中沿光纤的轴向传播，不会跑出光纤以外，不受电磁场的干扰，可在强电磁场环境中工作。

(6) 信号具有串扰小、保密性好、不怕雷击、抗腐蚀和不怕潮等优点。

光纤通信有以下缺点。

(1) 光纤弯曲半径不能过小,一般不小于 30mm。

(2) 光纤的切断和连接需要一定的工具、设备和技术,工艺要求高。

(3) 光纤的分路、耦合复杂,不灵活。

(4) 光纤质地脆,机械强度差。

(5) 光纤通信有供电困难问题。

2. 光纤保护

光纤保护是将线路两侧的电气量调制后转化为光信号,以光缆作为通道传送到对侧,解调后直接比较两侧电气量的变化,然后根据特定关系,判定内部或外部故障的一种保护。

1) 光纤保护的组成

光纤保护主要由故障判别元件(继电保护部分)和信号传输系统(PCM 端机、光端机以及光缆通道)组成,如图 5-11 所示。

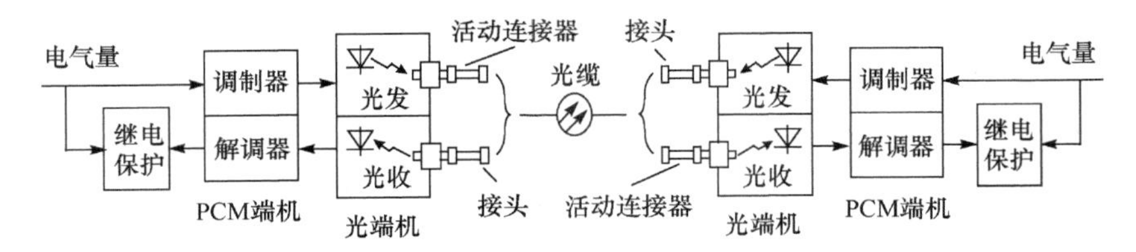

图 5-11 光纤保护的组成框图

(1) 信号传输系统:信号传输系统包括两侧 PCM 端机、光端机和光缆。

PCM 端机:PCM 端机由 PCM 调制器和 PCM 解调器组成。PCM 即脉冲编码调制。PCM 调制器由时序电路、模拟信号编码电路、键控信号编码电路、并/串转换电路及汇合电路组成。PCM 端机调制器的作用是将各路模拟信号进行采样和模/数转换、编码,与键控信号的并行编码一同转换成适合光缆传输的串行码。PCM 端机解调器的作用是将接收到的 PCM 串行码转换成并行码,并将这些并行码经数/模转换和键控解码,解调出各路的模拟信号和键控信号。

光端机:两侧装置中,每一侧的光端机都包括光发送部分和光接收部分。光信号在光纤中单向传输,两侧光端机需要两根光纤。一般采用四芯光缆,两芯运行,两芯备用。光端机与光缆经过光纤活动连接器连接。活动连接器一端为裸纤,与光缆的裸纤焊接,另一端为插头,可与光端机插接。光发送部分主要由试验信号发生器、PCM 码放大器、驱动电路和发光管(LED)组成。其核心元件是电流驱动的 LED,驱动电流越大,输出光功率越高。PCM 码经过放大,电流驱动电路驱动 LED 工作,使输出的光脉冲与 PCM 码的电脉冲信号一一对应,即输入"1"时,输出一个光脉冲,输入"0"时,没有光信号输出。光接收部分的核心元件是光接收管(PIN)。它将接收到的光脉冲信号转换为微弱的电流脉冲信号,经前置放大器、主放大器放大,成为电压脉冲信号,经比较整形后,还原成 PCM 码。

光缆:光缆信道是将被保护线路一侧反映电气量的光信号,传输到被保护线路的另一侧的载体。

(2) 继电保护部分:故障判别元件利用线路两侧输入电气量的变化,根据特定关系来区分正常运行、外部故障以及内部故障。常用的电流差动光纤保护有三相电流综合比较和分相电流差动比较原理。电流差动保护一般应具有制动特性。

2）光纤保护种类

除光纤电流差动、光纤距离方向保护外还有光纤闭锁式、允许式纵联保护等。

光纤闭锁式、允许式纵联保护是在高频闭锁式、允许式纵联保护的基础上演化而来，光纤闭锁保护的鉴频信号能很好地对光纤保护通道起到监视作用。由于光纤闭锁式、允许式纵联保护在原理上与高频保护类似，在完成光纤通道的敷设后，只需更换光收发讯号机即可接入高频保护上，因此具有改造方便的特点。与光纤电流纵差保护比较，光纤闭锁式、允许式纵联保护不受负荷电流的影响，不受线路分布电容电流的影响，不受两端 TA 特性是否一致的影响。光纤闭锁式、允许式纵联保护已逐步代替高频保护，在超高压电网中得到广泛应用。

3. 光纤分相电流比率制动纵差保护

1）光纤分相比率制动差动保护原理

无制动特性差动保护原理简单、实现方便，但不能有效抑制外部故障时的不平衡电流，保护可能误动，如果按躲过外部短路时的最大不平衡电流整定，启动电流较大，灵敏度低，保护范围内故障时可能拒绝动作。在电磁式互感器差动保护系统中，为了解决这一矛盾，广泛采用具有制动特性的电流差动保护。其中，根据制动量的不同，又有相量幅值比率制动（简称比率制动）和标量乘积制动（简称标积制动）之分。

（1）比率制动电流差动元件。

比率制动电流差动元件的动作特性如图 5-12 所示，图中差动电流为 $I_d=|\dot{I}_M+\dot{I}_N|$，即两侧电流相量和的绝对值，电流参考方向规定由母线流向线路为正。

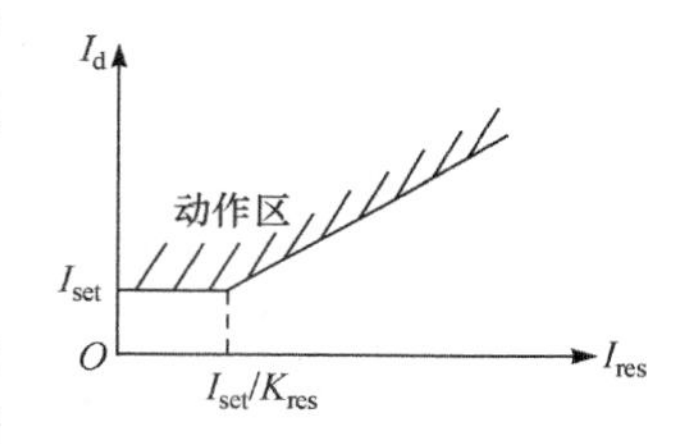

图 5-12　比率制动特性曲线

制动电流为 $I_{res}=|\dot{I}_M-\dot{I}_N|$，即两侧电流相量差的幅值。

图中 I_{set} 为最小整定（启动）电流，按躲过正常运行时的最大不平衡电流确定，即：$I_{set}=I_{d,min}=K_{rel}I_{und}$，其中最大不平衡电流可按额定电流乘不平衡系数 K_{und} 确定，即

$$I_{und}=K_{und}I_N \tag{5-6}$$

式中，K_{und} 取值为 0.1～0.3。

制动折线的制动系数可取 $K_{res}=(0.5\sim0.75)$，也可应用最大动作电流、最大制动电流和最小动作电流、最小制动电流求得。

最小制动电流按电流互感器刚开始饱和的原则确定，即

$$I_{res,0}\approx(0.8\sim1.0)I_N \tag{5-7}$$

最大制动电流按保护区外故障时的最大短路电流确定，即

$$I_{res,max}=I_{k,max} \tag{5-8}$$

最大动作电流按躲过保护区外故障时的最大不平衡电流确定，即

$$I_{d,max}=K_{rel}I_{und,max}=K_{rel}K_{und}I_{k,max} \tag{5-9}$$

式中，K_{und} 为不平衡系数，一般取 0.1～0.3；可靠系数 K_{rel} 可取 1.1。

图中制动折线斜率（或称制动系数）：

$$K_{res}=\frac{I_{d,max}-I_{d,0}}{I_{res,max}-I_{res,0}} \tag{5-10}$$

动作方程为

$$\begin{cases} I_d > K_{res} I_{res} \\ I_d > I_{set} \end{cases} \tag{5-11}$$

两条件“与”逻辑输出。判据不是简单的过电流判据 $I_d > I_{set}$，而是引入了“制动特性”，即制动电流增大时抬高动作电流门坎。防止外部故障穿越性电流形成的不平衡电流导致的保护误动。

外部故障情况如图 5-13 所示，$I_{res}=2I_k$，$K_{res}=I_d/I_{res}$，I_k 为穿越性的外部故障电流，差动电流不会进入动作区，保护不动作。

内部故障情况如图 5-14 所示，$I_d=I_k$，$I_{res}=(0\sim1)I_k$，I_d 在图中标注的区间内，保护可靠动作。I_k 为故障点总的短路电流，制动电流大小与短路电流的分布有关。

电流差动元件取故障稳态相电流进行差动计算时，称为稳态分相差动；取零序电流计算时，称为零序电流差动；取相电流的工频变化量进行计算，则称为变化量分相差动。

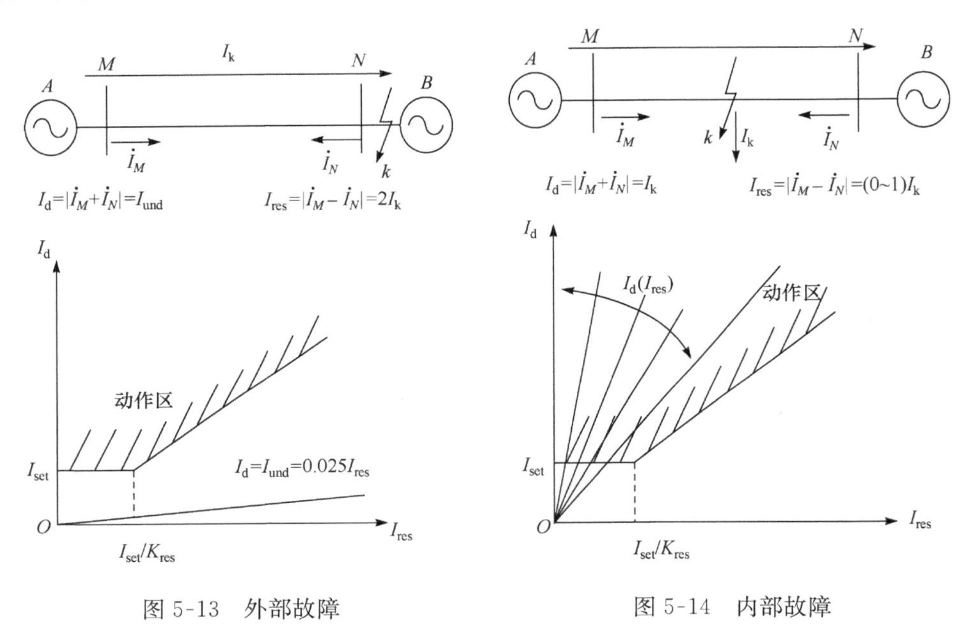

图 5-13　外部故障　　　图 5-14　内部故障

(2) 电容电流问题。

线路电容电流对于差动保护属于不平衡电流，整定时应躲过实测线路电容电流值。电容电流较大时可以进行电容电流补偿。

(3) 保护总启动元件。

保护装置在电力系统正常运行时执行日常的巡回检测、自检和监视程序，一旦发现有非正常情况马上转入故障判断程序，区别正常和异常的判据被称作启动元件，启动元件是由不同原理和方法构成的，由反应相间工频变化量(或故障分量)过电流元件、反应零序过电流元件组成的启动元件是其中的一种选择，两者以“或”的逻辑出口，前者用于相间故障，后者用于接地故障。

电流变化量启动元件及动作方程用式(2-28)或式(2-31)即可。该元件动作并展宽 7s，用于开放出口继电器的正电源。

零序电流启动元件。当零序电流突变量大于整定值时，启动元件动作并展宽 7s，去开放出口继电器正电源。

（4）采样同步问题。

电流信号由光纤通道传输时会有 ms 级的延时，需考虑两侧保护信息的同步问题。一侧作为同步端，另一侧作为参考端。以同步方式交换两侧信息，参考端采样间隔固定，并在每一采样间隔中固定向对侧发送一帧信息。同步端随时调整采样间隔，如果满足同步条件，就向对侧传输三相电流采样值；否则，启动同步过程，直到满足同步条件。

由于采用同步数据通信方式，就存在同步时钟提取问题，因此若通道是采用专用光纤通道，则装置的时钟应采用内时钟方式，数据发送采用本机的内部时钟，接收时钟从接收数据码流中提取。若通道是通过同向接口复接 PCM 通信设备，则应采用外部时钟方式，数据发送时钟和接收时钟为同一时钟源，均是从接收数据码流中提取。

2）分相电流差动保护逻辑框图

如图 5-15 所示为分相电流差动保护逻辑框图，主要由启动元件、TA 断线闭锁元件、分相电流差动元件、通道监视及收信回路组成。分相电流差动元件可由相电流差动、相电流变化量差动、零序电流差动组成。

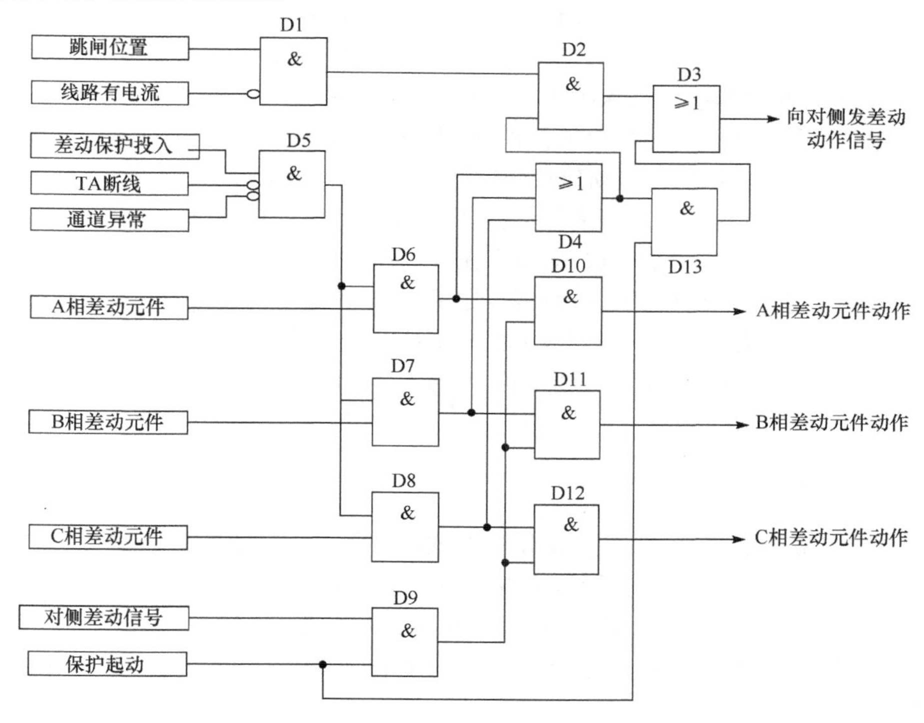

图 5-15　分相电流差动保护逻辑框图

（1）内部故障情况。启动元件开放出口继电器正电源，故障相电流差动元件动作，同时向对侧保护发出“差动保护动作”信号。本侧保护启动且收到对侧“差动保护动作”信号情况下，故障相电流差动元件向跳闸逻辑部分发出分相电流差动元件动作信号。

（2）外部故障情况。保护启动元件启动，但两侧分相电流差动元件均不会动作，也收不到对侧保护的“差动保护动作”信号，保护不出口跳闸。

(3) TA断线情况。系统正常运行时若TA断线，差动电流大小为负荷电流。TA断线瞬间，断线侧的启动元件和差动继电器可能动作，但对侧的启动元件不动作，不会向本侧发差动保护动作信号，从而保证纵联差动不会误动。TA断线元件判据为有自产零序电流(三相电流求和得到的零序电流)而无零序电压，延时10s动作。TA断线元件动作后可以闭锁差动保护防止再发生外部故障时保护误动，同时发出“TA断线”告警信号。

(4) 通道异常。通道异常时闭锁各分相电流差动元件出口，防止保护误动。

(5) 本侧三相跳闸情况。本侧三相跳闸时，若分相差动元件动作，或门D4及与门Dl经与门D2、或门D3向对侧发出“差动保护动作信号”，解决本侧断路器未合闸、对侧合闸于故障线路时因本侧保护无电流启动而不发“差动保护动作信号”问题。

综上所述，光纤电流差动保护主要由故障分量电流差动保护、稳态量电流差动保护及零序电流差动保护三种配合使用构成。差动保护采用每周波96点高速采样。由于采样速率高，可以进行短窗矢量算法实现快速动作，使典型动作时间小于15ms。故障分量电流差动保护不受负荷电流的影响，灵敏度高，但存在时间短；稳态量电流差动受负荷电流及过渡电阻的影响，灵敏度下降，可在全相及非全相全过程使用；零序电流差动仅反应接地故障，接地故障时故障分量差流和零序差流相等，零序差动不比故障分量电流差动保护灵敏度高，可在无法使用故障分量电流差动保护的少数场合(如故障频繁发生，而且间隔很短的时候)弥补全电流差动保护灵敏度不足的缺陷，零序电流差动保护需要100ms左右延时，以躲过三相合闸不同时等因素的影响。后备保护由三段式相间距离和接地距离以及六段零序方向保护(四段零序电流及二段不灵敏零序电流保护)构成的全套后备保护，并配有自动重合闸。

3) 光纤分相电流比率制动差动保护的评价

光纤分相电流差动保护具有很多优点：动作速度快，整组动作时间不大于20ms；内部故障时足够灵敏，外部短路时可靠不误动；具有完全选择性，能正确选相跳闸；适用于同杆并架双回线路；设有互感器二次回路断线闭锁，可靠不误动；在系统发生振荡时不会误动作，振荡中发生故障能正确快速动作；对500kV线路，接地电阻不大于300Ω能可靠切除故障；对220kV线路，接地电阻不大于100Ω能可靠切除故障；具有一次自动重合闸。因此广泛用于110kV及以上的电力系统。

5.2.3 线路横差保护

电力系统中常采用平行双回线路的供电方式以加强电力系统间的联系，提高供电的可靠性和增加传输容量。所谓平行线路，是指线路长度、导电材料等都相同的两条并列连接的线路，在正常情况下，两条线路并联运行，只有在其中一条线路上发生故障时，另一条线路才单独运行。这就要求保护在平行线路同时运行时能有选择性地切除故障线路，保证无故障线路正常运行。

在35～110kV电压等级的平行(双回)线路上，普遍采用横联差动保护作为主保护。横联差动保护主要包括横联差动方向保护和电流平衡保护，与导引线纵联差动保护相比，它不需要辅助设导线，故保护装置结构比较简单，运行维护方便，性能较好。

1. 横联差动方向保护

横联差动方向保护装设于平行线路的两侧，其保护范围为双回线的全长。横联差动方向保护的动作原理是反应双回线路的电流大小及功率方向，有选择性地瞬时切除故障线路。测量差动回路电流大小判断是否发生故障，测量差动回路电流方向判断是哪条线路故障。

平行线路供电网中，单侧电源和双侧电源有相同故障时特征。

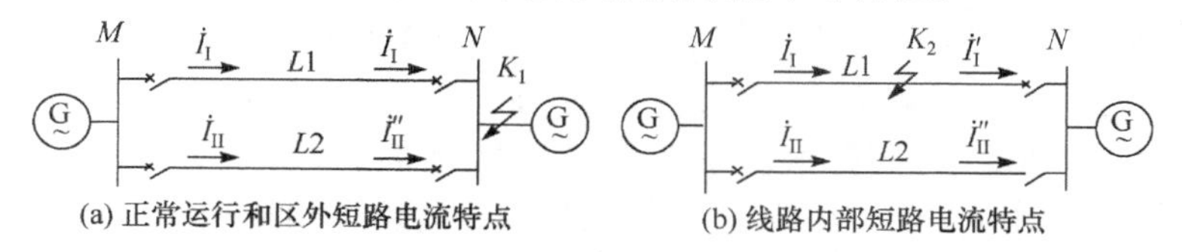

图 5-16　平行线路供电网

图 5-16(a)所示线路在正常运行和区外 K_1 点短路时，$\dot{I}_{\mathrm{I}}-\dot{I}_{\mathrm{II}}=0$ 或 $\dot{I}'_{\mathrm{I}}-\dot{I}'_{\mathrm{II}}=0$；图 5-16(b)所示线路内部 K_2 点短路时，$\dot{I}_{\mathrm{I}}-\dot{I}_{\mathrm{II}}\neq 0$ 或 $\dot{I}'_{\mathrm{I}}-\dot{I}'_{\mathrm{II}}\neq 0$。具体而言，对于图 5-16(b)中有：第一条线路 K_2 点短路时，$\dot{I}_{\mathrm{I}}-\dot{I}_{\mathrm{II}}\geqslant 0$ 或 $\dot{I}'_{\mathrm{I}}-\dot{I}'_{\mathrm{II}}\geqslant 0$；第二条线路短路时，$\dot{I}_{\mathrm{I}}-\dot{I}_{\mathrm{II}}\leqslant 0$ 或 $\dot{I}'_{\mathrm{I}}-\dot{I}'_{\mathrm{II}}\leqslant 0$。

由以上分析可见，电流差 $\dot{I}_{\mathrm{I}}-\dot{I}_{\mathrm{II}}$或 $\dot{I}'_{\mathrm{I}}-\dot{I}'_{\mathrm{II}}$是否为 0 可作为平行线路有无故障的依据，而要判断哪条线路短路，则需要判断电流差 $\dot{I}_{\mathrm{I}}-\dot{I}_{\mathrm{II}}$或 $\dot{I}'_{\mathrm{I}}-\dot{I}'_{\mathrm{II}}$的方向。根据这一原理实现的差动保护称为横联差动方向保护，简称横差保护。

1）单相横联差动方向保护的构成

单相横联差动方向保护的构成原理如图 5-17 所示，平行线路同侧两个电流互感器型号、电流比相同，二次侧按环流法接线，电流继电器 KI1 按平行线路电流差接入，作为启动元件；功率方向继电器 KP1、KP2 按 90°接线方式接线，作为选择故障线路元件。其中，功率方向继电器电压接于母线电压互感器二次侧，工作电流接于差动回路。

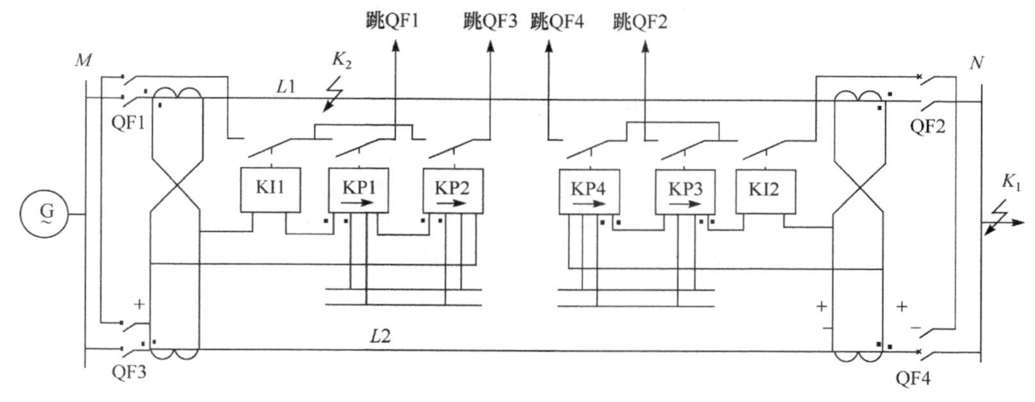

图 5-17　单相横联差动方向保护接线原理图

2）横联差动方向保护的工作原理

（1）当平行线路正常运行或保护区外短路时，线路同侧两电流大小、相位相等，即 $\dot{I}_{\mathrm{I}}=\dot{I}_{\mathrm{II}}$，两电流互感器差动回路中的电流仅为很小的不平衡电流，小于继电器的启动电流，电流继电器不会启动，KI1，KI2 均不动作。

（2）当平行线路内部短路时，如 $L1$ 中 K_2点短路，则 $I_{\mathrm{I}}>I_{\mathrm{II}}$、$I_{\mathrm{r}}>0$，KI1 启动，KP1 启动、KP2 不启动(电流方向相反)，保护动作切除 QF1，闭锁 QF3；对侧同理有 KI2、KP3 动作切除 QF2，闭锁 QF4；同理有 $L2$ 内短路，保护切除 QF3、QF4，而闭锁 QF1、QF2。

由以上分析得：横联差动方向保护只在两条线路同时运行时起到保护作用，而当一条线路故障时，保护切除该故障线路后应将横联差动方向保护退出运行，避免横差保护误动。

3）横联差动方向保护的相继动作区和死区

如图 5-18 所示，当在 $L1$ 线路末端的 K 点短路时，两回线路首端电流近似相等，即 $I_{\mathrm{I}} \approx I_{\mathrm{II}}$、$I_{\mathrm{r}} \approx 0$，KI1 不启动，而对侧 I_{I} 与 I_{II} 方向相反，加入继电器的电流 I_{r} 很大，KI2 启动并将 QF2 切除。当 QF2 切除后，短路电流重新分配，KI1 才启动，切除 QF1，即 $L1$ 两侧断路器相继动作。可能发生相继动作的区域叫相继动作区。线路上相继动作区域大小与保护整定值及短路电流有关。因相继动作使得保护动作的时间加长，故要求相继动作区小于线路全长的 50%。

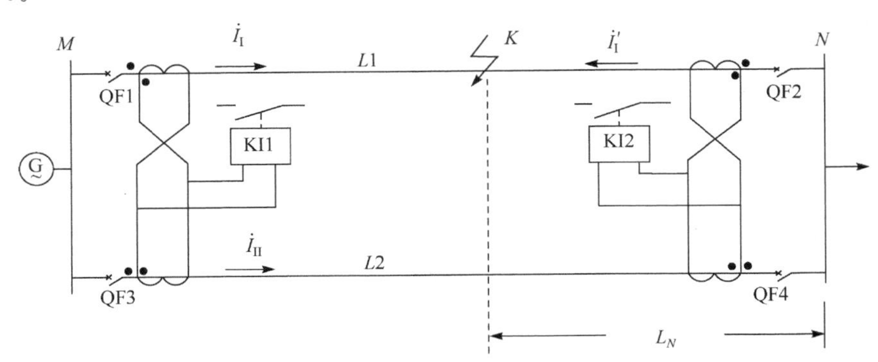

图 5-18　横联差动方向保护相继动作区示意图

功率方向继电器采用 90°接线，但当出口发生三相短路时，母线残压为零，功率方向继电器不动作，这种不动作的范围称为死区。功率方向继电器不能动作的死区分为电流死区和电压死区。死区在本保护出口和对侧的相继动作区内。在死区内发生三相短路，两侧横差保护都不能动作。死区的长度不允许大于被保护线路全长的 10%。

4）横联差动方向保护的整定

启动元件的动作值根据下列三个条件整定，取最大值。

（1）躲过单回线路运行时的最大负荷电流。考虑到单回线路运行时外部故障切除后，在最大负荷电流情况下启动元件可靠返回，则动作电流为

$$I_{\mathrm{op}} \geqslant \frac{K_{\mathrm{rel}}}{K_{\mathrm{re}} n_{\mathrm{TA}}} I_{\mathrm{L,max}}$$

式中，K_{rel} 是可靠系数，取 1.2；K_{re} 是返回系数，其大小由保护的具体类型而定；$I_{\mathrm{L,max}}$ 是单回线路运行时的最大负荷电流。

（2）躲过平行线路外部短路时流过保护的最大不平衡电流。不平衡电流由电流互感器特性不一致、平行线路参数不完全相等所引起。动作电流为

$$I_{\mathrm{op}} \geqslant \frac{K_{\mathrm{rel}}}{n_{\mathrm{TA}}} I_{\mathrm{und,max}} = \frac{K_{\mathrm{rel}}}{n_{\mathrm{TA}}} (I'_{\mathrm{und}} + I''_{\mathrm{und}})$$

$$I'_{\mathrm{und}} = K_{\mathrm{err}} K_{\mathrm{st}} K_{\mathrm{np}} \frac{I_{\mathrm{k,max}}}{2}, \qquad I''_{\mathrm{und}} = \eta K_{\mathrm{np}} I_{\mathrm{k,max}}$$

式中，K_{rel} 是可靠系数，取 1.3～1.5；$I_{\mathrm{und,max}}$ 是外部短路故障时产生的最大不平衡电流；I'_{und} 是由电流互感器特性不同而引起的不平衡电流；I''_{und} 是由平行线路阻抗不等而引起的不平衡电流；K_{st} 是电流互感器的同型系数，同型取 0.5，不同型取 1；K_{np} 是非周期分量系数，一般电流继电器取 1.5～2，对能躲过非周期分量的继电器取 1～1.3；K_{err} 是电流互感器的误差，取 0.1；η 是平行线路的正序差电流系数；$I_{\mathrm{k,max}}$ 是平行线路外部短路故障时流过保护的最大短

路电流。

（3）躲过在相继动作区内发生接地短路故障时，流过本侧非故障相的最大短路电流，其动作电流为

$$I_{op} \geqslant \frac{K_{rel}}{n_{TA}} I_{unF,max}$$

式中，K_{rel}是可靠系数，取 1.3；$I_{unF,max}$是对侧断路器断开后流过本侧非故障相线路的最大短路电流。

上述三种计算结果中的最大值作为启动元件的整定值。

（4）灵敏度校验。要求平行线路中的一回线路中点短路时，在两侧断路器均未跳开之前，其中一侧保护的灵敏系数不应小于 2；而在任何一侧跳开之后，线路末端短路时的灵敏度不应小于 1.5。

$$K_{sen} = \frac{I_{K,min}}{I_{op}}$$

式中，$I_{K,min}$是平行线路内部故障时，流过横联差动方向保护的最小短路差动电流，其短路点选一回线路的中性或末端。

5）横联差动方向保护的评价

横联差动方向保护的主要优点有：能够迅速而有选择性地切除平行线路上的故障，实现简单、经济，不受系统振荡的影响。

横联差动方向保护的主要缺点有：一回线停止运行后，保护要退出工作；还存在相继动作区，当故障发生在相继动作区时，切除故障的时间增加 1 倍；保护装置还存在死区，需加装单回线运行时线路的主保护和后备保护，一般再装接于双回线电流之和的三段式电流保护或距离保护。鉴于缺点较多，整定计算烦琐，目前很少应用。

2. 电流平衡保护原理

平行线路内部短路时，利用母线电压降低、平行线路电流不等的特点，同样也可判别故障线路，图 5-16 的 M 侧母线上电压降低时，若 $I_{\mathrm{I}} > I_{\mathrm{II}}$，则判定 $L1$ 上发生了短路故障；若 $I_{\mathrm{I}} < I_{\mathrm{II}}$，则判定 $L2$ 上发生了短路故障。N 侧母线上电压降低时，也同样可以判定出故障线路。以此原理构成的平行线路保护为电流平衡保护。

电流平衡保护是横联差动方向保护的另一种形式，其工作原理是利用比较平行线路电流的大小来判断平行线路上是否发生了故障和故障发生在哪一回线路上，从而有选择性地切除故障线路。它与横联差动方向保护的不同之处在于电流平衡保护是用电流平衡继电器代替功率方向继电器来判断平行线路中的故障线路。电流平衡继电器是按比较平行线路中的电流绝对值而工作的，同时还引入了电压量作为制动量。电压量的大小将影响继电器的动作灵敏度，电压降低时继电器的灵敏度将提高，所以在线路发生短路故障时，保护会有较高的灵敏度。

图 5-19 为早期机电式电流平衡保护的原理图，电流平衡继电器 KBL1、KBL2 各有一个工作线圈匝 N_W，一个制动线圈匝 N_B 和一个电压线圈匝 N_V。KBL1 的工作线圈接于线路 $L1$ 电流互感器的二次侧，由电流 I_1 产生动作力矩 M_{W1}，其制动线圈接于线路 $L2$ 电流互感器的二次侧，由电流 I_2 产生动作力矩 M_{B1}。KBL2 的工作线圈接于线路 $L2$ 电流互感器的二次侧，由 I_2 产生动作力矩 M_{W2}，其制动线圈接于线路 $L1$ 电流互感器的二次侧，由 I_1 产生动作力矩 M_{B2}。KBL1、KBL2 的电压线圈均接于母线电压互感器的二次侧。继电器的动作

条件是 $M_W > M_B + M_V$（M_V 为电压线圈中产生的力矩）。

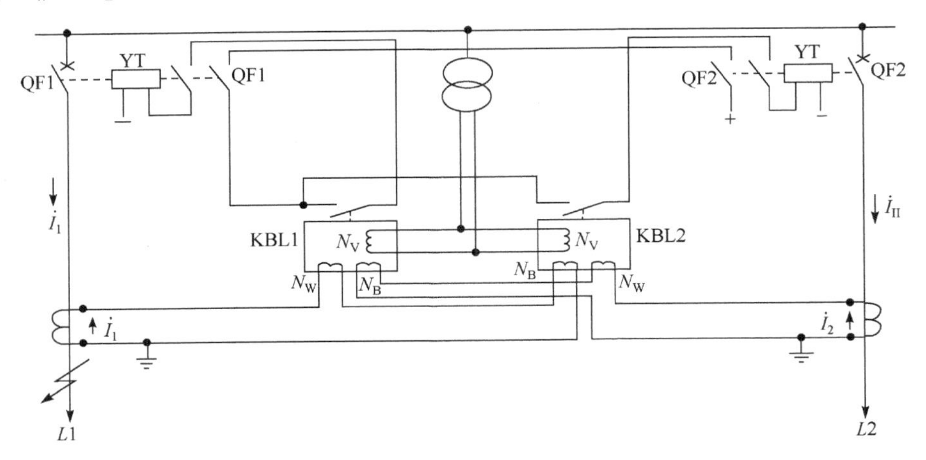

图 5-19　机电式电流平衡保护接线原理图

正常运行及外部短路时，由于 $I_1 = I_2$，KBL1、KBL2 由于其反作用力矩 M_V 和继电器内弹簧反作用力矩 M_s 的作用，使触点保持在断开位置，保护不会动作。

当一回线路发生故障（如线路 $L1$ 的 K 点），由于 $I_1 > I_2$，并由于电压大大降低，电压线圈的反作用力矩显著减少，因此 KBL1 中由 I_1 产生的动作力矩 M_{W1} 大于 I_2 产生的制动力矩 M_{B1} 与电压产生的制动力矩 M_V 之和，所以 KBL1 动作，切除故障线路 $L1$；对于 KBL2，由于流过其制动线圈的电流 I_1 大于工作线圈流过电流 I_2，即制动力矩大于动作力矩，所以它不会动作。

电流平衡保护的主要优点是：与横联差动方向保护相比，只有电流相继动作区而没有死区，而且相继动作区比横联差动方向保护小。采用微机保护平台后，动作迅速、灵敏度足够高并且接线简单而得到应用。注意，只在电源侧才能采用电流平衡保护，通常用于 35kV 以上的电网中。

5.3　线路高频电流保护

5.3.1　高频保护的基本概念

这里的高频保护是指以输电线载波通道作为通信通道，将保护信息以高频信号（50～400kHz）的形式传送到对端实现全线快速动作的线路纵联保护。

它与纵联差动一样，不反应被保护输电线范围以外的故障，在定值选择上也无需与下一条线路相配合，故可不带动作延时。

高频保护广泛应用于高压和超高压输电线路，是比较成熟和完善的一种无时限快速纵联保护。

线路高频保护按保护原理可分为高频电流和高频距离两种，高频电流保护又可分为比较两端电流相位的高频相差和比较功率方向的高频电流方向等。

工程上用得较多的是高频方向保护，它主要包括高频电流方向和高频距离方向。

在实现以上保护的过程中，都需要解决一个如何将阻抗方向、功率方向或电流相位转化为高频信号，以及如何进行比较的问题。

5.3.2 高频通道的构成原理

为了实现高频保护，必须解决利用输电线路作为高频通道的问题。如果载波信号(又称高频信号)$f<50\text{kHz}$，受工频电压干扰大，加工设备构成困难；$f>400\text{kHz}$时，高频能量损耗大大增加。载波信号经调制后送入输电线路，线路除了传送50Hz的工频电流同时还传输高频电流。输电线路高频通道的构成方式分为“相地制”和“相相制”两种。“相地制”高频通道是指用电力线路之一相与大地作为传送高频信号的回路；而“相相制”高频通道是指用两相电力线路作为传送高频信号的回路。

在“相地制”高频通道中，高频信号的衰耗和受到的干扰都比较大，但结构简单、最经济，目前国内多数高频保护采用“相地制”载波通道。

“相地制”电力线载波高频通道的结构如图5-20所示。现以此为例说明“相地制”载波通道的组成。阻波器、耦合电容器、结合滤波器、电缆、保护间隙及接地开关设备也统称加工结合设备，通道以A相导线构成时，也称加工A相。

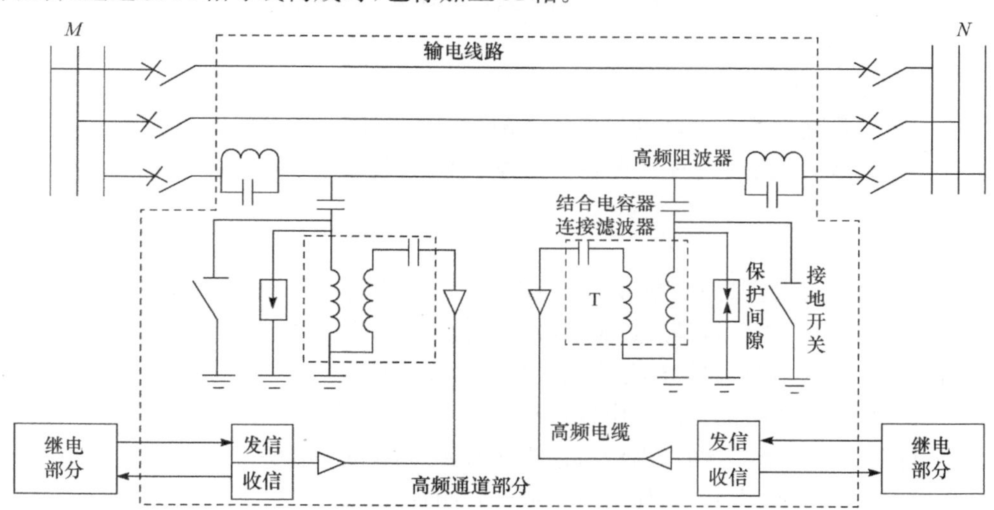

图5-20 “相地制”电力线载波高频通道的结构示意图

1. 高频阻波器

高频阻波器是由一电感线圈与可变电容器并联组成的回路，它串联在线路两端。当在所用的载波频率下发生并联谐振时，它所呈现的阻抗最大(1000Ω以上)，从而将高频信号限制在被保护输电线路的范围以内，而不能穿越到相邻线路上去。但对工频电流而言，阻波器仅呈现电感线圈的阻抗，数值很小(约为0.04Ω)，并不影响它的传输。故高频阻波器的作用是载波频率下并联谐振，呈现高阻抗，阻止高频电流流出母线减小衰耗和防止与相邻线路的纵联保护形成相互干扰。

2. 耦合/结合电容器(滤波、隔工频)

耦合电容器为高压小容量电容，与连接滤波器串联，谐振于载波频率，允许高频电流流过即将载波信号传递至输电线路，同时使高频收发信机与工频高压线路绝缘。由于耦合电容器对于工频电流呈现极大的阻抗，阻止其流过，故由它所导致的工频泄漏电流极小。由于电容容量小，呈现容抗大，工频电压大部分降在耦合电容上，耦合电容后的设备承受的工频电压较低。耦合电容器的作用将低压高频设备输出的高频信号耦合到高压线路上。

3. 连接/结合滤波器

连接滤波器由一个可调节的空心变压器及连接至高频电缆一侧的电容器组成。其作用是电气隔离与阻抗匹配。连接滤波器将高压部分与低压的二次设备隔离，提高了安全性，同时与两侧的通道阻抗匹配以减小反射衰耗。连接滤波器线路一侧等效阻抗应与输电线路的波阻抗匹配，220kV 线路波阻抗一般为 400Ω，330kV 及 500kV 线路波阻抗为 300Ω；电缆一侧等效阻抗则与电缆波阻抗匹配，早期电缆波阻抗为 100Ω，目前电缆波阻抗为 75Ω。

4. 高频电缆

高频电缆用来连接户内的收发信机和装在户外的连接滤波器。为屏蔽干扰信号，减少高频损耗，采用单芯同轴电缆，电缆芯外有屏蔽层，屏蔽层应可靠接地，其波阻抗为 100Ω。

5. 保护间隙

保护间隙是高频通道的辅助设备。当高压侵入时，保护间隙击穿并限制了结合滤波器上的电压，起到过电压保护的作用，即用它来保护高频电缆和高频收发信机免遭过电压的袭击。

6. 接地开关/刀闸

接地刀闸也是高频通道的辅助设备。在调整或维修高频收发信机和连接滤波器时，用它来进行安全接地，以保证人身和设备的安全。检修完毕通道投入运行前必须打开接地刀闸。

7. 高频收、发信机

高频收、发信机作为保护与载波通道相连的设备，其原理将影响到保护与其连接的方式。高频收、发信机的作用就是发送和接收高频信号。发信机部分由继电保护来控制，通常是在电力系统发生故障时，保护部分启动之后它才发出信号，但有时也可以采用长期发信故障时停信或改变信号频率的方式。由发信机发出的信号，通过高频通道送到对端的收信机中，也可为自己的收信机所接收，高频收信机接收由本端和对端所发送的高频信号，经过比较判断之后，再动作于继电保护，使之跳闸或将它闭锁。

(1) 发信机由信号源、前置放大、功放、线路滤波、衰耗器等组成。图 5-21 为发信机原理框图。信号源产生标准频率的载波信号，多采用石英晶体振荡电路产生基准信号分频后经锁相环(PLL)频率合成输出的方式，锁相环的分频倍率可以根据需要调整。信号源输出

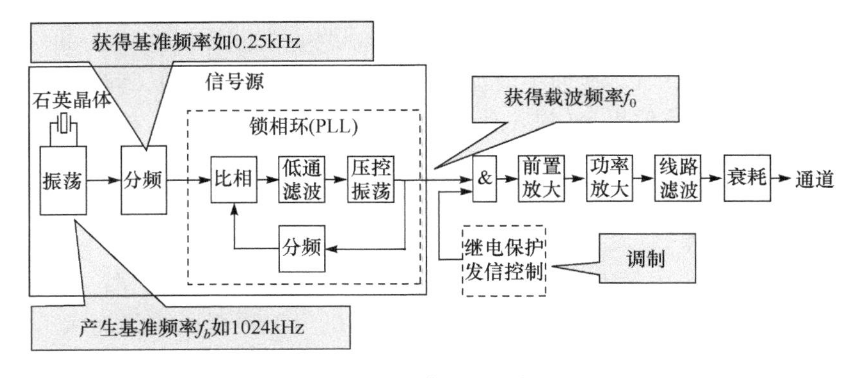

图 5-21　发信机原理框图

的方波信号经滤波送入前置放大电路进行电压放大，前置放大输出送入功率放大。线路滤波抑制发信谐波电平。衰耗器可以根据线路长度等实际情况进行调整，长线路上应保证有足够的发信功率，短线路时适当投入衰耗防止发信功率过大干扰其他高频保护、远动等载波通信设备。

(2) 收信机由混频电路、中频滤波、放大检波、触发电路等组成，采用超外差方式，见图 5-22。载波信号在混频电路中与本振频率信号混合，本振频率 $f_1 > f_0 + f_M$，f_0 为收信机标频，f_M 为固定的移频。混频电路输出经带通滤波(中心频率为 f_M)后输出。放大检波电路将解调后的信号送往高频保护。

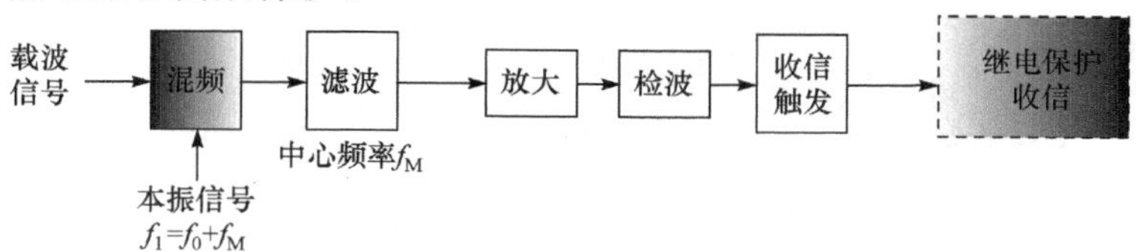

图 5-22　收信机原理框图

5.3.3　高频通道的工作方式和高频信号的种类

1. 电力线载波高频通道的工作方式

电力线载波通道的工作方式可以分为正常时无高频电流方式/故障(短时)发信方式、正常时有高频电流方式/长期(长时)发信方式和移频方式三种。目前，我国高频保护装置多采用的是正常无高频电流方式。

应该指出，必须注意将“高频信号”和“高频电流”区别开来。所谓高频信号是指线路一端的高频保护在故障时向线路另一端的高频保护所发出的信息或命令。因此，在经常无高频电流的通道中，当故障时发出的高频电流固然代表一种信号，但在经常有高频电流的通道中，当故障时将高频电流停止或改变其频率也代表一种信号，这一情况就表明了“信号”和“电流”的区别。

1) 正常时无高频电流方式

在电力系统正常运行时收发信机不发信，通道中无高频电流，只在电力系统发生故障期间才由启动元件启动收发信机发信。短时发信方式由于功放短时工作，相对降低对功放的要求，有利于延长发信机寿命，减少对其他载波设备的干扰，但必须定期发信以检查通道及收发信机是否完好。故障发信，高频电流代表高频信号。

2) 正常时有高频电流方式

长期发信方式即发信机始终投入工作，沿高频通道传送高频电流，对功放、电源等电路和发信机质量要求较高，其优点是高频通道部分经常处于监视的状态，可靠性高；且无需收、发信机启动元件，简化装置。而缺点是经常处于发信状态，增加了对其他通信设备的干扰时间；也易受外界高频信号干扰，应具有更高的抗干扰能力；并降低了收发信机的使用年限。

为了减小长期发信造成的干扰，系统正常时发信机以较小的功率发信，系统扰动继电保护启动后发信机自动加大发信功率以克服高频信号穿越故障线路带来的衰耗。长期发信，高频电流消失代表高频信号。

3) 移频方式

在正常工作条件下，发信机向对侧传送频率为 f_1 的高频电流；当发生故障时，继电保护装置控制发信机移频，停止发送频率为 f_1 的高频电流，而发出频率为 f_2 的高频电流。其优点是能监视通道工作情况，提高可靠性，抗干扰能力强。而缺点是占用的频带宽，通道利用率低。移频方式中 f_2 高频电流代表高频信号。

2. 电力线载波信号的种类

按高频载波通道在纵联保护中的作用，将载波信号分为闭锁信号、允许信号、跳闸信号。逻辑图如图 5-23 所示，原理示意图如图 5-24 所示。目前，我国高频保护装置多采用的是高频闭锁信号。

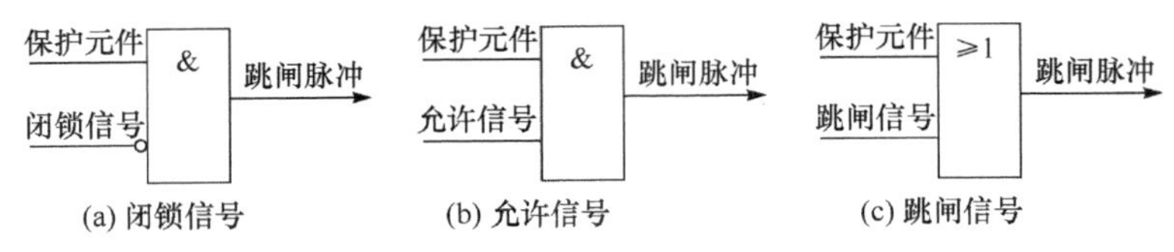

图 5-23 高频保护信号逻辑图

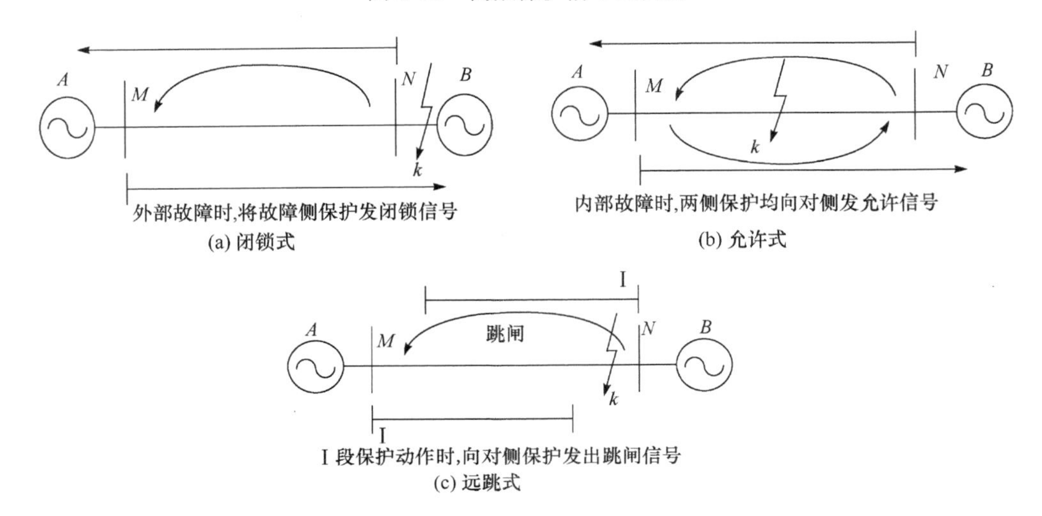

图 5-24 不同高频信号原理示意图

(1) 所谓闭锁信号，就是指:“收不到这种信号是高频保护动作跳闸的必要条件”。结合高频保护的工作原理来看，就是当外部故障时，由一端的保护发出高频闭锁信号，将两端的保护闭锁，而当内部故障时，两端不发因而也收不到闭锁信号，保护即可动作于跳闸。

(2) 所谓允许跳闸信号，则是指:“收到这种信号是高频保护动作跳闸的必要条件”。因此，当内部故障时，两端保护应同时向对端发出允许信号，使保护装置能够动作于跳闸。而当外部故障时，则因近故障点端不发允许信号，故对端保护不能跳闸。近故障点的一端则因故障方向的元件不动作，也不能跳闸。

(3) 至于无条件跳闸信号的方式，就是指“收到这种信号是保护动作于跳闸的充分而必要的条件”。实现这种保护时，实际上是利用装设在每一端的电流速断、距离Ⅰ段或零序电流速断保护，当其保护范围内部故障而动作于跳闸的同时，还向对端发出跳闸信号，可以不经过其他控制元件而直接使对端的断路器跳闸。采用这种工作方式时，两端保护的构成比较简单，无需互相配合，但是必须要求每端发送跳闸信号的保护动作范围小于线路的全长，而两端保护动作范围之和应大于线路的全长。前者是为了保证动作的选择性，而后者则是为了保证全线上任一点故障的快速切除。

高频通道工作方式不同，对应的高频信号与保护的逻辑关系也不同，可有六种基本组合关系。

3. 高频电流频率和收发信机调制方式

根据系统故障时收发信机工作频率是否与正常运行时一致，收发信机分为“单频制”与“双频制”。“单频制”是指两侧发信机和收信机均使用同一个频率，收信机收到的信号为两侧发信机信号的叠加，见图 5-25(a)。“双频制”则是一侧的发信机与收信机使用不同的频率，收信机只能收到对侧发信机的信号而收不到本侧发信机的信号，如图 5-25(b)所示。单频制用于“闭锁式”保护，而“允许式”保护需要采用双频制通道。

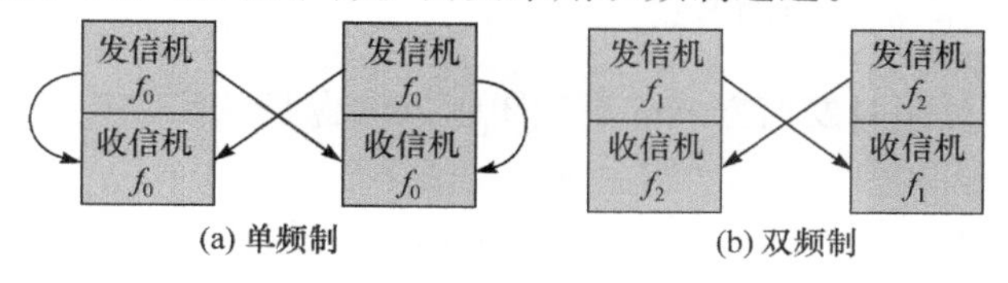

图 5-25 单频制与双频制

收发信机调制方式有调幅与移频键控(FSK)两种。调幅方式以高频电流的“有”“无”传送高频信号。FSK 方式则以不同的频率传送高频信号，即正常运行时发出功率较小的监频信号 f_G 监视通道，系统故障时改发功率较大的跳频信号 f_T。

高频保护单独使用一台收发信机为专用方式，国产 220kV 保护设备常采用专用方式。高频保护也可以采用音频接口接至通信载波机，与远动通信复用收发信机。

5.3.4 高频闭锁方向保护的基本原理

目前广泛应用的高频闭锁方向保护是以高频通道经常无电流而在外部故障时发出闭锁信号的方式构成的。此闭锁信号由短路功率方向为负的一端发出，这个信号被两端的收信机所接收，而把保护闭锁，故称为高频闭锁方向保护。

现用图 5-26 所示的故障情况来说明保护装置的作用原理。设故障发生于线路 BC 的范围以内，则短路功率 S_d 的方向如图所示。此时安装在线路 BC 两端的方向高频保护 3 和 4 的功率方向为正，保护应动作于跳闸。故保护 3、4 都不发出高频闭锁信号，因而在保护启动后，即可瞬时动作，跳开两端的断路器。但对非故障线路 AB 和 CD，其靠近故障点一端的功率方向为由线路流向母线，即功率方向为负，则该端的保护 2 和 5 发出高频闭锁信号。此信号一方面被自己的收信机接收，同时经过高频通道把信号送到对端的保护 1 和 6，使得保护装置 1、2 和 5、6 都被高频信号闭锁，保护不会将线路 AB 和 CD 错误地切除。

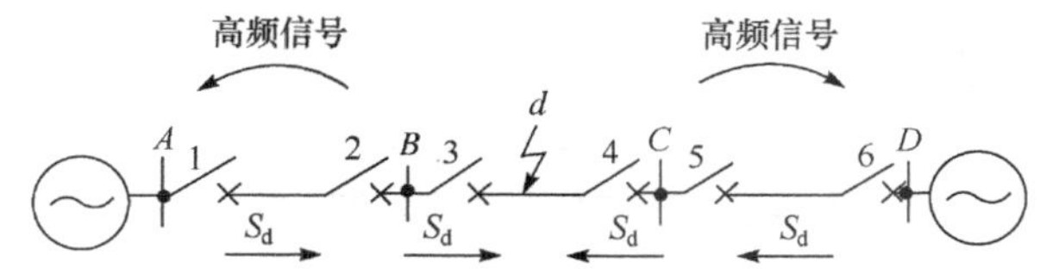

图 5-26 高频闭锁方向保护的作用原理

这种保护的工作原理是利用非故障线路的一端发出闭锁该线路两端保护的高频信号，而对于故障线路两端则不需要发出高频信号使保护动作于跳闸，这样就可以保证在内部故障并伴随有通道的破坏时(例如通道所在的一相接地或断线)，保护装置仍然能够正确地动作，这是它的主要优点，也是这种高频信号工作方式得到广泛应用的主要原因之一。

对接于相电流和相电压(或线电压)上的功率方向元件,当系统发生振荡且振荡中心位于保护范围以内时,由于两端的功率方向均为正,保护将要误动,这是一个严重的缺点。而对于反应负序或零序的功率方向元件,则不受振荡的影响(三相短路开始也有不对称情况)。

另外,在外部故障时,距故障点较远一端的保护所感觉到的情况和内部故障时完全一样,此时主要是利用靠近故障点一端的保护发出高频闭锁信号,来防止远端保护的误动作。因此,在外部故障时保护正确动作的必要条件是靠近故障点一端的高频发信机必须启动,而如果两端启动元件的灵敏度不相配合时,就可能发生误动作。

5.3.5 高频闭锁方向保护的启动方式

高频发信机采用短路时发信方式的高频闭锁方向保护的启动电流方式可有电流、功率方向、序分量、阻抗等多种。

图 5-27(a)为电流启动高频闭锁方向保护的启动方式,启动 I 和出口 I' 两个启动元件,$I<I'$,I 比 I' 灵敏。如果只用一个启动元件,当外部短路时,近故障侧电流启动元件不动,而远故障侧启动元件启动,会使远侧保护误动。为此需用两个电流启动元件在定值上的配合(考虑 TA 误差 0.1,启动电流误差 0.05):

$$\frac{I'_{op}}{I_{op}}=\frac{(1+0.1)\times(1+0.05)}{(1-0.1)\times(1-0.05)}=1.35$$

$$I'_{op}=(1.5\sim2)I_{op}$$

$$I_{op}\geqslant\frac{K_{rel}}{K_{re}}I_{l,max}$$

$$K_{rel}=1.1\sim1.2,K_{re}=0.85$$

灵敏度不满足要求时,用负序电流启动:

$$I_{op,2}\geqslant\frac{K_{rel}}{K_{re}}I_{unb,max}=0.1I_{L,max}$$

$$t_3=t_p+t_d+t_y$$

$$t_1=0.5$$

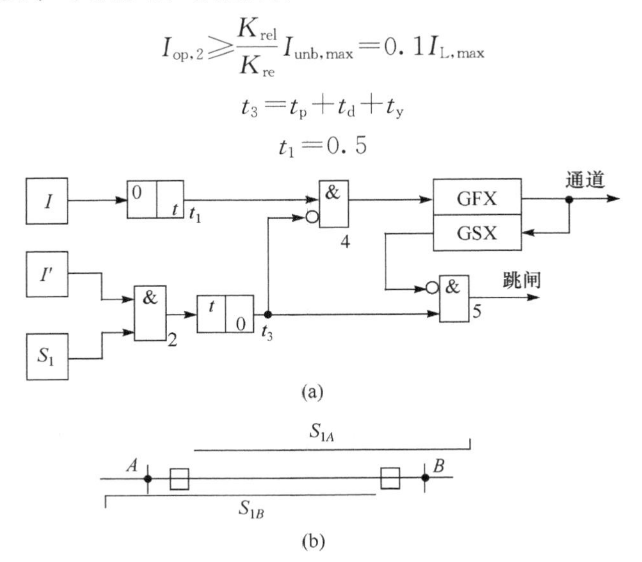

图 5-27　电流启动高频闭锁方向保护的原理图

5.4 线路纵联距离、零序保护

距离用于反应相间故障、零序用于反应接地故障，它们的整定计算与单端信息线路基本相同，纵联距离、零序方向保护的实现原理与高频闭锁方向保护类似，同属于纵联方向保护，即纵联方向保护中的正方向元件由方向阻抗元件、零序电流方向元件替代。以闭锁式为例，以方向性阻抗元件（如距离Ⅲ段）和零序电流方向元件控制停、发信。正方向区内故障方向阻抗元件或零序电流元件动作则停信，反之，则继续发闭锁信号。

纵联保护由整定控制字选择是采用允许式还是闭锁式，两者的逻辑有所不同。开始的程序是相同的，即启动元件动作，保护进入故障检测判断程序；启动元件不动作，保护执行正常运行的检测、自检等日常工作程序。框图如图 5-28 所示。

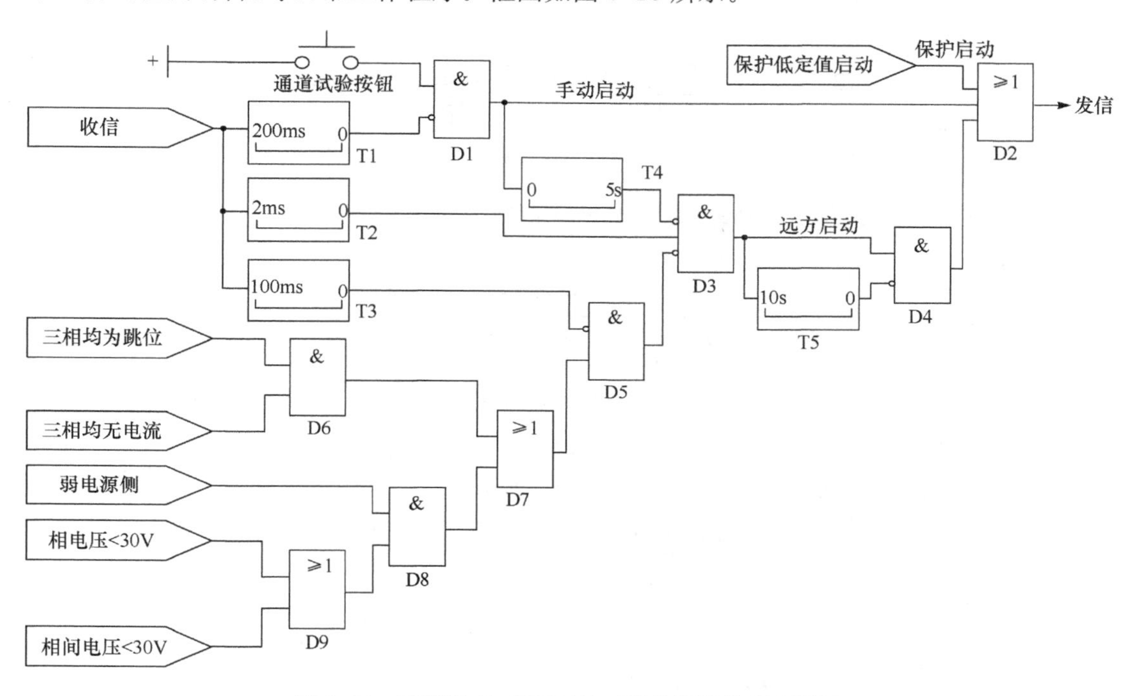

图 5-28　纵联距离、零序保护正常监视发信程序框图

闭锁式纵联距离、零序方向保护与专用收、发信机配合构成闭锁式纵联保护的原理框图如图 5-29 所示。不难看出，其中断路器跳位停信、其他保护动作停信、通道检查逻辑等都与闭锁式纵联高频电流方向保护装置类似，只是保护停信部分有所不同。

需要说明的是，纵联距离保护同样需要引入振荡闭锁。另外，如果采用母线电压互感器，在单相重合闸过程中非全相运行时，零序电流方向元件会误动，非全相运行时，应退出纵联零序电流保护。

允许式纵联距离零序保护故障测量程序框图如图 5-30 所示。对照图 5-29 就不难看出它们的逻辑区别。

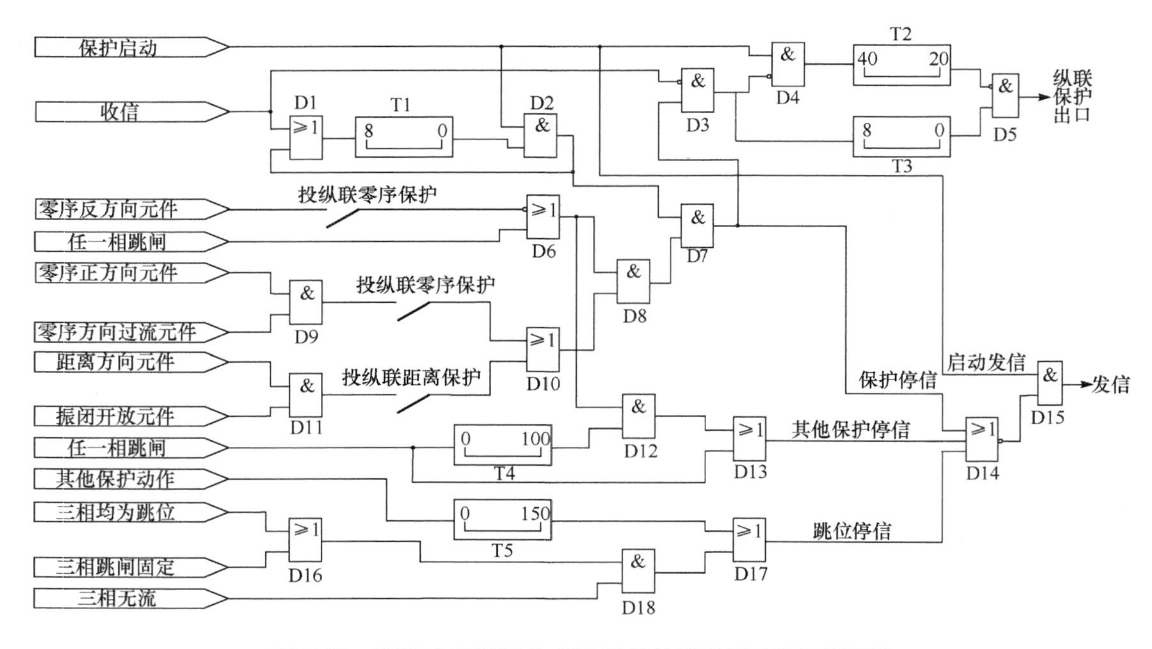

图 5-29　闭锁式纵联距离、零序保护故障测量程序逻辑框图

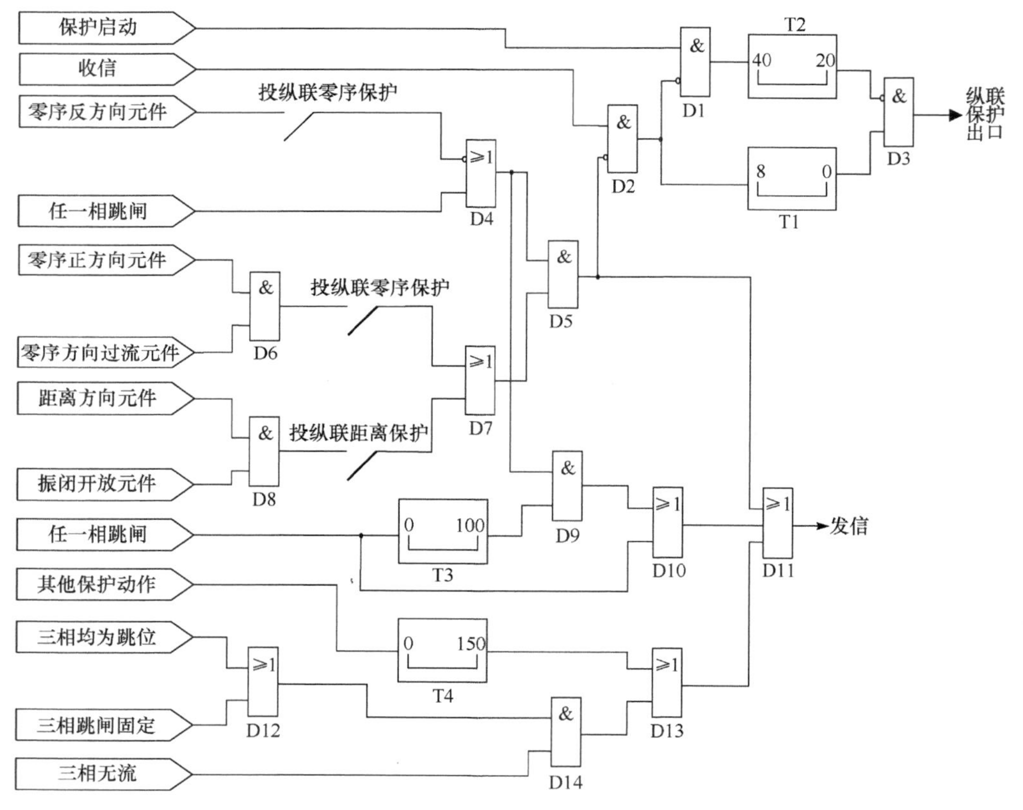

图 5-30　允许式纵联距离、零序保护故障测量程序逻辑框图

纵联距离、零序方向保护构成原理简单，对保护通道要求相对较低，既可以采用光纤通道也可以采用载波通道，但在非全相运行过程中可能由于方向阻抗元件、零序方向元件不正

确动作而误动。220kV 及以上电压等级线路采用单相重合闸方式时，若线路发生单相接地故障，继电保护实施单相跳闸、跳开故障相，等待一定时间进行单相重合。在等待重合的短时间非全相运行期间，需要退出可能误动的纵联距离、零序方向保护。为了保证非全相运行期间健全相发生转换性故障时能快速动作，他的实用性就受到了一些限制。

5.5 影响线路保护性能的因数及对策

有很多因素可能导致距离保护无法正确动作，如过渡电阻、分支电流、振荡以及电压回路断线的影响。

5.5.1 短路点过渡电阻对距离保护的影响

电力系统中的短路一般都不是金属性的，而是在短路点存在过渡电阻。此过渡电阻的存在，将使距离保护的测量阻抗发生变化，一般情况下是使保护范围缩短，但有时也能引起保护超范围动作或反方向误动作。现对过渡电阻的性质及其对距离保护工作的影响讨论如下。

1. 短路点过渡电阻的性质

短路点的过渡电阻 R_g 是指当相间短路或接地短路时，短路电流从一相流到另一相，或从相导线流入地途径所通过物质的电阻，这包括电弧、中间物质的电阻、相导线与地之间的接触电阻、金属杆塔的接地电阻等。实验证明，当故障电流相当大时(数百安以上)，电弧上的电压梯度几乎与电流无关，可取为每米弧长上(1.4～1.5)kV(最大值)。根据这些数据可知电弧实际上呈现有效电阻，其值可按下式决定：

$$R_g \approx 1050\,\frac{l_g}{I_g}$$

式中，I_g 为电弧电流的有效值(A)；l_g 为电弧长度(m)。

在一般情况下，短路初瞬间，电弧电流 I_g 最大，弧长 l_g 最短，弧阻 R_g 最小。几个周期后，在风吹、空气对流和电动力等作用下，电弧逐渐伸长，弧阻 R_g 有急速增大之势。

在相间短路时，过渡电阻主要由电弧电阻构成，其值可按上述经验公式估计。在导线对铁塔放电的接地短路时，铁塔及其接地电阻构成过渡电阻的主要部分。铁塔的接地电阻与大地导电率有关。对于跨越山区的高压线路，铁塔的接地电阻可达数十欧。此外，当导线通过树木或其他物体对地短路时，过渡电阻更高，难以准确计算。目前我国对 500kV 线路接地短路的最大过渡电阻按 300 Ω估计，对 220kV 线路，则按 100 Ω估计。

2. 单侧电源线路上过渡电阻的影响

如图 5-31 所示，短路点的过渡电阻 R_g 总是使继电器的测量阻抗增大，使保护范围缩短。然而，由于过渡电阻对不同安装地点的保护影响不同，因而在某种情况下，可能导致保护无选择性动作。例如，当线路 BC 的始端经 R_g 短路时，则保护 1 的测

(a) 单侧电源线路经过渡电阻R_g短路的等效图

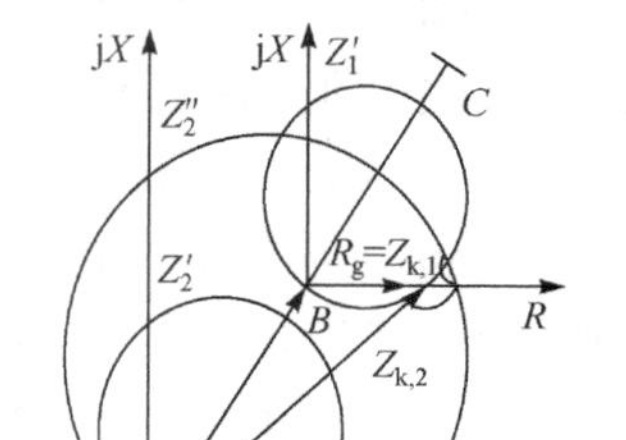

(b) 过渡电阻对不同安装地点距离保护影响的分布

图 5-31 单侧电源过渡电阻的影响

量阻抗为 $Z_{k,1}=R_g$，而保护 2 的测量阻抗为 $Z_{k,2}=Z_{AB}+R_g$，由图 5-31 可见，由于 $Z_{k,2}$是 Z_{AB}与 R_g的向量和，因此其数值比无 R_g时增大不多，也就是说测量阻抗受 R_g的影响较小。这样当 R_g较大时，就可能出现 $Z_{k,1}$已超出保护 1 第Ⅰ段整定的特性圆范围，而 $Z_{k,2}$仍位于保护 2 第Ⅱ段整定的特性圆范围以内的情况。此时两个保护将同时以第Ⅱ段的时限动作，从而失去了选择性。

由以上分析可见，保护装置离短路点越近时，受过渡电阻的影响越大；同时保护装置的整定值越小，则受过渡电阻的影响也越大。因此对短线路的距离保护应特别注意过渡电阻的影响。

3. 双侧电源线路上过渡电阻的影响

如图 5-32 所示双侧电源线路上，短路点的过渡电阻还可能使某些保护的测量阻抗减小。如在线路 BC 的始端经过渡电阻 R_g 三相短路时，$\dot{I}'_k$和 $\dot{I}''_k$分别为两侧电源供给的短路电流，则流经 R_g 的电流为 $\dot{I}_k=\dot{I}'_k+\dot{I}''_k$，此时变电所 A 和 B 母线上的残余电压为

$$\dot{U}_B=\dot{I}_kR_g$$

$$\dot{U}_A=\dot{I}_kR_g+\dot{I}_kZ_{AB}$$

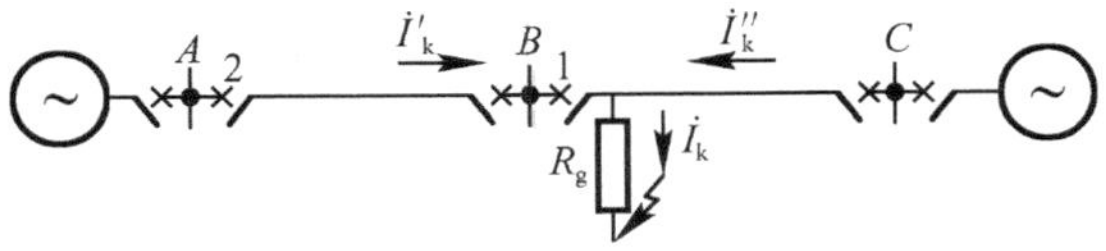

图 5-32　双电源经 R_g 短路接线图

则保护 1 和 2 的测量阻抗为

$$Z_{k,1}=\frac{\dot{U}_B}{\dot{I}'_k}=\frac{\dot{I}_k}{\dot{I}'_k}R_g=\frac{I_k}{I'_k}R_g e^{j\alpha}$$

$$Z_{k,2}=\frac{\dot{U}_A}{\dot{I}'_k}=Z_{AB}+\frac{I_k}{I'_k}R_g e^{j\alpha}$$

此处 α 表示 $\dot{I}_k$超前于 $\dot{I}'_k$的角度。当 α 为正时，测量阻抗的电抗部分增大，而当 α 为负时，测量阻抗的电抗部分减小。在后一情况下，也可能引起某些保护的无选择性动作。

此外，不同特性的阻抗继电器受过渡电阻影响程度不要一样，一般说来，阻抗继电器的动作特性在 $+R$ 轴方向所占的面积越大，则受过渡电阻的影响越小。

4. 目前防止过渡电阻影响的方法

(1) 采用能容许较大的过渡电阻而不致拒动的阻抗继电器。例如，对于过渡电阻只能使测量阻抗的电阻部分增大的单侧电源线路，可采用不反应有效电阻的电抗型阻抗继电器。在双侧电源线路上，可采用具有如图 5-33 所示可减小过渡电阻影响的动作特性的阻抗继电器。图 5-33(a)所示的多边形动作特性的上边 XA 向下倾斜一个角度，以防止过渡电阻使测量电抗减小时阻抗继电器的超越。右边 RA 可以在 R 轴方向独立移动以适应不同数值的过渡电阻。图 5-33(b)所示的动作特性既容许在接近保护范围末端短路有较大的过渡电阻，又能防止在正常运行情况下，负荷阻抗较小时阻抗继电器误动作。图 5-33(c)所示为圆与四边形组成的动作特性。在相间短路时过渡电阻较小，应用圆特性；在接地短路时，过渡电阻可能很大，此时利用接地短路出现的零序电流在圆特性上叠加一个四边形特性以防止阻抗继电器拒动。

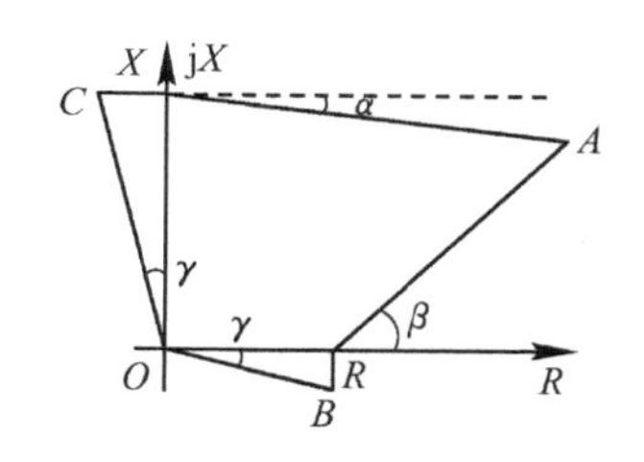

(a) 多边形动作特性

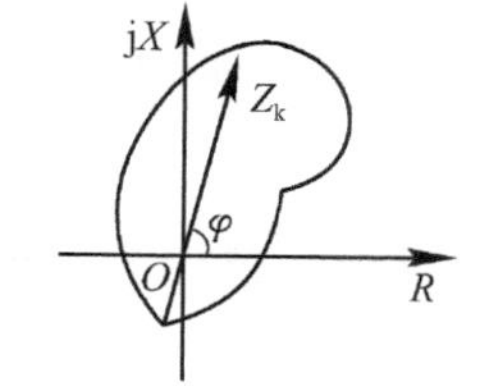

(b) 既允许较大过渡电阻又能防止负荷阻抗较小时误动的动作特性

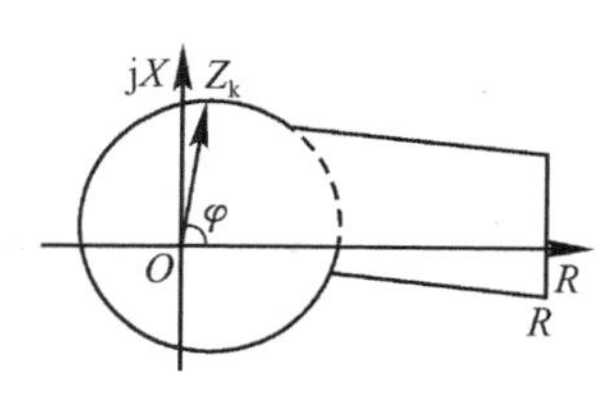

(c) 圆与四边形组合的动作特性

图 5-33 可减小过渡电阻影响的动作特性

(2) 利用所谓瞬时测量装置来固定阻抗继电器的动作。相间短路时，过渡电阻主要是电弧电阻，其数值在短路瞬间最小，经过 0.1～0.15s 后，就迅速增大。根据 R_g 的上述特点，通常在距离保护的第Ⅱ段，可将短路瞬间的测量阻抗值固定保持下来，使 R_g 的影响减至最小。在发生短路瞬间，Ⅱ段阻抗元件 2 启动，并开始计时，当Ⅱ段的整定时限到达才出口跳闸。这种方法只能用于反应相间短路的阻抗继电器。在接地短路情况下，电弧电阻只占过渡电阻的很小部分，这种方法不会起很大作用。

(3) 利用小波算法检测故障信号行波从保护安装处到故障点，再从故障点返回到保护安装处花掉的时间来判断故障点发生的具体位置，以决定是否应该动作，此法不受过渡电阻影响，只要正确识别故障波头和精确计时即可。

(4) 利用故障分量、差动保护等不受过渡电阻影响的特点构成保护判据，如故障分量距离、方向等元件。

5.5.2 电力系统振荡对保护的影响

当电力系统中发生同步振荡或异步运行时，各点的电压、电流和功率的幅值和相位都将发生周期性地变化，电压、电流以及它们之比所代表的阻抗也将发生周期性变化。当测量电流、电压及阻抗等进入动作区域时，保护将发生误动作。因此对于保护必须考虑电力系统同步振荡或异步运行(以下简称为系统振荡)对保护的影响。

1. 电力系统振荡时电压、电流及阻抗变化

电力系统中由于输电线路输送功率过大，超过静稳定极限，或由于无功功率不足而引起系统电压降低，或由于短路故障切除缓慢，或由于非同期自动重合闸不成功等都可能引起系统振荡。

在图 5-34 中，系统全相运行时发生系统振荡，此时三相总是对称的，可按单相系统来研究。

假设 $|\dot{E}_M|=|\dot{E}_N|$，$\dot{E}_M$ 超前 $\dot{E}_N\delta$ 角度。电网阻抗均匀分布，$\dot{E}_\Sigma$ 为振荡时的综合电势。

由向量图可知，M 侧振荡电流：

$$\dot{I}_M=\frac{\dot{E}_\Sigma}{Z_\Sigma}=\frac{|\dot{E}_\Sigma|e^{j\delta}-\dot{E}_N}{Z_\Sigma}=\frac{2|\dot{E}_M|}{Z_\Sigma}\sin\frac{\delta}{2}$$

M 侧振荡电压：

$$\dot{U}_M=(1-m)|\dot{E}_M|e^{j\delta}+m\dot{E}_N$$

式中，$Z_\Sigma=Z_M+Z_N+Z_{MN}$，$m=\dfrac{Z_M}{Z_\Sigma}\left(m<\dfrac{|Z_\Sigma|}{2}\right)$。

由此可见振荡时随振荡角 δ 的变化，电流、电压的幅值均会忽大忽小变化。

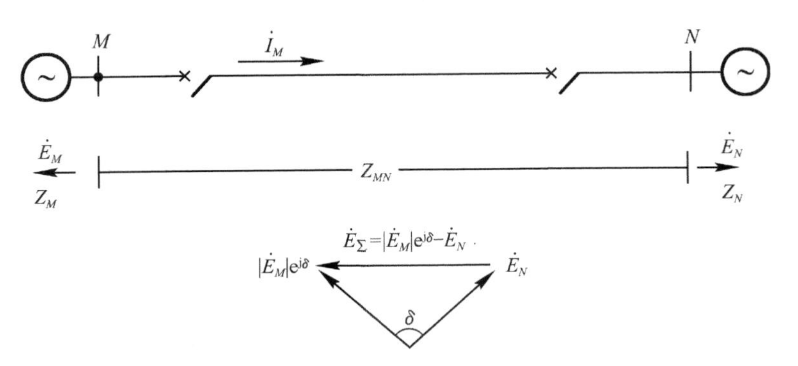

图 5-34　系统及振荡时的综合电势 E_Σ

振荡时 M 侧的视在阻抗：

$$Z_M=\frac{\dot{U}_M}{\dot{I}_M}=\left(\frac{1}{2}-m\right)Z_\Sigma-j\left(\frac{1}{2}\cot\frac{\delta}{2}\right)Z_\Sigma$$

由表达式可知，当 $\delta=180°$ 时，Z_M 为最小，U_M 为最小，I_M 为最大，该点称为振荡中心。$\dot{Z}_M$ 的振荡轨迹称为零电位线，在此线上任意一点电压均为 0（理想情况）。

因此电网振荡时，Z_M 将随 δ 在 $0°\sim360°$ 变化而变化，电压、电流忽大忽小变化，会造成继电保护的误动，必须采取必要措施。

2．应对振荡的措施

1）电力系统发生振荡和短路的主要区别

（1）振荡时，电流和各点电压的幅值均做周期性变化，只在 $\delta=180°$ 时才出现最严重的现象；而短路后，短路电流和各点电压的值，当不计其衰减时，是不变的。此外，振荡时电流和各点电压幅值的变化速度（$\mathrm{d}i/\mathrm{d}t$ 和 $\mathrm{d}u/\mathrm{d}t$）较慢，而短路时电流是突然增大，电压也突然降低，变化速度很快。

（2）振荡时，任一点电流与电压之间的相位关系都随 δ 的变化而改变；而短路时，电流和电压之间的相位是不变的。

（3）振荡时，三相完全对称，电力系统中没有负序分量出现；而当短路时，总要长期（在不对称短路过程中）或瞬间（在三相短路开始时）出现负序分量。

2）有效措施应满足的基本要求

（1）系统发生振荡而没有故障时，应可靠地将保护闭锁，且振荡不停息，闭锁不应解除。

（2）系统发生各种类型的故障（包括转换性故障），保护应不被闭锁而能可靠地动作。

（3）在振荡的过程中发生故障时，保护应能正确地动作。

（4）先故障而后又发生振荡时，保护不致无选择性的动作。

3）常用对策

（1）利用负序和零序分量元件的振荡闭锁。

在系统发生振荡而无短路时，没有负序和零序电流增量（或突变量），此时如果测量阻抗在Ⅰ、Ⅱ段动作范围内，则将保护闭锁，不准出口；当发生短路时（相间或接地短路），必有负序或零序电流增量出现，解除闭锁。此法显然不适用于三相对称故障的系统。

（2）反应测量阻抗变化速度的振荡闭锁。

在三段式距离保护中，当其Ⅰ、Ⅱ段采用方向阻抗继电器，其Ⅲ段采用偏移特性阻抗继电器时，根据其定值的配合，必须存在着 $Z'<Z''<Z'''$ 的关系。可利用振荡时各段动作时间不同的特点构成振荡闭锁。

当系统发生振荡且振荡中心位于保护范围以内时，由于测量阻抗逐渐减小，因此 Z''' 先启动，Z'' 再启动，最后 Z' 启动。而当保护范围内部故障时，由于测量阻抗突然减小，因此，Z'、Z''、Z''' 同时启动。基于上述区别，实现这种振荡闭锁回路的基本原则是：当 $Z'\sim Z'''$ 同时启动时，允许 Z'、Z'' 动作于跳闸，而当 Z''' 先启动，经 t_0 延时后，Z''、Z' 才启动时，则把 Z' 和 Z'' 的出口闭锁，不允许它们动作于跳闸。按这种原则构成振荡闭锁回路的逻辑框图如图 5-35 所示。

图 5-36 为某 500kV 超高压线路距离保护振荡闭锁原理示意图，图中零电位线即为发生振荡时，振荡中心的零电位轨迹线，M 侧阻抗继电器保护区在实线圆内（$\delta_2<\delta<\delta_1$），虚线圆为振荡判别继电器的启动阻抗圆，实践证明振荡过程一般小于 1.5s。距离保护第Ⅰ、Ⅱ段定值时延多小于 1.5s 必须考虑闭锁，而第三段一般都大于 1.5s 能躲过振荡过程，不必考虑闭锁。

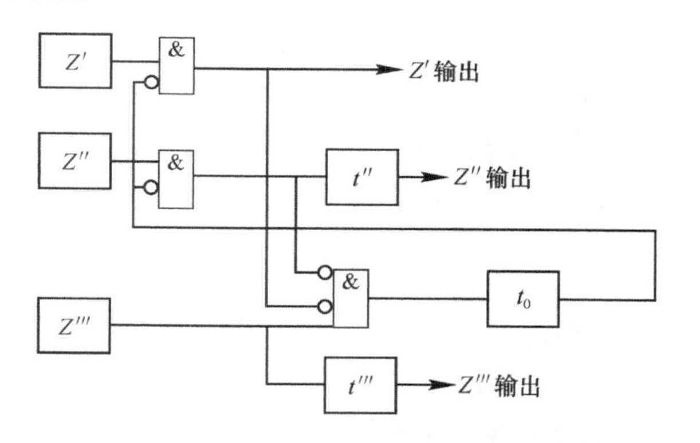

图 5-35　反应测量阻抗变化速度的振荡闭锁回路结构框图

图 5-36　振荡闭锁示意图

振荡时，零电位有延时，总是由大圆（虚线圆）到小圆移动，且由大圆到小圆的时间一般设定为 20～40ms。因此振荡判别继电器总是先启动，并计时 20～40ms，若仍未返回，则认为有振荡发生，此时闭锁继电器先于保护用阻抗继电器动作，将保护闭锁，保护不会误动。

短路时，零电位瞬时移动，同时进入大圆和小圆，即振荡判别继电器和保护继电器同时启动，但振荡闭锁继电器要经 20～40ms 延时才动作，故保护继电器先于振荡闭锁继电器动作而出口，不影响保护的正常工作。

（3）突变量启动。

由于突变量启动期间不受振荡影响，在突变量启动 160ms 后，或者零序辅助启动、静稳破坏启动后保护进入振荡闭锁，在闭锁期间易受振荡影响的保护不能投入，如电流Ⅰ、Ⅱ段，距离Ⅰ、Ⅱ段，纵联距离保护等，直到振荡闭锁开放元件动作后才投入。

振荡闭锁元件开放的条件为：系统不振荡；系统振荡又发生区内故障时应可靠快速开放；其他情况下，系统纯振荡和系统振荡又发生区外故障而可能使保护误动期间均不开放。

（4）单相接地时用阻抗不对称法开放保护。

此法只用于开放单相接地故障，对经高电阻接地时也能开放。如利用选相元件选中 A 相，且 BC 相间的测量阻抗在后备保护段范围外时，开放 A 相保护的Ⅰ、Ⅱ段。其余的 B 相接地和 C 相接地保护以此类推。

（5）不对称故障时用序分量法开放保护。

本方法根据不对称故障时产生零序和负序分量电流原理构成，即当

$$I_0 + I_2 > mI_1$$

时开放保护。m 为制动系数，以保证区外故障时不误动及最不利条件下闭锁元件不开放的条件确定。

短路时两侧系统电势角摆开的大小会影响该判据的性能，两侧电势角较小时振荡正序电流也较小，短路的零序、负序电流较大能可靠开放。若振荡时电势角摆开较大正序电流也较大，可能此时有故障，保护也暂时不能开放，但等到电势角变小后仍可以开放。

（6）对称故障时用弧光电压法开放保护。

在启动元件动作 160ms 后或系统振荡过程中如果又发生三相短路故障，前面的闭锁均不能开放，必须设置专门的判别条件。

振荡中心的电压 U_{OC}，可由下式求得：

$$U_{OC} = U_1 \cos\varphi_1$$

式中，U_1 为母线正序电压；φ_1 为正序电压和电流的夹角。

线路为感抗时，三相短路弧光电阻压降与系统阻抗角为 90°时振荡中心电压同相，因此三相短路弧光电阻压降可由振荡中心电压替代。当系统阻抗角不是 90°时，可由相量分析推得弧光电阻压降：

$$U_{OS} = U_{OC} = U_1 \cos(\varphi_1 + \theta)$$

式中，补偿角 $\theta = 90° - \varphi_L$，φ_L 为线路阻抗角。当线路补偿角很小时，可看作 $U_{OS} \approx U_{OC} = U_1 \cos\varphi_1$，振荡中心电压仍可反映弧光电阻压降。

三相短路时弧光电阻压降大小范围，即开放保护判据如下式所示：

$$-0.03U_N < U_{OS} < 0.08U_N$$

式中，U_N 为额定电压。

系统振荡时，当两侧电源电势夹角为 180°时，振荡中心电压 $U_{OC} \approx 0.05U_N$，判据可能误开放。实际上振荡中心电压在 $-0.03U_N \sim 0.08U_N$ 的条件是两侧电源电势夹角摆开范围为 171°～183.5°，若最大振荡周期按 3s 计算，这一角度摆开范围需要花 104ms。所以当判据满足后经 150ms 的时延再开放闭锁就可以有效区分振荡和三相短路。

此外为了保证三相短路时保护可靠不闭锁，可设置后备判据，即将电势角摆开范围扩大可得判据

$$-0.1U_N < U_{OS} < 0.25U_N$$

对应于电势角摆开范围为 151°～191.5°，振荡在该区停留的时间为 373ms，因此判据延时 500ms 开放保护即可。

练习与思考

5.1　什么是“全线速动”保护？

5.2　纵联保护的定义是什么？

5.3 纵联保护主要包括哪几种？有何优点？

5.4 纵联差动保护中不平衡电流产生的原因是什么？对保护有什么影响？

5.5 光纤保护主要由哪几部分组成？各部分的作用是什么？

5.6 简述光纤分相比率制动差动保护的工作原理，如何整定计算？

5.7 说明高频通道有哪些工作方式？高频信号有哪些类型？

5.8 何谓闭锁信号、允许信号和跳闸信号？

5.9 高频闭锁方向保护的工作原理？启动元件如何整定？

5.10 构成纵联距离保护时，停信元件能否采用全阻抗特性？为什么？

5.11 简述影响线路保护性能的因数及对策。

第 6 章 自动重合闸

6.1 自动重合闸在电力系统中的作用与要求

在电力系统的故障中,大多数故障发生在送电线路,其中架空线路故障最多,且大都是“瞬时性”的,例如由雷电风雪鸟兽蛇鼠引起的短路等,在线路被继电保护迅速断开以后,电弧即行熄灭,故障点的绝缘强度重新恢复,外界物体被移开或烧掉而消失。此时,如果把断开的线路断路器再合上,就能够恢复正常的供电,因此,称这类故障是“瞬时性故障”。除此之外,也有“永久性故障”,例如由于线路倒杆、断线、绝缘子击穿或损坏等引起的故障,在线路被断开之后,它们仍然是存在的。这时,即使再合上电源,由于故障依然存在,线路还要被继电保护再次断开,因而就不能恢复正常的供电。

由于送电线路上的故障具有以上的性质,因此,在线路被断开以后再进行一次合闸,就有可能大大提高供电的可靠性。自动重合闸(ARD)就是当断路器跳闸之后,能够自动地重新合闸的装置。

在线路上装设重合闸以后,由于它并不能够判断是瞬时性故障还是永久性故障,因此,在重合以后可能成功复供电,也可能不成功。用重合成功的次数与总动作次数之比来表示重合闸的成功率,根据运行资料的统计,成功率一般在 60%~90%。

6.1.1 自动重合闸的作用

在电力系统中采用重合闸技术有显著的技术经济效果。

(1) 大大提高供电的可靠性,减少线路停电的次数,特别是对单侧电源的单回线路尤为显著。

(2) 在高压输电线路上采用重合闸,还可以提高电力系统并列运行的稳定性。

(3) 在电网的设计与建设过程中,有些情况下由于考虑重合闸的作用,即可以暂缓架设双回线路,以节约投资。

(4) 断路器本身机构不良或其他原因引起的误跳闸,能起纠正作用。

对于重合闸的经济效益,应该用无重合闸时,因停电而造成的国民经济损失来衡量。由于重合闸装置本身的投资很低,工作可靠,因此,在电力系统中获得了广泛的应用,下列场合均应考虑装设重合闸。

① 1kV 及以上的架空线路或电缆与架空线的混合线路,在具有断路器的条件下,如用电设备允许且无备用电源自动投入时;

② 旁路断路器和兼作旁路母线断路器或分段断路器;

③ 低压侧不带电源的降压变压器;

④ 必要时,母线故障可采用母线自动重合闸装置。

6.1.2 使用自动重合闸的负面影响

事物都是一分为二的,在采用重合闸以后,当重合于永久性故障上时,它也将带来一些不利的影响：

(1) 使电力系统又一次受到故障的冲击。

(2) 使断路器工作条件变得更加严重，因为它要在很短的时间内，连续切断两次短路电流。在第一次跳闸时，由于电弧的作用，已使绝缘强度降低，在重合后第二次跳闸时，是在绝缘已经降低的不利条件下进行的，因此，其遮断容量也要有不同程度的降低（一般约降低到80%）。在短路容量比较大的电力系统中可能会限制重合闸的使用。

6.1.3 对自动重合闸装置的基本要求

(1) 优先采用由控制开关（或命令）的位置与断路器位置不对应的原则来启动重合闸，即当控制开关在合闸位置而断路器实际上在断开位置的情况下，使重合闸启动，这样就可以保证在非正常操作情况下，不论什么原因使断路器跳闸，都可以启动一次重合。

(2) 自动重合闸装置的动作次数应符合预先的规定。如一次式重合闸就应该只动作一次，当重合于永久性故障而再次跳闸以后，就不应该再动作。

(3) 自动重合闸装置应有可能在重合以前或重合以后加速继电保护的动作，以便更好地和继电保护相配合，加速故障的切除。

如用控制开关合闸合于永久性故障上时，也易于采用加速继电保护动作的措施，因为这种情况与实现重合闸后加速的要求是一样的。

当采用重合闸后加速保护时，如果合闸瞬间所产生的冲击电流或断路器三相触头不同时合闸所产生的零序电流有可能引起继电保护误动作时，则应采取措施予以防止。

(4) 在双侧电源的线路上实现重合闸时，应考虑合闸时两侧电源间的同步问题，并满足所提出的要求，例如必须保证两侧断路器完全跳开后再重合等。

(5) 自动重合闸在动作以后，一般应能自动复归，准备好下一次再动作。

(6) 动作迅速。为了尽可能缩短电源中断的时间，在满足故障点电弧熄灭并使周围介质恢复绝缘强度所需要的时间，以及断路器灭弧室与断路器的传动机构准备好再次动作所必需的时间的条件下，自动重合闸装置的动作时间应尽可能短。重合闸的动作时间，一般采用0.5～1.5s。

6.2 双侧电源送电线路重合闸的方式及选择原则

6.2.1 双侧电源的送电线路重合闸的特点

在双侧电源的送电线路上实现重合闸时，除应满足在前面提出的各项基本要求以外，还必须考虑如下的特点。

(1) 当线路上发生故障时，两侧的保护装置可能以不同的时限动作于跳闸，例如在一侧为第Ⅰ段动作，另一侧为第Ⅱ段动作，此时为了保证故障点电弧的熄灭和绝缘强度的恢复，以使重合闸可能成功，线路两侧的重合闸必须保证在两侧的断路器都跳闸以后，再进行重合。

(2) 当线路上发生故障跳闸以后，常常存在着重合闸时两侧电源是否同步，以及是否允许非同步合闸的问题。

因此，双侧电源线路上的重合闸，应根据电网的接线方式和运行情况，在单侧电源重合闸的基础上，用检测待并两侧同步和待并对侧无压为重合条件。

6.2.2 双侧电源送电线路重合闸的主要方式

近年来，双侧电源线路的重合闸，出现了很多新的方式，用网络保护技术实时选用最佳重合方式，使重合闸具有更显著的效果，现将主要方式分述如下。

1. 不捡同期

(1) 并列运行的发电厂或电力系统之间，在电气上有紧密联系时(例如具有三个以上联系的线路或三个紧密联系的线路，如图 6-1 中电源 A 和 C 之间的关系)，由于同时断开所有联系的可能性几乎是不存在的，因此，当任一条线路断开之后又进行重合闸时，都不会出现非同步合闸的问题。

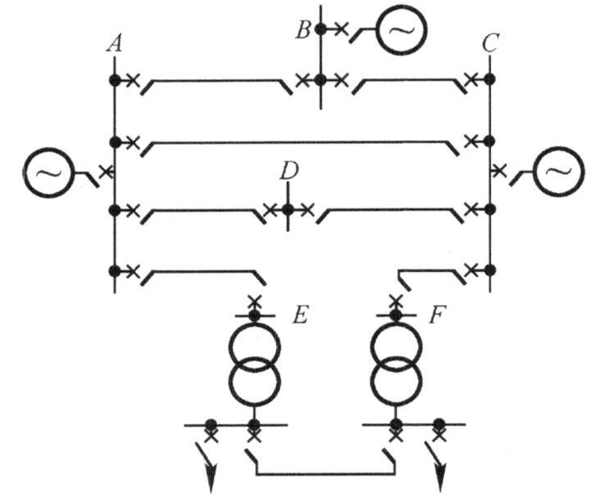

图 6-1　分析重合闸原则所使用的网络接线

(2) 非同步重合闸时，流过发电机、同步调相机或电力变压器的最大冲击电流不超过规定值，计算时应考虑实际上可能出现的最严重的运行方式。在非同步合闸后所产生的振荡过程中，对重要负荷的影响较小，或者可以采取措施减小其影响。

(3) 断路器属于误碰误跳，可以采用不检查同步的自动重合闸。

2. 检同期及无压

并列运行的发电厂或电力系统之间，在电气上联系较弱时，当非同步合闸的最大冲击电流超过允许值时(按 $\delta=180°$，所有同步发电机的电势 $E=1.05U_{N\cdot G}$计算)，则不允许非同步合闸，此时必须检定两侧电源确实同步之后，才能进行重合，为此可在线路的一侧采用检查线路无电压而在另一侧采用检定同步的重合闸。

为了解决两侧断路器动作次数不一致的问题，通常在每侧都装设同步检定和无压检定继电器；应自动依次轮换先检无压侧，使两侧断路器轮换使用每种检定方式的重合，而使它们的工作条件接近相同。

3. 条件检同期

当非同步合闸的最大冲击电流符合要求，但从系统安全运行考虑(如对重要负荷的影响等)，可在正常运行方式下采用不检查同步的重合闸，而当出现其他联络线均断开只有一回线路运行时，采用检同步合闸，以避免发生非同步重合的情况。

6.3 重合闸动作时限的选择原则

6.3.1 单侧电源线路的三相重合闸

为了尽可能缩短电源中断的时间，重合闸的动作时限原则上应越短越好。因为电源中断后，电动机的转速急剧下降，电动机被其负荷所制动，当重合闸成功恢复供电以后，很多电动机要自启动。此时由于自启动电流很大，往往会引起电网内电压的降低，因而又造成自启动的困难或拖延其恢复正常工作的时间。电源中断的时间越长则影响就越严重。

那么重合闸为什么又要带有时限？其原因如下。

(1) 在断路器跳闸后，要使故障点的电弧熄灭并使周围介质恢复绝缘强度是需要一定时间的，必须在这个时间以后进行合闸才有可能成功。在考虑上述时间时，还必须计及负荷电动机向故障点反馈电流所产生的影响，因为它是使绝缘强度恢复变慢的因素。

（2）在断路器动作跳闸以后，其触头周围绝缘强度的恢复以及消弧室重新充满油需要一定的时间。同时其操作机构恢复原状准备好再次动作也需要一定的时间。重合闸必须在这个时间以后才能向断路器发出合闸脉冲，否则，如重合在永久性故障上，就可能发生断路器爆炸的严重事故。

因此，重合闸的动作时限应在满足以上两个要求的前提下，力求缩短。如果重合闸是利用继电保护来启动，则其动作时限还应该加上保护动作和断路器的跳闸时间。

根据我国一些电力系统的运行经验，上述时间整定为 0.3～0.5s 似嫌太小，因而重合成功率较低，而采用 1s 左右的时间则较为合适。

6.3.2 双侧电源线路的三相重合闸

其时限除满足以上要求外，还应考虑线路两侧继电保护以不同时限切除故障的可能性。

从不利的情况出发，每一侧的重合闸都应该以本侧先跳闸而对侧后跳闸作为考虑整定时间的依据。如图 6-2 所示，设本侧保护（保护 1）的动作时间 $t_{p,1}$，断路器动作时间为 t_{QF}，对侧保护（保护 2）的动作时间为 $t_{p,2}$，断路器动作时间为 $t_{QF,2}$，则在本侧跳闸以后，对侧还需要经过 $t_{p,2}+t_{QF,2}-t_{p,1}-t_{QF,1}$ 的时间才能跳闸。再考虑故障点灭弧和周围介质去游离的时间 t_u，则先跳闸一侧重合闸的动作时限应整定为

$$t_{ARD}=t_{p,2}+t_{QF,2}-t_{p,1}-t_{QF,1}+t_u \tag{6-1}$$

当线路上装设三段式电流或距离保护时，$t_{p,1}$ 应采用本侧 I 段保护的动作时间，而 $t_{p,2}$ 一般采用对侧Ⅱ段（或Ⅲ段）保护的动作时间。

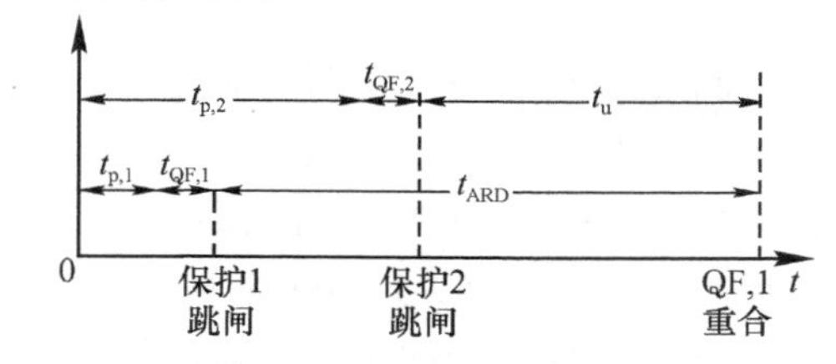

图 6-2 双侧电源线路重合闸动作时限配合的示意图

6.4 重合闸与继电保护的配合

为了能尽量利用重合闸所提供的条件以加速切除故障，继电保护与之配合时，一般采用如下两种方式。

6.4.1 重合闸前加速保护

重合闸前加速保护一般又简称为“前加速”。如图 6-3 所示的网络接线，假定在每条线路上均装设过电流保护，其动作时限按阶梯形原则来配合。因而，在靠近电源端保护 3 处的时限就很长。为了能加速故障的切除，可在保护 3 处采用前加速的方式，即当任何一条线路上发生故障时，第一次都由保护

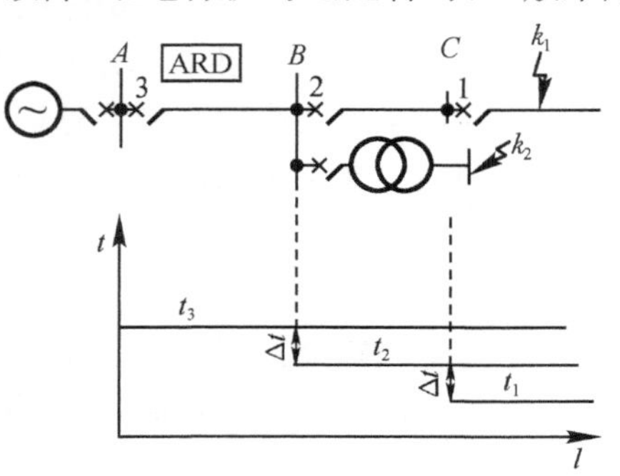

图 6-3 重合闸前加速保护的网络接线

3 瞬时动作予以切除。如果故障是在线路 A-B 以外(右 k_1 点),则保护 3 的动作都是无选择性的。但断路器 3 跳闸后,即启动重合闸重新恢复供电,从而纠正了上述无选择性的动作。如果此时的故障是瞬时性的,则在重合闸以后就恢复了供电。如果故障是永久性的,则故障由保护 1 和 2 切除,当保护 2 拒动时,则保护 3 第二次按有选择性的时限 t_3 动作于跳闸。为了使无选择性的动作范围不扩展得太长,一般规定当变压器低压侧短路时,保护 3 不应动作。因此,其启动电流还应按照躲开相邻变压器低压侧的短路(k_2 点)来整定。

采用前加速的优点是:

(1) 能够快速地切除瞬时性故障;

(2) 可能使瞬时性故障来不及发展成永久性故障,从而提高重合闸的成功率;

(3) 能保证发电厂和重要变电所的母线电压在 0.6～0.7 倍额定电压以上,从而保证厂用电和重要用户的电能质量;

(4) 使用设备少,只需装设一套重合闸装置,简单、经济。

采用前加速的缺点是:

(1) 断路器工作条件恶劣,动作次数较多;

(2) 重合于永久性故障上时,故障切除的时间可能较长;

(3) 如果重合闸装置或断路器 3 拒绝合闸,则将扩大停电范围。甚至在最末一级线路上故障时,都会使连接在这条线路上的所有用户停电。

前加速保护主要用于 35kV 以下由发电厂或重要变电所引出的直配线路上,以便快速切除故障,保护母线电压。在这些线路上一般只装设简单的电流保护。

6.4.2 重合闸后加速保护

重合闸后加速保护一般又简称为“后加速”,所谓后加速就是当线路第一次故障时,保护有选择性动作,然后,进行重合。如果重合于永久性故障上,则在断路器合闸后,再加速保护动作,瞬间切除故障,而与第一次动作是否带有时限无关。

“后加速”的配合方式广泛应用于 35kV 以上的网络及对重要负荷供电的送电线路上。因为,在这些线路上一般都装有性能比较完善的保护装置,例如,三段式电流保护、距离保护等,因此,第一次有选择性地切除故障的时间(瞬时动作或具有 0.5s 的延时)均为系统运行所允许,而在重合闸以后加速保护的动作(一般是加速第Ⅱ段的动作,有时也可以加速第Ⅲ段的动作),就可以更快地切除永久性故障。

后加速保护的优点是:

(1) 第一次是有选择性地切除故障,不会扩大停电范围,特别是在重要的高压电网中,一般不允许保护无选择性的动作而后以重合闸来纠正(即前加速的方式);

(2) 保证了永久性故障能瞬时切除,并仍然是有选择性的;

(3) 和前加速保护相比,使用中不受网络结构和负荷条件的限制,一般说来是有利而无害的。

后加速的缺点是:

(1) 每个断路器上都需要装设一套重合闸,与前加速相比较为复杂;

(2) 第一次切除故障可能带有延时。

6.5 单相自动重合闸

以上所讨论的自动重合闸，都是三相式的，即不论送电线路上发生单相接地短路还是相间短路，继电保护动作后均使断路器三相断开，然后重合闸再将三相投入。

但是，在220～500kV的架空线路上，由于线间距离大，运行经验表明，其中绝大部分故障都是单相接地短路。在这种情况下，如果只把发生故障的一相断开，然后再进行单相重合，而未发生故障的两相仍然继续运行，就能够大大提高供电的可靠性和系统并列运行的稳定性。这种方式的重合闸就是单相重合闸。如果线路发生的是瞬时性故障，则单相重合成功，即恢复三相的正常运行。如果是永久性故障。单相重合不成功，则需根据系统的具体情况，若不允许长期非全相运行时，即应切除三相并不再进行重合；若需要转入非全相运行时，则应再次切除单相并不再进行重合。目前一般都是采用重合不成功时跳开三相的方式。现就几个主要问题，简要说明如下。

6.5.1 故障相选择元件

（1）为实现单相重合闸，首先就必须有故障相地选择元件（简称选相元件）。对选相元件的基本要求如下：

① 应保证选择性，即选相元件与继电保护相配合只跳开发生故障的一相，而接于另外两相上的选相元件不应动作；

② 在故障相末端发生单相接地短路时，接于该相上的选相元件应保证足够的灵敏性。

（2）根据网络接线和运行的特点可有不同原理的选相元件。

突变量选相元件利用故障时电气量发生突变的原理构成，例如三个反应电流差突变量的电流分别为：$\Delta\dot{I}_{AB}=\Delta\dot{I}_{A}-\Delta\dot{I}_{B}$，$\Delta\dot{I}_{BC}=\Delta\dot{I}_{B}-\Delta\dot{I}_{C}$，$\Delta\dot{I}_{CA}=\Delta\dot{I}_{C}-\Delta\dot{I}_{A}$。采用如图6-4所示的逻辑方框图，即可构成单相接地故障的选相元件。

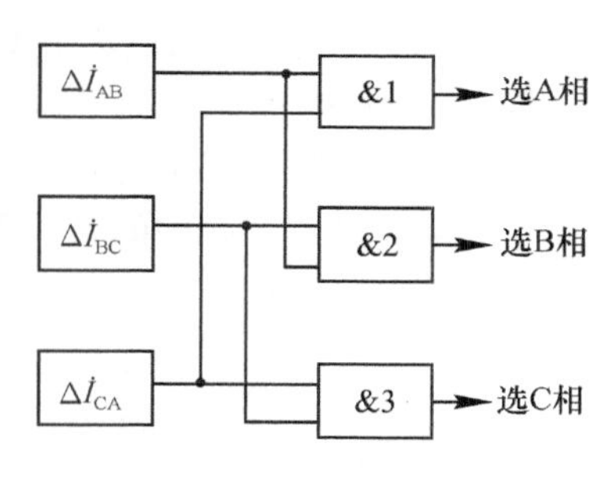

图6-4 用相电流差突变量继电器组成选相元件的逻辑框图

除外，还有电流选相元件、低电压选相元件、阻抗选相元件，反应于故障相和非故障相电压比值的选相元件，反应于各对称分量（$\dot{I}_1$、$\dot{I}_2$、$\dot{I}_0$）电流间相位的选相元件及故障分量选相元件等。事实上应共用继电保护的选相结果，不必重复计算。

6.5.2 动作时限的选择

当采用单相重合闸时，其动作时限的选择除应满足三相重合闸时所提出的要求（即大于故障点灭弧时间及周围介质去游离的时间，大于断路器及其操作机构复归原状准备好再次动作的时间）以外，还应考虑下列问题。

（1）不论是单侧电源还是双侧电源，均应考虑两侧选相元件与继电保护以不同时限切除故障的可能性。

（2）潜供电流对灭弧所产生的影响。这是指当故障相线路自两侧切除后，如图6-5所示，由于非故障相与断开相之间存在有静电（通过电容）和电磁（通过互感）的联系，因此，虽然短路电流已被切断，但在故障点的弧光通道中，仍然流有如下的电流。

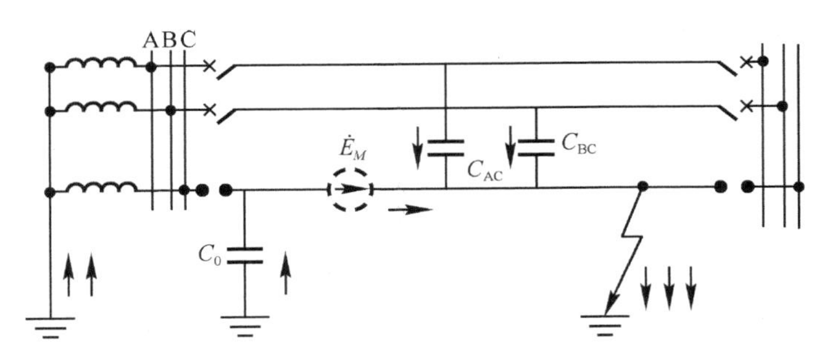

图 6-5　C 相单相接地时，潜供电流的示意图

① 非故障相 A 通过 A-C 相间的电容 C_{AC} 供给的电流；

② 非故障相 B 通过 B-C 相间的电容 C_{BC} 供给的电流；

③ 继续运行的两相中，由于流过负荷电流 $\dot{I}_{1,A}$ 和 $\dot{I}_{1,B}$ 而在 C 相中产生互感电势 $\dot{E}_M$，此电势通过故障点和该相对地电容 C_0 而产生的电流。

这些电流的总和就称为潜供电流。由于潜供电流的影响，将使短路时弧光通道的去游离受到严重阻碍，而自动重合闸只有在故障点电弧熄灭且绝缘强度恢复以后才有可能成功，因此，单相重合闸的时间还必须考虑潜供电流的影响。一般线路的电压越高，线路越长，则潜供电流就越大。潜供电流的持续时间不仅与其大小有关，而且也与故障电流的大小、故障切除的时间、弧光的长度以及故障点的风速等因素有关。因此，为了正确地整定单相重合闸的时间，国内外许多电力系统都是由实测来确定熄弧时间。如我国某电力系统中，在220kV 的线路上，根据实测确定保证单相重合闸期间的熄弧时间应在 0.6s 以上。

(3) 保护装置、选相元件与重合闸的配合关系。

图 6-6 所示为保护装置、选相元件与重合闸之间相互配合的方框结构示意图。

在单相重合闸过程中，由于出现纵向不对称，因此将产生负序和零序分量，这就可能引起本线路保护以及系统中的其他保护的误动作。对于可能误动作的保护，应在单相重合闸动作时予以闭锁或整定保护的动作时限大于单相重合闸的周期，以躲开之。

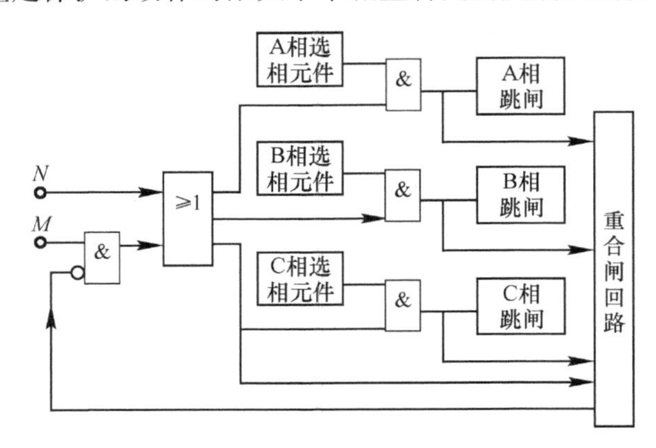

图 6-6　保护装置、选相元件与重合闸回路互相配合的方框结构示意图

为了实现对误动作保护的闭锁，在单相重合闸与继电保护相连接的输入端都设有两个端子，一个端子接入在非全相运行中仍然能继续工作的保护，习惯上称为 N 端子；另一个端

子则接入非全相运行中可能误动作的保护，称为 M 端子。在重合闸启动以后，利用“否”回路即可将接于 M 端的保护闭锁。当断路器被重合而恢复全相运行时，这些保护也立即恢复工作。

保护装置和选相元件启动后，经“与”门进行单相跳闸，并同时启动重合闸，对于单相接地故障，就进行单相跳闸和单相重合。对于相间短路则在保护和选相元件相配合进行判断之后，跳开三相，然后进行三相重合闸或不进行重合闸。

6.5.3 对单相重合闸的评价

(1) 单相重合闸的主要优点。

① 能在绝大多数的故障情况下保证对用户的连续供电，从而提高供电的可靠性。当由单侧电源单回线路向重要负荷供电时，对保证不间断地供电更有显著的优越性。

② 在双侧电源的联络线上采用单相重合闸，就可在故障时大大加强两个系统之间的联系，从而提高系统并列运行的动态稳定。对于联系比较薄弱的系统，当三相切除并继之以三相重合闸而很难再恢复同步时，采用单相重合闸就能避免两系统的解列。

(2) 单相重合闸的缺点。

① 需要有按相操作的断路器。

② 在单相重合闸过程中，由于非全相运行能引起本线路和电网中其他线路的保护误动作，因此，就需要根据实际情况采取措施予以防止。这将使保护的整定计算和调试工作复杂化。

由于单相重合闸具有以上特点，并在实践中证明了它的特性。已在 220～500kV 的线路上获得了广泛的应用。对于 110kV 及以下的电力网，一般不推荐这种重合闸方式，只在由单侧电源向重要负荷供电的某些线路及根据系统运行需要装设单相重合闸的某些重要线路上，才考虑使用。

6.6 综合重合闸简介

以上分别讨论了三相重合闸和单相重合闸的基本原理和实现中需要考虑的一些问题。在采用单相重合闸以后，如果发生各种相间故障时仍然需要切除三相，然后再进行三相重合闸，若重合不成功则再次断开三相而不再进行重合。因此，实际上在实现单相重合闸时，也总是把实现三相重合闸的问题结合在一起考虑，故称它为“综合重合闸”。在综合重合闸中，应考虑能实现综合重合闸、只进行单相重合闸或三相重合闸以及停用重合闸的各种可能性。新一代微机自动综合重合闸应充分利用电网通信技术掌握实时拓扑信息，自动选择启动条件和重合方式。

实现综合重合闸时，在重合方式和与保护的配合关系上应考虑如下一些基本原则。

(1) 单相接地短路时跳开单相，然后进行单相重合，若重合不成功则跳开三相而不再进行重合。

(2) 各种相间短路时跳开三相，然后进行三相重合。若重合不成功，仍跳开三相，而不再进行重合。

(3) 当选相元件拒绝动作时，应能跳开三相并进行三相重合。

(4) 对于非全相运行中可能误动作的保护，应进行可靠的闭锁；对于在单相接地时可能误动作的相间保护(如距离保护),应有防止单相接地误跳三相的措施。

(5) 当一相跳开后重合闸拒绝动作时,为防止线路长期出现非全相运行,应将其他两相自动断开。

(6) 任两相的分相跳闸继电器动作后,应连跳第三相,使三相断路器均跳闸。

(7) 无论单相或三相重合闸,在重合不成功之后,均应考虑能加速切除三相,即实现重合闸后加速。

(8) 在非全相运行过程中,若又发生另一相或两相的故障,保护应能有选择性地予以切除,若故障发生在单相重合闸的脉冲发出以前,则在故障切除后能进行三相重合。若发生在重合闸脉冲发生以后,则切除三相不再进行重合。

(9) 对空气断路器或液压传动的油断路器,当气压或液压低至不允许实行重合闸时,应将重合闸自动闭锁;但如果在重合闸过程中下降到低于允许值时,则应保证重合闸动作的完成。

顺便指出的是在微机保护装置中,重合闸作为继电保护的一个功能而设置在微机保护装置的硬件平台上,增加相关的重合闸软件就可以完成和继电保护的最佳配合。

练习与思考

6.1 电网中重合闸的配置原则是什么?

6.2 自动重合闸的基本类型有哪些?它们一般适应于什么电网?

6.3 各种自动重合闸的启动条件是什么?

6.4 电力系统对自动重合闸的基本要求是什么?

6.5 什么叫重合闸前加速保护?它有哪些优缺点?主要适于什么场合?

6.6 什么叫重合闸后加速保护?它有哪些优缺点?主要适于什么场合?

6.7 双侧电源线路单相自动重合闸的动作时间应如何配合?

6.8 双侧电源线上采用的三相一次重合闸方式主要有哪几种?各有什么特点?

第 7 章　电力变压器的继电保护

电力变压器是电力系统中的重要电气设备。大容量变压器造价十分昂贵，其故障会对供电可靠性和系统的安全稳定运行带来严重的影响。因此应根据变压器容量和重要程度装设性能良好、动作可靠的继电保护装置。

7.1　变压器保护配置

1. 变压器故障类型

1）变压器油箱内部故障

变压器油箱内部可能出现的故障如图 7-1 所示，主要有相间、匝间、开旱和接地等故障。

d1—变压器绕组相间短路；

d2—变压器绕组匝间短路；

d3—变压器绕组接地短路。

变压器油箱内部故障产生较大的短路电流，不仅会烧坏变压器绕组和铁心，而且由于绝缘油汽化，可能引起变压器爆炸。

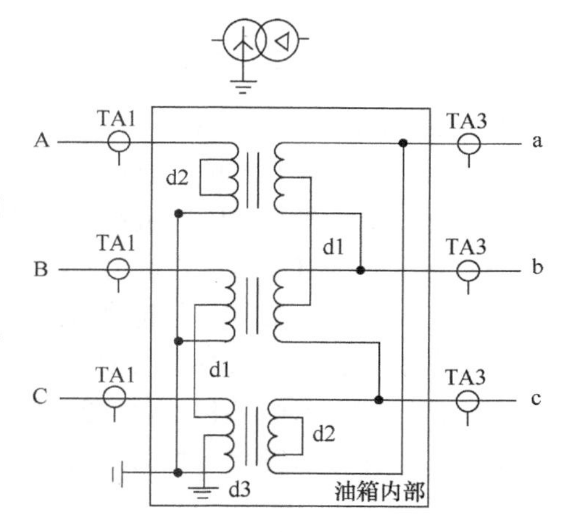

图 7-1　变压器油箱内部故障

2）油箱外部故障

油箱外部故障如图 7-2 所示，主要有缘套管的相间短路与接地短路和引出线上的发生的相间短路和接地短路等。

d1—绝缘套管的相间短路与接地短路；

d2—引出线上的发生的相间短路和接地短路。

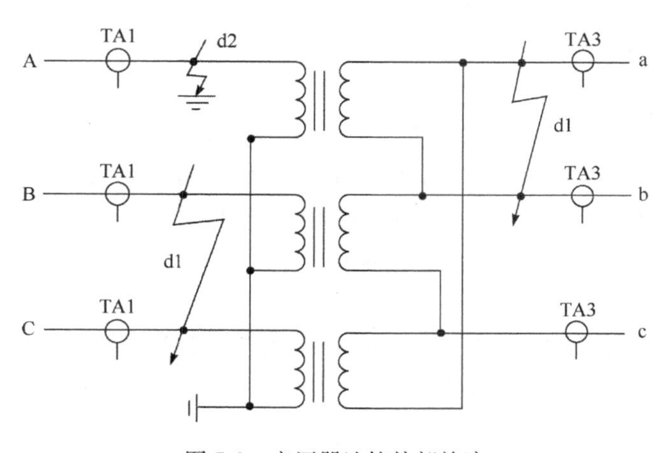

图 7-2　变压器油箱外部故障

3）变压器内外部各种故障的概率（表 7-1）

表 7-1　2012 年全国 220kV 及以上大型变压器故障统计

电压等级		220kV		330kV		500kV		合计	
		次数	%	次数	%	次数	%	次数	%
本体内部故障	匝间故障	11	30.56	1	100	2	40	14	33.33
	铁心故障	1	2.78					1	2.38
	相间接地故障	8	22.22					8	19.04
	套管故障	12	33.33			1	20	13	30.95
	分接开关故障	4	11.11			2	40	6	14.28
	小计	36	100	1	100	5	100	42	100
外部故障		50		1		3		54	
合计		86		2		8		96	
变压器总台数		3721		161		441		4323	
本体故障变压器台数		36		1		5		42	
故障率(次/百台·年)		0.96		0.62		1.13		0.97	

2. 变压器不正常运行状态

(1) 由于变压器外部相间短路引起的过电流。

(2) 由于变压器外部接地短路引起的零序过电流和中性点过电压。

(3) 由于负荷超过额定容量引起的过负荷。

(4) 由于漏油等原因而引起的油面降低。

变压器的不正常运行状态会使绕组和铁心过热。此外，对于中性点不接地运行的星形接线变压器，外部接地短路时有可能造成变压器中性点过电压，威胁变压器的绝缘；大容量变压器在过电压或低频率等异常运行方式下会发生变压器的过励磁，引起铁心和其他金属构件的过热。

变压器不正常运行时，继电保护应根据其严重程度，发出告警信号，使运行人员及时发现并采取相应的措施，以确保变压器的安全。

3. 变压器的保护配置

1）瓦斯保护

对变压器油箱内的各种故障、应装设瓦斯保护，它反应于油箱内部所产生的气体或油流而动作。其中轻瓦斯保护动作于信号，重瓦斯保护动作于跳开变压器各电源侧的断路器。特点是动作迅速，灵敏性高，安装接线简单。800kV·A 及以上的油浸式变压器和 400kV·A 及以上的车间内油浸式变压器应装设瓦斯保护。

2）纵差保护或电流速断保护

用于反应变压器油箱内外故障。6300kV·A 以上并列运行的变压器；10000kV·A 以上单独运行的变压器；容量为 6300kV·A 以上的发电厂厂用变压器和工业企业中的重要变压器应装设纵差动保护。

10000kV·A 以下的变压器，且其过电流保护的时限大于 0.5s 时应装设电流速断的保护。纵差保护和电流速断动作后，均应跳开变压器各电源侧的断路器。

3）过电流保护

作为外部相间短路引起的变压器过电流和内部故障主保护的后备保护。

（1）复合电压(负序电压和正序电压)启动的过电流保护。

用于升压变压器及过电流保护灵敏性不满足要求的降压变压器上。

（2）负序电流及单相式低电压启动的过电流保护。

用于大容量升压变压器和系统联络变压器。

4）阻抗保护

作为对升压变压器和系统联络变压器的后备保护，当采用电流保护不能满足灵敏性和选择性要求时，采用阻抗保护。

5）零序保护

作为外部接地短路和内部接地短路的后备保护。可有中性点零序电流、放电间隙零序电流、母线零序电压和零序方向等保护可选配。

6）过负荷保护

对400kV·A以上的变压器，当数台并列运行或单独运行，并作为其他负荷的备用电源时，应根据可能过负荷的情况，装设过负荷保护。

7）过励磁保护

高压侧电压为500kV及以上的变压器，对频率降低和电压升高而引起的变压器励磁电流的升高，应装设过励磁保护。保护可作用于信号或动作于跳闸。

8）其他非电气量保护

对变压器温度及油箱内压力升高和冷却系统故障，应装设可作用于信号或动作于跳闸的温度、压力等保护装置。

7.2 变压器的非电气量保护

为提高设备运行可靠性，保证设备的安全，大型电力变压器均设置了电量和非电量保护。电量保护和非电量保护互为备用以提高可靠性。表7-2是根据所反应的物理量不同划分的几种非电量保护。

表7-2 非电量保护的种类

保护名称		反应的物理量	对应的变压器故障
瓦斯保护	轻瓦斯保护	气体体积	内部放电。铁心多点接地、内部过热、空气进入油箱等
	重瓦斯保护	流速、油面高度	严重的匝间短路、对地短路
压力释放阀		压力	内部压力升高、严重的匝间短路及对地短路
压力突变保护		压力	内部压力瞬时升高
温度控制器保护		温度	冷却系统失效、温度升高
油位计		油位	油位过高、过低

7.2.1 温度保护

为保护变压器的安全运行，其冷却介质及绕组的温度要控制在规定的范围内，这就需要温度控制器来提供温度的测量、冷却控制等功能。当温度超过允许范围时，提供报警或跳闸信号，确保设备的寿命。温度控制器包括油面温度控制器和绕组温度控制器。

1. 测温原理

1）油面温控器的测温原理

温控器主要由弹性元件、传感导管、感温部件及显示器组成，如图 7-3 所示。温控器应用“热胀冷缩”原理，在密闭系统内充满了感温介质。当感温头放入被测物质中，而物质的温度发生变化时，由于填充介质的热胀冷缩，感温头内部的填充介质发生了体积变化，这体积变化通过毛细管传递至表头内部的弹性元件，使之发生了相应位移，该位移经齿轮机构放大后便可指示该被测温度，同时触发微动开关，输出电信号驱动冷却系统，达到控制变压器温升的目的。

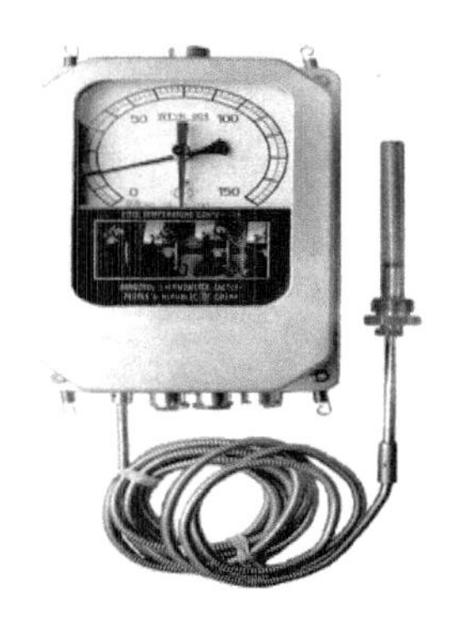

图 7-3 BWY(WTYK)-804 型油面温控器

2）绕组温度控制器的测温原理

变压器油面温度是可以直接测量出来的，但绕组由于处于高压下而无法直接测量其温度，其温度的测量是通过间接测量和模拟而成的。绕组和冷却介质之间的温差是绕组实际电流的函数，电流互感器的二次电流（一般用套管的电流互感器）和变压器绕组电流成正比。电流互感器二次电流供给温度计的加热电阻，产生一个显示变压器绕组温度与油温之差的读数，它相当于实测的铜-油温差（温度增量）。这种间接测量方法提供一个平均或最大绕组温度的显示，即所谓的热像。

3）测量值的远程显示原理

为了将测量值传送到控制室做远程指示，温度控制器将铜或铂电阻传感器阻值的变化或温度变化产生的机械位移变为滑线变阻的阻值变化，模拟输出为 4～20mA 电信号，在远方转化为数字或模拟显示。使用滑线变阻的形式，其优点是接线比较简单，对于较长的传输途径不需要补偿线路，电流信号对杂散磁场和温度干扰不敏感。

2. 设置原则

大型电力变压器应配备油面温度控制器及绕组温度控制器，并有温度远传的功能，为能全面反映变压器的温度变化情况，一般还将油面温度控制器配置双重化，即在主变的两侧均设置油面温度控制器。

为防止非电量保护误动作引起跳闸事故，许多单位规定温度控制器的接点不接入跳闸；但实际上是否接入跳闸应考虑变压器的结构形式及变电站的值班方式，如由于壳式变压器结构的特殊性，当变电站为无人值班时，其油面温度控制器的跳闸接点应严格按厂家的规定接入跳闸。而对于冷却方式为强迫油循环风冷的变压器一般应接入跳闸，对于冷却方式为自然油浸风冷的变压器则可仅发信号。变压器温度高跳闸信号必须采用温度控制器的硬接点，不能使用远传到控制室的温度来启动跳闸；在某 220kV 变电站中，由于采用远传的温度来启动跳闸，在电阻温度计回路断线或接触电阻增大时，反应到控制室的温度急剧升高，超过 150%则引起误动跳闸。

要发挥温度控制器对变压器的保护作用，关键在于保证控制器的准确性。某 220kV 变电站因将油温启动冷却器接点与跳闸接点的回路对调，导致变压器运行中油温升高，达到启动冷却器的温度值时引起变压器误跳闸。所以温度控制器必须按规程进行定期校验，并保证接点回路接线的正确，防止因接线错误导致变压器的误跳闸。

7.2.2 压力保护

1. 压力释放阀的保护原理及运行维护要求

1）保护原理

为提高设备运行可靠性，早期投运的大型电力变压器，逐步将变压器的安全气道（防爆管）更换为压力释放阀。作为变压器非电量保护的安全装置，压力释放阀是用来保护油浸电气设备的装置，即在变压器油箱内部发生故障时，油箱内的油被分解、气化，产生大量气体，油箱内压力急剧升高，此压力如果不及时释放，将造成变压器油箱变形，甚至爆裂。安装压力释放阀可使变压器在油箱内部发生故障、压力升高至压力释放阀的开启压力时，压力释放阀在 2ms 内迅速开启，使变压器油箱内的压力很快降低。当压力降到关闭压力值时，压力释放阀便可靠关闭，使变压器油箱内永远保持正压，有效地防止外部空气、水分及其他杂质进入油箱，且具有动作后无元件损坏，无需更换等优点，目前已被广泛应用。

2）设置原则及运行要求

压力释放阀的开启压力设置应结合变压器的结构考虑，应区分有升高座和直接装在油箱顶上的差异及心式变压器和壳式变压器的差异等，盲目地降低开启压力，容易造成压力释放阀保护误动，压力释放阀的微动开关因受潮或振动短路，会引起跳闸，必须尽量避免非电量保护误动作引起的跳闸事故。由于大多数变压器厂家规定压力释放阀接点作用于跳闸，曾多次因压力释放阀的二次回路绝缘能力降低引起跳闸停电事故。为此，变压器运行规程规定“压力释放阀接点宜作用于信号”。但当压力释放阀动作而变压器不跳闸时，可能会引发变压器的缺油运行而导致故障扩大，为此，可采用双浮子的瓦斯继电器与之相配合来保护变压器：当压力释放阀动作导致油位过低时，瓦斯继电器的下部浮子下沉导通，发出跳闸信号。

2. 压力突变保护原理及运行维护注意事项

1）保护原理

感应特定故障下油箱内部压力的瞬时升高，根据油箱内由于事故造成的动态压力增长来动作的。当变压器内部发生故障，油室内压力突然上升，当上升速度超过一定数值，压力达到动作值时，压力开关动作，发出信号报警或切断电源使变压器退出运行。该保护比压力释放阀动作速度更快，但不释放内部压力。

2）设置原则

其动作接点应接入主变的报警或跳闸信号，动作值应根据变压器厂家提供的值进行整定和校验。

3）运行维护中应注意的事项

（1）速动油压（压力突变）继电器通过一蝶阀安装在变压器油箱侧壁上，与储油柜中油面的距离为 1～3m。装有强油循环的变压器，继电器不应装在靠近出油管的区域，以免在启动和停止油泵时，继电器出现误动作。

（2）速动油压继电器必须垂直安装，放气塞在上端。继电器安装正确后，将放气塞打开，直到少量油流出，然后将放气塞拧紧。

（3）速动油压继电器动作压力整定值应参考 JB 10430—2004《变压器用速动油压继电器》的速动油压继电器动作特性，一般为 25kPa/s±20%。

7.3 变压器的差动保护

主变纵差保护作为变压器的主保护，能反应变压器内部相间短路故障、高压侧单相接地短路及匝间层间短路故障。对于百万级机组的主变压器，由于运输等方面的原因，很多工程将会选用单相变压器，其每一个绕组均有两个引出端，这就为装设单独的分侧纵差保护创造了必要条件。

随着单相变压器的应用，相间短路的概率大大降低，接地短路的概率相对增加，配置零序差动保护可加强接地故障的灵敏度。零差保护在自耦变压器广泛应用。

7.3.1 变压器结构特点及其对纵联差动保护的影响

变压器差动保护与输电线路纵差保护基本原理相同，影响纵差保护性能的主要因数仍是不平衡电流，由于变压器结构的特点，产生不平衡电流的原因较多。

1. 由变压器励磁涌流所产生的不平衡电流

变压器的励磁电流仅流经变压器的某一侧，因此，通过电流互感器反应到差动回路中不能被平衡，在正常运行情况下，此电流很小，一般不超过额定电流的2%～10%。在外部故障时，由于电压降低，励磁电流减小，它的影响就更小。

当变压器空载投入和外部故障切除后电压恢复时，则可能出现数值很大的励磁电流（又称为励磁涌流）。这是因为在稳态工作情况下，铁心中的磁通应滞后于外加电压90°，如图7-4(a)所示。如果空载合闸时，正好在电压瞬时值$u=0$时接通电路，则铁心中应该具有磁通$-\Phi_m$。由于铁心中的磁通不能突变，将出现一个非周期分量的磁通，其幅值为$+\Phi_m$。经过半个周期以后，铁心中的磁通就达到$2\Phi_m$。如果铁心中还有剩余磁通Φ_s，则总磁通将为$2\Phi_m+\Phi_s$，如图7-4(b)所示。此时变压器的铁心严重饱和，励磁电流I_μ将剧烈增大，如图7-4(c)所示，此电流就称为变压器的励磁涌流$I_{\mu,su}$，其数值最大可达额定电流的6～8倍，同时包含有大量的非周期分量和高次谐波分量，如图7-4(d)所示。励磁涌流的大小和衰减时间，与外加电压的相位、铁心中剩磁的大小和方向、电源容量的大小、回路的阻抗以及变压器容量的大小和铁心性质等都有关系。例如，正好在电压瞬时值为最大时合闸，就不会出现大的励磁涌流。对三相变压器而言，无论在任何瞬间合闸，至少有两相要出现程度不同的较大励磁涌流。

表7-3所示的数据，是对几次励磁涌流试验数据的分析。由此可见，励磁涌流具有以下特点。

表7-3 励磁涌流试验数据举例

励磁涌流/%	例1	例2	例3	例4
基本波	100	100	100	100
二次谐波	36	31	50	23
三次谐波	7	6.9	10.4	10
四次谐波	9	6.2	5.4	—
五次谐波	5	—	—	—
直流	66	80	62	73

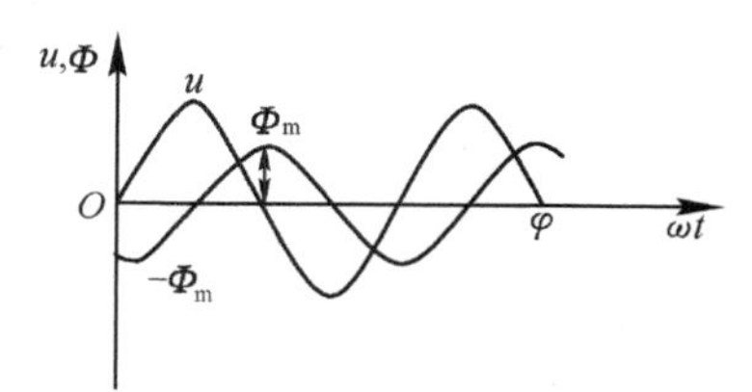

(a) 稳态情况下,磁通与电压的关系

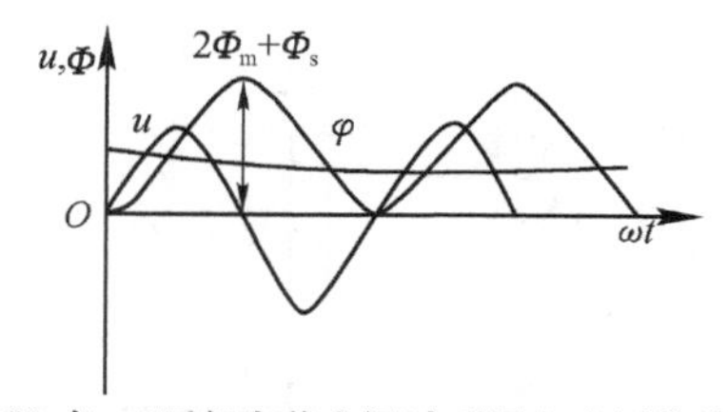

(b) 在u=0瞬间空载合闸时,磁通与电压的关系

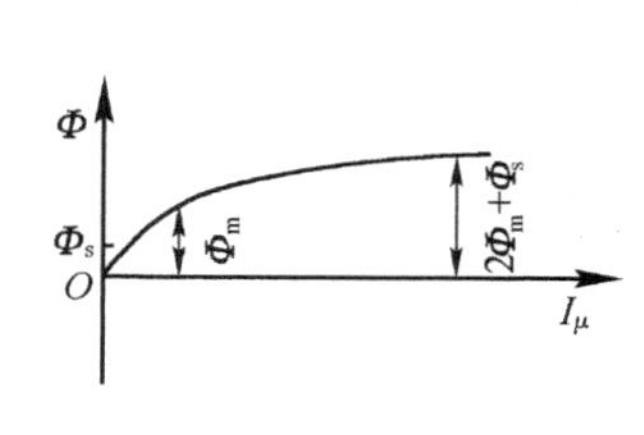

(c) 变压器铁心的磁化曲线

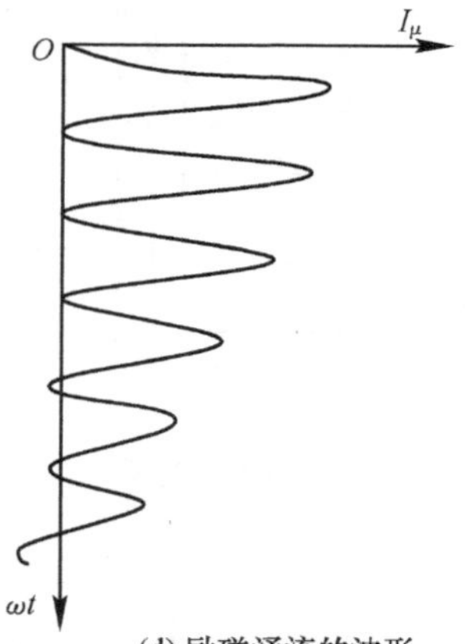

(d) 励磁涌流的波形

图 7-4　变压器励磁涌流的产生及变化曲线

(1) 包含有很大成分的非周期分量,往往使涌流偏于时间轴的一侧。

(2) 包含有大量的高次谐波,而以二次谐波为主。

(3) 波形之间出现间断,如图 7-5 所示,在一个周期中间断角为 α。

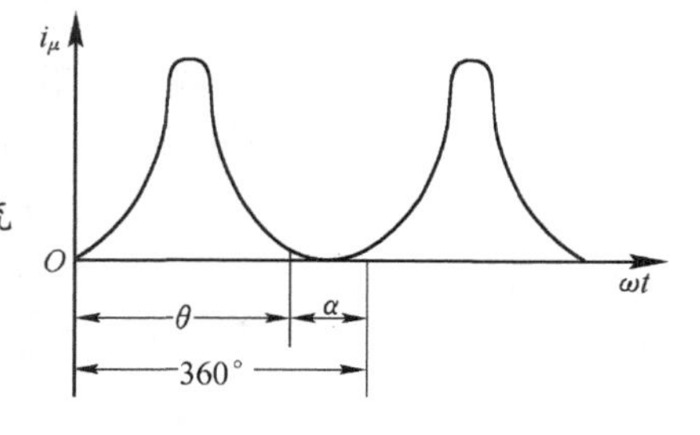

图 7-5　励磁涌流的波形

2. 由变压器两侧电流相位不同而产生的不平衡电流

由于变压器常常采用 Y/△-11 的接线方式,因此,其两侧电流的相位差 30°。此时,如果两侧的电流互感器仍采用通常的接线方式,则二次电流由于相位不同,也会有一个差电流流入继电器。为了消除这种不平衡电流的影响,通常都是将变压器星形侧的三个电流互感器接成三角形,而将变压器三角形侧的三个电流互感器接成星形,并适当考虑连接方式后即可把二次电流的相位校正过来。在微机保护中可用软件自动校正其相位。

图 7-6(a)所示为 Y/△-11 接线变压器的纵差动保护原理接线图。图中 $\dot{I}_{A1}^{Y}$、$\dot{I}_{B1}^{Y}$ 和 $\dot{I}_{C1}^{Y}$ 为星形侧的一次电流,$\dot{I}_{A1}^{\triangle}$、$\dot{I}_{B1}^{\triangle}$ 和 $\dot{I}_{C1}^{\triangle}$ 为三角形侧的一次电流,后者超前 30°,如图 7-6(b)所示。现将星形侧的电流互感器也采用相应的三角形接线,则其副边输出电流为 $\dot{I}_{A2}^{Y}-\dot{I}_{B2}^{Y}$、$\dot{I}_{B2}^{Y}-\dot{I}_{C2}^{Y}$、$\dot{I}_{C2}^{Y}-\dot{I}_{A2}^{Y}$,它们刚好与 $\dot{I}_{A2}^{\triangle}$、$\dot{I}_{B2}^{\triangle}$ 和 $\dot{I}_{C3}^{\triangle}$ 同相位,如图 7-6(c)所示。这样差动回路两侧的电流就是同相位的了。

但当电流互感器采用上述连接方式以后,在互感器接成三角形侧的差动一臂中,电流又增大了$\sqrt{3}$倍。此时为保证在正常运行及外部故障情况下差动回路中应没有电流,就必须将该侧电流互感器的变比减小$\sqrt{3}$倍,以减小二次电流,使之与另一侧的电流相等,故此时选择变比的条件是

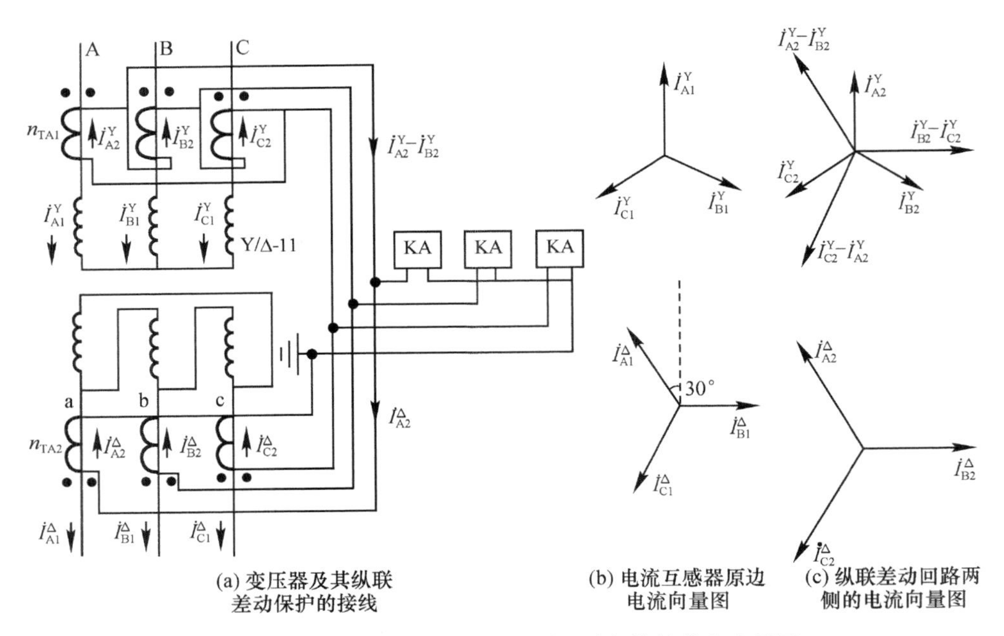

图 7-6　Y/△-11 接线变压器的纵差动保护接线和向量图

（图中电流方向对应于正常工作情况）

$$\frac{n_{TA2}}{n_{TA1}/\sqrt{3}}=n_{T} \tag{7-1}$$

式中，n_{TA1} 和 n_{TA2} 为适应 Y/△接线的需要而采用互感器的新变比；n_{T} 为变压器变比。

3. 由两侧电流互感器型号不同而产生的不平衡电流

由于两侧电流互感器的型号不同，它们的饱和特性、励磁电流（归算至同一侧）也就不同，因此，在差动回路中所产生的不平衡电流也就较大。此时应采用同型系数 $K_{sam}=1$ 的电流互感器。

另外由电流互感器的计算变比与实际变比不同也会有不平衡电流存在，可在整定计算时应一并考虑。

4. 由变压器带负荷调整分接头而产生的不平衡电流

带负荷调整变压器的分接头，是电力系统中采用带负荷调压的变压器来调整电压的方法，实际上改变分接头就是改变变压器的变比，这会产生一个新的不平衡电流流入差动回路。此时不可能再用重新选择平衡线圈匝数的方法来消除这个不平衡电流，差动保护的电流回路在带电的情况下是不能进行操作的。因此，对由此而产生的不平衡电流，应在纵差动保护的整定值中予以考虑。

根据上述分析，在稳态情况下，整定变压器纵差动保护所采用的最大不平衡电流 $I_{dsq,max}$ 可由下式确定：

$$I_{dsq,max}=(K_{sam}\cdot 10\%+\Delta U+\Delta f_{za})I_{k,max}/n_{TA} \tag{7-2}$$

式中，10%为电流互感器容许的最大相对误差；K_{sam} 为电流互感器的同型系数，型号不同取为 1；ΔU 为由带负荷调压所引起的相对误差；Δf_{za} 为由于所采用的互感器变比与计算值不同时，所引起的相对误差；$I_{k,max}/n_{TA}$ 为保护范围外部最大短路电流归算到二次侧的数值。

7.3.2 变压器无制动特性纵联差动

1. 变压器纵差动保护原理

对双绕组和三绕组变压器实现纵差保护的原理接线如图 7-7 所示。各侧电流参考方向如图所示以流入变压器为正，由于变压器高压侧和低压侧的额定电流不同，因此，为了保证纵差动保护的正确工作，就必须适当选择两侧电流互感器的变比，使得在正常运行和外部故障时，两个二次电流相等。

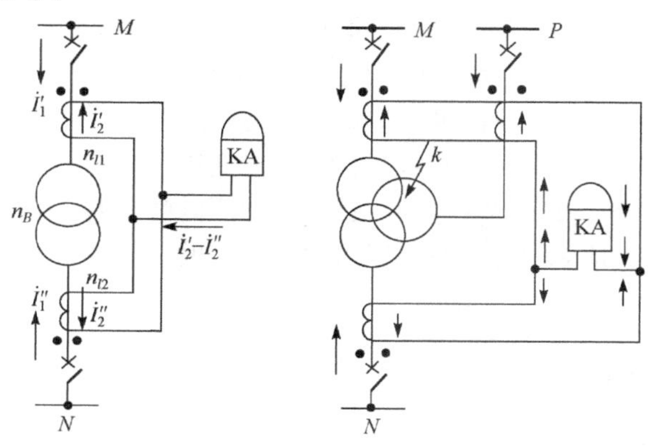

图 7-7 变压器纵差动保护的原理接线

(1) 正常运行时各侧电流的参考方向如图 7-7 所示。合理选择互感器变比和接线方式，保证变压器两侧对应相别电流之和 $\dot{I}_M(t)+\dot{I}_N(t)=0$，即当两侧互感器流过负荷电流时，其二次电流幅值相等，相位差为 180°，功率方向一侧为正，另一侧为负。此时差动保护不动作。

(2) 在变压器外部(M 侧或 N 侧)发生短路或过负荷时两侧电流互感器二次电流的幅值和相位关系与(1)相同，差动保护不会动作。

(3) 当变压器内部发生短路时，由于两侧电源向故障点提供短路电流，这时的电流实际方向与参考方向一致，即两侧电流方向基本相同，且幅值均较大，故有 $\dot{I}_M(t)+\dot{I}_N(t)\gg 0$，使差动继电器动作，从而切除故障。

2. 无制动特性纵差动保护启动电流的整定计算方法

在正常运行情况下，传统的变压器差动保护为防止电流互感器二次回路断线引起的差动保护误动作，启动电流可按大于变压器的最大负荷电流或额定电流整定，引入可靠系数 K_{rel}。微机变压器纵差保护由于有互感器断线闭锁功能，该原则已不再使用(因为按 $I_{l,max}$ 整定会大大降低纵差保护的灵敏性)，而采用如下原则：

(1) 躲开保护范围外部短路时的最大不平衡电流，此时继电器的启动电流为

$$I_{op}\geqslant K_{rel}I_{dsq,max} \tag{7-3}$$

式中，K_{rel} 为可靠系数，采用 1.3；$I_{dsq,max}$ 为保护外部短路时的最大不平衡电流，可用式(7-2)计算。

(2) 按上述原则考虑变压器纵差动保护的启动电流，还必须能够躲开变压器励磁涌流的影响。当采用具有速饱和铁心的差动继电器时，虽然可以利用励磁涌流中的非周期分量使铁心饱和，来避开励磁涌流的影响，但根据运行经验，差动继电器的启动电流最小仍需整定为 $I_{op}\geqslant 1.3I_{N,T}/n_{TA}$ 时，才能躲开励磁涌流的影响。对于励磁涌流的影响，最后还应经过

现场的空载合闸试验加以检验。

3. *纵差动保护灵敏系数的校验*

变压器纵差保护的灵敏系数可按下式校验：

$$K_{sen}=\frac{I_{k,min}}{I_{op}} \tag{7-4}$$

式中，$I_{k,min}$应采用保护范围内部故障时，流过继电器的最小短路电流。即采用在单侧电源供电时，系统在最小运行方式下，变压器发生短路时的最小短路电流，按照要求，灵敏系数一般不应低于 2。当不能满足要求时，则需要采用具有制动特性的差动继电器。

必须指出，即使灵敏系数的校验能够满足要求，但对变压器内部的匝间短路，轻微故障等情况，纵差保护往往也不能迅速而灵敏地动作。运行经验表明，无制动特性纵差保护常常不如瓦斯保护灵敏。可见差动保护的整定值越大，对变压器内部故障的反应能力也就越低。

当变压器差动保护的启动电流按照第(1)、(2)的原则整定时，为了能够可靠地躲开外部故障时的不平衡电流，同时又能提高变压器内部故障时的灵敏性，在变压器的差动保护中广泛采用具有不同制动特性的差动保护。

7.3.3 变压器微机比率制动纵差保护

1. *比率制动差动原理*

为了减小或消除不平衡电流的影响，使变压器外部短路时，差动保护不至于误动，内部故障时保证足够的灵敏度。为此在电流差动原理基础上引入了制动量，以改善继电器的特性。以图 7-7 为例，基波相量比率制动差动保护的动作判据中差动量和制动量分别为

$$I_d=|\dot{I}_d|=|\dot{I}_M+\dot{I}_N| \tag{7-5}$$

$$I_r=|\dot{I}_r|=|\dot{I}_M-\dot{I}_N| \tag{7-6}$$

式中，I_d 为差动电流幅值；I_r 为制动电流幅值；$\dot{I}_M$ 为 M 侧基波电流相量；$\dot{I}_N$ 为 N 侧基波电流相量。

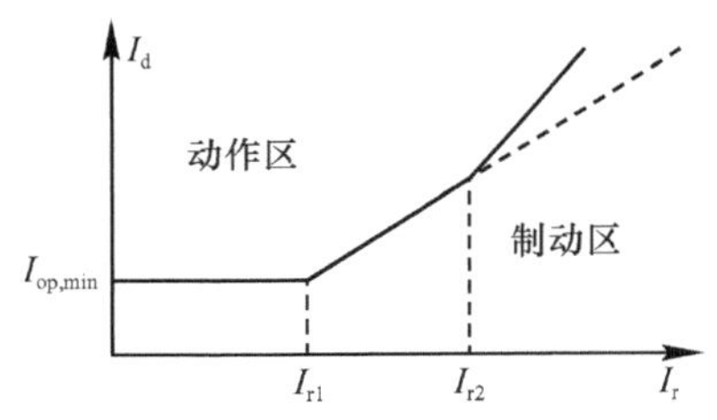

图 7-8　三段折线制动特性

动作量 I_{op}应根据制动电流 I_r 的计算值按图 7-8 的折线特性来计算。

$$I_{op}\geqslant\begin{cases}I_{op,min}, & I_r<I_{r1}\\ K_1(I_r-I_{r1})+I_{op,min}, & I_{r1}<I_r<I_{r2}\\ K_2(I_r-I_{r2})+K_1(I_r-I_{r1})+I_{op,min}, & I_r>I_{r2}\end{cases} \tag{7-7}$$

式中，$I_{op,min}$为不带制动时差动电流最小动作值；K_1，K_2分别为第一段和第二段折线斜率，且 $K_2>K_1$；I_{r1}，I_{r2}分别为第一折点和第二折点对应的制动电流，且 $I_{r1}<I_{r2}$；

对于三绕组变压器，设第三绕组侧为 P，则有差动电流：

$$I_d=|\dot{I}_d|=|\dot{I}_M+\dot{I}_N+\dot{I}_P| \tag{7-8}$$

制动电流 I_r 的计算应根据变压器的各侧绕组实际功率、流向选择。制动电流选择可以有下面两种方案：

$$I_r=|\dot{I}_M|+|\dot{I}_N|+|\dot{I}_P| \tag{7-9}$$

$$I_r=\max(|\dot{I}_M|,|\dot{I}_N|,|\dot{I}_P|) \tag{7-10}$$

制动电流的选择直接影响纵差保护的选择性和灵敏度，制动量大，纵差保护的选择性增强，外部故障时抵御误动能力增强，但内部故障的灵敏度会降低。因此应结合变压器实际工作情况合理选择确定制动电流。

2. *励磁涌流鉴别原理*

根据前面分析变压器空载合闸和突然丢负荷时所产生的励磁涌流特别严重，差动保护必须采取措施防止误动，一般有下面两种方法。

1）二次谐波制动

保护利用三相差动电流中的二次谐波分量作为励磁涌流闭锁判据。动作方程如下：

$$I_{op,2} > K \cdot I_{op,1} \tag{7-11}$$

式中，$I_{op,2}$为 A，B，C 三相差动电流中各自的二次谐波电流；K 为二次谐波制动系数；$I_{op,1}$为对应的三相基波差动电流动作值。

闭锁方式为“或”门出口，即任一相涌流满足条件，同时闭锁三相保护。对于 500kV 超高压变压器差动保护，还可增加 5 次谐波制动量。

2）波形比较制动

图 7-9 为励磁涌流波形，波形比较间断角闭锁原理判据为

$$\delta_w > \delta_{w,set}, \quad \alpha < \alpha_{set} \tag{7-12}$$

式中，δ_w 和 α 分别为励磁涌流波形波宽和间断角，$\delta_w = 360° - \alpha$，$\delta_{w,set}$和 δ_{set}分别为波宽整定和间断角整定（一般 $\delta_{w,set} = 140°$左右，$\alpha_{set} = 65°$左右）。两式同时满足才认为有励磁涌流出现，应闭锁保护。

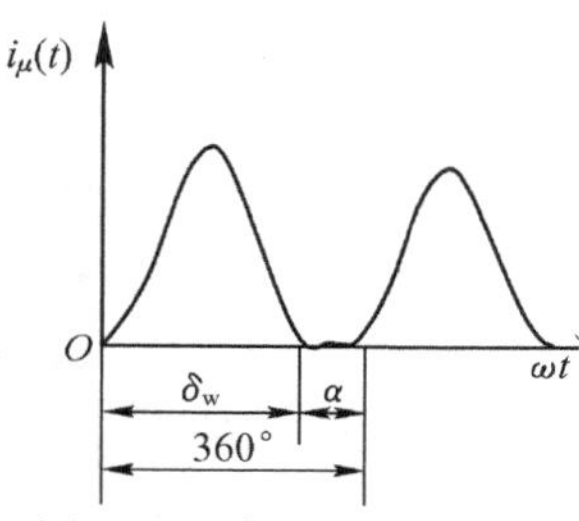

图 7-9 励磁涌流波形图

3. *差流速断保护元件*

当在变压器内部发生不对称短路时或内部故障和励磁涌流同时出现时，差动电流中会产生较大的二次谐波分量或波形间断，使纵差保护被制动，直到这些特征衰减后才能动作，这将会延误保护动作时间，造成严重后果，因此提出加速差动保护动作的方法，当任一相差动电流大于差流速断整定值时瞬时动作于出口，即无时限出口，达到快速切除故障的目的。其判据为

$$I_{op} \geqslant K_i I_N \tag{7-13}$$

式中，I_{op}为动作值，I_N 为变压器额定电流，K_i 为大于 2 的加速系数，另外还可以根据变压器出现励磁流时端电压较高而内部短路时端电压较低的特点用变压器端电压降低作为差动速断的辅助判据，即

$$U_{op} \leqslant K_u U_N \tag{7-14}$$

式中，U_{op}为动作电压，U_N 为额定电压，K_u 为加速系数，一般取 0.65～0.7。

4. *TA 断线判别（要求主变各侧 TA 二次全星形接线）*

当任一相差动电流大于 0.1I_n 时，启动 TA 断线判别程序，如果本侧三相电流中一相无电流且其他两相与启动前电流相等，认为是 TA 断线。

5. *差动保护逻辑*

谐波制动原理差动保护逻辑框图见图 7-10，波形比较制动原理差动保护逻辑见图 7-11。

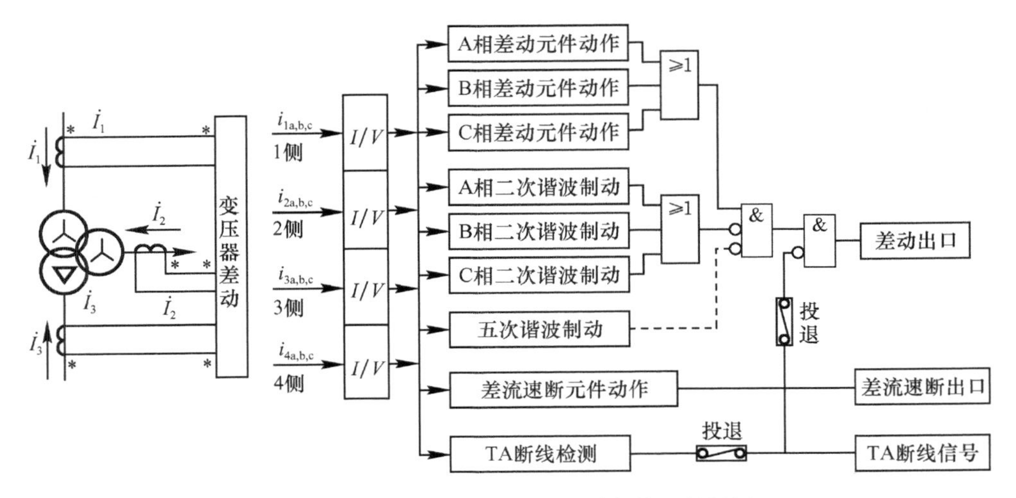

图 7-10　二次谐波制动原理差动保护逻辑框图

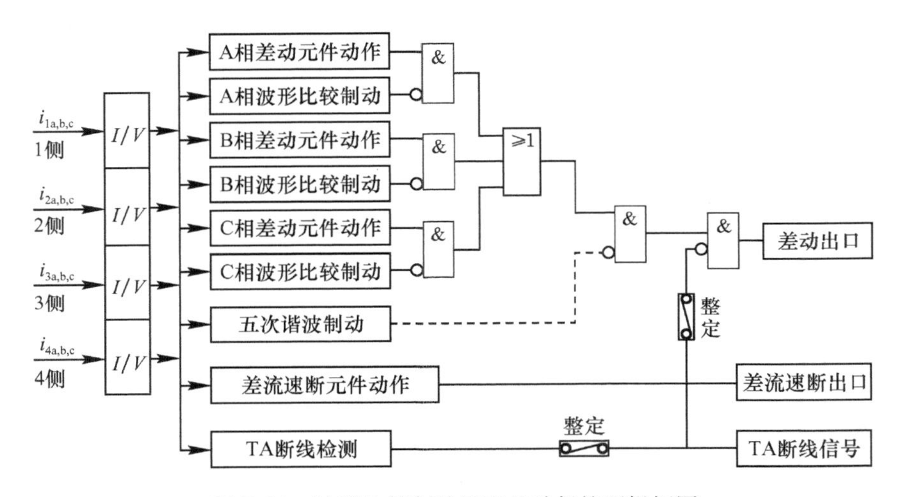

图 7-11　波形比较制动原理差动保护逻辑框图

6. 整定计算及工程应用

(1) 差动用电流互感器二次可采用全星形接线，也可采用常规接线。采用常规接线时，“△”接线侧不能判断“△”内部断线，只能判断引出线断线。

(2) 差动用电流互感器二次采用全星形接线时，由保护软件补偿相位和幅值，可按常规计算方法计算差动保护的定值。

(3) 对全星形绕组变压器，各侧电流互感器需角接，以防止区外接地故障时差动误动，或各侧电流互感器星接，用软件实现角接。此时内部接地故障保护灵敏度会降低，需进行灵敏度校核工作，必要时要加配零序差动保护。

(4) 对于 220kV 及以上变压器差动保护，可配置双套不同原理(指励磁涌流制动判据)的差动保护。波形比较制动原理可弥补二次谐波制动原理在空投至故障变压器时动作时间较慢的不足。

(5) 差动平衡系数的计算。

① 计算变压器各侧一次电流：

$$I_n = S_n / (\sqrt{3} U_n) \tag{7-15}$$

式中，S_n 为变压器额定容量(kV·A)，各侧计算需使用同一容量值。U_n 为计算侧线电压(kV)。

② 计算各侧流入装置的二次电流：

$$i_n = K_{com} \cdot I_n / n_{TA} \tag{7-16}$$

式中，K_{com}为变压器 TA 二次接线系数，三角形接线 $K_{com}=\sqrt{3}$，星形接线 $K_{com}=1$；n_{TA}为 TA 变比。

③ 计算平衡系数。

差动保护平衡系数可以任一侧电流为基准，若以主变高压侧二次电流为基准，则：

高压侧平衡系数　$K_h = 1$

中压侧平衡系数　$K_m = i_{nh}/i_{nm}$

低压侧平衡系数　$K_l = i_{nh}/i_{nl}$

式中，i_{nh}为变压器高压侧二次电流；i_{nm}为变压器中压侧二次电流；i_{nl}为变压器低压侧二次电流。

④ 差动平衡系数不能满足要求时，需外配中间变流器。

⑤ 整定计算时变压器额定电流应以基准侧(平衡系数为 1 的一侧)电流为 I_n，而非 TA 的二次额定值(5A 或 1A)。

⑥ 对于变压器各侧 TA 二次额定值不同的主变差动保护，一般在保护装置内也应选取不同规格的 I/V 变换器以对应各侧 TA。为便于整定计算，可将各侧 I/V 变换器的变比折算到一次 TA 中。其他计算方法同前述。以两卷变为例，若高压侧 TA 变比为 N_H/1A，低压侧 TA 变比为 N_L/5A。保护装置一般选取高压侧 I/V 变换器为 1A 规格，低压侧 I/V 变换器为 5A 规格，此种配置相当于在低压侧加装了 5/1 的变流器，而保护软件仍以一种规格计算，所以在计算平衡系数时，低压侧 TA 的变比应按$(N_L/5)\times(5/1)$计算。

(6) 二次谐波制动系数一般取 0.15～0.2；五次谐波制动系数一般取 0.35。

(7) 差动最小动作电流按躲过正常运行时最大不平衡电流确定，一般取变压器额定电流的 0.3～0.5 倍。

(8) 最小制动电流以电流互感器铁心开始饱时的电流整定，一般取变压器额定电流的 0.8～1.0 倍。

(9) 两折线比例制动特性的最大制动电流应等于外部故障时的最大短路电流。

(10) 最大动作电流应按躲过外部故障时的最大不平衡电流整定，电流不平衡系数一般取 0.3～0.5，最大动作电流按下式计算：

$$I_{d,max} = K_{rel} I_{und,max} = K_{rel} K_{und} I_{k,max} \tag{7-17}$$

式中，K_{rel}、K_{und}、I_{max}分别是可靠系数、电流不平衡系数和外部故障时的最大短路电流。

制动折线斜率 K_1 或 K_2 应按下式计算：

制动折线斜率=(最大动作电流－最小动作电流)/(最大制动电流－最小制动电流)

一般取 0.5 左右。

(11) 差流速断按躲过变压器的励磁涌流整定，以严重外部故障时的不平衡电流及电流互感器饱和等情况而定，在(2～12)I_N 范围内调整。

7.4 变压器的电流电压保护

为反应变压器外部故障而引起的变压器绕组过电流，以及在变压器内部故障时作为差动保护和瓦斯保护的后备（变压器主保护的近后备保护，相邻母线或线路的远后备保护），变压器应装设过电流保护，根据变压器容量和系统短路电流水平不同，实现保护的方式有：过电流保护，低电压启动的过电流保护，复合电压启动的过电流保护及负序过电流保护等。

7.4.1 过电流保护

其工作原理与线路相间定时限过电流保护基本相同。需要分别考虑躲过并列运行的变压器切除一台时产生的过负荷电流，躲过电动机负荷的自启动电流等，动作时限和灵敏度需要与相邻元件的过电流保护相配合。保护动作后，应跳开变压器两侧的断路器。

保护装置的启动电流应按照躲开变压器可能出现的最大负荷电流 $I_{l,max}$ 来整定，具体应考虑如下几点。

（1）对并列运行的变压器，应考虑突然切除一台时所出现的过负荷，当各台变压器容量相同时，可按下式计算：

$$I_{l,max}=\frac{n}{n-1}I_{N,T} \tag{7-18}$$

式中，n 为并列运行变压器的台数，$n\geqslant 2$；$I_{N,T}$ 为每台变压器的额定电流。

此时保护装置的启动电流应整定为

$$I_{op}\geqslant\frac{K_{rel}}{K_{re}}\cdot\frac{n}{n-1}I_{N,T} \tag{7-19}$$

（2）对降压变压器，应考虑低压侧负荷电动机自启动时的最大电流，启动电流应整定为

$$I_{op}\geqslant\frac{K_{rel}K_{ss}}{K_{re}}I_{N,T} \tag{7-20}$$

保护装置动作时限的选择以及灵敏系数的校验，与定时限过电流保护相同，不再赘述。

按以上条件选择的启动电流，其值一般较大，往往不能满足作为相邻元件后备保护的要求。为此需要采取提高灵敏性的措施。

7.4.2 低电压启动的过流保护

为了提高过流保护灵敏性，引入低电压元件。此保护只当电流元件和电压元件同时动作后，经过预定的延时，才动作于跳闸。

低电压元件的作用是保证一台变压器突然切除或电动机自启动时保护不动作情况下，电流元件的整定值可以不再考虑可能出现的最大负荷电流，此时可只按变压器本身的额定电流整定，即

$$I_{op}\geqslant\frac{K_{rel}}{K_{re}}I_{N,T} \tag{7-21}$$

低电压元件的启动值应小于在正常运行情况下母线上可能出现的最低工作电压，同时，外部故障切除后，电动机自启动的过程中，它必须返回。根据运行经验，通常采用：

$$U_{op}\leqslant 0.7U_{N,T} \tag{7-22}$$

式中，$U_{N,T}$为变压器的额定线电压。

对低电压元件灵敏系数的校验，按下式进行：

$$K_{sen}=\frac{U_{op}}{U_{k,max}} \tag{7-23}$$

式中，$U_{k,max}$为在最大运行方式下，相邻元件末端三相金属性短路时，保护安装处的最大线电压。

对升压变压器，如果低电压元件只接于某一侧的电压互感器上，则当另一侧故障时，往往不能满足上述灵敏系数的要求。此时可考虑采用两套低电压元件分别接在变压器两侧的电压互感器上，其触点采用并联的连接方式。

当电压互感器回路发生断线时，低电压继电器将误动作。因此，在低电压保护中一般应装设电压回路断线的信号装置，以便及时发出信号，由运行人员加以处理。

7.4.3 复合电压启动的方向过流保护

复合电压启动的方向过流（简称复压方向过流）保护作为变压器或相邻元件的后备保护，过流启动值可按需要配置若干段，每段可配不同的时限。

1. 保护原理

复压方向过流由复合电压元件（负序过电压和正序低电压）、相间方向元件及三相过流元件“与”构成。其中，相间方向元件可由软件控制字整定“投入”或“退出”，相间方向的最大灵敏角也可由软件控制字整定为－45°（－30°）或 135°（150°）。一般在保护中，设有两组电压输入，复合电压元件和相间方向元件的电压输入可取自不同的电压互感器。相间方向元件的接线示意图见图 7-12(a)。保护逻辑框图见图 7-12(b)。当发生多种不对称短路时，由于出现负序过压保护会动作，当发生对称短路时会出现低电压，保护也会动作。

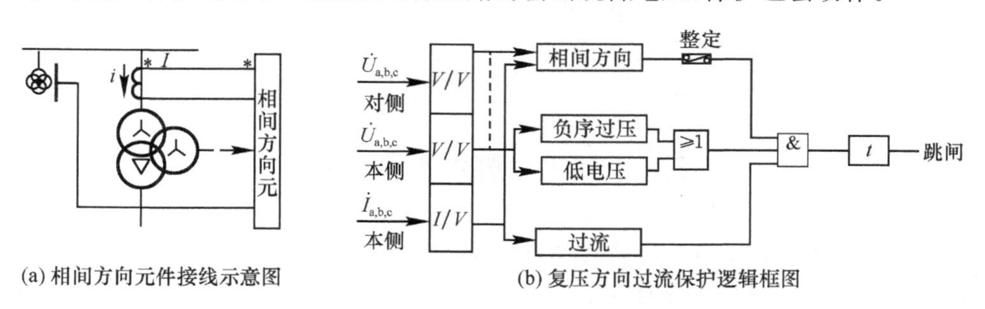

(a) 相间方向元件接线示意图　(b) 复压方向过流保护逻辑框图

图 7-12　复压方向过流保护原理图

2. 判据说明

(1) 复合电压元件

复合电压元件由负序过电压和低电压部分组成。负序电压反应系统的不对称故障，低电压反应系统对称故障。复合电压元件可单独出口，以方便实现三侧复合电压元件“或”。

当下列两个条件中任一条件满足时，复合电压元件动作。

$U_2 \geqslant U_{2set}$，U_{2set}为负序电压整定值；

$U_1 \leqslant U_{set}$，U_{set}为低电压整定值，U_1 为三个正序线电压中最小的一个。

(2) 过流元件。

过流元件接于电流互感器二次三相回路中，保护共有三段定值，每段电流和时限均可单

独整定。当任一相电流大于动作电流整定值I_{set}时，保护动作，即

$$I_{op} \geqslant I_{set}$$

（3）相间功率方向元件。

方向元件的软件算法常用90°接线方式，动作判据为（以I_A、U_{BC}为例）：

$$\mathrm{Re}(\dot{U}_{BC} \cdot \dot{I}_A e^{-j30^\circ}) > 0 \text{ 或 } \mathrm{Re}(\dot{U}_{BC} \cdot \dot{I}_A \cdot e^{-j45^\circ}) > 0 \tag{7-24}$$

Re表示取向量的实部。−30°或−45°为最大灵敏角。

为防止三相短路失去方向性，相间方向元件的电压可由另一侧电压互感器提供，也可以记忆方法保存的故障前电压信息进行计算。

3. 定值整定计算及工程应用

（1）保护装置中电流元件和相间电压元件的整定原则与低电压启动过电流保护相同。

（2）负序电压元件的动作电压按躲过正常运行时的不平衡负序电压整定。其启动电压，$U_{2,op}$取为

$$U_{2,op} \geqslant \frac{(0.06-0.12)U_N}{n_{TV}} \tag{7-25}$$

式中，U_N为变压器额定电压；n_{TV}为电压互感器变比。

（3）方向元件的整定。

① 三侧有电源的三绕组升压变压器，在高压侧和中压侧加功率方向元件，其方向可指向该侧母线；

② 高压及中压侧有电源或三侧均有电源的三绕组降压变压器和联络变压器，在高压侧和中压侧加功率方向元件，其方向宜指向变压器。

（4）动作时限，按大于相邻主变压器后备保护的动作时限整定。

（5）相间方向元件的电压可取本侧或对侧，取对侧时，两侧绕组接线方式应一样。

（6）复合电压元件可取本侧的，也可取变压器各侧“或”的方式。

（7）方向指向的控制可由人机界面进行整定：如整定为“1”时，反映变压器外部相间短路；整定为“0”时，则反映变压器内部相间短路等，各厂家规定不统一。

7.5 变压器的接地保护

电力系统中，接地故障是最常见的故障形式。中性点直接接地运行的变压器，发生接地故障时，变压器中性点将出现零序电流。变压器的接地后备通常都是反应这些电气量构成的。

在其高压侧装设接地（零序）保护，用来反应接地故障，并作为变压器主保护的后备保护和相邻元件的接地故障后备保护。

变压器高压绕组中性点是否直接接地运行与变压器的绝缘水平有关。220kV及以上的大型变压器，高压绕组均为分级绝缘，但绝缘水平不尽相同；如500kV的变压器中性点的绝缘水平为380kV，其中性点必须接地运行；220kV的变压器中性点的绝缘水平为110kV，其中性点可直接接地运行，也可在系统不失去接地点的情况下不接地运行。变压器中性点运行方式不同，接地保护的配置方式也不同。下面分别讨论。

7.5.1 变压器中性点直接接地的零序电流保护

当发电厂、变电所单台或并列运行的变压器中性点接地运行时，零序电流继电器接于变

压器中性点处电流互感器的二次侧，如图 7-13 所示。这种保护接线简单，动作可靠。

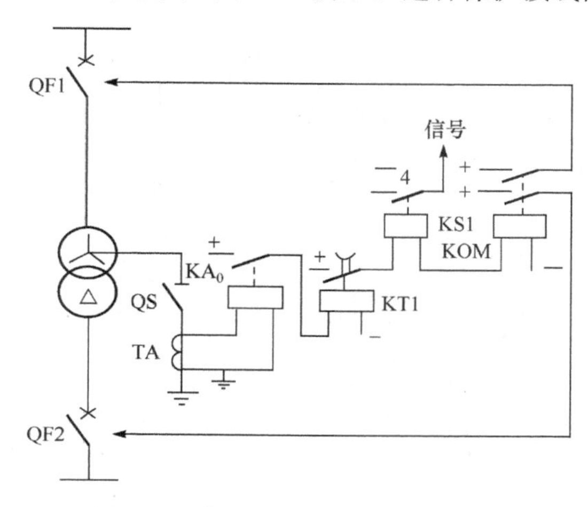

图 7-13　变压器零序电流保护原理图

在正常情况下，电流互感器中没有电流，发生接地短路时，有电流 $3I_0$ 通过，零序保护动作。

图 7-13 中第Ⅰ段的动作电流按与被保护侧母线引出线第Ⅰ段的动作电流在灵敏度上配合整定，即

$$I_{op} \geqslant K_{co} K_b I'_{set} \tag{7-26}$$

式中，I'_{set} 为引出线零序电流保护后备段的动作电流；K_{co} 为配合系数取 1.1～1.2；K_b 为零序电流分支系数。

第Ⅱ段的动作电流与引出线零序电流保护后备段在灵敏系数上配合。

第Ⅰ段的动作时间 t_1＝0.5～1s，第Ⅱ段的动作时间 t_2 比相邻元件零序电流保护的后备段大 Δt。

零序电流保护动作后，以较短的时间跳母联，以较长时间跳变压器各侧断路器。

7.5.2　中性点部分接地运行系统中分级绝缘变压器的零序保护

为了限制短路电流并保证系统中零序电流的大小和分布尽量不受系统运行方式变化的影响，在发电厂或变电所中通常只有部分变压器的中性点接地。因此这些变压器的中性点可能接地运行，也可能不接地运行。对于分级绝缘的变压器，为防止中性点过电压，在发生接地故障时，应先断开中性点不接地的变压器，后断开中性点接地的变压器。针对变压器中性点是否装设了放电间隙，应需设置不同的保护。

1. 中性点未装放电间隙

中性点未装放电间隙的变压器的接地保护如图 7-14 所示。正常运行时，系统无零序电流、电压，因此零序电流继电器 KA_0 和零序电压继电器 KV_0 均不动作，整套保护不动。

发生接地故障后，中性点接地处出现零序电流，中性点接地运行变压器的零序电流继电器 KA_0 动作，将操作电源送到中性点不接地运行变压器的零序电压保护，因此中性点不接地的变压器先经过 KT2 的延时 t_2 跳不接地变压器，后经过 KT1 的延时 t_1 跳接地的变压器，其中 $t_1 > t_2$。这种接线方式，并列运行的变压器的保护回路相互牵连，比较复杂，容易弄错而致误操作，有时可能出现无选择性的动作。

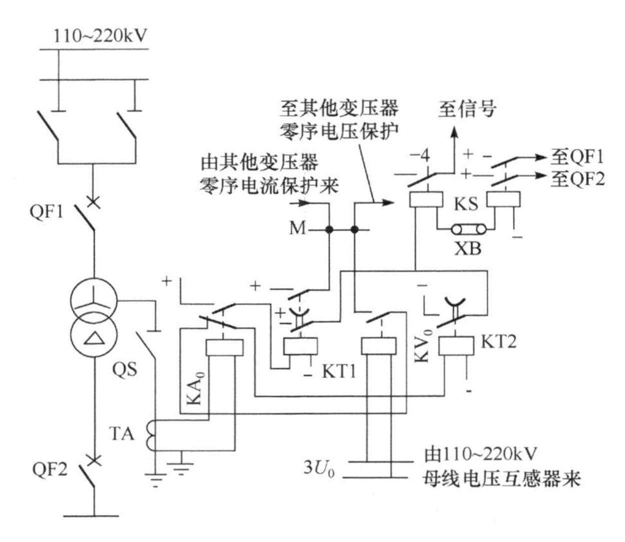

图 7-14　中性点未装放电间隙的变压器的接地保护

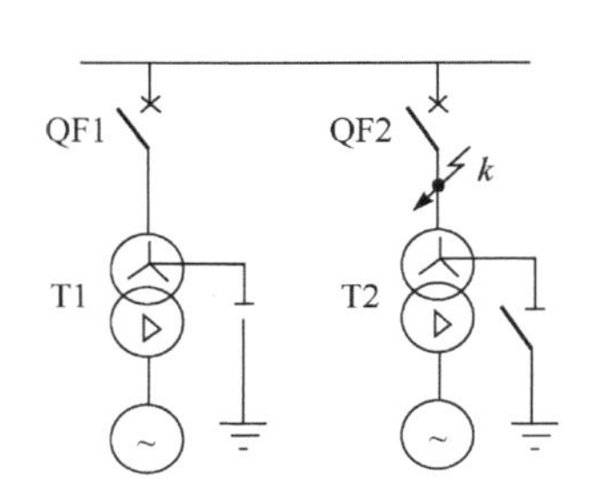

图 7-15　变压器接地保护无选择性动作说明

如图 7-15 所示系统中，当 k 点短路时，中性点不接地变压器 T1 以 t_2 延时先断开，但故障未切除，变压器 T2 保护继续动作，以较长的延时 t_1 动作切除故障，这就可能扩大事故范围。目前常采用在变压器中性点加装放电间隙的做法，可使部分中性点接地的并列运行变压器的接地保护情况得以改善。

2. 中性点装设放电间隙

中性点装设放电间隙的分级绝缘变压器的接地保护原理接线如图 7-16 所示。除装设两段式零序电流保护外，再增设反应零序电压和间隙放电电流的零序电流保护。

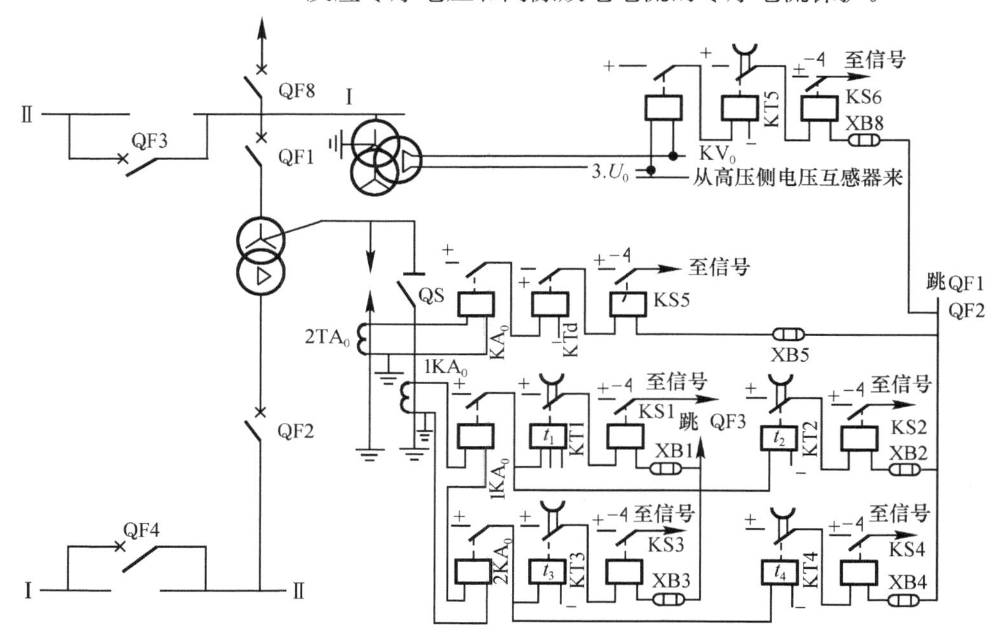

图 7-16　中性点装设放电间隙的分级绝缘变压器的接地保护原理图

变压器中性点接地运行时，隔离开关 QS 合上，两段式零序电流保护投入工作。第Ⅰ段与相邻元件接地保护Ⅰ段配合，以 t_1(0.5s)延时断开高压侧分段断路器(或母联)QF3，以 $t_2(t_1+\Delta t)$延时断开变压器两侧断路器。第Ⅱ段与相邻元件接地保护后备段配合，以 t_3 和 t_4 的延时分别断开 QF3 和 QF1、QF2。

变压器中性点如不接地运行，则隔离开关 QS 打开。当电网发生单相接地故障且失去中性点，中性点不接地的变压器的中性点将出现工频过电压，放电间隙击穿，放电电流使零序电流元件 KA_0 启动，瞬时跳开变压器，将故障切除。此处零序电流元件的一次动作电流取 100A(根据间隙放电电流的经验数据)。

如果放电间隙拒动，变压器中性点可能出现工频过电压，为此设置了零序过电压保护。当放电间隙拒动时，KV_0 启动将变压器切除。KV_0 的动作电压应低于变压器中性点绝缘的耐压水平，且在变压器发生单相接地而系统又未失去接地中性点时，可靠不动作，一般可取 180V。具体可按下式计算：

$$\frac{3U_0 3\alpha U_{ph}}{2+\alpha}\leqslant U_{op,0}\leqslant\frac{3K_{rel}U}{1.8}$$

式中，1.8 为暂态电压系数；U 为中性点工频耐压；$\alpha=X_0/X_1$；U_{ph}为运行最高相电压。

7.5.3 自耦变压器接地保护的特点

自耦变压器的高、中压侧之间有电的联系，有公共的接地中性点。当系统发生接地短路时，零序电流可在高、中压电网间流动，而接地中性点的零序电流的大小和方向，随系统的运行方式的不同而有较大变化。故自耦变压器的零序过电流保护应分别在高压和中压侧配置，并接在由本侧三相 TA 构成的零序电流滤过器上。

与普通变压器不同，自耦变压器一次和二次除磁的联系外，还有电的直接联系，为了避免电网中发生单相接地在绕组中产生过电压，自耦变压器的中性点必须接地，根据其结构特点，零序电流保护应装于本侧的零序滤过器上，而不能接在中性点回路的电流互感器上，否则有些情况下，不能反应单相外部短路，且一般高中压侧上的零序保护应加装方向元件以满足选择性的要求。

练习与思考

7.1　变压器可能发生哪些故障和不正常运行状态？

7.2　导致变压器纵差动保护中不平衡电流的因数有哪些？

7.3　变压器纵差动保护中消除励磁涌流影响的措施有哪些？

7.4　一台双绕组降压变压器的容量为 15MV·A，变比为 35kV/6.6kV；求比率制动差动保护(一折线)的最小动作电流、制动电流和制动折线斜率。已知：6.6kV 外部短路的最大三相短路电流为 9420A；35kV 侧电流互感器变比为 600/5，6.6kV 侧电流互感器变比为 1500/5；可靠系数 K_{rel} 取 1.3。

7.5　变压器的轻、重瓦斯保护如何动作？

7.6　变压器过电流保护有何作用？

7.7　变压器励磁涌流主要含有哪些成分？

7.8　Yd11 接线变压器纵差动保护采用电流相位补偿接线后，星形侧电流互感器流入差动臂的电流是电流互感器二次电流的多少倍？

7.9　变压器纵差动保护能反应哪些故障？

7.10　中性点直接接地运行变压器零序电流保护的整定原则是什么？

7.11　配置变压器中性点间隙零序电流保护有何作用？

第 8 章　发电机保护

8.1　发电机保护配置

发电机的安全运行对保证电力系统的正常工作和电能质量起着决定性的作用，同时发电机本身也是一个十分贵重的电气设备，因此，应该针对各种不同的故障和不正常运行状态，装设性能完善的继电保护装置。

发电机的故障类型主要有：定子绕组相间短路；定子绕组匝间短路；定子绕组单相接地短路；转子过热和绕组接地短路；转子励磁电流消失。

发电机的不正常运行状态主要有：外部短路引起的定子绕组过电流；过负荷；外部不对称短路引起的负序过电流；甩负荷引起的定子绕组过电压；汽轮机主气门突然关闭引起的发电机逆功率等。

针对以上故障类型和不正常运行状态，按规程规定，发电机应装设以下继电保护装置。

(1) 对 1MW 以上发电机的定子绕组及其引出线的相间短路，应装设纵差动保护。

(2) 对直接连于母线的发电机定子绕组单相接地故障，当单相接地故障电流(不考虑消弧线圈的补偿作用)大于规定的允许值时，应装设有选择性的接地保护装置。

(3) 对于发电机定子绕组的匝间短路，当定子绕组星形接线、每相有并联分支且中性点侧有分支引出端时，应装设横差保护。

(4) 对于发电机外部短路引起的过电流，可采用下列保护方式：

① 负序过电流及单元件低电压过电流保护，一般用于 50MW 以上的发电机；

② 复合电压启动的过电流保护，包括负序电压及线电压，一般用于 1MW 以上的发电机；

③ 过电流保护，用于 1MW 及以下的小型发电机；

④ 带电流记忆的低压过流保护，用于自并励发电机。

(5) 对于由不对称负荷或外部不对称短路而引起的负序过电流，一般在 50MW 及以上的发电机上装设负序过电流保护。

(6) 对于由对称负荷引起的发电机定子绕组过电流，应装设接于一相电流的过负荷保护。

(7) 对于水轮发电机定子绕组过电压，应装设带延时的过电压保护。

(8) 对于发电机励磁回路的一点接地故障，对 1MW 及以下的小型发电机可装设定期检测装置；对 1MW 以上的发电机应装设专用的励磁回路一点接地保护。

(9) 对于发电机励磁消失故障，在发电机不允许失磁运行时，应在自动灭磁开关断开时连锁断开发电机的断路器；对采用半导体励磁以及 100MW 及以上采用电机励磁的发电机，应增设直接反应发电机失磁时电气参数变化的专用失磁保护。

(10) 对于转子回路的过负荷，在 100MW 及以上，并且采用半导体励磁系统的发电机上，应装设转子过负荷保护。

(11) 对于汽轮发电机主气门突然关闭而出现的发电机变电动机运行的异常运行方式，

为防止损坏汽轮机，对200MW及以上的大容量汽轮发电机宜装设逆功率保护；对于燃气轮发电机，应装设逆功率保护。

（12）对于300MW及以上的发电机，应装设过励磁保护。

（13）其他保护：如当电力系统振荡影响机组安全运行时，在300MW机组上，宜装设失步保护；当汽轮机低频运行会造成机械振动，叶片损伤，对汽轮机危害极大时，可装设低频保护；当水冷发电机断水时，可装设断水保护等。

为了快速消除发电机内部故障，在保护动作于发电机断路器跳闸的同时，还必须动作于自动灭磁开关，断开发电机励磁回路，以使转子回路电流不会在定子绕组中再感应电势，继续供给短路电流。

8.2 发电机定子绕组的相间、匝间故障保护

8.2.1 发电机无制动特性纵差保护

发电机纵差动保护是发电机定子绕组及其引出线相间短路的主保护。发电机纵差动保护的原理与短距离输电线路纵差动保护原理基本相同，只是电流参考方向不同，这里约定两端均以流向机端为正。通过比较发电机两侧电流的大小和相位，反应发电机及其引出线的相间短路故障。发电机完全纵差保护的接线原理如图8-1所示，将发电机两侧变比和型号相同的电流互感器二次侧按图示极性端纵向连接起来，差动继电器KA接于其差回路中，根据基尔霍夫电流定律，当正常运行或外部故障时，流入KA的电流为近似为零，KA不会动作。当在保护区内K_2点故障时，$\dot{I}_1$与参考方向相反，流入KA的电流大于零，差动继电器KA动作。

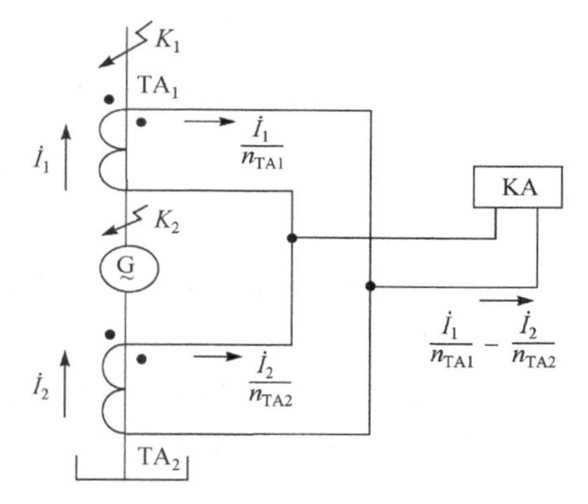

图8-1　完全纵联差保护原理接线图

小容量发电机可装设按躲过外部短路时最大不平衡电流整定的无制动特性纵差保护，保护原理、整定计算方法与线路无制动特性纵差保护相同，不再重复。

纵联差动保护的灵敏性仍以灵敏系数来衡量，其值为

$$K_{sen}=\frac{I_{k,min}}{I_{op}}$$

式中，$I_{k,min}$为发电机内部故障时流过保护装置的最小短路电流。实际上应考虑下面两种情况。

（1）发电机与系统并列运行以前，在其出线端发生两相短路，此时，差动回路中只有由发电机供给的短路电流。

（2）发电机采用自同期并列时（此时发电机先不加励磁，因此，发电机的电势$E\approx 0$），在系统最小运行方式下，发电机出线端发生两相短路，此时，差动回路中只有由系统供给的短路电流。

对于灵敏系数的要求一般不应低于2。

这样的保护在发电机内部故障的灵敏度较低，若出现轻微的内部故障，或内部经比较大

的过渡电阻短路时，保护不能动作。对于大、中型发电机，即使轻微故障也会造成严重后果。为了提高保护的灵敏性，有必要将差动保护的动作电流减小，而在任何外部故障时希望不误动。显然有制动特性纵差保护是必然选择。

8.2.2 发电机微机比率制动特性纵差保护原理

根据接线方式和位置的不同，纵差保护还可分为完全纵联差动和不完全纵联差动。比率制动式完全差动保护是发电机内部和接引线相间短路故障的主保护，其原理接线如图 8-1 所示，逻辑框图如图 8-2 所示。不完全纵联差动保护也是发电机内部和接引线故障的主保护，它既能反应发电机（或发变组）定子内部各种相间短路，也能反应定子匝间短路和分支绕组的开焊故障，其原理接线如图 8-3 所示。

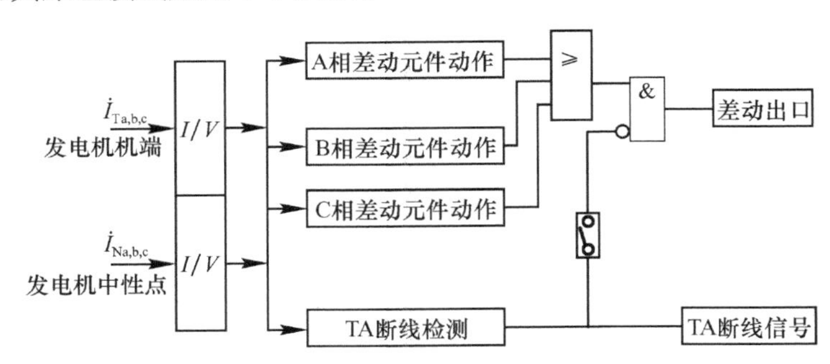

图 8-2 发电机差动保护逻辑框图

1. 比率制动纵差保护原理

发电机比率制动完全纵差保护的原理与线路比率制动纵联差动保护相同。只介绍比率制动不完全纵差保护。

设定子绕组每相并联分支数为 a，在构成纵差保护时，机端接入相电流[图 8-3(a)中的 TA2]，但中性点侧 TA1 每相仅接入 N 个分支，a 与 N 的关系如下：

$$1 \leqslant N \leqslant \frac{a}{2} \tag{8-1}$$

式中，a 与 N 的取值见表 8-1。

表 8-1 a 与 N 的关系

a	2	3	4	5	6	7	8	9	10
N	1	1	2	2	2 或 3*	2 或 3*	3 或 4*	3 或 4*	4 或 5*

* 与装设一套或二套单元件横差保护有关。

图 8-3(a)中互感器 TA1 与 TA2 构成发电机不完全纵差保护。TA5 与 TA6 构成发变组不完全纵差保护，而 TA3 与 TA4 构成变压器的完全纵差保护。

图 8-3(b)表示发电机中性点侧引出 4 个端子的情况，TA1 和 TA5 装设在每相的同一分支中。

图 8-3(c)表示每相 8 个并联分支的大型水轮发电机，发电机不完全纵差保护每相接入的中性点侧电流（TA1）分支数为 2、5、8，发变组不完全纵差保护（TA5）则为 1、4、7。

不完全纵差的差动电流 $I_d = |I_1 - K_b I_2|$，制动电流为 $I_r = \left|\frac{I_1 + K_b I_2}{2}\right|$，其中 I_1 为机端

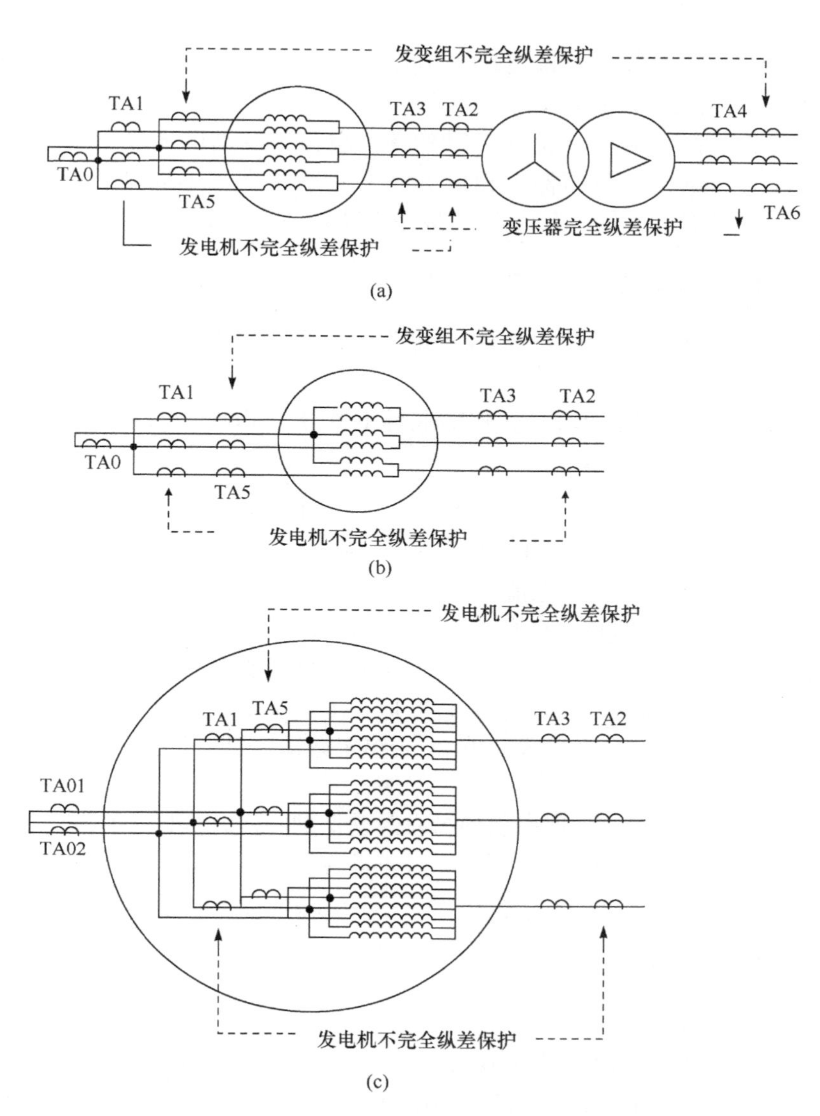

图 8-3 不完全纵联差动保护原理接线图

电流，I_2 为中性点侧电流或中性点侧分支绕组电流；K_b 为分支平衡系数，$K_b=I_1/I_2$，显然 $K_b\geqslant1$。参照式(5-11)可得不完全纵差保护两折线制动特性动作方程为

$$\begin{cases}|I_1-K_bI_2|\geqslant K_{res}\left|\dfrac{I_1+K_bI_2}{2}\right|\\|I_1-K_bI_2|\geqslant I_{d,min}\end{cases}$$

即

$$\begin{cases}I_d>K_{res}I_r\\I_d>I_{d,min}\end{cases}\tag{8-2}$$

两个条件同时满足保护才动作。式中，K_{res} 为制动特性曲线的斜率(也称制动系数)，求取方法同线路纵差；$I_{d,min}$ 为按躲过正常运行时的最大不平衡电流整定的最小启动值。

2. 整定计算及工程应用

通常发电机纵差动保护，$I_{d,min}$ 可取(0.1～0.3)I_{GN}。对发变组纵差动保护取(0.3～0.5)I_{GN}。

对于不完全纵差动保护，尚需考虑发电机每相各分支电流的差异，应适当提高 $I_{d,min}$ 的整定值；制动折线拐点（最小制动）电流 $I_{r,min}$ 通常为（0.5～1.0）I_{GN}。

分别将分支平衡系数 K_b 代入完全差动的差动电流与制动电流表达式中后，整定计算的步骤和方法就与线路完全差动保护相同。如果互感器型号不同，同型系数应取 $K_{cc}=1.0$，相同取 0.5，不难看出，当 $K_b=1$ 时，就是完全纵联差动比率制动差动。

8.2.3 发电机标量积制动特性纵差保护原理

发电机标量积（简称标积）制动差动保护可作为发电机内部相间短路故障的主保护，是差动保护的又一种方法。

利用基波电流相量的标量积构成比例制动特性继电器，是相量幅值比率制动的另一种形式。

标积制动式差动保护的判据为

$$|\dot{I}_1-\dot{I}_2|^2\geqslant S|\dot{I}_1|\times|\dot{I}_2|\times\cos\theta \tag{8-3}$$

式中，θ 为 $\dot{I}_1$，$\dot{I}_2$ 的相角差，一般标积制动系数 $S\approx1.0$。

当内部短路时，判据左边两侧电流相量和绝对值的平方是一个很大的值，此时两侧电流的相位差为 180°左右，即右端是一个负值，因此具有很高的灵敏性；外部短路时，判据左边两侧电流相量差绝对值的平方是一个很小的值，此时两侧电流的相位差为 0°左右，即右端是一个大大的正值，因此具有很高的制动特性，保护不会误动。

标积制动式差动保护具有表达式简单，便于整定调试，其性能优于或等于相量比率制动纵差保护等优点。

标积制动式纵联差动保护和比率制动纵联差动保护一样，也可作为发电机变压器组（简称发变组）的纵联差动保护，当作为发变组纵联差动保护时，均应增设防励磁涌流误动的二次谐波闭锁判据。

8.2.4 发电机定子匝间短路保护

1. 单继电器式横联差动保护

对于定子绕组为双“Y”或多“Y”形接线的发电机，广泛采用横联差动保护。

横联差动保护的原理如图 8-4 所示。图中画出了各种匝间短路时电流的方向，即当发生定子绕组的匝间短路时，由于 A、B、C 三相对中性点之间的电势平衡被破坏，则两中性点的电位不等产生电流流过 TA。

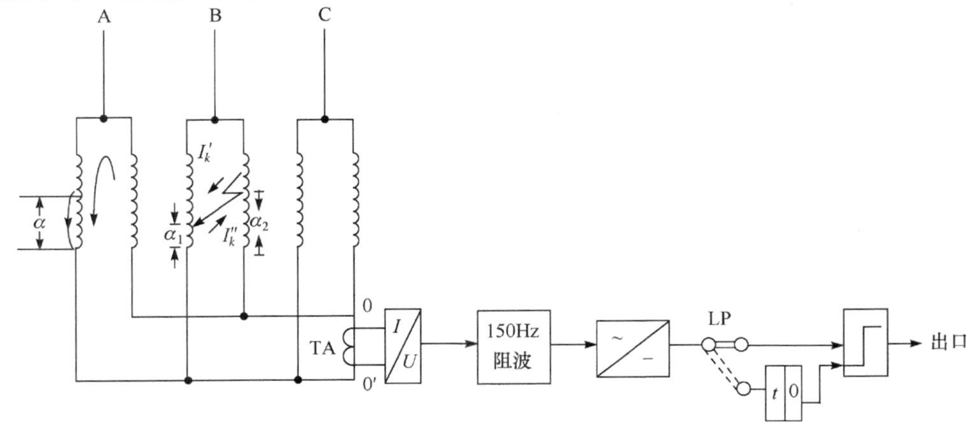

图 8-4 横联差动保护原理框图

利用流入两中性点连线的零序电流，构成单继电器式横联差动保护。

当正常运行时，每个并联分支的电势是相等的，三相电势是平衡的，则两中性点无电压差，连线上无电流流过（或只有数值较小的不平衡电流），保护不会动作。当发生匝间短路时，两中性点的连线有零序电流通过，保护反应于这一电流而动作。这就是发电机横联差动保护的原理。

由于发电机电流波形即使是在正常运行时也不是纯粹的基波，尤其是当外部故障时，波形畸变较严重，在中性点的连线上出现以三次谐波为主的高次谐波分量，为此，保护装设了三次谐波滤过器，消除其影响，从而提高保护的灵敏度。

在转子回路发生两点接地故障时，转子回路的磁势平衡被破坏，则在定子绕组并联分支中所感应的电势不同，造成横差动保护误动作。若此两点接地故障是永久性的，应由转子两点接地保护切除故障，这有利于查找故障，但若两点接地故障是瞬时性的，则不允许切除发电机，因此，需增设 0.5～1s 的延时，以躲过瞬时两点接地故障。

根据运行经验，保护的动作电流为

$$I_{op} \geqslant (0.2 \sim 0.3) I_N / n_{TA}$$

式中，I_N 为发电机的额定电流。

微机保护用软件滤除三次谐波影响，其动作电流整定为

$$I_{op} \geqslant K_{rel} \cdot K_{aper} \cdot \sqrt{I_{dsq,1,max}^2 + (I_{dsq,3,max}/K_3)^2} \tag{8-4}$$

式中，可靠系数 K_{rel} 取 1.3～1.5；暂态系数 K_{aper} 取 2；$I_{dsq,1,max}^2$ 为外部短路时基波零序电流的最大值；$I_{dsq,3,max}$ 为外部短路时的三次谐波电流最大值；K_3 为三次谐波滤过比（基波/三次谐波），$K_3 \geqslant 80$。

发电机投运前做升压实验测取零序电流（不平衡电流），用外推法求外部短路最大短路电流（$1/X''_d$）的 $I_{dsq,1,max}$ 和 $I_{dsq,3,max}$。

这种保护灵敏度较高，但在切除故障时有一定的死区，即：①单相分支匝间短路的 α 较小时；②同相两分支间匝间短路，且 $\alpha_1 = \alpha_2$，或 α_1 与 α_2 差别较小时。

2. *故障分量负序功率方向保护元件*

该方案不需引入发电机纵向零序电压。

故障分量负序功率方向（ΔP_2）保护主要装在发电机端，不仅可作为发电机内部匝间短路的主保护，还可作为发电机内部相间短路及定子绕组开焊的保护，也可装设于主变高压侧使保护范围扩大到整个发变组。

1）保护原理

当发电机三相定子绕组发生相间短路、匝间短路及分支开焊等不对称故障时，负序源在故障发生点，由于系统侧是对称的，则必有负序功率由发电机流出。设机端负序电压和负序电流的故障分量分别为 $\Delta\dot{U}_2$ 和 $\Delta\dot{I}_2$，则负序功率的故障分量为

$$\Delta P_2 = 3\mathrm{Re}(\Delta\dot{U}_2 \cdot \Delta\dot{I}_2 \cdot \mathrm{e}^{-\mathrm{j}\varphi}) \tag{8-5}$$

式中，$\Delta\dot{I}_2$ 为 $\Delta\dot{I}_2$ 的共轭相量；φ 为故障分量负序方向继电器的最大灵敏角。一般在 75°～85°（$\Delta\dot{I}_2$ 滞后 $\Delta\dot{U}_2$ 的角度），$\Delta\dot{U}_2 = \dot{U}_{k2} - \dot{U}_{L2}$，$\Delta\dot{I}_2 = \dot{I}_{k2} - \dot{I}_{L2}$，（下标 k 为故障，L 为负荷）。

因此，故障分量负序功率方向保护的动作判据可近似表示为

$$\Delta\dot{U}_{2R} \cdot \Delta\dot{I}_{2R} + \Delta\dot{U}_{2I} \cdot \Delta\dot{I}_{2I} > 0$$

将 $\Delta\dot{I}_2$ 移相，得

$$\Delta\dot{I}'_2=\Delta\dot{I}_2\cdot e^{j\varphi}$$

则动作判据表示为

$$\Delta P_2=\Delta\dot{U}_2\cdot\Delta\dot{I}'_2=\Delta\dot{U}_{2R}\cdot\Delta\dot{I}'_{2R}+\Delta\dot{U}_{2I}\cdot\Delta\dot{I}'_{2I}>0$$

式中，下标 R、I 分别表示实部、虚部。

实际应用动作判据可综合为

$$\begin{cases}|\Delta\dot{U}_2|>\varepsilon_u\\ |\Delta\dot{I}_2|>\varepsilon_i\\ \Delta p_2=\Delta\dot{U}_{2R}\cdot\Delta\dot{I}'_{2R}+\Delta\dot{U}'_{2I}\cdot\Delta\dot{I}'_{2I}>\varepsilon_p\end{cases}\tag{8-6}$$

式中，ε_u、ε_i、ε_p 分别为故障分量负序电压、负序电流、负序功率门槛值。只有当三个式子同时成立才跳闸。

需要说明的是，保护定义的负序功率 ΔP_2 并非发电机机端故障前后负序功率之差，其定义的 ΔP_2 是由上述 $\Delta\dot{U}_2$ 和 $\Delta\dot{I}_2$ 确定的。利用故障前后功率之差作判据，虽能判断是外部还是内部发生不对称故障，但是当外部短路切除时，发电机突然失去输入的负序功率，也即相当于增加输出负序功率，保护装置将误判为发电机内部故障。另外，由于傅氏算法及滤序算法都是基于稳态正弦波周期分量推导出的，利用频率跟踪技术和序分量补偿的方法可避开暂态过程中误判方向的问题。

2）定值整定计算及注意事项

（1）根据经验，建议 $\varepsilon_u<1\%$，$\varepsilon_i<3\%$。根据发电机定子绕组内部故障的计算实例，ΔP_2 大约在 0.1%，因此保护 ε_p 可固定选取 $\varepsilon_p<0.1\%$（以发电机额定容量为基准）。

上述 ε_u，ε_i，ε_p 整定值为初选数值，在应用中应根据机组实际运行情况作适当修正。

（2）故障分量负序功率（ΔP_2）方向保护若装在发电机中性点（电流取中性点 TA），则仅反应发电机内部匝间短路故障。

该保护方案当互感器（TV 或 TA）二次断线（TA，TV 同时断线）时，保护不会误动，不需发电机机端专用 TV，消除了因专用 TV 一次侧中性点与发电机中性点间连接电缆发生接地故障的隐患。

3. *发电机纵向零序过电压保护*

纵向零序过电压保护，不仅作为发电机内部匝间短路的主保护，还可作为发电机内部相间短路及定子绕组开焊的保护。

1）纵向零序过电压保护原理

发电机定子绕组发生内部短路，三相机端对中性点的电压不再平衡，因为互感器中性点与发电机中性点直接相连且不接地，所以互感器开口三角绕组输出纵向 $3U_0$，保护动作判据为

$$|3\dot{U}_0|>U_{set}\tag{8-7}$$

式中，U_{set} 为保护的整定值。

发电机正常运行时，机端不平衡基波零序电压很小，但可能有较大的三次谐波电压，为降低保护定值和提高灵敏度，保护装置中增设三次谐波阻波功能。保护逻辑框图见图 8-5。

2）保护方案

为保证匝间保护的动作灵敏度，纵向零序电压的动作值一般整定得较小，以防止外部短

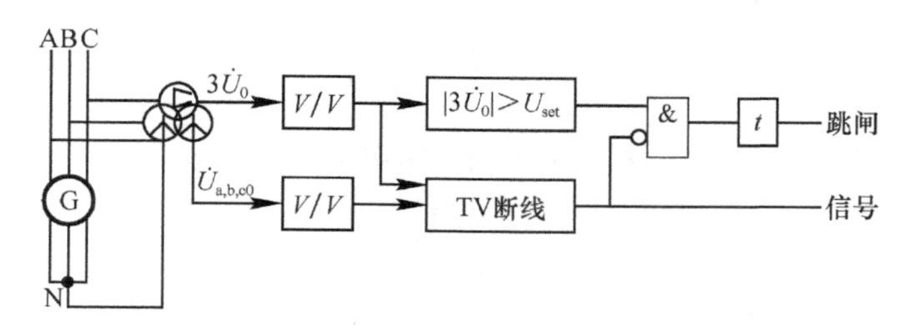

图 8-5　纵向零序过电压保护逻辑框图

路时纵向零序不平衡电压增大造成保护误动。为此需要增设故障分量负序方向元件作为选择元件，用于判别是发电机内部短路还是外部短路。由于发电机并网前 ΔP_2 失效，因此增加发电机三相电流低判据，在并网前仅由纵向零序电压元件起保护作用。为防止暂态干扰造成误动，一般还应增加一较短延时 t(一般整定为 50～100ms)。该方案的综合逻辑框图如图 8-6 所示。

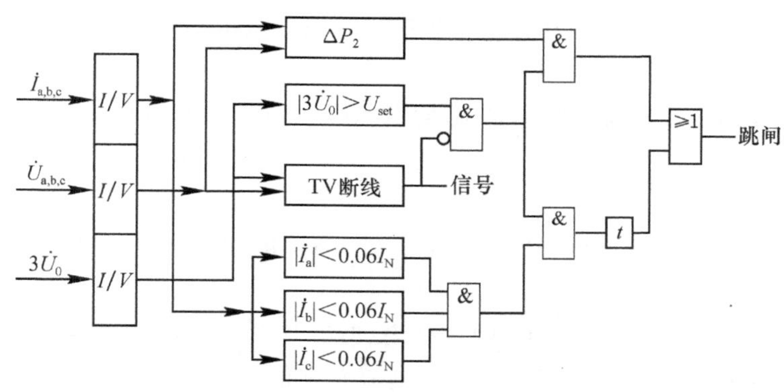

图 8-6　匝间保护方案综合逻辑框图(故障分量负序方向和零序过压)

3) 定值整定计算及注意事项

纵向基波零序电压保护动作电压设计值可初选为 2～3V，以避开外部短路时的不平衡电压；ΔP_2 的整定同前；为取得发电机纵向零序电压，保护必须接于发电机机端专用电压互感器的二次侧，TV 的一次侧中性点与发电机中性点相连。

8.3　发电机定子接地故障保护

8.3.1　定子绕组单相接地故障的特点

根据安全运行要求，发电机的外壳都是接地的，因此定子绕组因绝缘破坏而引起的单相接地故障占内部故障的比重比较大，约占定子故障的 70%～80%。当接地电流比较大，能在故障点引起电弧时，将使绕组的绝缘和定子铁心烧坏，并且也容易发展成相间短路，造成更大的危害。

现代发电机的定子绕组都设计为全绝缘的，定子绕组中性点不直接接地。当发电机内部单相接地时，流经接地点的电流为发电机所在电压网络(即与发电机有直接电联系的各元件)对地电容电流之总和，而故障点的零序电压将随发电机内部接地点的位置而改变。中性点不接地时的分析方法与不接地电网基本类似，接地故障点的电压等于机端的零序电压，即

$$U_{K0}=-\alpha E_A=\frac{1}{3}(\dot{U}_A+\dot{U}_B+\dot{U}_C)$$

式中，α 为短路点到中性点的距离，E_A 为 A 相绕组电势。

故障点的接地电流

$$\dot{I}_K=-j3\omega(C_{0G}+C_{0L})\alpha\dot{E}_A$$

式中，C_{0G}、C_{0L} 分别为发电机、线路对地电容。

发生定子绕组单相接地故障的主要原因是，高速旋转的发电机，特别是大型发电机(轴向增长)的振动，造成机械损伤而接地；对于水内冷的发电机，由于漏水致使定子绕组接地。

发电机定子绕组单相接地故障时的主要危害如下：

(1) 接地电流会产生电弧烧伤铁心，使定子绕组铁心叠片烧结在一起，造成检修困难。

(2) 接地电流会破坏绕组绝缘，扩大事故。若一点接地而未及时发现，很有可能发展成绕组的匝间或相间短路故障，严重损伤发电机。

对大中型发电机定子绕组单相接地保护应满足以下两个基本要求。

(1) 对绕组有 100%的保护范围。

(2) 在绕组匝内发生经过渡电阻接地故障时，保护应有足够的灵敏度。

8.3.2 零序电流接地保护

我国发电机中性点接地方式主要有以下三种：不接地；经消弧线圈(欠补偿)接地；经配电变压器高阻接地。

在发电机单相接地故障时，不同的中性点接地方式，将有不同的接地电流和动态过电压以及不同的保护出口方式。发电机单相接地电流允许值应采用制造厂的规定值，如无规定时可参照表 8-2 的数据。

表 8-2 发电机定子绕组单相接地故障电流允许值

发电机额定电压 /kV	发电机额定容量 /MW		故障电流允许值 /A
6.3	≤50		4
10.5	汽轮发电机	50～100	3
	水轮发电机	10～100	
13.8～15.75	汽轮发电机	125～200	2
	水轮发电机	40～225	
18～20	300～600		1
13.8～15.75kV 氢冷发电机故障电流允许值为 2.5A			

当机端单相金属性接地电容电流 I_C 小于允许值时，发电机中性点应不接地，单相接地保护带时限动作于信号；若 I_C 大于允许值，不论中性点是否接地或以何种方式接地，保护应动作于停机。

接于零序电流互感器上的发电机零序保护整定原则如下：

(1) 躲开外部单相接地时发电机本身的电容电流，以及零序电流互感器的不平衡电流。

(2) 保护的一次动作电流小于表中允许值。

(3) 为防止外部相间短路产生的不平衡电流引起误动，应在相间保护动作时间将其闭锁。

(4) 躲开外部单相接地瞬间，发电机的暂态电容电流的影响，一般增加 1～2s 的时限。否则，需按照大于暂态电容电流整定，但灵敏度降低。

当接地点在定子绕组中性点附近时，存在一定死区。

8.3.3 零序电压接地保护

零序电压定子接地保护发电机 85%～95%的定子绕组单相接地。零序电压取机端 TV 开口三角形，反映发电机零序电压大小。

发电机定子绕组单相接地时接线如图 8-7(a)所示，设发电机每相定子绕组对地电容为 C_M，外部每相对地电容为 C_L，当 A 相绕组距中性点 α 处发生单相接地时：

$$\begin{aligned}\dot{U}_{AK}&=\dot{E}_A-\alpha\dot{E}_A\\ \dot{U}_{BK}&=\dot{E}_B-\alpha\dot{E}_A\\ \dot{U}_{CK}&=\dot{E}_C-\alpha\dot{E}_A\end{aligned} \tag{8-8}$$

$$3\dot{U}_0=\dot{U}_{AK}+\dot{U}_{BK}+\dot{U}_{CK}=-\alpha\dot{E}_A,\qquad \dot{U}_0=-\alpha\dot{E}_A,\qquad \dot{U}_0=\alpha\dot{U}_\varphi$$

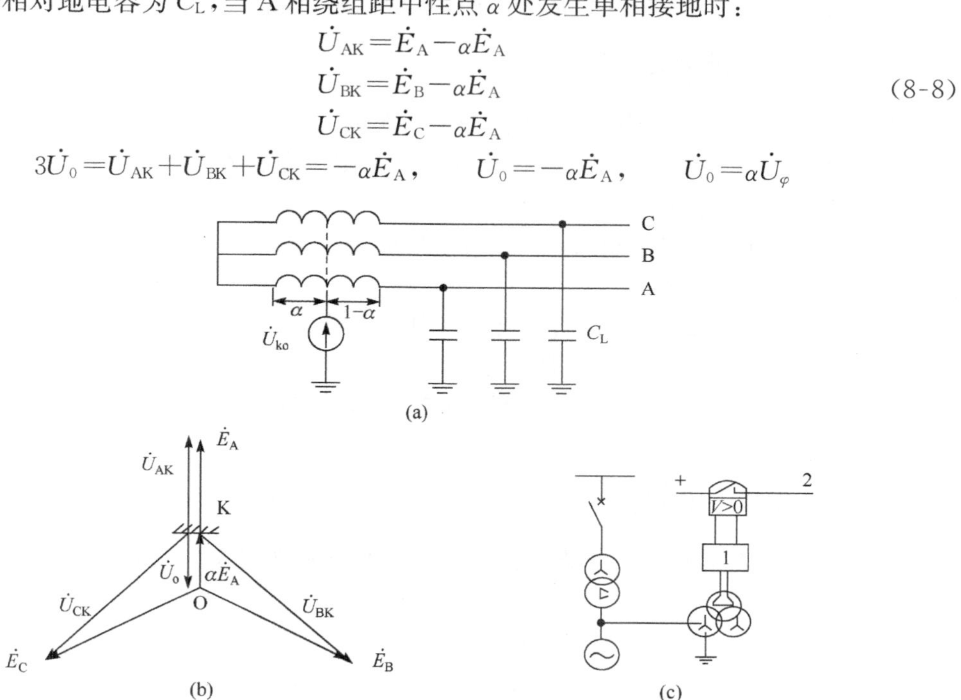

图 8-7 发电机零序电压保护原理图

1-三次谐波滤过器；2-保护出信号

零序电压可取自发电机机端电压互感器的开口三角形绕组或中性点电压互感器的二次侧(也可以从发电机中性点接地消弧线圈或配电变压器二次绕组获得)。零序电压保护的动作电压 U_{set}，应按躲过发电机正常运行时发电机系统产生的最大不平衡零序电压 $3U_{0,max}$ 来整定，即

$$U_{set}\geqslant K_{rel}3U_{0,max} \tag{8-9}$$

影响零序电压的因素主要有以下几个。

(1) 发电机电压系统中三相对地绝缘不一致。

(2) 发电机端三相 TV 的一次绕组对开口三角形绕组之间的变比不一致。

(3) 发电机的三次谐波电势在机端有三次谐波电压输出。

(4) 主变压器高压侧发生接地故障时，由变压器高压侧通过电容耦合传递到发电机系统的零序电压。可以通过延时躲过这一电压的影响。

零序电压保护的动作电压应躲开正常运行时的不平衡电压(主要是三次谐波电压)，其值为15～30V，考虑采用滤过比高的性能良好的三次谐波滤过器后，其动作值可降至5～10V。

零序电压保护的动作延时，应与主变压器大电流系统侧接地保护的最长动作延时相配合。保护的出口方式应根据发电机的结构、容量及发电机系统的主接线状况确定作用于跳闸或信号。

该保护的缺点是可能有死区($\alpha=0.05\sim0.1$时)。若定子绕组是经过渡电阻R_g单相接地时，则死区更大，这对于大、中型发电机是不允许的，因此，在大、中型发电机上应装设三次谐波电压与之配合反应100%定子绕组单相接地故障。

8.3.4 三次谐波电压接地保护

由于发电机气隙磁通密度的非正弦分布和铁磁饱和的影响，在定子绕组中感应的电势除基波分量外，还含有高次谐波分量。其中三次谐波电势虽然在线电势中可以将它消除，但在相电势依然存在。机端侧与中性点侧的三次谐波电压差可反应发电机中性点20%～30%的定子绕组单相接地。机端三次谐波电压取自机端开口三角形零序电压，中性点三次谐波电压取自发电机中性点TV。

假设机端电压和中性点侧的三次谐波电压分别为$\dot{U}_S$和$\dot{U}_N$。

1) 正常运行时的三次谐波电压

正常运行时，相电势中会有三次谐波电势$\dot{E}_3$，其等效图如图8-8所示。

机端三次谐波电压：$U_{S3}=E_3\dfrac{\dfrac{C_M}{2}}{C_M+C_L}$，中性点侧三次谐波电压：$U_{N3}=E_3\dfrac{\dfrac{C_M}{2}+C_L}{C_M+C_L}$，所以$|\dot{U}_N|>|\dot{U}_S|$，当发电机中性点经高阻抗接地时，上式依然成立。$C_M$,$C_L$分别为发电机和系统侧对地电容。

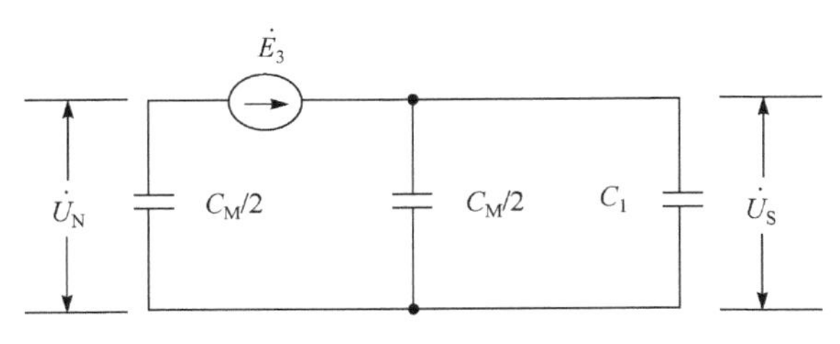

图8-8 发电机正常运行时等效图

2) 定子绕组单相接地时的三次谐波电压

当定子绕组单相接地时也会有三次谐波电压，其等效图如图8-9(a)所示。

$$\dot{U}_{S3}=(1-\alpha)\dot{E}_3,\qquad \dot{U}_{N3}=\alpha\dot{E}_3,\qquad \frac{|\dot{U}_{S3}|}{|\dot{U}_{N3}|}=\frac{1-\alpha}{\alpha}$$

当$\alpha>50\%$时，$|\dot{U}_{S3}|<|\dot{U}_{N3}|$，当$\alpha\leqslant50\%$时，$|\dot{U}_{S3}|\geqslant|\dot{U}_{N3}|$。

其关系如图8-9(b)所示。这种原理保护的“死区”为$\alpha>50\%$，但若将这种保护与基波零序电压保护共同组合起来，就可以构成保护区为100%的定子绕组单相接地保护。

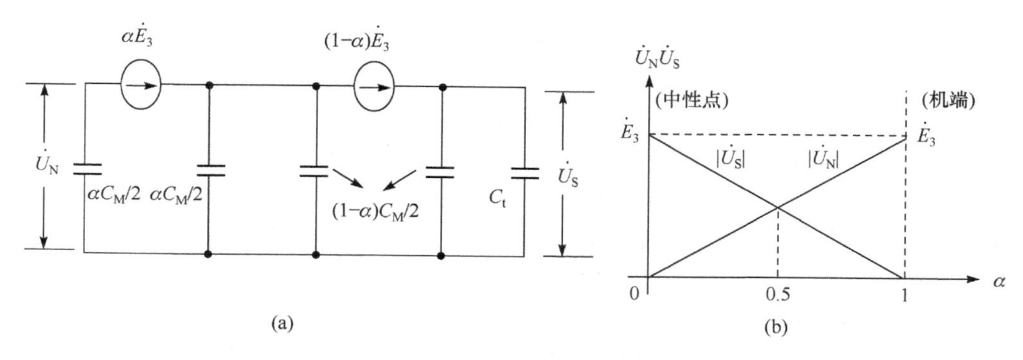

图 8-9 定子绕组单相接地时等效图

零序电压保护按式(8-9)整定，以下介绍三次谐波电压保护的整定。反应三次谐波电压比值的定子单相接地保护的动作判据为$|\dot{U}_{S3}|>K_b|\dot{U}_{N3}|$，其中 K_b 为制动系数。当发电机中性点不接地、经消弧线圈接地或经配电变压器高阻接地时，制动系数 K_b 的取值有所不同。

为了提高发电机内部经过渡电阻接地时保护动作的灵敏度，以及正常运行和外部故障时保护不误动的能力，可以采用改进的动作判据$|K_1\dot{U}_{S3}-K_2\dot{U}_{N3}|\geqslant K_b|\dot{U}_{N3}|$，其中 K_1 与 K_2 为两侧电压幅值及相位平衡系数，通常在发电机空载额定电压时，通过调平衡使动作量近似为零来确定。为了提高内部故障的灵敏度，一般取制动系数 $K_b=(1\sim1.15)$。保护动作后经 5～6s 作用于跳闸或信号。三次谐波定子接地保护整定之后，应在发电机中性点做接地实验，以校验保护的动作灵敏度。

3）100％定子接地保护

将零序电压和三次谐波电压组合就可构成 100％定子接地故障保护。零序电压判据和三次谐波判据各有独立的出口回路，以满足不同配置的要求(如零序判据作用于直接跳闸，三次谐波判据作用于发信号等)。接线原理如图 8-10 所示。两个判据以“或”的逻辑出口。

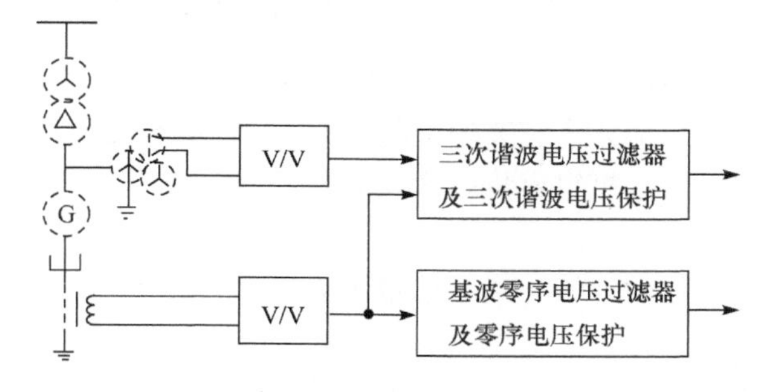

图 8-10 由零序电压和三次谐波电压构成的 100％定子单相接地保护接线原理框图

8.4 发电机转子故障保护

8.4.1 发电机转子发热保护

当电力系统发生不对称短路或在正常运行情况下三相负荷不平衡时，在发电机定子绕组中将出现负序电流。此电流在发电机空气隙中建立的负序旋转磁场相对于转子为两倍的同步转速，因此将在转子绕组、阻尼绕组以及转子铁心等部件上感应 100Hz 的倍频电流，该电流使得转子上电流密度很大的某些部位(如转子端部、护环内表面等),可能出现局部的灼伤,甚至可能使护环受热松脱,从而导致发电机的重大事故。此外,负序气隙旋转磁场与转子电流之间,以及正序气隙旋转磁场与定子负序电流之间所产生的100Hz交变电磁转矩,将同时作用在转子大轴和定子机座上,从而引起100Hz的振动,威胁发电机安全。

机组承受负序电流的能力主要由转子表层发热情况来确定,特别是大型发电机,设计的热容量裕度较低,对承受负序电流能力的限制更为突出,必须装设与其承受负序电流能力相匹配的负序电流保护,又称为转子表层过热保护。是发电机的主保护方式之一。

此外,由于大容量机组的额定电流很大,而在相邻元件末端发生两相短路时的短路电流可能较小,此时采用复合电压启动的过电流保护往往不能满足作为相邻元件后备保护对灵敏系数的要求。在这种情况下,采用负序电流作为后备保护,就可以提高不对称短路时的灵敏性。

大型发电机要求转子表层过热保护与发电机承受负序电流的能力相适应,因此在选择负序电流保护判据时,需要首先了解由转子表层发热状况所决定的发电机承受负序电流的能力。

(1) 发电机长期承受负序电流的能力。发电机正常运行时,由于输电线路和负荷不可能完全对称,因此总存在一定的负序电流。此时转子虽有发热,但如果负序电流不大,由于转子的散热效应,其温升不会超过允许值。所以发电机可以承受一定数值的负序电流长期运行。发电机长期承受负序电流的能力与发电机的结构有关,应根据具体发电机确定。在发电机制造厂没有给出允许值的情况下,汽轮发电机的长期允许负序电流为6%~8%的额定电流,水轮发电机的长期允许负序电流为12%的额定电流。

(2) 发电机短时承受负序电流的能力。在异常运行或系统发生不对称故障时,负序电流将大大超过允许的持续负序电流值。发电机短时间内允许的负序电流值与电流持续时间有关。负序电流在转子中所引起的发热量,正比于负序电流的平方及所持续时间的乘积。在最严重的情况下,假设发电机转子为绝热体(即不向周围散热),则不使转子过热所允许的负序电流和时间的关系,可用下式表示:$\int_0^t i_2^2 \mathrm{d}t = I_2^2 \cdot t = A$,式中 i_2 为流经发电机的负序电流值;t 为负序电流 i_2 所持续的时间;I_2 为以发电机额定电流为基准的负序电流标幺值。

A 是与发电机型式和冷却方式有关的常数,反映发电机承受负序电流的能力。一般采用制造厂所提供的数据。发电机组容量越大,相对裕度越小,所允许的承受负序过负荷的能力下降,即 A 值越小。

A 值通常是按绝热过程设计的。当考虑转子表面有一定的散热能力时,发电机短时承受负序过电流的倍数与允许持续时间的关系式为 $t \leqslant \dfrac{A}{I_2^2 - K I_{2\infty}^2}$,式中 K 为安全系数,一般取0.6;$I_{2\infty}$ 为发电机长期允许的负序电流标幺值。

为防止发电机转子遭受负序电流的损坏,在100MW及以上 $A<10$ 的发电机上,应装设能够与发电机允许负序电流和持续时间关系曲线相配合的反时限负序过电流保护。

负序反时限过电流保护的动作特性,由制造厂家提供的转子表层允许的负序过负荷能力确定。

发电机允许的负序电流特性曲线见图8-11。

整定计算时,负序反时限动作跳闸的特性与发电机允许的负序电流曲线相配合,通常采用动作特性在允许负电流曲线的下面,其间的距离按转子温升裕度决定,这样的配合可以保

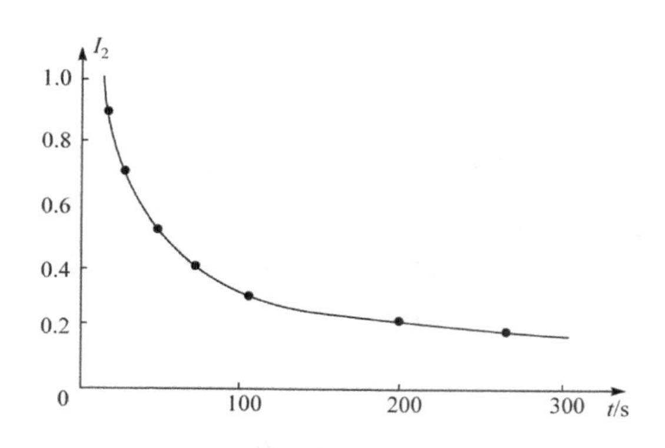

图 8-11　发电机允许的负序电流特性

证在发电机还没有达到危险状态时就把发电机切除。

反时限保护动作特性的上限电流，按主变压器高压侧二相短路的条件计算：

$$I_{op,max}=\frac{I_{gn}}{(K_{sat}X''_d+2X_t)n_a} \tag{8-10}$$

式中，X''_d为发电机的次暂态电抗(不饱和值)电抗标幺值；K_{sat}为饱和系数，取 0.8；X_t 为主变压器电抗，取 $X_t \approx Z_t$，标幺值。

当负序电流小于上限电流时，按反时限特性动作，大于等于上限值时即为速动。

反时限动作特性的下限电流，通常由保护所能提供的最大延时决定，一般最大延时为120～1000s，据此决定保护下限动作电流的起始值：$I_{op,min}=\sqrt{\frac{A}{1000}+I_{2\infty}^2}$。

在灵敏度和动作时限方面不必与相邻元件或线路的相间短路保护配合；保护动作于解列或程序跳闸。

8.4.2　发电机转子接地保护

汽轮发电机通用技术条件规定：对于空冷及氢冷的汽轮发电机，励磁绕组的冷态绝缘电阻不小于 1MΩ，直接水冷却的励磁绕组，其冷态绝缘电阻不小于 2kΩ。水轮发电机通用技术条件规定：绕组的绝缘电阻在任何情况下都不应低于 0.5MΩ。

励磁绕组及其相连的直流回路，当它发生一点绝缘损坏时(一点接地故障)并不产生严重后果；但是若继发第二点接地故障，则部分转子绕组被短路，可能烧伤转子本体，振动加剧，甚至可能发生轴系和汽轮机磁化，使机组修复困难、延长停机时间。为了大型发电机组的安全运行，无论水轮发电机或汽轮发电机，在励磁回路一点接地保护动作发出信号后，视情况报警、立即转移负荷或实现平稳停机检修。对装有两点接地保护的汽轮发电机组，在一点接地故障后继续运行时，应投入两点接地保护，后者带时限动作于停机。

1. 叠加直流式一点接地保护

转子一点接地保护反应发电机转子对大轴绝缘电阻的下降。保护采用叠加直流式一点接地保护，消除对地电容对转子一点接地保护的影响，并且保证转子上任一点对地接地的灵敏度一致，同时在不起励时也能发现转子一点接地故障。

用在励磁绕组负端和大地之间经一电流继电器 KA 叠加直流电压 U_{ad} 构成的转子一点接地保护，假设在励磁绕组中点接地。由图 8-12 可知正常运行时流过继电器 KA 的电流为

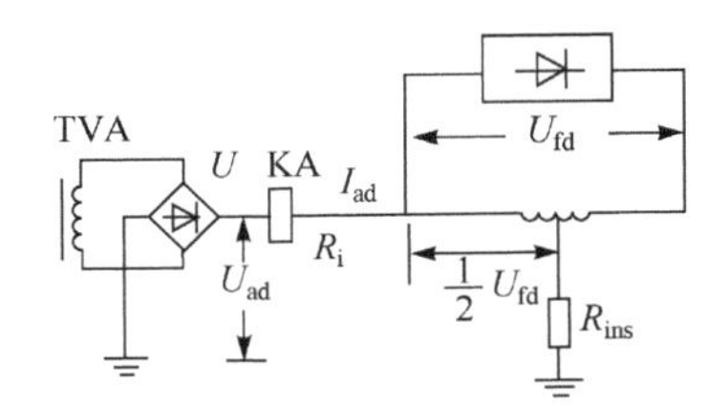

图 8-12　叠加直流电压一点接地保护原理图

$$I_{ad}=\frac{U_{ad}+\frac{1}{2}U_{fd}}{R_i+R_{ins}} \tag{8-11}$$

式中，U_{ad}为叠加直流电压；U_{fd}为发电机励磁电压；R_i 为继电器 KA 的内阻；R_{ins}为励磁绕组对地等效绝缘电阻。

发电机强行励磁但励磁绕组并不接地时，流过继电器 KA 的电流为

$$I_{ad,max}=\frac{U_{ad}+\frac{1}{2}U_{fd,max}}{R_i+R_{ins}} \tag{8-12}$$

式中，$U_{fd,max}$为发电机强励时的转子电压。

由于对于空冷及氢冷汽轮发电机，要求在励磁绕组负端经过渡电阻 $R_{tr}\leqslant 20\text{k}\Omega$ 接地时继电器 KA 动作。而发电机空载运行，励磁绕组负端经过渡电阻 R_{tr}接地条件下，流过继电器 KA 的电流 I_{ad}为

$$I_{ad}=\frac{U_{ad}(R_{tr}+R_{ins})+\frac{1}{2}U_{fd0}R_{tr}}{R_iR_{ins}+R_{tr}(R_{ins}+R_i)} \tag{8-13}$$

式中，U_{fd0}为发电机空载励磁电压；R_{tr}为接地点的过渡电阻。

因此应按空载时负端经 20Ω 过渡电阻接地时流过继电器 KA 的电流，并躲过发电机强励而励磁绕组并不接地时流过继电器 KA 的电流为条件整定，考虑可靠系数有

$$I_{op}\geqslant K_{rel}I_{ad,max} \tag{8-14}$$

式中，K_{rel}为可靠系数，取 1.5。

2. 切换采样式一点接地保护

该保护要在转子绕组两端外接阻容网络(虚线框部分)，电子开关 S1～S3 轮流接通和断开，见图 8-13，对电流 I_1～I_3 采样。

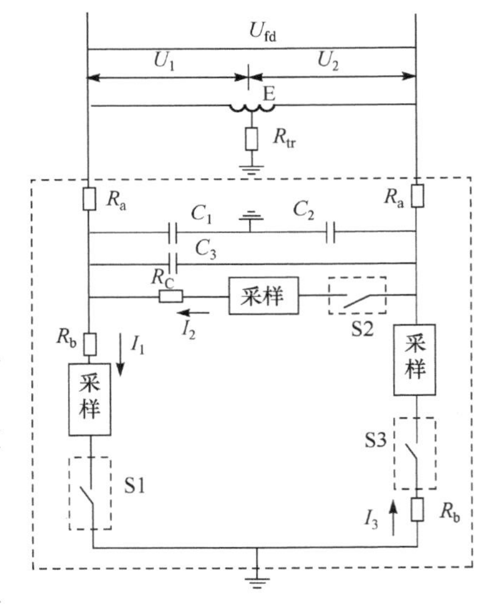

图 8-13　接地保护装置的阻容网络

$$I_1=\frac{K_1U_1}{R_a+R_b+R_{tr}},\qquad I_2=\frac{K_2U_{fd}}{2R_a+R_c}$$

$$I_3=\frac{K_1U_2}{R_a+R_b+R_{tr}}$$

式中，K_1、K_2 为选定的常数；故障点将励磁绕组电压 U_{fd}分为 U_1 和 U_2。

保护的动作判据为：$I_1+I_3\geqslant I_2$，保护动作时的过渡电阻 R_{tr}为

$$R_{tr}=\frac{K_1}{K_2}(2R_a+R_c)-(R_a+R_b)$$

R_{tr}即为保护的灵敏度，其定值取决于正常运行时转子回路的绝缘水平。

$$K_2=\frac{K_1(2R_a+R_c)}{R_a+R_b+R_{tr}} \tag{8-15}$$

要求在一定的 R_{tr}时动作，就有相应的 K_2 值，所以改变 K_2 可以改变转子一点接地保护整定值 R_{set}，通常取 $R_{set}=10\text{k}\Omega$ 以上。当 $R_{tr}<R_{set}$时，保护动作。

由于这种切换式转子接地保护不能发现发电机停运状态下的接地故障，且有一定死区。优点是不用外加电源容易实现，且可方便计算出接地点位置。

3．*励磁回路两点接地保护*

利用转子一点接地时测得接地位置构成两点接地保护。保护一点接地动作并计算记录接地故障位置，以后若再发生转子另一点接地故障，则可测得接地位置变化量，当变化量大于定值时发电机延时跳闸。

接地位置变化动作值一般可整定为5%～10%发电机额定励磁电压。

动作时限按躲过瞬时两点接地故障整定，一般为0.5～1.0s。

8.5 发电机低励失磁保护

8.5.1 发电机失磁运行的后果

发电机失磁故障是指发电机的励磁突然全部消失或部分消失。引起失磁的原因有转子绕组故障、励磁机故障、自动灭磁开关误跳闸、半导体励磁系统中某些元件损坏或回路发生故障以及误操作等。

当发电机完全失去励磁时，励磁电流将逐渐衰减至零。由于发电机的感应电动势随着励磁电流的减小而减小，因此，其电磁转矩也将小于原动机的转矩，因而引起转子加速，使发电机的功角δ增大，当δ超过静态稳定极限角时，发电机与系统失去同步。发电机失磁后将从电力系统中吸取感性无功功率。在发电机超过同步转速后，转子回路中将感应出频率为f_g-f_s的电流，此电流产生异步转矩。当异步转矩与原动机转矩达到新的平衡时，即进入稳定的异步运行。

失磁对发电机和电力系统都有不良影响，在确定发电机能否允许失磁运行时，应考虑这些影响。

（1）严重的无功功率缺额造成系统电压下降。发电机失磁后，不但不能向系统输送无功功率，反而从系统吸收无功功率，造成系统无功功率严重缺额。部分额外系统电压会显著下降，电压的下降，不仅影响失磁机组厂用电的安全运行，还可能引起其他发电机的过电流。更严重的是电压下降，降低了其他机组的功率极限，可能破坏系统的稳定，因电压崩溃造成系统瓦解。

（2）对失磁机组的影响。发电机失磁时，使定子电流增大，引起定子绕组温度升高；失磁运行是发电机进相运行的极端情况，而进相运行将使机端漏磁增加，故会使端部铁心、构件因损耗增加而发热，温度升高；由于失磁运行，在转子本体中感应出差频交流电流而产生损耗发热，在某些部位，如槽楔与齿壁之间、环护与本体的搭接处，损耗可能引起转子的局部过热；由于转子的电磁不对称产生的脉动转矩将引起机组和基础的振动。

（3）发电机失磁后，由送出无功功率变为吸收无功功率，且滑差越大，发电机的等效电抗越小，吸收无功电流越大，导致失磁发电机的定子绕组过电流。

（4）转子出现转差后，转子表面将感应出滑差频率电流，造成转子局部过热，对大型发电机威胁最大。

（5）异步运行时，转矩发生周期性变化，使定转子及其基础不断受到异常的机械力矩的冲击，机组振动加剧，影响发电机的安全运行。

8.5.2 发电机端测量阻抗原理的失磁保护

通过对发电机在正常运行、失磁过程和系统振荡等不同运行方式下，机端测量阻抗的变化特性的分析，找出失磁保护判据。以汽轮发电机经一联络线与无穷大系统并列运行为例，其等值电路和正常运行时的向量图如图 8-14 所示。

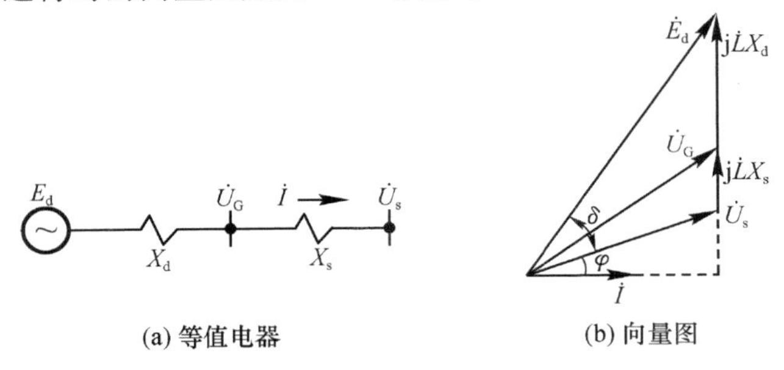

图 8-14　发电机与无限大系数并列运行

1. 等有功阻抗图($\delta<90°$)

由向量图可知，在发电机临界失步前的正常带感性负载、电阻性负载运行及发电机外部短路等状态下，均是一个等有功过程，即 P 为恒定，则机端测量阻抗为

$$
\begin{aligned}
Z &= \frac{\dot{U}_g}{\dot{I}} = \frac{\dot{U}_S + j\dot{I}X_S}{\dot{I}} = \frac{\dot{U}_S^2}{P-jQ} + j\dot{I}X_S \\
&= \frac{\dot{U}_S^2 \times 2P}{2P(P-jQ)} + j\dot{I}X_S = \frac{\dot{U}_S^2}{2P} \times \frac{(P-jQ)(P+jQ)}{P-jQ} + j\dot{I}X_S \\
&= \frac{\dot{U}_S^2}{2P}\left(1+\frac{P+jQ}{P-jQ}\right) + j\dot{I}X_S = \frac{\dot{U}_S^2}{2P}(1+e^{j\theta}) + j\dot{I}X_S \\
&= \left(\frac{\dot{U}_S^2}{2P} + j\dot{I}X_S\right) + \frac{\dot{U}_S^2}{2P}e^{j\theta}
\end{aligned}
\tag{8-16}
$$

式中，$\theta = 2\arctan\dfrac{Q}{P}$。

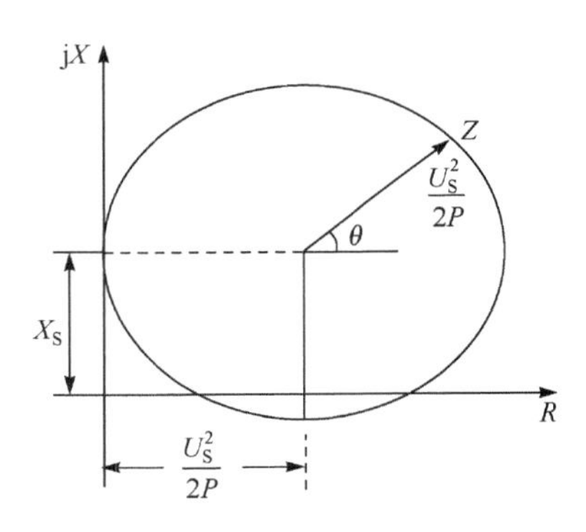

图 8-15　等效有功阻抗圆

因为 P 不变，再假设 X_S、U_S 均为恒定，只有角度 θ 为变数，则在阻抗复平面上的轨迹为一圆，其圆心坐标为$\left(\dfrac{U_S^2}{2P}, X_S\right)$，半径为$\dfrac{U_S^2}{2P}$，如图 8-15 所示。此圆称为等效有功阻抗圆。

可以得出以下结论。

(1) 一定的等效有功阻抗圆与某一确定的 P 相对应，其圆半径与 P 成反比(圆周上各点 P 为恒量而 θ 为变量)，即发电机失磁前带的有功负荷 P 越大，相应的圆越小。

(2) 发电机正常运行时，向系统送出有功功率和无功功率，θ 角为正，测量阻抗在第一象限。发电机失磁后无功功率由正变负，θ 角逐渐由正值向负值变化，测量阻抗也逐渐向第四象限过渡。失磁前，发电机送出的有功功率越大(圆越小)，测量阻抗进入第四象限的时间就越短。

(3) 等效有功阻抗圆的圆心坐标与联系电抗 X_S 有关，在同一功率下，不同的 X_S，对应着不同的轨迹圆。若 $X_S=0$，则圆心坐标在 R 轴上，测量阻抗很易进入第四象限，X_S 较大(即机组离系统较远)，圆心坐标上移，则其测量阻抗不易进入第四象限。可以看到，失磁发电机的机端测量阻抗的轨迹最终都是向第四象限移动。

2. 临界失步等无功阻抗圆($\delta=90°$)

这时 $Q=\dfrac{-U_S^2}{X_d+X_S}$,即发电机从系统吸收无功功率,发电机机端测量阻抗为

$$Z=\frac{\dot{U}_S^2}{P-jQ}+j\dot{I}X_S=\frac{\dot{U}_S^2}{2jQ}\times\frac{-2jQ}{P-jQ}+j\dot{I}X_S=j\frac{\dot{U}_S^2}{2Q}\times\frac{P-jQ-jQ-P}{P-jQ}+j\dot{I}X_S$$

$$=j\frac{\dot{U}_S^2}{2P}\left(1-\frac{P+jQ}{P-jQ}\right)+j\dot{I}X_S=j\frac{\dot{U}_S^2}{2Q}(1-e^{j\theta})+j\dot{I}X_S$$

将 $Q=-\dfrac{\dot{U}_S^2}{X_d+X_S}$代入上式得

$$\left.\begin{aligned}&Z=-j\frac{X_d-X_S}{2}+j\frac{X_d+X_s}{2}e^{j\theta}\\&\theta=2\arctan\frac{Q}{P}\end{aligned}\right\}\tag{8-17}$$

式中,U_S、X_S 和 Q 为常数时,上式是一个圆的方程。圆心$\left(0,-j\dfrac{1}{2}(X_d-X_S)\right)$,半径$\dfrac{1}{2}(X_d+X_S)$,如图 8-16 所示。此圆称为等效无功阻抗圆,也称临界失步阻抗圆或静稳极限阻抗圆,圆外为稳定工作区,圆内为失步区,圆上为临界失步。该圆的大小与 X_d、X_S 有关系。X_S 越大,圆的直径越大,且在第一、二象限部分增加,但无论 X_d、X_S 为何值,该圆都与点$(0,-jX_d)$相交。

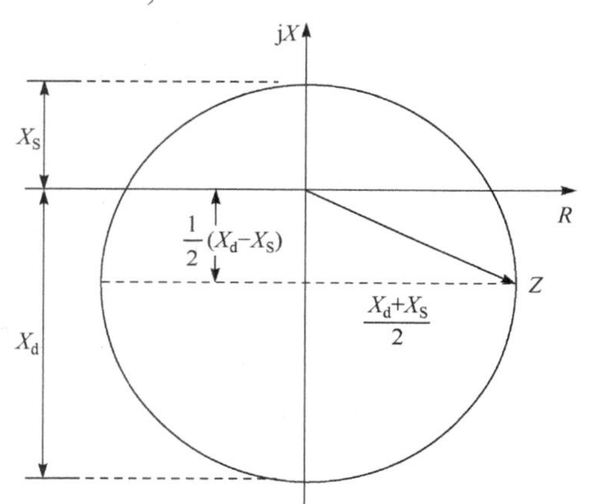

图 8-16　临界失步(或静稳极限阻抗圆)

3. 稳态异步运行阻抗圆

失步后的阻抗轨迹,最终将稳定在第四象限,这是因为进入稳态异步运行后,同步发电机成为异步发电机,其等效电路与异步电动机类似。如图 8-17 所示,圆中的 X_1 为定子绕组漏抗,X_2'为转子绕组的归算电抗,X_{ad}为定子、转子绕组间的互感电抗(即电枢反应电抗),R_2'为转子绕组的计算电阻,S 为转差率,$R_2'\dfrac{(1-S)^2}{S}$则表示发电机功率大小的等效电阻。由图 8-17 可得,此时发电机的测量阻抗为

$$Z=\frac{\dot{U}_g}{\dot{I}}=-\left[jX_1+\frac{jX_{ad}\left(\dfrac{R_2'}{S}+jX_2'\right)}{\dfrac{R_2'}{S}+j(X_{ad}+X_2')}\right]\tag{8-18}$$

上式表明,此时发电机的测量阻抗与转差率 S 有关。

考虑两种极端情况:

(1) 发电机空载运行失磁时,$S\rightarrow0,\dfrac{R_2'}{S}\rightarrow\infty$,此时测量阻抗最大,即 $Z=-(jX_1+jX_{ad})=-jX_d$。

(2) 发电机在其他运行方式失磁时,取极限情况,即 $S\rightarrow\infty,\dfrac{R_2'}{S}\rightarrow0$,此时测量阻抗最小,

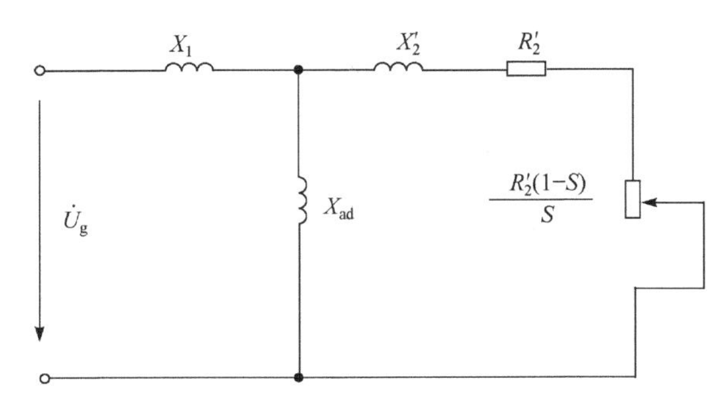

图 8-17　发电机异步运行等值电路

即 $Z=-\left(jX_1+j\dfrac{X_{ad}X'_2}{X_{ad}+X'_2}\right)=-jX'_d$。

以 $-jX_d$ 和 $-jX'_d$ 为两个端点，并取 $X_d-X'_d$ 为直径，也可以构成一个圆，如图 8-18 所示。它反映稳态异步运行时 $Z=f(S)$ 的特性，简称异步运行阻抗圆，也称抛球式阻抗特性圆。发电机在异步运行阶段，机端测量阻抗进入临界失步阻抗圆内，并最终落在 $-jX'_d$～$-jX_d$ 的范围内。

4. 发电机与系统间发生振荡时的机端测量阻抗

根据图 8-14 的等值电路和有关分析，当 $E_d\approx U_S$ 时，振荡中心位于 $\dfrac{1}{2}X_\Sigma$ 处。当 $X_s\approx 0$ 时，振荡中心位于 $\dfrac{1}{2}X'_d$ 处，此时机端测量阻抗的轨迹沿直线 OO' 变化，如图 8-19 所示。当 $\delta=180°$ 时，测量阻抗的最小值为 $Z_G=-j\dfrac{1}{2}X'_d$。

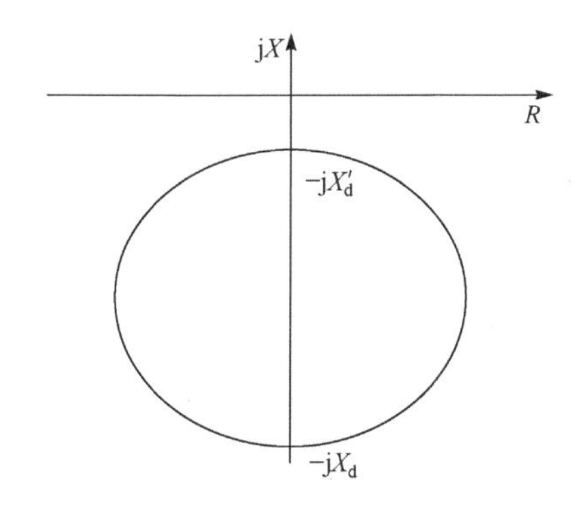

图 8-18　异步运行阻抗圆

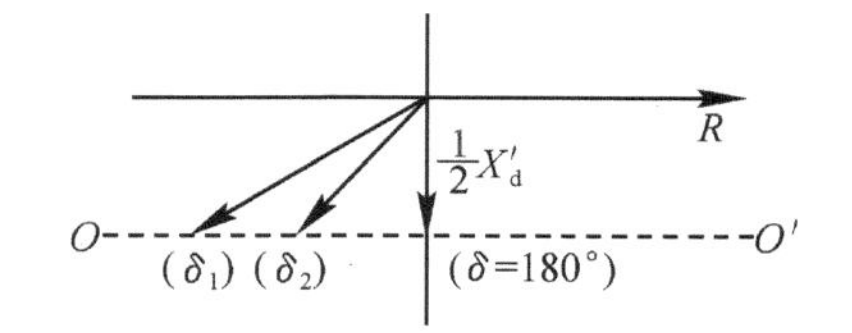

图 8-19　系统振荡时机端测量阻抗的变化轨迹

5. 发电机自同步并列时的机端测量阻抗

在发电机接近于额定转速，不加励磁而投入断路器的瞬间，与发电机空载运行时发生失磁的情况实质上是一样的。但由于自同步并列的方式是在断路器投入后，立即给发电机加上励磁，因此，发电机无励磁运行的时间极短。对此情况，应该采取措施防止失磁保护的误动作。

8.5.3　发电机失磁保护的综合解决方案

不同电力系统无功功率储备和机组类型不同，有的发电机允许失磁运行，有的则不允许失磁运行，因此，处理的方式也不同。

对于汽轮发电机，如 100MW 汽轮机组，经大量失磁运行试验表明，发电机失磁后在 30s 内若将发电机的有功功率减至额定值的 50%，可继续运行 15min；若将有功功率减至额定值的 40%，可继续运行 30min。但对无功功率储备不足的电力系统，考虑电力系统的电压水平和系统稳定，不允许某些容量的汽轮发电机失磁运行。

对于调相机和水轮发电机，无论系统无功功率储备如何，均不允许失磁运行。因调相机本身就是无功电源，失去励磁就失去了无功调节的作用。而水轮发电机其转子为凸极转子，失磁后，转子上感应的电流很小，产生的异步转矩小，故输出有功功率也小，失磁运行无多大实际意义。

1. *静稳边界阻抗判据*

根据前面对发电机失磁后机端测量阻抗变化的分析，利用临近失步阻抗特点组成的静稳边界阻抗判据是一个与阻抗扇形圆相匹配的发电机静稳边界圆。采用 0°接线方式(U_{ab}，I_{ab})，动作特性如图 8-20 所示，发电机失磁失步时，机端测量阻抗由图中第一象限进入第四象限。静稳阻抗判据条件满足后(Z_G 落在动作区)，经延时 t_2(1～1.5s)发出失磁信或压出力，经长延时 t_3(1～5s)动作于跳闸。

2. *异步边界阻抗动作判据*

发电机发生低励、失磁故障后总是先通过静稳边界，然后转入异步运行，进而稳态异步运行。失磁保护的阻抗继电器将位于平面的第三、第四象限，没有第一、第二象限的动作区，图 8-21 异步边界阻抗特性有利于减少非失磁故障时的误动机率。该判据的优点是，在系统振荡状况下，若两侧电动势相等，则此动作判据的失磁保护不会误动。阻抗特性圆圆心在 $-jX$ 轴上，与静稳边界阻抗扇形圆均相切于 $-X_d$。显然其动作区比静稳边界阻抗扇形圆要小。

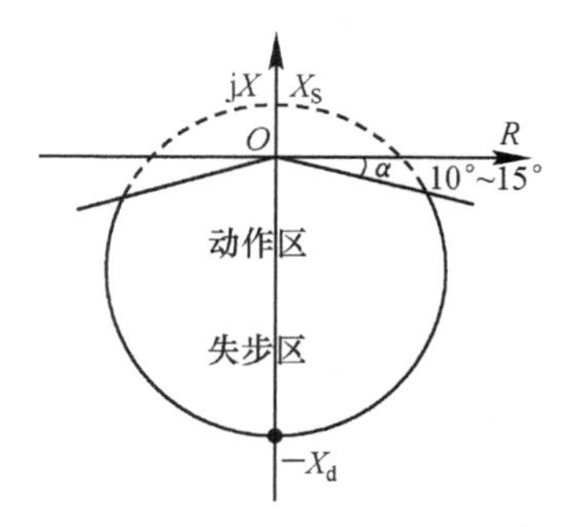

图 8-20　静稳边界阻抗扇形图

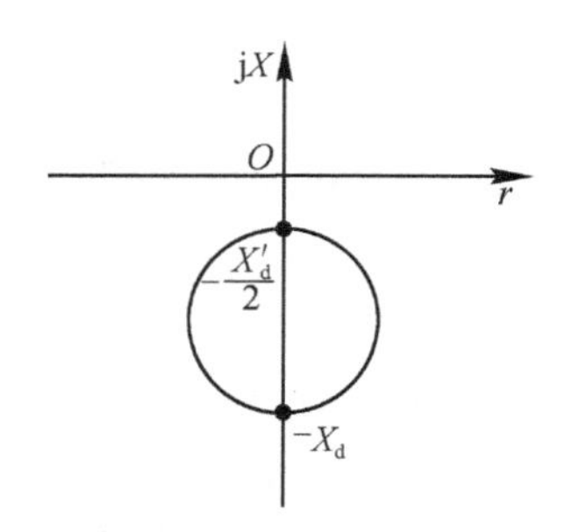

图 8-21　异步边界阻抗特性

3. *静稳极限励磁电压 $U_\mu(P)$ 判据*

该判据是利用励磁电压与负荷功率间的关系来判断是否出现低励、失磁，其优点是整定值随发电机有功功率的增大而增大，可灵敏地反映发电机在各种负荷状态下的失磁故障及导致失步的失磁初始阶段，判据可快速动作发出预告并使发电机减载。在通常工况下，该判据比静稳边界阻抗判据大约提前 1s 可预测失磁失步，有显著提高机组压低出力的效果。动作方程为

$$U_\mu \leqslant K_{set}(P-P_t)$$

式中，P_t 表示发电机凸极功率(异步功率)(W)，$P_t=\dfrac{U_S^2(X_d-X_q)}{2(X_d+X_S)(X_q+X_S)}$，$P$ 表示发电机

有功功率(W);U_{μ} 表示发电机励磁电压(V); K_{set}表示整定系数(1/A)。

$$K_{set}=\frac{P_N}{P_N-P_t}\times\frac{C_e X_{G\Sigma} U_{\mu 0}}{U_S E_{G0}},$$

式中,$C_e=\frac{\cos 2\delta_N}{\sin^3\delta_N}$为修正系数,$\delta_N$ 为发电机额定功率静稳极限角,可离线计算得到;P_N 为发电机额定功率;$X_{G\Sigma}= X_G+ X_T+ X_S$,是归算到机端电压的欧姆值(Ω);$U_{\mu 0}$表示发电机空载励磁电压(V);$E_{G0}$表示发电机空载电势(V)。

4. 定励磁低电压 U_{μ} 判据

为了保证在机组空载运行及 $P<P_t$ 的轻载运行情况下全失磁时保护能可靠地动作,所以附加整定值为固定值的励磁低电压判据,简称为“定励磁低电压判据”,其动作方程为

$$U_{\mu}\leqslant U_{\mu,set}$$

式中,$U_{\mu,set}$为励磁低电压动作整定值,整定为(0.2~0.8)$U_{\mu 0}$,一般取 $U_{\mu,set}=0.2U_{\mu 0}$。上述两个动作判据构成“或”门,其动作特性曲线见图 8-22。

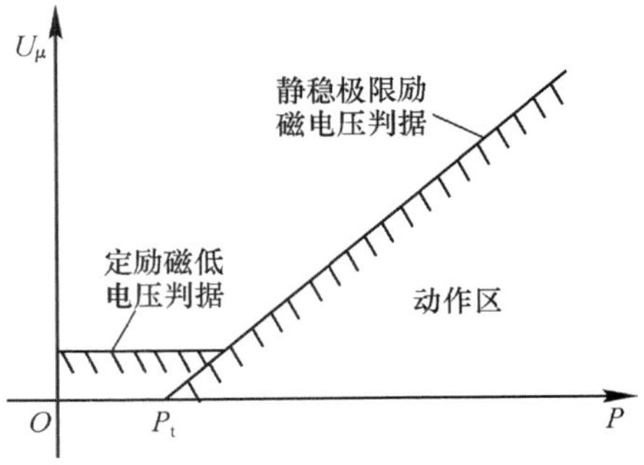

图 8-22 $U_{\mu\text{-}P}$动作特性曲线

失磁且失步后,U_{μ} 和 $U_{\mu}(P)$会往复地动作又返回,出口抖动,所以在它们的出口采应取自保持措施,以达到失步后出口信号稳定可靠。

在发电机并网以前的升速过程中,为了保证励磁低电压判据不误出口,该判据还应采取有功闭锁,即当有功功率 $P<0.01S_N$(额定容量)时闭锁。$U_{\mu}(P)$判据和定励磁低电压判据条件满足后,经较短延时(0.1~0.2s)发失磁信号、压出力或跳闸。

5. 机端电压判据

利用发电机端测量电压构成的判据,其动作方程为

$$U_G\geqslant U_{G,set}$$

式中,$U_{G,set}$为发电机机端电压整定值,一般可取(1.15~1.25)U_{GN}。机端电压判据作为强行减磁时闭锁 $U_{\mu}(P)$及闭锁“定励磁低电压判据”的辅助判据,或作为系统振荡时防止静稳阻抗判据误动而设置。当机端电压高于整定值时,闭锁以上判据。因为励磁系统不正常的发电机,其机端电压不会过高,故此判据不会误闭锁。该判据采用保持特性的时间元件,保持时间一般取 2~6s。

6. 失磁保护方案的选择

充分考虑发电机失磁故障对机组本身和系统造成的影响,根据机组在系统中作用和地位以及系统结构,合理选择失磁保护动作判据以构成失磁保护装置或系统。

1) 低励失磁保护方案一

该方案主要应用于汽轮发电机。若水轮发电机失磁后也希望先切换励磁,切换失败再跳闸,则也可应用此方案。保护逻辑框图见图 8-23。

静稳极限励磁电压 $U_{\mu}(P)$判据和静稳阻抗判据均检测静稳边界,可预测发电机是否因失磁而失去稳定。失磁信号(或切换励磁、或减出力)由励磁电压判据经延时 t_1 产生。机端电压判据可防止在强行减励磁或系统振荡时 $U_{\mu}(P)$判据误动。发生低励磁失磁故障,使

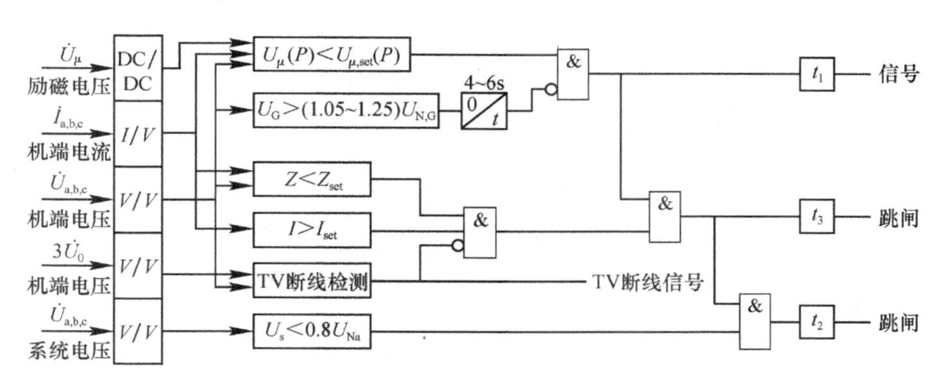

图 8-23 失磁保护方案一的逻辑框图

$U_{\mu}(P)$判据及静稳阻抗判据同时满足，若此时系统电压低于定值，则经较短时限 t_2 发出跳闸指令。对于多台发电机系统若单台机发生低励失磁，不能使系统电压降低时，经较长时限 t_3 跳闸。

2）低励失磁保护方案二

该方案以机端视在阻抗反应低励失磁故障，不需引入转子电压（无刷励磁的发电机）。根据失磁过程中机端阻抗的变化轨迹，采用阻抗原理的保护作为发电机励磁回路的部分低励和完全失磁，同时还增加了 $U_{\mu}(P)$判据以提高可靠性。为防止非低励失磁工况下的误动作，静稳阻抗只取图中实线内的区域。静稳阻抗圆动作后，经较长时间 t_1（0.5～2s）动作于信号、压出力或切换励磁。

异步阻抗圆动作后，如果此时是单机与系统并联运行，系统无功储备又不足，将会严重危害系统的电压安全，系统电压下降，故此时需引入系统三相同时低电压判据，异步阻抗 Z_2 和三相同时低电压经“与”逻辑后，经短延时 t_3（0.1～0.5s）动作停机。若多机运行，系统无功储备丰富，对系统电压的影响不大，电压下降不多时，阻抗 Z_2 动作经较长延时 t_2（1～120s）出口停机。$U_{\mu}(P)$判据，经延时 t_4 快速动作于跳闸。保护逻辑框图见图 8-24。

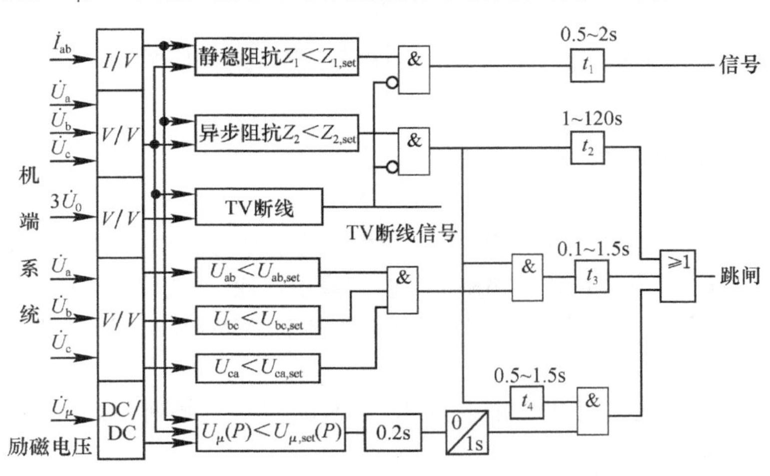

图 8-24 失磁保护方案二逻辑框图

3）整定原则

静稳阻抗按发电机机端到无穷大系统间的等值系统电抗 X_s 和 X_d 整定，静稳阻抗动作延时一般为0.5～2s。

异步阻抗按发电机的参数 $X_d/2$ 和 X_d 整定，异步阻抗动作延时一般为0.5～1.5s。

系统三相低电压整定按$(0.85\sim0.9)U_N$ 取值。

长延时一般为5～60s。

8.6　发电机的其他保护简介

8.6.1　逆功率保护

发电机逆功率保护指的是汽轮发电机因某种原因主气门关闭时，汽轮机处于无蒸汽状态运行，此时发电机变为电动机带动汽轮机转子旋转，汽轮机转子叶片的高速旋转会引起风磨损耗，特别在尾端的叶片可能引起过热，造成汽轮机转子叶片的损坏事故。汽轮机处于无蒸汽状态运行时，电功率由发电机送出有功变为送入有功，即为逆功率。利用功率倒向可以构成逆功率保护，所以逆功率保护的功能是作为汽轮机无蒸汽运行的保护。

200MW及以上发电机逆功率运行时，在 P-Q 平面上，如图8-25所示，设反向有功功率的最小值为 $P_{min}=OA$。逆功率继电器的动作特性用一条平行于横轴的直线1表示。其动作判据为

$$P\leqslant -P_{op}$$

式中，P 为发电机有功功率，输出有功功率为正，输入有功功率为负；P_{op}为逆功率继电器的动作功率。保护逻辑图见图8-26。

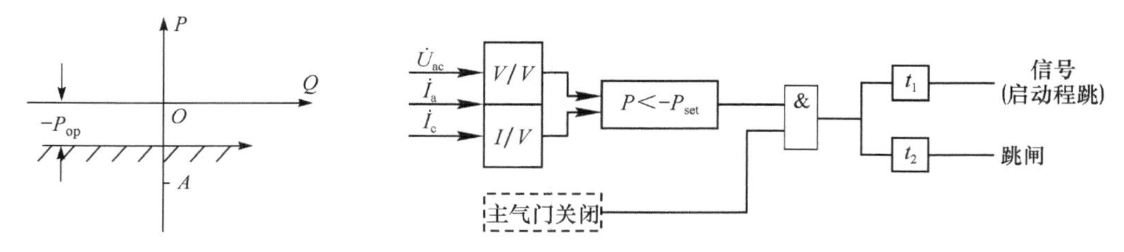

图8-25　逆功率继电器动作特性曲线

图8-26　发电机逆功功率保护逻辑图

(1) 动作功率 P_{op}的计算公式为

$$P_{op}=K_{rel}(P_1+P_2)$$

式中，K_{rel}为可靠系数，取0.5～0.8；P_1 为汽轮机在逆功率运行时的最小损耗，一般取额定功率的2%～4%；P_2 为发电机在逆功率运行时的最小损耗，一般取 $P_2\approx(1-\eta)P_{GN}$。其中：η 为发电机效率；一般取98.6%～98.7%(分别对应300MW及600MW机组)；P_G 为发电机额定功率。

(2) 动作时限。经主气门触点时，延时1.0～1.5s动作于解列。不经主气门触点时，延时15s动作于信号。

根据汽轮机允许的逆功率运行时间，可动作于解列，一般取1～3min。

在过负荷、过励磁、失磁等异常运行方式下，用于程序跳闸的逆功率继电器作为闭锁元件，其定值一般整定为$(1\%\sim3\%)P_{GN}$。

对于燃气轮机、柴油发电机也有装设逆功率保护的需要，目的在于防止未燃尽物质有爆

炸和着火的危险。这些发电机组在做电动机状态运行时所需逆功率大小，粗略地按铭牌(kW)值的百分比估计为：燃气轮机50%，柴油机25%。

8.6.2 低频累加、突加电压和启停机保护

1. 低频累加

300MW及以上的汽轮机，运行中允许其频率变化的范围为48.5～50.5Hz。低于48.5Hz或高于50.5Hz时，累计允许运行时间和每次允许的持续运行时间国内尚无正式的统一规定，应综合考虑发电机组和电力系统的要求，并根据制造厂家提供的技术参数确定。

大型汽轮发电机组对电力系统频率偏离值有严格的要求，在电力系统发生事故期间，系统频率必须限制在允许的范围内，以免损坏机组(主要是汽轮机叶片)。

根据国内已投入运行的300MW及以上部分大型汽轮发电机组允许的频率偏移范围的调查结果，提出“大机组频率异常运行允许时间建议值”见表8-3。

表8-3 大机组频率异常运行允许时间建议值

频率/Hz	允许运行时间		频率 Hz	允许运行时间	
	累计/min	每次/s		累计/min	每次/s
51.5	30	30	48.0	300	300
51.0	180	180	47.5	60	60
48.5～50.5	连续运行		47.0	10	10

表8-3所列发电机允许频率偏离范围，以及允许的持续和累计时间，可以用来作为对新机组基本性能的要求，也可作为频率继电器制造厂家确定其产品的定值范围的依据。

保护动作于信号，并有累计时间显示。当频率异常保护需要动作于发电机解列时，其低频段的动作频率和延时应注意与电力系统的低频减负荷装置进行协调。一般情况下，应通过低频减负荷装置减负荷，使系统频率及时恢复，以保证机组的安全；仅在低频减负荷装置动作后频率仍未恢复，从而危及机组安全时才进行机组的解列。因此，要求在电力系统减负荷过程中频率异常保护不应解列发电机，防止出现频率连锁恶化的情况。

2. 突加电压保护

突加电压保护作为发电机盘车状态下的主断路器误合闸时的保护。在盘车过程中，由于出口断路器误合闸，系统三相工频电压突然加在机端，使同步发电机处于异步启动工况，由系统向发电机定子绕组倒送大电流。同时，将在转子中产生差频电流。所以，保护由低频元件和三相过流元件组成。保护逻辑框图见图8-27。发电机盘车时误合闸，低频元件动作，瞬时动作延时t返回的时间元件立即启动，如果这时定子电流I大于最小误合闸整定电流，保护则动作，跳开发电机主断路器。

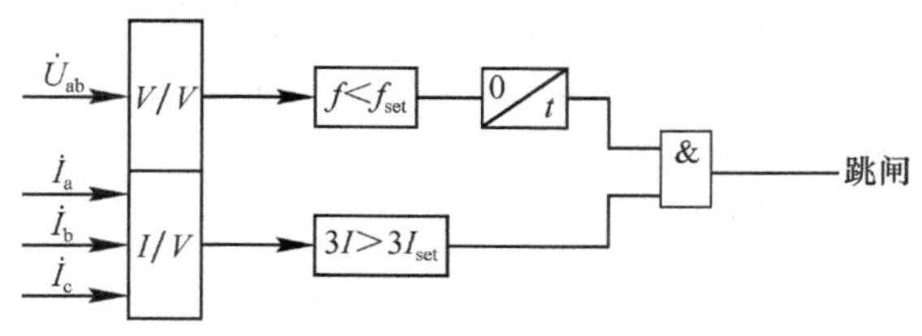

图8-27 突加电压保护逻辑图

低频元件启动频率一般可选取 40～45Hz；返回延时 t 一般可取为 0.3～0.5s；电流动作值应大于或等于盘车状态下误合闸最小电流的 50%。

3. 起停机保护

起停机保护可作为发电机升速升励磁尚未并网前的定子接地短路保护。

保护原理：零序电压取自发电机中性点侧 $3U_0$，并经断路器辅助触点控制。发电机并网前，断路器触点将保护投入，并网运行后保护自动退出。保护逻辑框图见图 8-28。

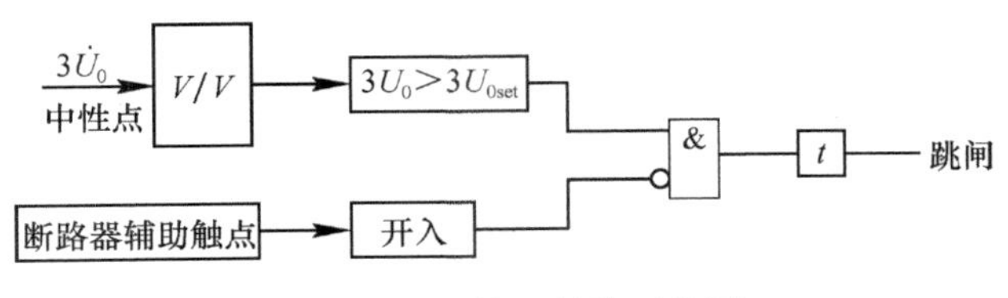

图 8-28　起停机保护逻辑图

零序电压动作值一般可取为 100V 及其以下；延时 t 一般可取为 2～5s。

对发电机来讲除以上所介绍的保护外，还有如非全相保护，零序方向、零序电压，TV 和 TA 断线保护，电压平恒保护，过流保护，非电量保护等可选配。因篇幅有限，不再列举。

8.7　发变组保护特点

随着大容量机组和大型发电厂的出现，发电机-变压器组（简称发变组）的接线方式在电力系统中获得了广泛的应用。在发电机和变压器每个元件上可能出现的故障和不正常运行状态，在发电机-变压器组上也都可能发生，因此，发变组的继电保护装置应能反应发电机和变压器单独运行时所有的故障和不正常运行状态。但由于发电机和变压器单元连接，所以可以把发电机和变压器中某些性能相同的保护合并成一个对单元的公用保护。例如装设公共的大差保护、后备（过电流）保护、过负荷保护等。

下面说明装设发电机-变压器组纵联差动保护的基本原则。

（1）当发电机和变压器之间无断路器时，一般装设整组共用的纵联差动保护，如图 8-29(a)所示，此时的纵联差动保护应注意考虑消除励磁涌流的影响。对容量在 100MW 以上的发电机组，发电机应增设单独的纵差动保护，如图 8-29(b)所示。对 220～330MW 的发电机-变压器组亦可在变压器上增设单独的纵差动保护，即采用双重快速保护。

（2）当发电机与变压器之间有断路器时，发电机和变压器应分别装设纵联差动保护，如图 8-29(c)所示。

（3）当发电机与变压器之间有分支线（如厂用电出线）时，应把分支线也包括在差动保护范围以内，如图 8-29(c)所示。

发电机-变压器组的保护与发电机和变压器单独工作时的保护类型选择及整定计算基本相同。但由于发电机与变压器组成一个单元，所以，发电机-变压器组的保护与发电机、变压器单独工作时的保护相比，又有某些不同的特点。

发电机-变压器组的保护对象，除了发电机、变压器之外，还包括高压厂用变压器、励磁变压器等厂用分支。为避免重复，前面已经叙述过的内容不再赘述。

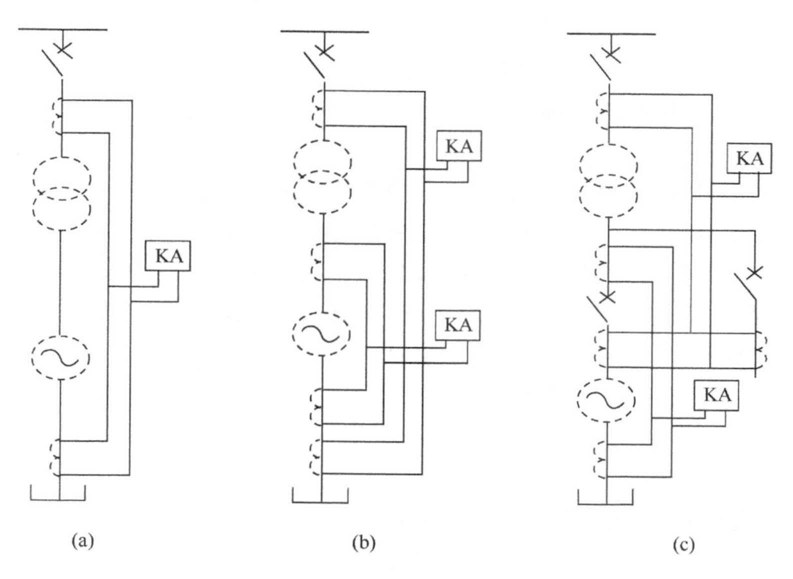

图 8-29　发电机-变压器组纵差保护单相原理图

8.7.1　发变组纵差保护及发电机电压侧接地保护的特点

当公共差动保护采用不完全接线（厂用高压变压器、励磁变压器不接入差动回路），公共差动保护的动作电流应躲过高压厂用变压器或励磁变压器低压侧短路时流过差动保护的最大短路电流整定，即

$$I_{op}=K_{rel}I_{k,max}/n_a$$

式中，K_{rel}为可靠系数，取 1.3；$I_{k,max}$为高压厂用变压器（或励磁变压器）低压侧短路时，流过差动保护的最大电流；n_a 为电流互感器变比。

采用完全差动接线的发电机-变压器组公共差动保护，一种做法是将高压厂用变压器低压侧接入公共差动回路，这样可省去厂用变压器高压侧大变比电流互感器，同时也扩大了差动保护的保护范围，使高压厂用变压器的速动保护也实现了双重化。另一种做法是将高压厂用变压器高压侧加装的电流互感器二次接入公共差动回路。当升压变压器高压侧为 3/2 断路器接线时公共差动保护要求有 4 或 5 侧制动。

励磁变压器是一整流变压器，在装设差动保护时考虑到一次侧有较大的谐波分量，采用谐波制动原理的差动保护时应特别注意内部短路时的灵敏性。

发电机变压器组的接地故障后备保护包括升压变压器高压侧接地保护，发电机电压回路接地保护和高压厂用变压器低压侧接地保护。

高压厂用变压器低压侧的接地保护方式与厂用变压器低压侧中性点接地方式有关。当中性点经中阻抗接地时，厂用变压器低压侧应装二段式零序过电流保护，一段跳厂用变压器低压侧断路器，二段动作于全停。

8.7.2　发变组阻抗保护及过激磁保护

1. 发变组阻抗保护

该保护作为发变组的后备保护。当电流、电压保护不能满足灵敏度要求，或者根据网络保护间配合的要求，发电机和变压器的相间故障后备保护可采用阻抗保护。低阻抗保护通常用于 330～500kV 大型升压及降压变压器和发电机变压器组，作为变压器引线、母线及相邻线路相间故障的后备保护，可实现偏移阻抗、全阻抗或方向阻抗特性。低阻抗启动值可按需要配置若干段，每段可配不同的时限。

1）保护原理

与线路距离保护的原理相同。低阻抗保护采用同名相电压、电流构成三相全相阻抗保护，即 U_{AB} 和 I_{AB}、U_{BC} 和 I_{BC}、U_{CA} 和 I_{CA} 分别组成 3 个阻抗保护，当 A，B，C 三相电流中任一相电流大于启动电流整定值时，开放阻抗保护，为防止 TV 断线时误动作，增设 TV 断线闭锁判据。本阻抗保护可不设振荡闭锁判据，用延时判据解决可能出现的振荡误动问题。

其判据说明如下。

（1）启动电流判据：满足条件 $I_A > I_{set}$ 或 $I_B > I_{set}$ 或 $I_C > I_{set}$ 时，开放阻抗保护，I_{set} 为启动电流整定值。

（2）阻抗判据：其动作方程见式（3-15）。

（3）TV 断线判据：满足下列两条件中的任一条件，判为 TV 二次回路断线。

$$|U_A + U_B + U_C - 3U_0| \geqslant U_{set} \tag{8-19}$$

或三相电压均低于 8V，且

$$0.06I_n < I_a < I_{set} \tag{8-20}$$

式中，U_{set} 为电压门槛；I_{set} 为阻抗保护启动整定电流。

$|U_A + U_B + U_C - 3U_0| \geqslant U_{set}$ 可判别 TV 单相或两相断线，而第二条低压判据可判 TV 三相失压。

2）定值整定计算

（1）装于机端的全阻抗继电器，按高压母线短路有一定灵敏度整定，并与相关出线路距离保护配合，其动作值为

$$Z_{op} \leqslant K_{rel}(Z_T + K_b Z_l) \tag{8-21}$$

式中，K_{rel} 为可靠系数，取 0.8；K_b 为助增系数（分支系数），取各种运行方式下的最小值；Z_T 为变压器阻抗；Z_l 为高压侧出线中最短线路距离保护第Ⅰ段的动作阻抗。

（2）保护装于主变高压侧时，主要用作母线差动保护的后备，并用以消除高压侧部分的保护死区，采用全阻抗继电器，与相关出线距离保护Ⅰ段配合。

$$Z_{op} \leqslant K_{rel} K_b Z_l \tag{8-22}$$

式中，各符号的意义及取值同前。

（3）保护一般设两段时限，第Ⅰ段与相邻元件主保护配合，动作于母线解列；第Ⅱ段动作于解列灭磁。

（4）启动电流一般可整定为（1.05～1.2）I_n。

在整定计算时应分析阻抗继电器在系统发生振荡时的动作行为，计算此时继电器的最大动作时间，用延时避开系统振荡。

2. *发变组过激磁保护*

1）过激磁原因及其保护特点

在运行中，大型发电机和变压器都可能因以下各种原因发生过激磁现象：

（1）发变组与系统并列之前，由于操作错误，误加大励磁电流引起过激磁。

（2）发电机启动过程中，发电机解列减速，若误将电压升至额定值，则会因发电机和变压器低频运行而造成过激磁。

（3）切除发电机过程中，发电机解列减速，若灭磁开关拒动，则发变组遭受低频而引起过激磁。

（4）发变组出口断路器跳闸后，若自动励磁调节装置退出或失灵，则电压与频率均会升高，但因频率升高较慢而引起发变组过激磁。

（5）运行中，当系统过电压及频率降低时也会发生过激磁。

过激磁将使发电机和变压器的温度升高，若过激磁倍数高，持续时间长，可能使发电机和变压器过热而遭受破坏。现代大型变压器额定工作磁密 $B_N=1.7\sim1.8T$，饱和磁密 $B_s=1.9\sim2.0T$，两者很接近，容易出现过激磁。发电机的允许过激磁倍数一般低于变压器的过激磁倍数，更易遭受过激磁的危害（但也有例外，应按厂家提供的具体参数选择允许过激磁倍数低者整定动作值）。

2）反时限过激磁保护

根据电磁感应定律，变压器的电压表达式为

$$U = 4.44fWBS \tag{8-23}$$

对于给定的变压器，绕组匝数 W 和铁心截面 S 都是常数，因此变压器工作磁密 B 可表示为

$$B = K\frac{U}{f} \tag{8-24}$$

式中，$K=1/(4.44WS)$。

对于发电机，亦可导出类似的关系。这个关系说明当电压 U 升高和频率 f 降低时，均会导致激磁磁密升高。通过测量电压 U 和频率 f，再根据式(8-24)，就能确定激磁状况，用过激磁倍数 N 来表示，其表达式为

$$N = \frac{B}{B_N} = \frac{U/f}{U_N/f_N} = \frac{U^*}{f^*} \tag{8-25}$$

式中，下角 N 表示额定值；上角“ * ”表示标幺值。

在发生过激磁后，发电机与变压器并不会立即损坏，有一个热积累过程。对于某一过激磁倍数 N，均有对应的允许运行时间 t。研究表明，过激磁倍数与允许运行时间之间的关系 $N=f(t)$ 为一反时限特性曲线。过激磁保护应按此反时限特性设计。在发生过激磁时先动作于减励磁，并根据过激磁倍数在超过允许运行时间后解列灭磁，保护发电机与变压器组的安全。

过激磁保护的动作特性 $N=f(t)$ 如图 8-30 所示，包括下限定时限、上限定时限和反时限特性三部分。

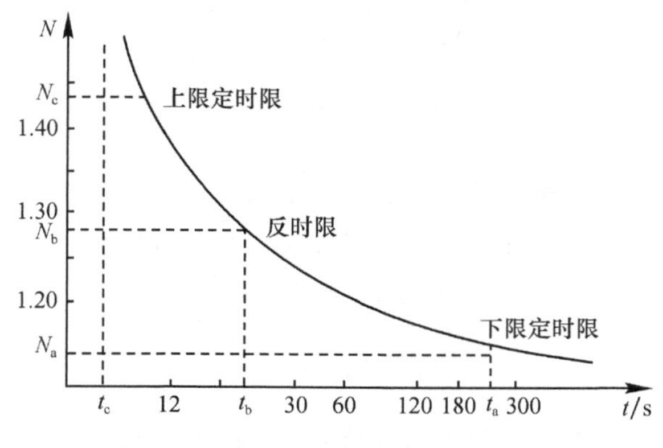

图 8-30　过激磁继电器的动作特性曲线

过激磁倍数 N 有两个定值：N_a 和 N_c（$N_a<N_c$），当 $N>N_c$ 时，按上限整定时间 t_c 延时动作；当 $N_a<N<N_c$ 时，按反时限特性动作；若 N 刚大于 N_a，不足以使反时限部分动作时，按下限整定时间 t_a 延时动作。

8.7.3 发变组振荡失步保护

发变组振荡失步的危害：振荡中心若在机端，机端电压周期性波动，破坏厂用辅机系统的稳定性；振荡电流幅值大且反复出现，使定子绕组遭受热损伤或因振动遭受机械损伤；转子大轴上存在周期性的扭矩，可能使大轴严重损伤；也会在转子绕组中引起感应电流，引起转子绕组发热；可能导致电力系统解列甚至崩溃事故。

对各种原理的失步保护要求如下。

(1) 正确区分系统短路与振荡；正确判定失步振荡与稳定振荡(同步摇摆)。

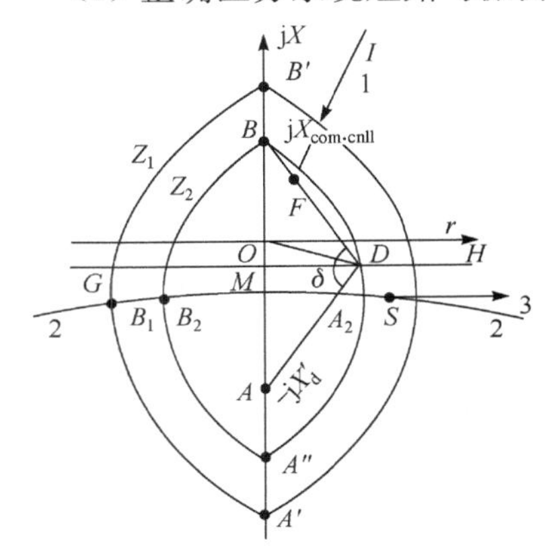

图 8-31 双透镜失步保护的动作特性

(2) 失步保护应只在失步振荡情况下动作。失步保护动作后，一般只发信号，由系统调度部门根据当时实际情况采取解列、快关、电气制动等技术措施，只有在振荡中心位于发变组内部或失步振荡持续时间过长、对发电机安全构成威胁时，才作用于跳闸，而且应在两侧电动势相位差小于 90°的条件下使断路器跳开，以免断路器的断开容量过大。

1. 双阻抗元件失步保护

图 8-31 中，如果测量阻抗的轨迹只进入 Z_1 就返回，说明电力系统发生了稳定振荡，保护不动作；如果测量阻抗的轨迹先后穿过 Z_1 及 Z_2，说明电力系统发生了非稳定性振荡，保护动作发信号；如果测量阻抗的轨迹进入 Z_1 及 Z_2 的时间差小于某一定值，说明电力系统发生了短路故障，保护应予闭锁。因此，失步保护是通过整定动作区和时限的相互配合来区分短路故障及系统振荡的。除对 Z_1 及 Z_2 进行整定外，阻抗轨迹进入 Z_1 及 Z_2 的时间差也需整定计算。

根据发电机的动稳极限角来确定 Z_2 的动作边界。

取 $OA''=(1.5\sim2.0)X'_d$，$OB=X_{con,max}$，即自机端向系统观察的最大联系电抗。

设两侧电动势大小相等，则系统振荡阻抗轨迹为直线 AB 的垂直平分线 HG。在 HG 上取一点 D，使 $\angle BDA=\delta_{db}=$动稳极限角(由系统调度部门给出，一般为 $\delta_{db}=120°\sim140°$)，则由 B、D、A''三点可做出圆弧，并由对称于纵轴的另半个圆弧，共同组成失步保护的透镜形阻抗动作特性 Z_2。

另一透镜形阻抗元件 Z_1，它与 Z_2 为同心圆，但两者直径之比为 1.2～1.3。

为了判定系统短路或振荡，可利用阻抗元件 Z_1、Z_2 动作时间差的大小。设振荡轨迹进入 Z_1 和 Z_2 时的功角分别为 δ_1 和 δ_2，则整定时间继电器的时限 t_{op} 为

$$t_{op}=T_{min}\frac{\delta_2-\delta_1}{360}$$

式中，T_{min} 为系统最小振荡周期(根据系统实际情况，由系统调度部门提供)。

若 Z_1、Z_2 的动作时间差小于 t_{op}，则判定不是振荡，而是短路故障，失步保护不动作。

2. 遮挡器原理失步保护

所谓“遮挡器”原理，实际是具有平行直线特性的阻抗保护，如图 8-32 所示，直线 B_1、B_2 均平行于系统合成阻抗$\overline{AB}$，B_1 的动作区在直线左侧，B_2 的动作区在直线右侧。该失步保护除直线特性阻抗元件外，还有一个圆特性阻抗元件。图 8-32 中，X'_d和 X_t 分别为发电机暂态电抗和升压变压器短路电抗，Z_1 为发变组以外的总阻抗。

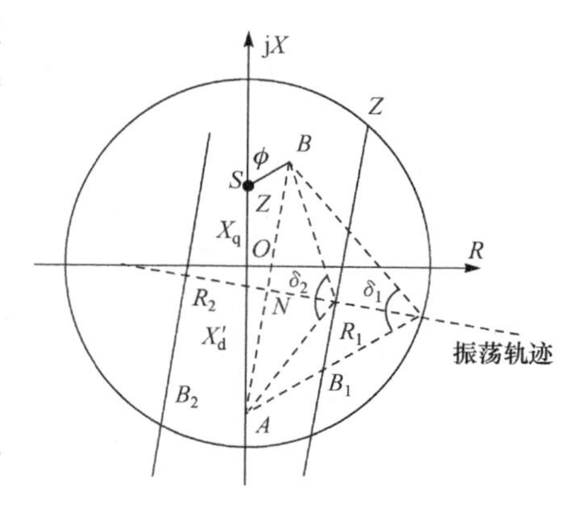

图 8-32 遮挡器原理失步保护动作特性 $Z_1=\overline{SB}$

当振荡阻抗轨迹仅进入阻抗圆动作区而未达遮挡器的直线动作区时，失步保护不动作。

发电方式下机组加速失步时，机端测量阻抗的轨迹从右侧首先进入圆特性，阻抗元件 Z 动作，当功角 δ 进一步增大，阻抗轨迹达 B_1 时对应 $\delta_2=120°\sim140°$，机组处于动稳极限状态；当阻抗轨迹越过 AB 线时，发电机失步。

当发电机呈电动机运行方式时，情况与上述过程相反，振荡阻抗从左侧进入 Z 阻抗圆。

保护整定计算的主要内容如下。

(1) 圆特性阻抗元件的动作阻抗 Z_{op}，按躲过发电机的负荷阻抗 Z_L 整定，即

$$Z_L=\frac{U_{gn}^2}{S_{gn}n_v}, \qquad Z_{op}\leqslant 0.8Z_L$$

式中，U_{gn}为发电机的额定电压(kV)；S_{gn}为发电机的视在功率(MV·A)；n_a、n_v 为电流、电压互感器变比。

(2) 遮挡器的阻抗边界。

N 为$\overline{AB}$的中点

$$NR_1=NR_2=\frac{1}{2}(\mathrm{j}X_A+Z_B)\cot(\delta_2/2)$$

式中，$X_A=X'_d$，$X_B=\mathrm{j}X_t+Z_1(\sin\varphi+\mathrm{j}\cos\varphi)$。

(3) 时间元件的整定与双阻抗元件的时间继电器相同。

3. 三元件失步保护

其特性由三部分组成，见图 8-33。

第一元件是透镜特性，图中①，它把阻抗平面分成透镜内的部分 I 和透镜外的部分 A。

第二元件是遮挡器特性，图中②，它平分透镜并把阻抗平面分为左半部分 L 和右半部分 R。两种特性的结合，把阻抗平面分为四个区，根据其测量阻抗在四个区内的停留时间作为是否发生失步的判据。

第三元件特性是电抗线，图中③，它把动作区一分为二，电抗线以下为Ⅰ段(U)，电抗线以上为Ⅱ段(O)。

保护整定计算的主要内容如下。

(1) 遮挡器特性整定。决定遮挡器特性的参数是 Z_a、Z_b、φ。如果失步保护装在机端，由图 8-34 可知：

$$Z_a = X_{\text{con}}, \quad Z_b = X'_{\text{d}}, \quad \varphi = 80^\circ \sim 85^\circ$$

式中，X'_{d}、X_{con} 为发电机暂态电抗及系统联系电抗；φ 为系统阻抗角。

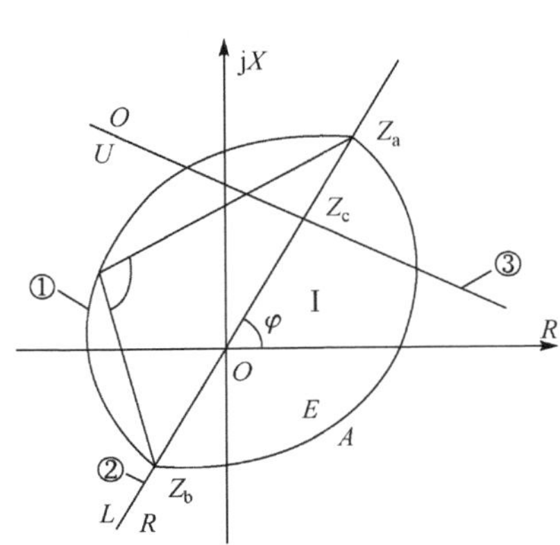

图 8-33　三元件式失步保护特性

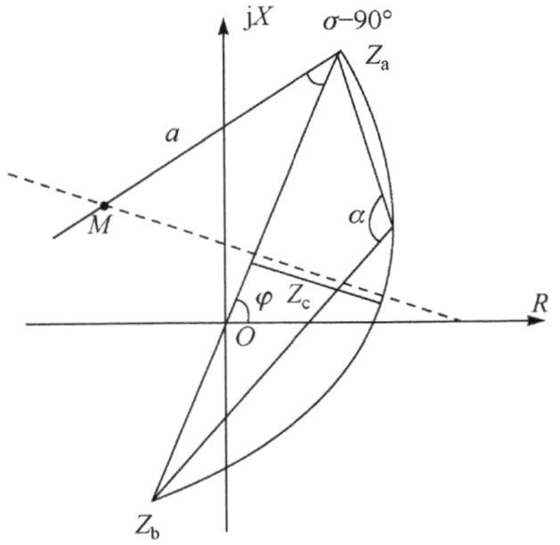

图 8-34　三元件失步保护特性的整定

(2) α 角的整定及透镜结构的确定。对于某一给定的 $Z_{\text{a}}+Z_{\text{b}}$，透镜内角 α（即两侧电动势摆开角）决定了透镜在复平面上横轴方向的宽度。确定透镜结构的步骤如下：

① 确定发电机最小负荷阻抗 $R_{\text{L,min}}$；

② 确定 Z_{r}：$Z_{\text{r}} \leqslant \dfrac{1}{1.3} R_{\text{L,min}}$；

③ 确定内角 α：由 $Z_{\text{r}} = \dfrac{Z_{\text{a}}+Z_{\text{b}}}{2} \tan\left(90^\circ - \dfrac{\alpha}{2}\right)$，得 $\alpha = 180^\circ - 2\arctan \dfrac{2Z_{\text{r}}}{Z_{\text{a}}+Z_{\text{b}}}$。

(3) 电抗线 Z_{c} 的整定。一般 Z_{c} 选定为变压器阻抗 Z_{t} 的 90%，即 $Z_{\text{c}}=0.9Z_{\text{t}}$。图 8-33 中过 Z_{c} 做 $Z_{\text{a}}Z_{\text{b}}$ 的垂线，即为失步保护的电抗线。电抗线是Ⅰ段和Ⅱ段的分界线，失步振荡在Ⅰ段还是在Ⅱ段取决于阻抗轨迹与遮挡器相交的位置，在透镜内且低于电抗线为Ⅰ段，高于电抗线为Ⅱ段。

失步保护可检测的最大滑差频率 f_{smax} 与 α 角存在着如下关系：

$$\alpha = 180^\circ(1-0.05 f_{\text{smax}}) \text{或} f_{\text{smax}} = 20 \times \left(1 - \frac{\alpha}{180^\circ}\right)$$

式中，f_{smax} 为可检测的最大滑差频率（Hz）。

保护以连续累计穿过透镜圆的滑极次数判断是否失步，滑极次数计数过程中，在接收到前一个计数后，如果在一定时间内（20s），没有新的滑极次数到来或轨迹一直停留在透镜内，计数器将清零，重新计数，计算达到规定次数时启动保护出口。

振荡中心位于发变组内部时，启动一段发跳闸命令，当振荡中心位于发变组外部时，启动二段发信号。因振荡电流大于断路器遮断容量时跳闸，断路器会有损坏的危险，故在跳闸之前还需检查高压侧电流是否大于整定值 I_{set}，失步保护应在 $\delta=250^\circ \sim 360^\circ$ 发出跳闸脉冲。失步保护逻辑框图见图 8-35。

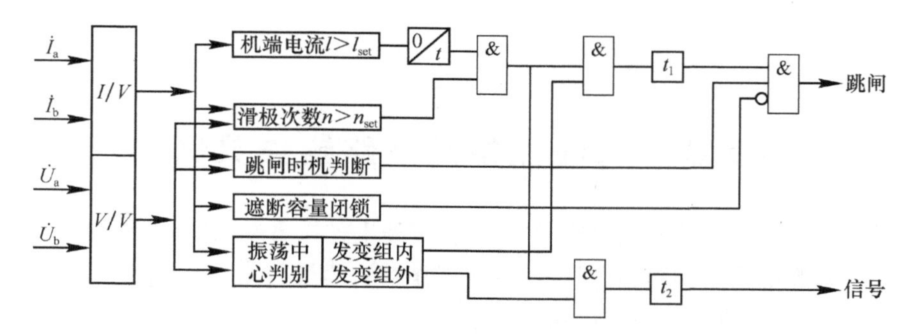

图 8-35　失步保护逻辑框图

练习与思考

8.1　发电机可能发生的故障和异常运行状态有哪些？相应地应装设哪些保护？

8.2　发电机的纵差保护和变压器的纵差保护，在构造上和原理上有哪些相同点和不同点？

8.3　试分析发电机纵差保护和横差保护的作用及保护范围，能否互相取代？

8.4　提高比率制动差动保护的动作灵敏度，是否可以通过降低启动电流或减少制动系数的方法实现？

8.5　就保护原理而言，发电机的纵差动保护能否反应定子绕组匝间短路和单相接地故障？

8.6　发电机定子绕组单相接地故障有何特点？在什么情况下采用零序电流保护作为发电机定子绕组接地保护？什么情况下采用零序电压保护作为发电机定子绕组接地保护？

8.7　何谓100%定子接地保护？大容量发电机为什么要采用100%定子接地保护？试述利用三次谐波和基波零序电压配合实现的100%定子接地保护的原理。

8.8　为什么大容量发电机应采用负序反时限过流保护？

8.9　发电机励磁回路为什么要装设一点接地和两点接地保护？

8.10　结合发电机失磁的物理过程，简述发电机失磁后定子电气量和励磁电压如何变化？失磁的判据是什么？如何构成失磁保护？

8.11　什么叫等效有功阻抗圆？什么是临界失步阻抗圆？发电机异步运行时机端测量阻抗等于什么值？

8.12　为什么需配置发变组的振荡失步保护？

8.13　如何配置发电机变压器组的保护？

第 9 章　母线保护及断路器失灵保护

母线是发电厂和变电所的重要组成部分，在母线上连接着发电厂和变电所的发电机、变压器、输电线路、配电线路和调相设备等，母线工作的可靠性将直接影响发电厂和变电所工作的可靠性。此外，变电所的高压母线也是电力系统的中枢部分，如果母线的短路故障不能迅速地切除，将会引起事故的进一步扩大，破坏电力系统的稳定运行，造成电力系统的解列事故。因此，母线的接线方式和保护方式的正确选择和运行，是保证电力系统安全运行的重要环节之一。本章主要介绍母线保护配置，母线电流幅值差动保护和电流比相母线保护，断路器的失灵保护等。

9.1　母线保护配置

9.1.1　母线故障的原因及处理方法

运行经验表明，母线故障绝大多数是单相接地短路和由其引起的相间短路。大部分故障是由绝缘子对地放电所引起的，母线故障开始阶段大多表现为单相接地故障，而随着短路电弧的移动，故障往往发展为两相或三相接地短路。

造成母线短路的主要原因如下。

(1) 母线绝缘子、断路器套管以及电流、电压互感器的套管和支持绝缘子的闪络或损坏。

(2) 运行人员的误操作，如带地线误合闸或带负荷断开隔离开关产生电弧等。

尽管母线故障的概率比输电线路要少，并且通过提高运行维护水平和设备质量、采用防误操作闭锁装置，可以大大减小母线故障的次数。但是，由于母线在电力系统中所处的重要地位，因此，利用母线保护来清除和缩小故障所造成的影响仍是十分必要的。

根据各母线电压等级，以及在系统中的连接位置和连接方式的不同对母线故障的处理方法也不同。

1) 利用母线上其他供电元件的保护来切除母线故障

由于在 35kV 及以下电压等级的电网中发电厂或变电所母线大多采用单母线或分段母线接线，母线故障不至于对系统稳定和供电可靠性带来很大的影响，所以通常可不装设专用的母线保护，而是利用供电元件(发电机、变压器或有电源的线路等)的后备保护来切除母线故障。

如图 9-1 所示的发电厂采用单母线接线，此时母线上的故障就可以利用发电机的过电流保护使发电机的断路器跳闸予以切除。

如图 9-2 所示的降压变电所，其低压侧的母线正常时分开运行，则低压母线上的故障就可以由相应变压器的过电流保护使变压器的断路器跳闸予以切除。

如图 9-3 所示的双侧电源网络(或环形网络)，当变电所 B 母线上 k 点短路时，则可以由保护 1 和 4 第Ⅱ段动作予以切除。

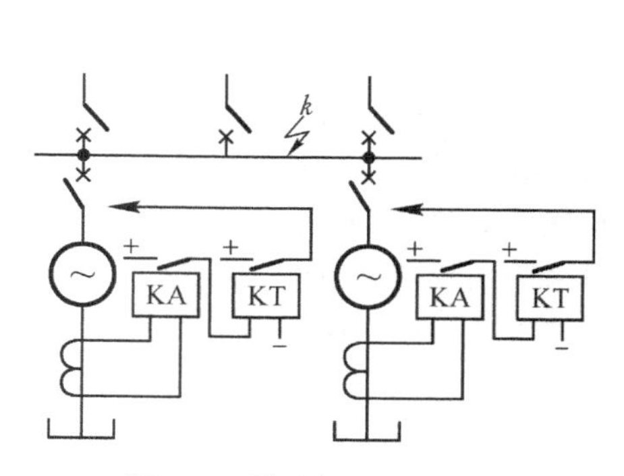

图 9-1 利用发电机的过电流保护切除母线故障

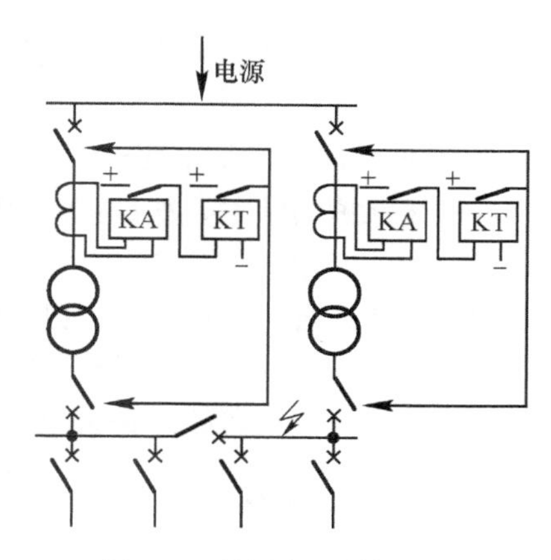

图 9-2 利用变压器的过电流保护切除低压母线故障

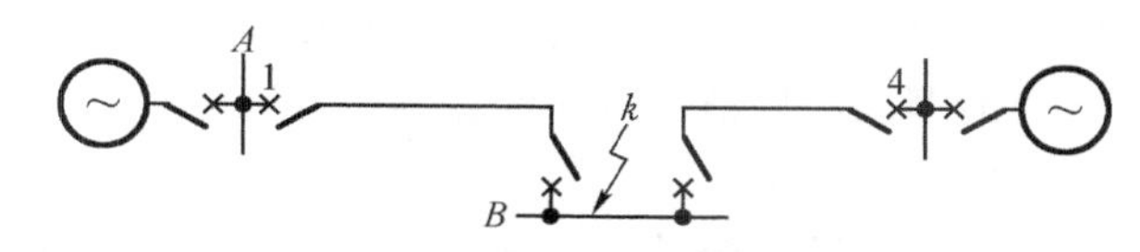

图 9-3 在双侧电源网络上利用电源侧的保护切除母线故障

如图 9-4 所示的单侧电源辐射形网络，当母线上 k 点发生故障时，可以利用送电线路电源侧的保护的第Ⅱ段或第Ⅲ段（当没有装设第Ⅱ段时）动作切除故障等。

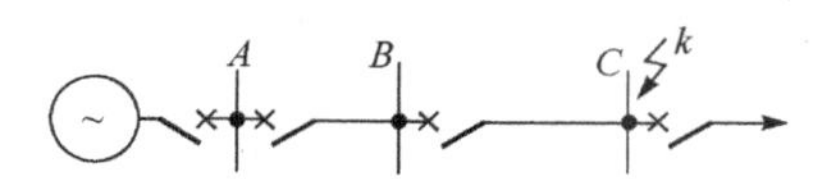

图 9-4 利用送电线路电源侧的保护切除母线故障

这些保护方式简单、经济。但切除故障时间较长，不能有选择性地切除故障母线（如分段单母线或双母线），特别是对于高压电网不能满足系统稳定和运行上的要求。

2）装设专用的母线保护

根据规程规定，下列情况应装设专用的母线保护。

（1）由于系统稳定的要求，当母线上发生故障时必须快速切除。如 110kV 及以上的单母线，重要发电厂的 35kV 母线或高压侧为 110kV 及以上的重要降压变电所的 35kV 母线，按照装设全线速动保护的要求必须快速切除母线上的故障时，应装设专用的母线保护。

（2）在某些较简单或较低电压的网络中，有时没有提出稳定的要求，这时应根据母线发生故障时，主要发电厂用电母线上残余电压的数值来判断。当残余电压低于 60%额定电压时，为了保证厂用电及其他重要用户的供电质量，应考虑装设母线专用保护。

（3）在 110kV 及以上的双母线和分段单母线上，装设专用的母线保护，可以有选择性地切除任一组（或段）母线上所发生的故障，而另一组无故障的母线仍能继续运行，保证供电的可靠性。

（4）对于固定连接的母线和元件由双断路器连接母线时，应考虑装设专用母线保护。

（5）当发电厂或变电所送电线路的断路器，其切断容量按电抗器后短路选择时，由于在电抗器前发生的短路线路保护不能反应，因此应装设母线保护，来切除部分或全部供电元件。

3）对母线保护的基本要求

对母线保护的基本要求是：必须快速、有选择地切除故障母线；应能可靠、方便地适应母线运行方式的变化；保护装置应十分可靠和具有足够的灵敏度；接线尽量简化。

对于中性点直接接地系统，为反应相间短路和单相接地短路，应采用三相三继电器式接线；对于中性点非直接接地系统，只需反应相间短路，可采用两相两继电器式接线。

由于母线上的很多故障是暂时性的，所以应装设母线重合闸以提高供电的可靠性。

9.1.2 专用的母线保护配置

1）集中式母线差动保护

通常母线上连接的元件较多，为了保证选择性和速动性的要求，普遍采用母线差动保护，如超高压单母线分段、双母线、3/2 接线等均采用双重配置差动保护。母线差动保护又分幅值差动和相位差动，目前多采用幅值比率制动差动。

2）分布式母线相差保护

顾名思义，即将母线保护功能转移分散到母线上所连的元件（线路、变压器、发电机）保护上，以比较各元件故障电流方向判断母线是否故障。这种保护必须依赖于可靠实时的电网通信技术。

3）母联充电保护

作为母线带电前的短路保护，充电过程完成保护退出，是以任一相电流大于定值启动跳闸的过电流保护。

4）母联失灵与母联死区保护

用于母联断路器失灵和母联断路器与电流互感器间短路时的死区保护。

9.2 母线电流幅值差动保护

母线差动保护必须考虑到在母线上一般连接的电气元件较多。其接线远不能像发电机的纵差动保护那样简单，尽管如此差动保护的基本原理仍然适用。理想情况下母线上故障、正常运行和母线外故障时的特点分别如下。

（1）在正常运行以及母线范围以外发生故障时，在母线上所有连接元件中，流入母线的电流和流出母线的电流相等，或表示为 $\sum I = 0$。

（2）当母线上发生故障时，所有与电源连接的元件都向故障点供给短路电流，而在供电给负荷的连接元件中电流等于零，因此，$\sum I = I_k$（短路点的总电流）。

（3）若从每个连接元件中的电流的相位来看，则在正常运行以及外部故障时，至少有一个元件中的电流相位和其余元件中的电流相位是相反的，具体说来，就是电流流入的元件和电流流出的元件这两者的相位相反。而当母线故障时，除电流等于零的元件以外，其他元件中的电流则是同相位的。

根据特点（1）和（2）可构成电流幅值差动保护，根据特点（3）可构成电流比相式差动保护。重点讨论母线电流幅值差动保护。

9.2.1 单母线完全电流幅值差动保护原理

完全电流差动母线保护的原理接线如图 9-5 所示，一次电流参考方向设定为由线路流向母线为正，在母线的所有连接元件上尽可能装设具有相同变比和特性的电流互感器。所有互感器的二次线圈在母线侧的端子互相连接，另一侧的端子也互相连接，然后接入差动继电器。这样，继电器中的电流 $\dot{I}_K$ 即为各个元件二次电流的向量和。

在正常运行及外部故障时，流入继电器的是由于各互感器的特性不同而引起的不平衡电流 I_{dsq}；而当母线上(如图中 k 点)故障时，则所有与电源连接的元件都向 k 点供给短路电流，于是流入继电器的电流为

$$\dot{I}_K=\dot{I}'_2+I''_2+I'''_2=\frac{1}{n_{TA}}(I'_1+I''_1+I'''_1)=\frac{1}{n_{TA}}\dot{I}_k \tag{9-1}$$

式中，$\dot{I}_k$ 为故障点的全部短路电流，此电流足够使继电器 2 动作而启动出口继电器 3，使断路器 QF_1、QF_2 和 QF_3 跳闸。

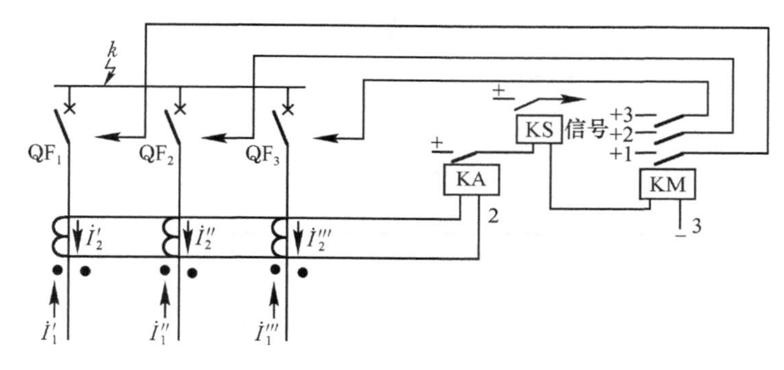

图 9-5 完全电流差动母线保护的原理接线图

差动继电器的启动电流应按如下条件考虑，并选择其中较大的一个。

(1) 避开外部故障时所产生的最大不平衡电流，当所有电流互感器均按 10%误差曲线选择，且差动继电器采用具有速饱和铁心的继电器时，其启动电流 $I_{op,k}$ 可按下式计算：

$$I_{op,k}\geqslant K_{rel}I_{dsq,max}=K_{rel}\times 0.1I_{k,max}/n_{TA} \tag{9-2}$$

式中，K_{rel} 为可靠系数，取为 1.3；$I_{k,max}$ 为在母线任一连接元件上短路时，流过差动保护的最大短路电流；n_{TA} 为母线保护用电流互感器的变比。

(2) 由于母线差动电流回路中的元件较多，接线复杂，因此，电流互感器二次回路断线的概率就比较大。为了防止在正常运行情况下，任一电流互感器二次回路断线时，引起保护装置误动作，若不用 TA 断线闭锁，则启动电流应大于任一连接元件中最大的负荷电流 $I_{L,max}$，即

$$I_{op,k}\geqslant K_{rel}I_{L,max}/n_{TA} \tag{9-3}$$

当保护范围内部故障时，应采用下式校验灵敏系数，其值一般应不低于 2。

$$K_{sen}=\frac{I_{k,min}}{I_{op,k}} \tag{9-4}$$

式中，$I_{k,min}$ 应采用实际运行中可能出现的连接元件最少时，在母线上发生故障的最小短路电流二次值。

完全电流差动保护原理比较简单，灵敏度高，选择性好，通常适用于单母线或双母线经常只有一组母线运行的情况。因为电流互感器二次侧在其装设地点附近是固定的，不能任意切换，所以不能用于双母线系统。

9.2.2 双母线同时运行时母差保护实现

母线比率制动差动保护原理类似于线路纵差保护，微机母线差动保护由分相式比率制动元件构成，一次系统示意图如图 9-6 所示，事先约定母线 1、2、3 分别为Ⅰ、Ⅱ、Ⅲ母，实际使用时各母线编号可按现场情况自由确定，连接母线 1、2(即图中的Ⅰ、Ⅱ母)的开关为母联 1，连接母线 2、3 的开关为母联 2，连接母线 1、3 的开关为分段开关，支路 1～10 在母线 1、2 之间切换，线路 11～21 在母线 2、3 之间切换。要求支路 TA 同名端在母线侧，母联 1TA 同名端在母线 1 侧，母联 2TA 同名端在母线 3 侧，分段 TA 同名端在母线 1 侧。分别配置大差和小差，大差用于检测整个电压等级母线内部短路，小差用于选择故障母线。

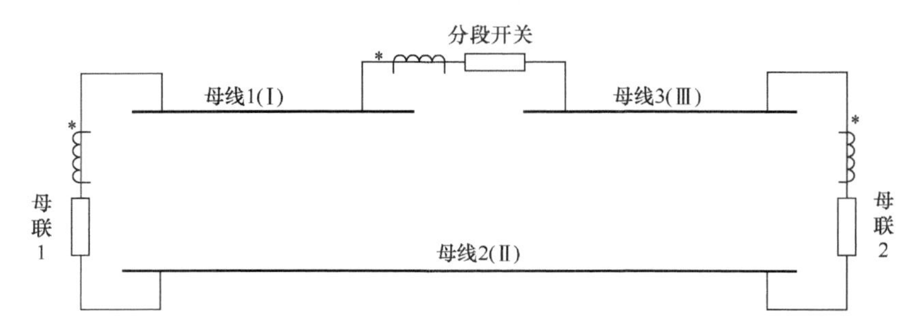

图 9-6 母线一次系统示意图

1. *启动元件*

1)电压工频变化量启动元件

当两段母线任一相电压工频变化量大于门坎(由浮动门坎和固定门坎构成)时电压工频变化量元件动作，其判据为

$$\Delta u > \Delta U_{T} + 0.05U_{N} \tag{9-5}$$

式中，Δu 为相电压工频变化最瞬时值；$0.05U_{N}$ 为固定门坎；ΔU_{T} 是浮动门坎，随着电压的波动而自动调整，按下式计算：

$$\Delta U_{T} = |U_{\phi}(t-T) - 2U_{\phi}(t-2T) + U_{\phi}(t-3T)| \tag{9-6}$$

式中，U_{ϕ} 为相电压瞬时值，T 为采样周期。

2) 差流启动元件

当任一相差动电流大于差流启动值时差流元件动作，其判据为

$$I_{d} > I_{cdzd} \tag{9-7}$$

式中，I_{d} 为差动相电流；I_{cdzd} 为差动电流启动定值，按躲过正常运行时的最大不平衡电流整定。

母线差动保护电压工频变化元件或差流元件启动后展宽 500ms。

2. *比率制动差动元件*

1) 常规比率差动元件

动作判据为

$$\left|\sum_{j=1}^{m} I_j\right| > I_{\mathrm{cdzd}}$$
$$\left|\sum_{j=1}^{m} I_j\right| > K\sum_{j=1}^{m}\left|I_j\right| \tag{9-8}$$

两式"与"的逻辑出口跳闸。其中：K 为比率制动系数，按线路纵联差动制动系数相同方法求取。；I_j 为第 j 个连接元件的电流：I_{cdzd} 为差动电流启动定值。其动作特性曲线如图 9-7 所示。

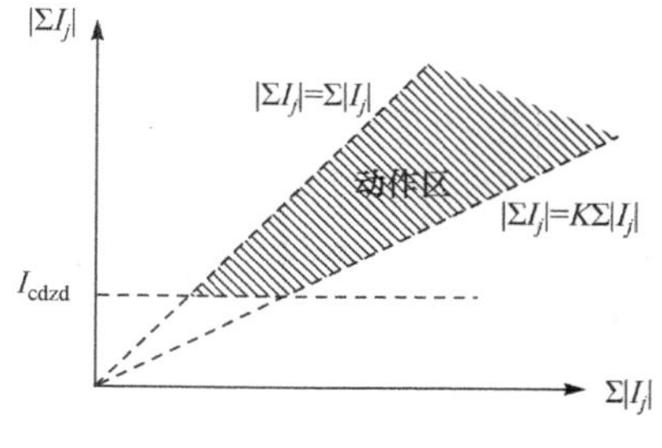

图 9-7　比率制动差动特性曲线图

对于双母主接线，在母联开关断开的情况下，弱电源侧母线发生故障时，大差比率制动元件的灵敏度不够；对三段母线以上的主接线系统，构成环形母线时，因故障母线可能有电流从母联及分段开关流出，造成小差比率差动元件的灵敏度不够。

为解决不同主接线方式下制动系数灵敏度的问题，比例差动元件的比率制动系数设高低两个定值：大差和小差共用比率制动系数高值，该值可以按类似线路比率制动纵差制动系数的方法整定；大差低值固定取 0.3，小差低值固定取 0.5。

当大差高值和小差低值同时动作，或大差低值和小差高值同时动作时，比例差动元件动作。

2）工频变化量（故障分量）比例差动元件

为提高保护抗过渡电阻能力，减少保护性能受故障前系统功角关系的影响，保护除采用由差流构成的常规比率制动元件外，还采用工频变化量电流构成的比率差动元件，与制动系数固定为 0．2 的常规比率差动元件配合构成快速差动保护，其动作判据为

$$\left|\Delta\sum_{j=1}^{m} I_j\right| > \Delta DI_{\mathrm{T}} + DI_{\mathrm{cdzd}}$$
$$\left|\Delta\sum_{j=1}^{m} I_j\right| > K'\sum_{j=1}^{m}\left|\Delta I_j\right| \tag{9-9}$$

$$\Delta DI_{\mathrm{T}} = \left|i_{\phi}(t-T) - 2i_{\phi}(t-2T) + i_{\phi}(t-3T)\right| \tag{9-10}$$

式中，ΔI_j 为第 j 个连接元件的工频变化量电流；ΔDI_{T} 为差动电流启动浮动门坎，按式(9-10)计算；DI_{cdzd} 为差流启动的固定门坎，由 I_{cdzd} 得出。K' 为工频变化量比例制动系数，与稳态量比例差动类似，为解决不同主接线方式下制动系数灵敏度问题，工频变化量比例差动元件的比率制动系数设高低两个定值：大差和小差高值固定取 0.7；大差低值固定取 0.3，小差低值固定取 0.5。当大差高值和小差低值同时动作，或大差低值和小差高值同时动作时，工频变化量比例制动元件动作。

3）故障母线选择元件

差动保护根据母线上所有连接元件电流采样值计算出大差电流，构成大差比例差动元件，作为差动保护的区内故障判别元件。

对于分段母线或双母线接线方式，根据各连接元件的刀闸位置开入计算出两条母线的小差电流，构成小差比率制动元件，作为故障母线选择元件。

当大差抗饱和母差动作（下述 TA 饱和检测元件二检测为母线区内故障），且任一小差

比率差动元件动作，母差动作跳母联；当小差比率差动元件和小差谐波制动元件同时开放时，母差动作跳开相应母线上的所有元件。

当双母线按单母方式运行不需进行故障母线的选择时可投入单母方式压板。当元件在倒闸过程中两条母线经刀闸双跨，则装置自动识别为单母运行方式。这两种情况都不进行故障母线选择，当母线发生故障时将所有母线上的元件切除。

当抗饱和母差动作，且无母线跳闸，为防止保护拒动，设置两时延后备段切除相应开关，以最大限度降低对系统影响且尽可能减少不必要的切除。

另外，装置在比率差动连续动作 500ms 后将退出所有的抗饱和措施，仅保留比率差动元件式(9-8)，若其动作仍不返回则跳相应母线的元件。这是为了防止在某些复杂故障情况下保护误闭锁导致拒动，在这种情况下母线保护动作跳开相应母线对保护系统稳定和防止事故扩大都有好处。(而事实上真正发生区外故障时，CT 的暂态饱和过程也不可能持续超过 500ms)。

4) TA 饱和检测元件

为防止母线护在母线近端发生区外故障时 TA 严重饱和的情况下发生误动，装置根据 TA 饱和波形特点设置了两个 TA 饱和检测元件，用以判别差动电流是否由区外故障 TA 饱和引起，如果是则闭锁差动保护出口，否则开放保护出口。

TA 饱和检测元件一：采用新型的自适应阻抗加权抗饱和方法，即利用电压工频变化量启动元件自适应地开放加权算法。当发生母线区内故障时，工频变化量差动元件 ΔBLCD 和工频变化量电压元件 ΔU 基本同时动作，而发生母线区外故障时，由于故障起始 TA 尚未进入饱和，ΔBLCD 元件动作滞后于工频变化量电压元件 ΔU。利用 ΔBLCD 元件和工频变化量电压元件动作的相对时序关系的特点，我们得到了抗 TA 饱和的自适应阻抗加权判据。由于此判据充分利用了区外故障发生 TA 饱和时差流不同于区内故障时差流的特点，具有极强的抗 TA 饱和能力，而且区内故障和一般转换性故障(故障由母线区外转至区内)时的动作速度很快。

TA 饱和检测元件二：由谐波制动原理构成的 TA 饱和检测元件。这种原理利用 TA 饱和时差流波形畸变和每周波存在线性传变区等特点，根据差流中谐波分量的波形特征检测 TA 是否发生饱和，以此原理实现的 TA 饱和检测元件同样具有很强抗 TA 饱和能力，而且在区外故障 TA 饱和后发生同名相转换性故障的极端情况下仍能快速切除母线故障。

以 1 母为例的母差保护逻辑框图如图 9-8 所示。

9.2.3 母联充电保护

当任一组母线检修后再投入之前，利用母联断路器对该母线进行充电试验时可投入母联充电保护，当被试验母线存在故障时，利用充电保护切除故障。

母联充电保护有专门的启动元件。在母联充电保护投入时，当母联电流任相大于母联充电保护整定值时，母联充电保护启动元件动作去控制母联充电保护部分逻辑工作。

当母联断路器跳位继电器由“1”变为“0”或母联 TWJ＝1 且由无电流变为有电流(大于 $0.04I_N$)，或两母线变为均有电压状态，则开放充电保护 300ms；在充电保护开放期间，若母联电流大于充电保护整定电流，则将母联开关切除。母联充电保护不经复合电压闭锁。

母联充电保护的逻辑框图如图 9-9 所示。

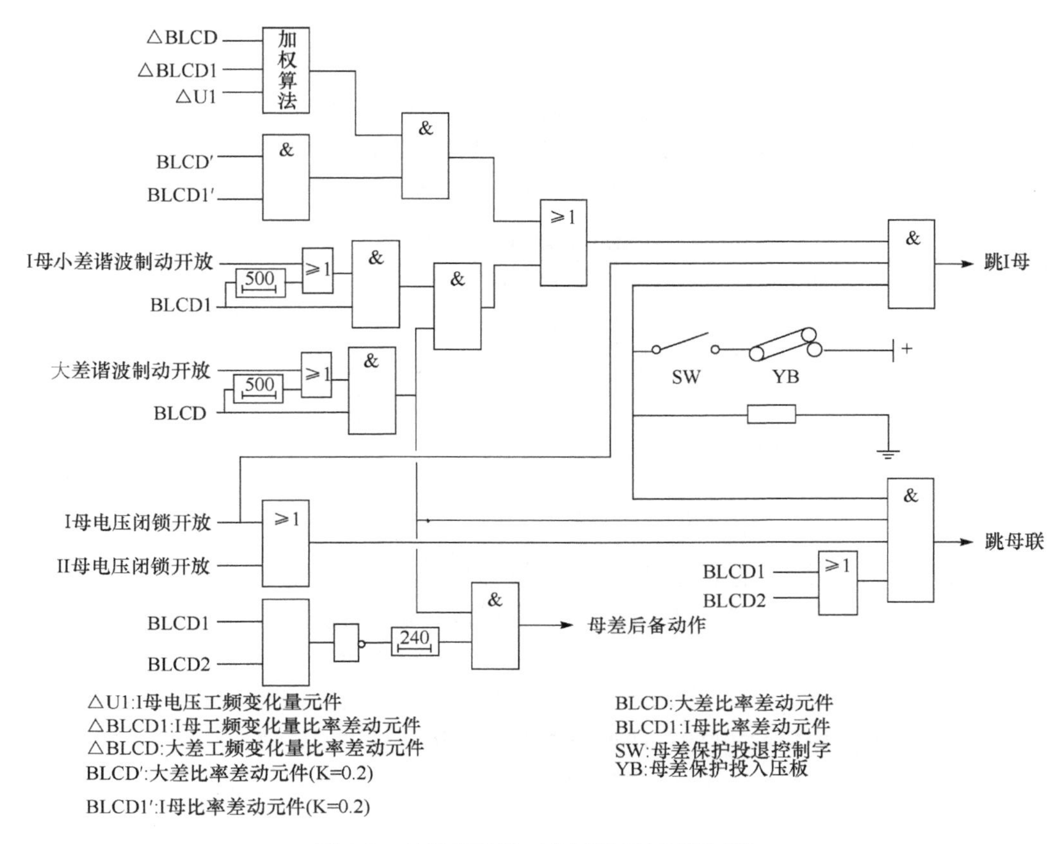

图 9-8 母差保护的工作框图(以 I 母为例)

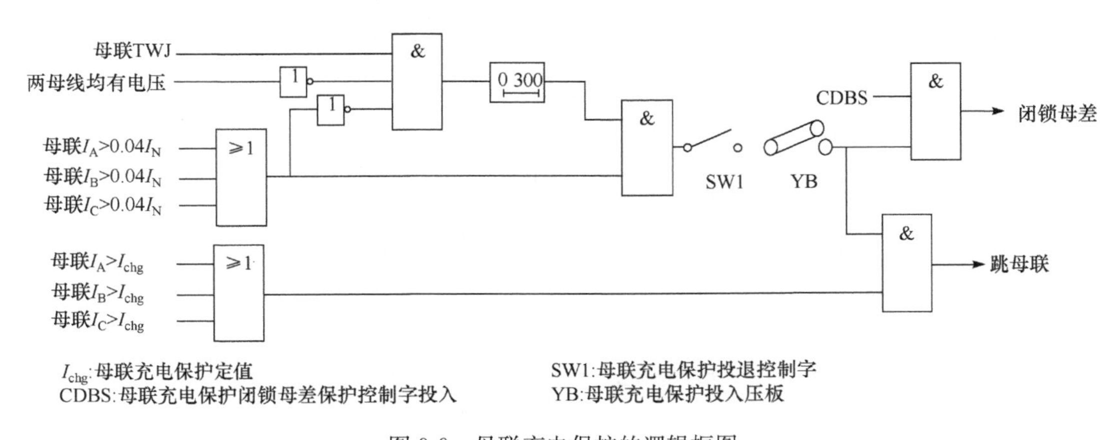

图 9-9 母联充电保护的逻辑框图

9.2.4 母联过流保护

当利用母联断路器作为线路的临时断路器时可投入母联过流保护。母联过流保护有专门的启动元件。在母联过流保护投入时,当母联电流任一相大于母联过流整定值,或母联零序电流大于零序过流整定值时,母联过流启动元件动作经整定延时跳母联开关,母联过流保护不经复合电压元件闭锁。

9.2.5 母联失灵与母联死区保护

当保护向母联发跳令后，经整定延时母联电流仍然大于母联失灵电流定值时，母联失灵保护经各母线电压闭锁分别跳相应的母线。除了母差保护和母联充电保护可以启动母联失灵保护，也可通过外部保护接点启动母联失灵保护。逻辑框图见图 9-10。

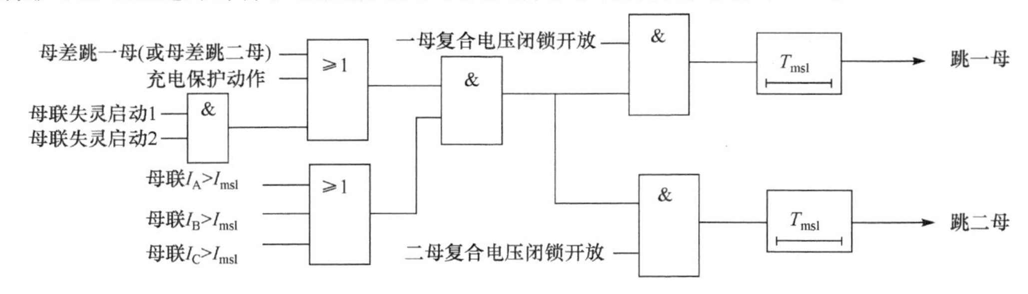

图 9-10 母联失灵保护逻辑框图

若母联开关和母联 TA 之间发生故障，断路器侧母线跳开后故障仍然存在，正好处于 TA 侧母线小差的死区，为提高保护动作速度，专设母联死区保护。母联死区保护在差动保护发母线跳闸令后，母联开关已跳开而母联仍有电流，且大差比率差动元件及断路器侧小差比率差动元件不返回的情况下，经死区动作延时 150ms 跳开另一条母线。为防止母联在跳位时发生死区故障将母线全切除，当两母线都处运行状态且母联在跳位时母联电流不计入小差；母联 TWJ 为三相常开接点(母联开关处跳闸位置时接点闭合)串联。逻辑框图见图 9-11。

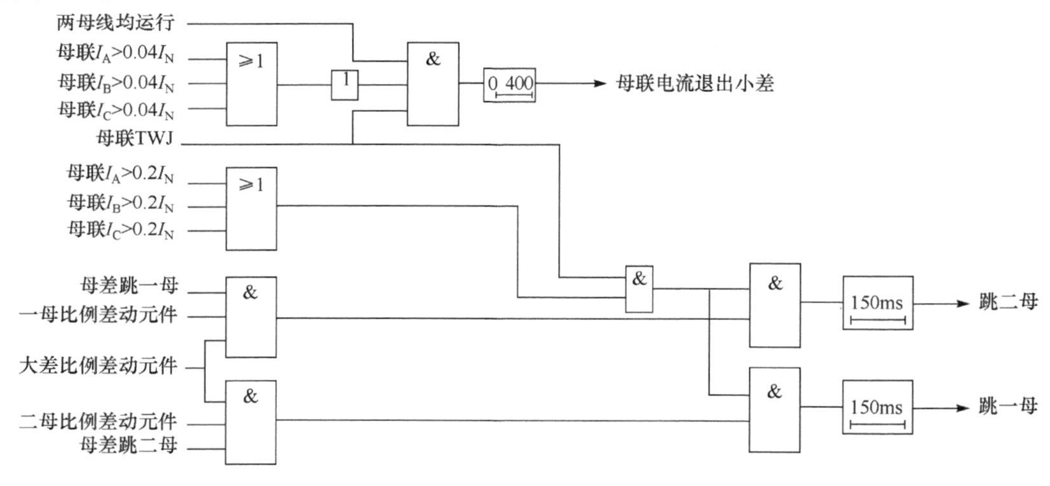

图 9-11 母联死区保护逻辑框图

9.2.6 母线运行方式识别

双母线上各连接元件在系统运行中需要经常在两条母线上切换，因此正确识别母线运行方式直接影响到母线保护动作的正确性。可引入隔离刀闸辅助触点判别母线运行方式，同时对刀闸辅助触点进行自检，并在下列情况下发出刀闸位置报警信号。

(1) 当有刀闸位置变位时，需要运行人员检查无误后按刀闸位置确认按钮复归。

(2) 刀闸位置出现双跨时，此时不按响应刀闸位置确认按钮。

（3）当某条支路有电流而无刀闸位置时，装置能够记忆原来的刀闸位置，并根据当前系统的电流分布情况校验该支路刀闸位置的正确性，此时不操作响应刀闸位置确认按钮。

（4）因刀闸位置错误产生小差电流时，装置会根据当前系统的电流分布情况计算出该支路的正确刀闸位置。

（5）因刀闸位置由 GOOSE 网络获得，装置提供软压板来强置刀闸位置，当某支路刀闸位置强置使能为“1”时，该支路刀闸由支路母线 1 强置刀闸位置及支路母线 2 强置刀闸位置确定；当支路刀闸位置强置使能为“0”时，刀闸位置由外部 GOOSE 开入确定。

另外，为防止无刀闸位置的支路拒动，当无论哪条母线发生故障时，将切除 TA 调整系数不为零且无刀闸位置的支路。

注意：当装置发出刀闸位置报警信号时，运行人员应在保证刀闸位置无误的情况下，再按屏上刀闸位置确认按钮复归报警信号。

9.2.7 3/2 断路器接线母线保护的特点

为了保证供电的可靠性，目前 500kV 及以上电压等级变电站母线普遍采用 3/2 断路器接线方式。就母线保护本身而言，3/2 断路器接线母线与固定连接双母线同时运行的情况并无大的差别，如图 9-12 所示，只是可靠性的要求更高。应考虑高性能并完全独立的双重主保护（操作电源，保护装置，出口回路和电流互感器等均各自独立）。在 3/2 断路器接线母线的两母线间的联络线上，装设与元件保护配合使用的电流差动保护（即极短线路纵联差动保护）以保证各电气元件的安全运行。当元件正常运行时该保护退出，由元件（线路、变压器等）主保护承担这部分联络线的保护，当元件退出运行时，由此极短线路保护承担其保护任务而将元件主保护同时退出。

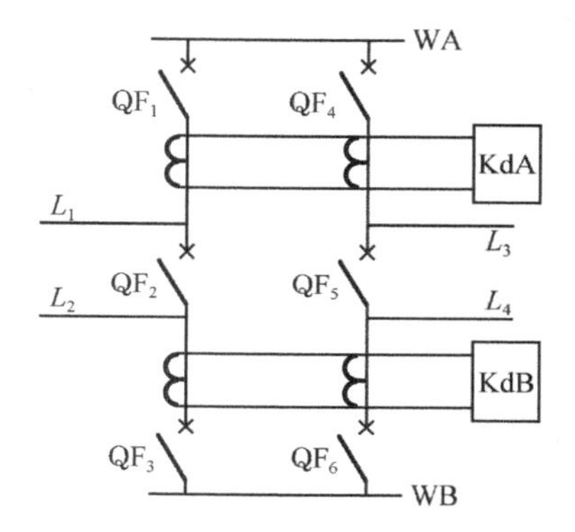

图 9-12 3/2 断路器接线母线保护接线原理图

其保护接线原理如图 9-13 所示。为了安全，此短线路保护也应双重化配置。

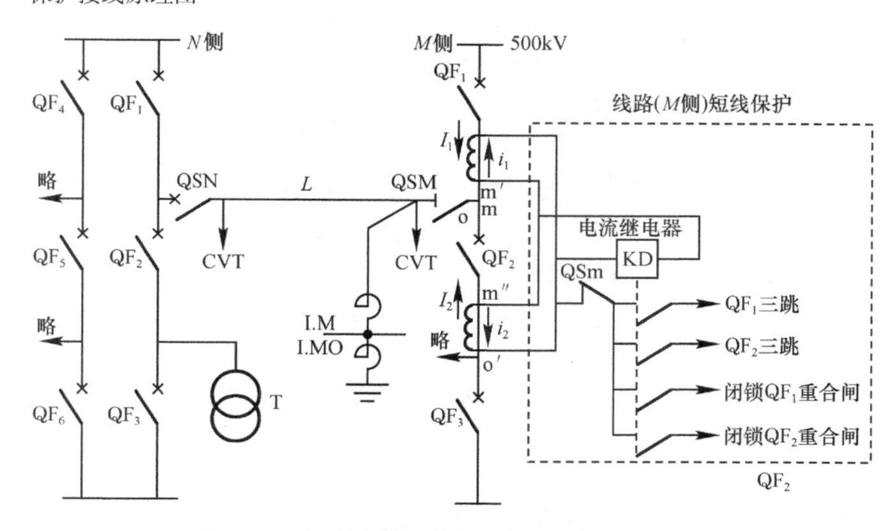

图 9-13 3/2 断路器母线中线路的短线保护接线图

此外，由于3/2断路器接线为环形接线，在正常环网运行中，任意一条母线的母线保护若因TA二次回路断线误动并不影响出线元件的供电，因此TA断线可只告警而不闭锁母线保护，此时定值可以取得较小，以提高母线保护的灵敏度。

9.3 电流比相母线保护

电流比相母线保护的基本原理是根据母线在内部故障和外部故障时各连接元件电流相位的变化来实现的，为简单说明保护工作特点，假设母线上只有两个连接元件，如图9-14所示。当母线正常运行及外部故障时(如k_1点)，从规定的电流方向(流入母线为正)来看，$\dot{I}_{\mathrm{I}}$和$\dot{I}_{\mathrm{II}}$大小相等相位相差180°；而当母线内部故障时(k_2点)。$\dot{I}_{\mathrm{I}}$和$\dot{I}_{\mathrm{II}}$都流向母线，在理想情况下两者相位相同。

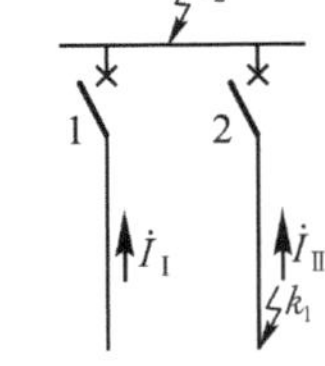

图9-14　网络接线示意图

1. *模拟式电流比相母线保护*

将各元件电流互感器二次输出的电流$\dot{I}'_2$，$\dot{I}''_2$，…分别接入中间变流器$m\mathrm{TA}_1$，$m\mathrm{TA}_2$，…的一次线圈，中间变流器二次输出电压分为两组，经半波整流后分别接在分相小母线1，2，3上；小母线的输出接到相位比较环节。其工作情况如下。

1）母线不带电情况

当母线不带电时，小母线上无电压、相位比较、判别无输出。

2）母线处于正常运行或外部故障的情况

当母线处于正常运行或外部故障时，按规定的正方向，电流相位相差为180°(即反相)。在此情况下比相元件无输出，不跳闸。

3）母线元件内部故障的情况

当母线内部故障时，母线上各连接有电源的元件其电流都流向母线，各中间变流器的一次电流基本上同相位，使开关跳闸。

4）闭锁角

在以上的分析认为内部故障时电流的相位差为0°，外部故障时为180°，这只是一个理想的情况。实际上当外部故障时，由于电流互感器以及中间变流器误差等因素的影响，各电流之间的相位差可能是$180°\pm\varphi$，φ值最大可达60°左右，这就有可能导致保护装置的不正确动作。因此当电流之间的相位差大于等于$180°\pm\varphi$时，保护装置应当闭锁，因此φ角又称为保护的闭锁角。

在内部发生故障时，电流之间的相位差小于$180°\pm\varphi$，保护装置才能够动作，实际上这是容易满足的。

5）采用电流比相式母线保护的特点

(1) 保护装置的工作原理是基于相位的比较，而与幅值无关。因此，无需考虑不平衡电流的问题，这就提高了保护的灵敏性。

(2) 当母线连接元件的电流互感器型号不同或变比不一致时，仍然可以使用，这就放宽了母线保护的使用条件。

2. *微机分布式母线保护*

微机分布式母线保护是将传统的集中式母线保护分散成若干个(与被保护母线上连接的回路和母联数相同)母线保护单元，分散装设在各回路保护装置中，各保护单元用计算机局域网连接起来，每个保护单元只输入本回路的电流相量，将其转换成数字量后，通过网络传送给其他所有回路的保护单元，各保护单元根据本回路的电流相量和从网络上获得的其他所有回路的电流相量和判断结果，进行母线电流比相保护(或电流差动保护)的计算，如果计算结果证明是母线内部故障，则只跳开本线路断路器，将故障的母线隔离。在母线区外故障时，各保护单元都计算判为母线外部故障。这种用局域网络实现的分布式母线保护原理，比传统的集中式母线保护原理有较高的可靠性。因为如果一个保护单元受到干扰或计算错误而误动时，只能错误地跳开本线路，不会造成使母线整个被切除的恶性事故；如果拒动还可由线路后备保护或断路失灵保护切除故障。这对于超高压系统枢纽站母线非常重要。但对局域通信的可靠性和实时性要求高，不易满足要求。

9.4 断路器失灵保护

在110kV及以上电压等级的发电厂和变电所中，当输电线路、变压器或母线发生短路，在保护装置动作于切除故障时，可能伴随故障元件的断路器拒动，也即发生了断路器的失灵故障，其影响为损坏主设备或引起火灾，扩大停电范围，甚至使电力系统瓦解。产生断路器失灵故障的原因是多方面的，如断路器跳闸线圈断线，断路器的操动机构失灵，空气断路器的气压降低或液压式断路器的液压降低，直流电源消失及控制回路故障等。高压电网的断路器和保护装置，都应具有一定的后备作用，以便在断路器或保护装置失灵时，仍能有效切除故障。相邻元件的远后备保护方案是最简单合理的后备方式，既是保护拒动的后备，又是断路器拒动的后备。但是在高压电网中，由于各电源支路的助增作用，实现上述后备方式往往有较大困难(灵敏度不够)，而且由于动作时间较长，易造成事故范围的扩大，甚至引起系统失稳而瓦解。鉴于此，电网中枢地区重要的220kV及以上主干线路，考虑系统稳定性，要求必须装设全线速动保护时，通常可装设两套独立的全线速动主保护(即保护的双重化)，以防保护装置的拒动；对于断路器的拒动，则专门装设断路器失灵保护。

断路器失灵保护是指当故障线路的继电保护动作发出跳闸信号后，断路器拒绝动作时，能够以较短的时限切除其他与该断路器有关的断路器，防止故障范围扩大的一种后备保护。

1. *装设断路器失灵保护的条件*

由于断路器失灵保护是在系统故障的同时断路器失灵的双重故障情况下的保护，所以允许适当降低对它的要求，即只要能最终切除故障即可。装设断路器失灵保护的条件如下。

(1) 线路保护采用近后备方式并当线路故障后，断路器有可能发生拒动时，应装设断路器失灵保护，因为此时只有依靠断路器失灵保护才能将故障切除。

(2) 线路保护采用远后备方式并当线路故障后，断路器确有可能发生拒动时，如由其他线路或变压器的后备保护来切除故障将扩大停电范围，并引起严重后果时，应装设断路器失灵保护。

(3) 如断路器与电流互感器之间发生故障，不能由该回路主保护切除，而由其他断路器和变压器后备保护切除又将扩大停电范围并引起严重后果时，应装设断路器失灵保护。

(4) 相邻元件保护的远后备保护灵敏度不够时应装设断路器失灵保护。

(5) 对分相操作的断路器，允许只按单相接地故障来校验其灵敏度时，应装设断路器失灵保护。

(6) 根据变电所的重要性和装设断路器失灵保护作用的大小来决定装设断路器失灵保

护。例如，对于多母线220kV及以上的变电所，当失灵保护能缩小断路器拒动引起的停电范围时，就应装设断路器失灵保护。

2. 对断路器失灵保护的要求

(1) 失灵保护的误动和母线保护误动一样，影响范围广，必须有较高的可靠性，即不应发生误动作。

(2) 失灵保护首先动作于母联断路器和分段断路器，此后相邻元件保护已能以相继动作切除故障时，失灵保护仅动作于母联断路器和分段断路器。

(3) 在保证不误动的前提下，应以较短延时、有选择性地切除有关断路器。

(4) 失灵保护的故障鉴别元件和跳闸闭锁元件，应对断路器所在线路或设备末端故障有足够的灵敏度。

3. 断路器失灵保护的基本原理

断路器失灵保护由启动回路(启动元件)、时间元件和(跳闸)出口回路组成，如图9-15所示。

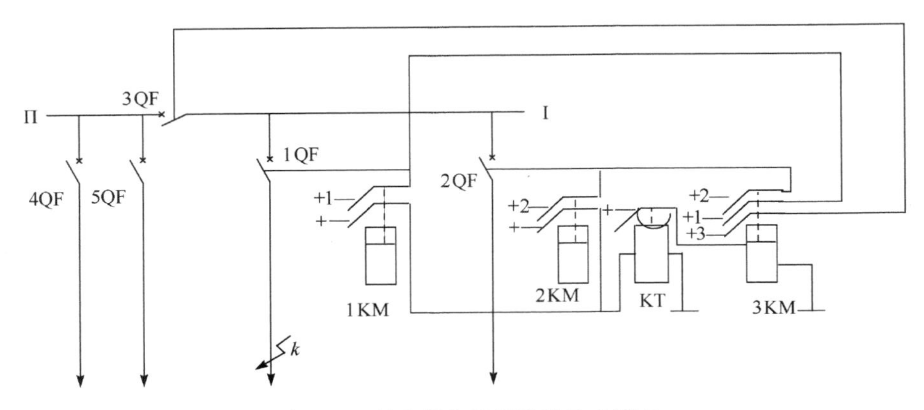

图9-15　断路器失灵保护的构成原理

图中1KM、2KM为连接在单母线分段Ⅰ段上的元件保护的中间继电器。当这些继电器动作时，一方面使本身的断路器跳闸，另一方面启动断路器失灵保护的公用时间继电器KT。此时，时间继电器的延时应大于故障元件断路器的跳闸时间与保护装置返回时间之和，因此断路器失灵保护在故障元件保护正常跳闸时不会动作跳闸，而是在故障切除后自动返回。只有在故障元件的断路器拒动时，才由时间继电器KT启动中间继电器3KM，使接在Ⅰ段母线上所有带电源的断路器跳闸，从而代替故障处拒动的断路器切除故障。例如，图9-15中k点发生故障，1KM动作后，正常情况下，应由1QF跳闸，当1QF拒动时，断路器失灵保护的时间继电器KT启动并计时，经过整定的时间后，其常开延时闭合触点闭合接通，启动中间继电器3KM，使连接在Ⅰ段母线上其他元件的断路器2QF、3QF均跳闸，从而切除k点的故障，起到了断路器1QF拒动时后备保护的作用。

由于断路器失灵保护动作时要切除一段母线上所有连接元件的断路器，而且保护接线中是将所有断路器的操作回路连接在一起，因此，保护的接线必须保证动作的可靠性，以免保护误动作造成严重事故。实际运行中，断路器失灵保护误动作的原因主要是启动回路设计不尽合理可靠，以及跳闸出口回路安全性较差。

1) 启动回路应实现可靠的双重判别

启动回路要求同时具备下述两个条件时保护才能动作。

（1）故障元件的保护出口继电器动作后不返回。

（2）在故障元件的被保护范围内仍存在故障，即失灵判别元件启动。当母线上连接的元件较多时，失灵判别元件一般采用检查故障母线电压的方式以确定故障仍然没有切除，其动作电压按最大运行方式下线路末端短路时保护应有足够的灵敏性来整定。当连接元件较少或一套保护动作于几个断路器（如采用多角形接线时）以及采用单相合闸时，一般采用检查通过每个或每相断路器的故障电流的方式，作为判别断路器拒动且故障仍未消除之用，其动作电流在满足灵敏性的情况下，应尽可能大于负荷电流。

对分相操作断路器，启动元件可用断路器双重跳闸出口（如分相出口与三相出口），按相并联后再与电流鉴别元件分相构成“与”回路，其原理接线如图 9-16 所示。

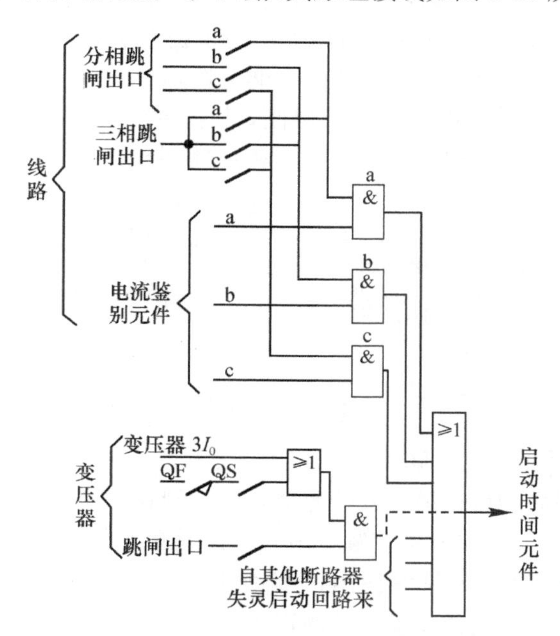

图 9-16　断路器失灵保护启动回路原理接线

QF-变压器断路器辅助触点；QS-隔离开关辅助触点

对分相操作的变压器断路器，如果需要启动断路器失灵保护，其启动回路的电流鉴别元件可以改用变压器零序电流继电器，以提高保护灵敏度。尽管如此，对短路电流较小的变压器内部故障，仍不能保证电流继电器可靠动作。为此，还需以断路器常开辅助触点与之并联，构成“或”回路，以形成完整的鉴别元件。当断路器检修时，应将辅助触点回路自动或手动断开，以防止误鉴别。

应该指出，以上变压器断路器失灵保护启动回路的安全性差于其他启动回路，因为：其一，变压器气体继电器重瓦斯触点有可能在断路器跳开后仍处于动作状态；其二，断路器辅助触点有时不能如实反映断路器实际位置。

母线联络断路器电流互感器与断路器之间的故障，可以由母线联络断路器失灵保护动作切除。母线联络断路器失灵保护的启动回路，一般由母线保护出口继电器与开关相电流鉴别元件构成“与”回路。非母线保护动作跳母线联络断路器，一般不启动断路器失灵保护，因为母线联络断路器自动跳闸的原因较多，有时跳闸只是为了解列，这样可以避免失灵保护的不必要启动。

2）时间元件动作后不单独启动出口继电器

由于断路器失灵保护的时间元件在保护动作之后才开始计时的，因此它的动作时限需与其他保护的动作时限配合，即其延时只要按躲过断路器的跳闸时间与保护的返回时间之和来整定即可，通常取0.3～0.5s。当采用单母线分段或双母线时，延时可分两段，第一段以短时限动作于分段断路器或母线联络断路器，第二段经较长时限动作跳开有电源的出线断路器。

时间元件是断路器失灵保护的中间环节，可以每一断路器设一个，也可以几个断路器共用一个。对环形母线和一个半断路器接线的母线，必须每一断路器设一个时间元件。对并列运行的多母线，一般采取每一母线用一个时间元件，并且有两段时间，以较短时限跳母线联络断路器，以较长时间跳开其他有关断路器。为了提高装置的安全性，时间元件不是直接，而是与启动回路构成“与”回路后，启动出口继电器，以防止因单一时间元件故障造成整套装置误动作，但母线联络断路器可以直接跳闸，其原理接线如图9-17(a)所示；或者采用两个时间继电器，“与”回路启动出口继电器，如图9-17(b)所示。

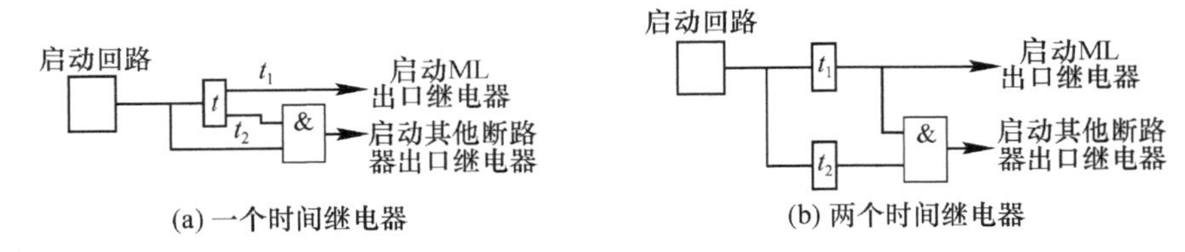

图9-17　断路器失灵保护的时间元件

3）出口跳闸回路采用触点串联输出

断路器失灵保护最后的也是最重要的环节是出口跳闸回路。要保证装置安全可靠，其出口回路除母线联络断路器以外，采用触点串联输出是最有效的办法之一。对分相操作的220kV以上断路器，其断路器失灵保护出口闭锁元件，允许按单相接地故障验算灵敏度。如果母线保护出口回路零序电压闭锁元件的定值能兼顾断路器失灵保护的要求，保证在各开关所属设备末端单相接地故障有1.2以上的灵敏度时，断路器失灵保护的出口回路可以与母线保护出口回路共用，如图9-18所示。

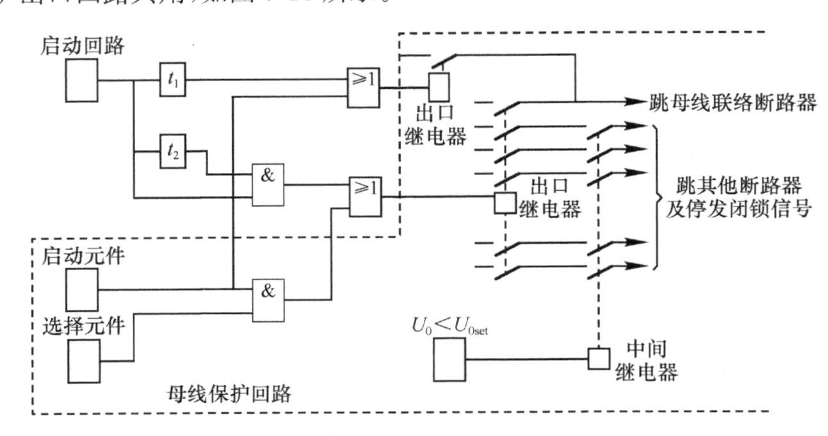

图9-18　断路器失灵保护与母线保护共用出口跳闸回路原理接线

若110kV三相操作断路器需要考虑相间故障的灵敏度。

如果双母线并列运行，并且经过验算，其断路失灵保护允许只跳母线联络断路器，则可以采用最简单的断路器失灵保护接线，如图 9-19 所示。两条母线共用一套断路器失灵保护，鉴别元件采用母线负序电压、零序电压和低电压继电器，当采用分相操作断路器时，才可以用变压器零序电流继电器。

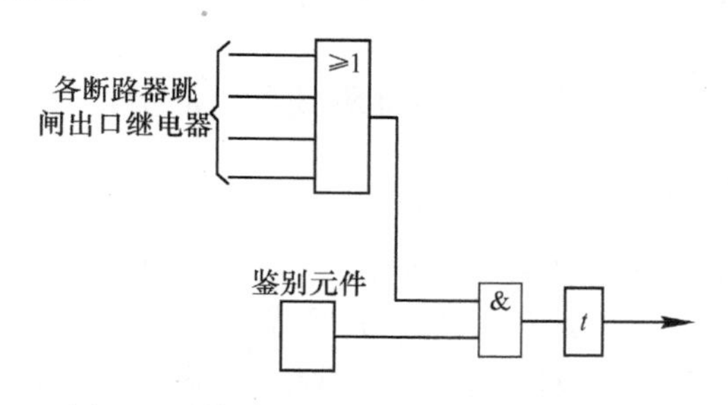

图 9-19　简单的断路器失灵保护原理接线

练习与思考

9.1　母线故障的原因有哪些？对系统有哪些危害？母线故障的保护方式有哪些？

9.2　简述母线差动保护的基本原则。

9.3　简述单母线完全电流差动保护的基本原理。

9.4　简述双母线上母线保护的配置。

9.5　简述电流比相母线保护。

9.6　何谓断路器失灵保护？在什么情况下要安装断路器失灵保护？

9.7　对断路器失灵保护的要求是什么？

第 10 章 高压电动机、电容器保护

10.1 电动机综合保护

10.1.1 电动机综合保护的配置

电动机作为主要用电设备广泛运行于发电厂和企业生产现场，数量大，使用面广，环境复杂。电动机发生故障时对系统运行一般不会造成太大影响，但会给生产带来较大损失。所谓电动机综合保护，是将保护功能与运行控制综合实施的保护装置。根据电动机功率的大小，综合保护的配置有所不同，对于中小功率电动机（2000kW 及以下）一般配有相电流续断、负序电流保护、接地保护、过热保护和长启动正序电流保护等元件。对大于 2000kW 以上电动机除配置上述元件外，还应配置差动保护。电动机差动保护的原理与实现和发电机差动保护相同，本章不再重复，仅将中小电动机综合保护整定计算简介于下。

10.1.2 相电流速断保护的整定计算

相电流速断保护适用于 2000kW 及以下高压电动机相间短路故障，其原理与线路保护相同。

1）速断电流高定值

由于电动机启动过程中的启动电流远大于正常运行时的额定电流，因此在启动过程中又发生相间故障的相电流速断保护必须按躲过电动机最大启动电流整定。

$$I_{set,h} \geqslant k_{rel} k_{st} I_N \tag{10-1}$$

式中，k_{st} 为启动电流倍数，取 7；k_{rel} 为可靠系数，取 1.5；I_N 为电动机二次额定电流。

显然此定值较大，故称作高定值。当作为电动机正常工作时的相间故障保护时，灵敏度极低或没有灵敏度，不能满足要求。

2）速断电流低定值

电动机启动过程结束进入正常工作状态后，为了提高保护的灵敏度，必须调低电流速断保护的动作值。按此原则整定的动作值，称作速断电流低定值。根据连接电动机的开断设备的不同，低定值也应有区别。

（1）对真空断路器或油断路器，按躲过母线出口三相短路时电动机的反馈电流计算。其暂态值可达 6.9 倍额定值，其整定应为

$$I_{set,l} = 0.8 I_{set,h} \tag{10-2}$$

（2）对 F-C（接触器加熔断器）回路，由于接触器要等熔断器熔断后才能断开，因此速断保护具有 0.3～0.4s 的时延，暂态有所衰减，此时定值应为

$$I_{set,l} = 0.5 I_{set,h} \tag{10-3}$$

3）速断保护动作时限

（1）对真空断路器或油断路器，t_{set} = 0s。

（2）对 F-C 回路，应和熔断器的熔断时间配合。

如图 10-1 所示(图中 t_{set} 为动作时间),假如真空接触器允许切断电流一般为 3800A,允许短路电流为 0.9×3800=3420(A),若熔断器额定电流为 225A,则熔断时间为 0.1s。为了保证真空接触器安全动作,其时限应整定为 $t_{set}=0.3\sim0.4s$。

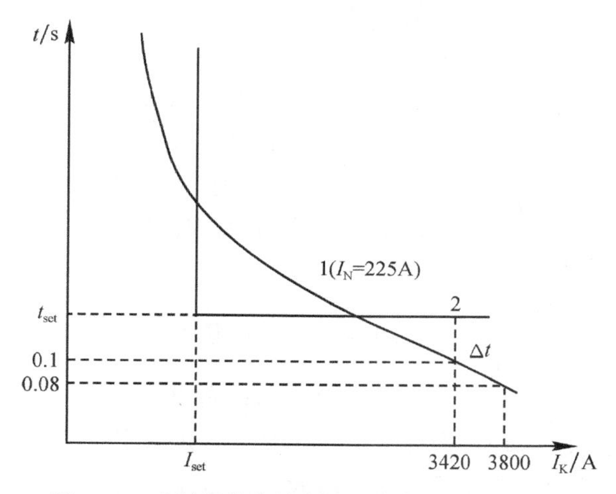

图 10-1　速断保护和熔断器熔断特性的配合曲线

4) 电动机启动时间

电动机启动时间按实测电动机的启动时间乘 1.1~1.2 倍。

10.1.3　反时限负序过流保护

1) 反时限负序过流保护定值

反时限负序过流保护的动作特性曲线如图 10-2 所示,图中 $I_{2,set}$、$t_{2,set}$ 分别表示负序过流动作电流和时间。负序过流作为电动机内部两相短路时电流速断的后备保护和电动机的缺相保护,根据开断设备的不同其定值也不同。

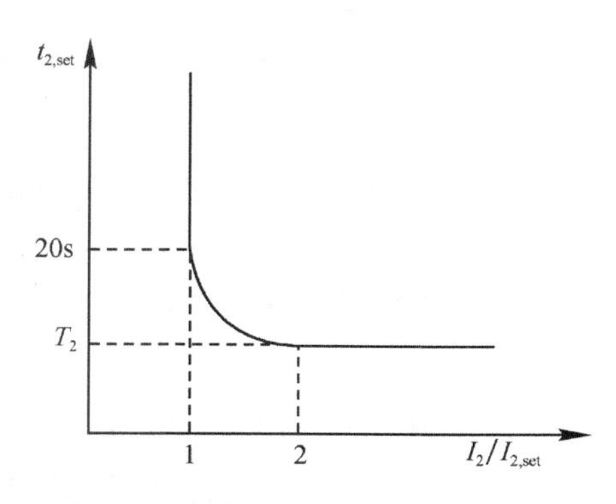

图 10-2　负序过流保护动作特性曲线

(1) 开断设备为断路器时可不考虑电动机的两相运行,只作为电动机内部两相短路时电流速断的后备保护,此时定值为

$$I_{2,set}\geqslant I_N \tag{10-4}$$

(2) 开断设备为 F-C 回路时,应考虑熔断器一相容断或接触器未能三相连跳,造成电动机两相运行,作为电动机的缺相保护其定值应为

$$I_{2,set}\geqslant(0.3\sim0.6)I_N \tag{10-5}$$

2) 负序过流保护动作时限整定

电动机在系统中的接线一般有如图 10-3 的形式。由于电动机作为最后一级负序电源,因此为了满足选择性要求应分别考虑与不同位置保护的配合。

(1) 按躲过区外两相短路时由电动机的负序反馈电流引起的误动以及与速断保护配合,其最大时限应为

$$t_{2,set}=t_{1,set}+\Delta t=(0\sim0.4)+0.4=0.4\sim0.8(s)$$

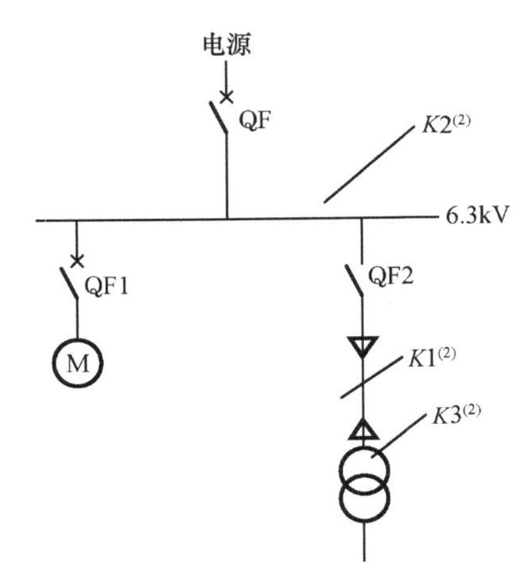

图 10-3　电动机一次接线原理

$t_{1,\mathrm{set}}$为断路器或 F-C 回路真空接触器动作时限。

(2) 和电源断路器切断母线两相短路的时间配合

母线装有快速备用电源自投切装置时不用考虑时限配合,若是慢速备用电源自动投切装置时,时限应整定为

$$t_{2,\mathrm{set}} = t_{0,\mathrm{set}} + \Delta t = (0.6 \sim 0.8) + 0.4 = 1 \sim 1.2(\mathrm{s})$$

$t_{0,\mathrm{set}}$为慢自投延时。

(3) 低压厂用变两相短路时可能由电源断路器的过电流保护切除,因此应与其配合,此时时限为

$$t_{2,\mathrm{set}} = 1.1 + \Delta t = 1.5 \sim 1.6(\mathrm{s})$$

10.1.4　过热保护

电动机因过负载、堵转、故障而出现正序电流、负序电流增大会使电动机发热,轻者损坏绝缘、影响出力,重者会烧毁电动机,因此需要装设反应正、负序电流的过热保护。其实质是先求等效发热电流,累积过热量再将其与允许过热量比较,判断是否应该动作。

1) 等效电流

等效发热电流可按式(10-6)进行计算。

$$I_{\mathrm{eq}} = \sqrt{K_1 I_1^2 + K_2 I_2^2} \tag{10-6}$$

式中,$K_2=6$;在启动时间内 $K_1=0.5$,启动结束后 $K_1=1$;I_1 为正序电流;I_2 为负序电流。

2) 积累过热量

电动机累积过热量可按式(10-7)计算

$$\theta_{\Sigma} = \sum [I_{\mathrm{eq}}^2 - (1.05 I_{\mathrm{N}})^2] \Delta t \tag{10-7}$$

式中,Δt、I_{N} 分别为累计过热时间和电动机额定电流。

3) 允许过热量

允许过热量可按式(10-8)计算

$$\theta_{\mathrm{T}} = I_{\mathrm{N}}^2 T_{\mathrm{fr}} \tag{10-8}$$

式中,T_{fr}为电动机发热时间(s)。

4) 电动机累计过热程度及动作判据

累计过热程度可按式(10-9)计算

$$\theta_{\mathrm{r}} = \frac{\theta_{\Sigma}}{\theta_{\mathrm{T}}} \tag{10-9}$$

当 $\theta_{\mathrm{r}}=0$ 时表明无过热;当 $\theta_{\mathrm{r}}=1$ 时表明电动机已过热,保护应动作。即动作判据为

$$\theta_{\mathrm{op}} = \theta_{\mathrm{r}} \geqslant 1$$

5) 过热保护动作的时间

过热保护动作的时间可由式(10-10)确定,即时限整定为

$$t_{\mathrm{set}} = \frac{T_{\mathrm{fr}}}{I_{\mathrm{eq}}/I_{\mathrm{N}}} \tag{10-10}$$

式中，$T_{fr}=\frac{150\theta_N}{1.05J_N^2}\left(\frac{\theta_M}{\theta_N}-1\right)$；$\theta_N$ 为电动机额定温升(K)；θ_M 为电动机材料极限温升(K)；J_N 为绕组额定电流密度(A/mm^2)。

10.1.5 长启动和正序电流保护

该保护作为电动机的长启动、堵转和过载保护。

1）电机启动的计算时间

前面提到过电动机的实际启动时间可以现场实际测得，这里我们由理论得到电动机启动的计算时间为

$$t_{js}=\left(\frac{I_{st,N}}{I_{st,M}}\right)^2 t_{yd} \tag{10-11}$$

式中，$I_{st,N}$为额定启动电流，一般为$(6.5\sim7)I_N$；$I_{st,M}$为实际启动电流；t_{yd}为允许堵转时间。

2）堵转长启动保护整定

电动机正常时，$t_{st}<t_{js}$启动过程就已结束，否则判为长启动，即当 $t_{st}>t_{js}$时为长启动。

当 $t_{st}<t_{js}$但 $I_{max}>1.125I_{st,N}$时，认为电动机发生堵转，保护应动作，I_{max}为最大相电流。

3）堵转时间整定

堵转时间整定按在过热保护动作的时间基础上乘 1.2 的可靠系数，即堵转时间整定为

$$t_{st,N}=1.2t_{set} \tag{10-12}$$

4）启动过程结束后正序电流保护整定

该保护与线路过负荷保护原理相同，作为电动机的非正常运行状态保护，其正序过负荷电流整定为

$$I_{1,set}\geqslant 1.3I_N \tag{10-13}$$

5）正序过负荷电流保护动作时限整定

按躲过自启动时间和允许过负荷时间考虑，取二者之大者，一般可取

$$t_{1,set}=30s$$

10.2 电力电容器保护

电力电容器主要作为中低压电网无功补偿设备广泛应用于降压变电站和企业供、用电系统。电容器无功补偿主要有动态补偿和静止补偿两种方式，下面仅对静补电容器保护做简单介绍。

电力电容器主要配有电流保护，电压保护和零序电流、电压保护等。

10.2.1 电容器的电流保护

电容器的电流保护主要有限时速断、过电流以及电容器的不平衡电流保护等，作为电容器相间短路故障时的主保护和后备保护。

1）电容器的限时电流速断保护

(1) 限时电流速断整定值计算。

电容器限时电流速断保护整定原则，按躲过电网瞬时过电压引起的冲击电流来整定，即动作电流

$$I''_{op} \geqslant K_{rel} I_{CN} / K_{re} \tag{10-14}$$

式中，可靠系数 K_{rel} 取 2～3；返回系数 K_{re} 取 0.8～0.95；额定电容电流为

$$I_{CN} = \frac{Q}{\sqrt{3} U_N \cdot n_{TA}} \tag{10-15}$$

Q 为电容的额定容量(kvar)。

(2) 限时电流速断保护的时限。

限时电流速断的延时按能躲过电容投入时冲击电流持续时间来整定，一般可取 0.10～0.20s。

(3) 限时电流速断的灵敏度检验。

限时电流速断灵敏系数为

$$K''_{sen} = \frac{I^{(2)}_{K,min}}{I''_{op}} \tag{10-16}$$

式中，外部相间短路的最小短路电流为

$$I^{(2)}_{K,min} = \frac{\sqrt{3}}{2} \cdot \frac{E_s}{Z_s + Z_T} \tag{10-17}$$

式中，E_s 为电源等效相电势；Z_s 为电源折合到低压侧的等效相阻抗；Z_T 为变压器折合到低压侧的等效相阻抗。

根据规程规定要求 $K''_{sen} \geqslant 2$。

2) 电容器的过电流保护

作为相间故障限时电流速断的后备保护。

(1) 过电流定值计算。

电容器的过电流保护按躲过电容器组的额定电流来整定，即保护动作电流为

$$I'''_{op} \geqslant \frac{K_{rel} K_{bw}}{K_{re}} I_N \tag{10-18}$$

式中，K_{bw} 为电流的纹波系数，取 1.2～1.25；返回系数 K_{re} 取 0.9～0.95；可靠系数 K_{rel} 取 1.5～2.5。

(2) 过流保护的延时计算。

按躲过电容投入时产生的冲击电流及电网瞬时过电压产生的冲击电流持续时间并与限时速断时限配合来整定，一般取

$$t'''_{op} = 0.2 \sim 0.5\text{s} \tag{10-19}$$

(3) 过流保护的灵敏度校验。

过流保护的灵敏系数可按式(10-20)求得

$$K'''_{sen} = \frac{\sqrt{3}}{2} \cdot \frac{I^{(3)}_{K,min}}{I'''_{op}} \tag{10-20}$$

式中，区外三相短路时的最小短路电流为

$$I^{(3)}_{K,min} = \frac{E_s}{Z_s + Z_T}$$

按规定要求灵敏系数 $K'''_{sen} > 1.25$。

3) 电容器的不平衡电流保护

不平衡电流保护用于双星形接线的电容器组，其原理接线如图 10-4 所示。

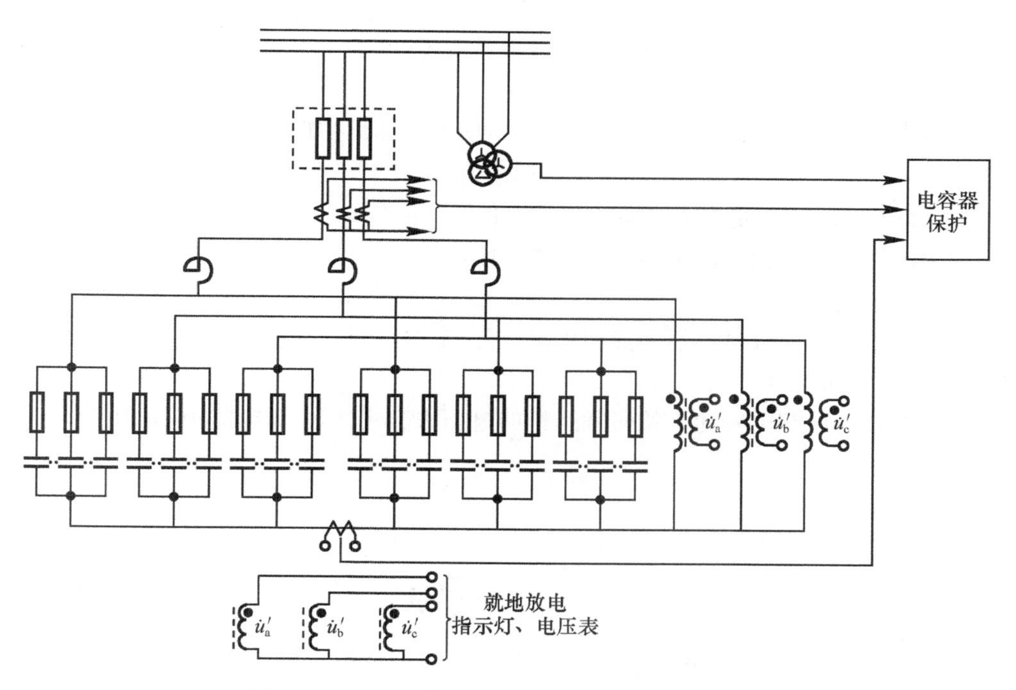

图 10-4　双星电容器不平衡电流保护原理接线图

(1) 不平衡电流整定值计算。

中性点不平衡电流保护按切除一定数量电容后的不平衡电流有一定的灵敏度，且能可靠地躲过正常运行时的不平衡电流来整定。即

$$I_{dsq}/K_{sen} \geqslant I_{op} \geqslant K_{rel} I_{dsq,0} \tag{10-21}$$

式中，灵敏系数 $K_{sen}=1.05\sim1.1$；可靠系数 $K_{rel}\geqslant1.5$；$I_{dsq,0}$ 为正常运行时的不平衡电流。

切除一定数量电容后的不平衡电流按式(10-22)计算，即

$$I_{dsq} = \frac{3mK \cdot I_{CN}}{6n(m-K)+5K} \tag{10-22}$$

式中，I_{CN} 为单台电容器的额定电流；m 为单台电容每串联段并联的电容器数；n 为单台电容串联的段数；K 为因击穿而切除的电容个数。

(2) 不平衡电流保护的延时整定。

中性点不平衡电流保护的延时仍按躲过电容投入的冲击电流和系统瞬时过电压引起的不平衡电流持续时间来整定，一般取 0.1～0.2s，即 $t=0.1\sim0.2$s。

微机式不平衡电流保护返回系数 K_{re} 可取 0.95～0.98。

10.2.2　电容器的电压保护

1) 电容器的欠压保护

在母线失压时应及时将电容切除，以防止电源进线重合闸使母线带电时，因电源电压与电容电压叠加，产生过大的冲击电流而损坏电容。因此应装设电容器欠电压保护。

(1) 欠电压保护定值。

定值按躲过电容所在母线所有线路中，线路末端短路时的最低母线电压来整定，即动作电压为

$$U_{op} \leqslant (0.3 \sim 0.5)U_N \tag{10-23}$$

(2) 欠压保护的延时。

与母线上元件过电流保护的最长时限配合，即欠压保护动作时限为

$$t_{op} = t'''_{op,max} + \Delta t$$

式中，$t'''_{op,max}$为同一母线上线路过流保护的最长时限。

微机欠电压保护返回系数 K_{re} 可取 1.05～1.1。

2) 电容器的过压保护

母线电压过高会导致电容器击穿而损坏，因此需装设过电压保护以防止事故发生。

(1) 过电压定值计算。

电容器的过电压按电容允许长时间运行的电压来整定。电容电感串的电压为

$$U = U_C\left(1 - \frac{X_L}{X_C}\right) \tag{10-24}$$

因此过电压保护的动作电压为

$$U_{op} \geqslant K_v\left(1 - \frac{X_L}{X_C}\right)U_{CN} \tag{10-25}$$

式中，K_v 为电容的过压系数，取 1.1；U_{CN}为电容电感串的电容器额定电压；X_C、X_L 分别为电容电感串的容抗和感抗。

(2) 过压保护的延时计算。

过电压定值按电容允许长时间运行的电压整定，因此，其延时可以较长，一般可达数十秒，但为保证在电压超过定值较多时不致损坏电容，其延时一般不应超过 60s。

微机过电压保护返回系数 K_{re} 可取 0.9～0.98。

(3) 闭锁电流的整定值计算。

在未装设电容器电压互感器时，电压取自母线。当电容未投入时，避免过电压保护误动，需要引入用于判别回路是否有电流的电流闭锁元件。在电流大于或等于(0.4～0.6)I_{CN}时投入过压保护。因此带有电流闭锁的过压保护动作条件为

$$\begin{cases} U_{op} \geqslant K_v\left(1 - \dfrac{X_L}{X_C}\right)U_{CN} \\ I_{op} \geqslant (0.4 \sim 0.6)I_{CN} \end{cases} \tag{10-26}$$

二者与的关系出口。

3) 不平衡电压保护

不平衡电压保护用以防止在 Y 形接线电容器组串联段中个别元件损坏切除后，其他电容承受过高电压而损坏。

如图 10-5 所示，不平衡电压取自高压侧接于电容相线端与其中性点的三绕组电压互感器的开口绕组。

(1) 不平衡电压的整定值计算。

不平衡电压的整定按躲过正常运行时因各相电容器误差而产生的不平衡电压，并因电容击穿熔丝熔断而切除若干小元件后，有一定的灵敏度而设定。

因电容击穿熔丝熔断而切除若干小元件后产生的不平衡电压可按式(10-27)计算，即

$$U_{dsq} = \frac{3K \cdot U_{CN}}{3n(m-K) + 2K} \tag{10-27}$$

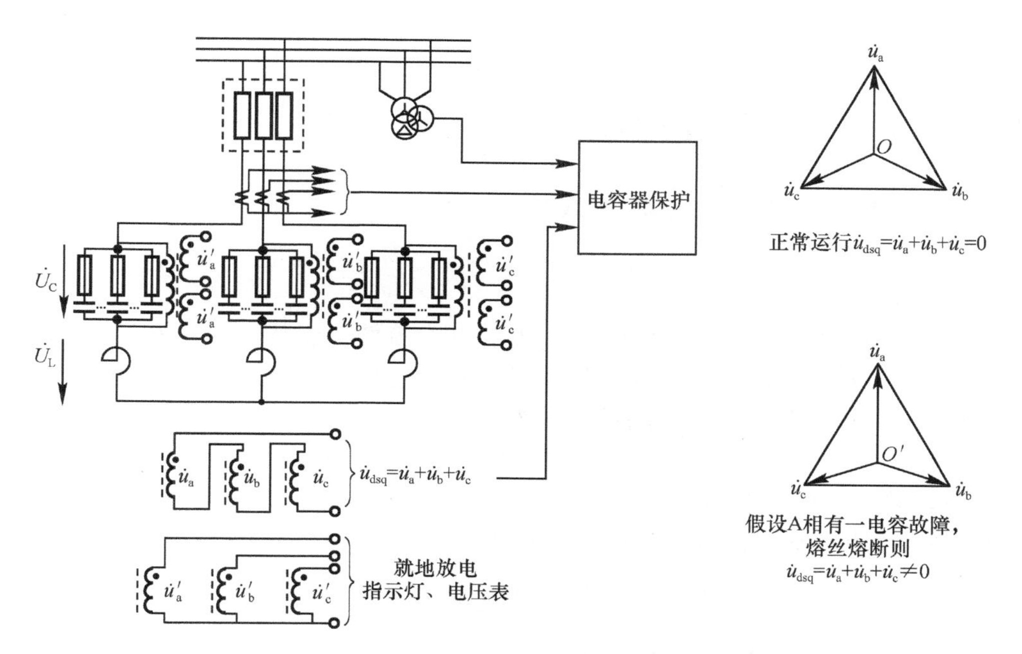

图 10-5　单星接线电容器不平衡电压保护与理接线图

式中

$$K=\frac{3mn(K_v-1)}{K_v(3n-2)}$$

其中，K 为某一段中切除并联电容器的个数；K_v 为电容的过压系数，由电容器生产厂提供，一般为 1.1～1.15；U_{CN}为电容电感串的电容器额定电压；m 为单台电容每串联段并联的电容器数；n 为单台电容串联的段数。

因此可得不平衡电压保护的动作电压方程为

$$U_{dsq}/K_{sen}\geqslant U_{op}\geqslant K_{rel}U_{dsq,0} \tag{10-28}$$

式中，$U_{dsp,0}$为正常运行时的不平衡电压；灵敏系数 $K_{sen}=1.05$～1.1；可靠系数 $K_{rel}\geqslant1.5$。

(2) 不平衡电压保护的延时。

可按躲过电容投入时或系统其他故障造成的瞬时不平衡电压持续时间来选取，一般取 0.1～0.2s。

10.2.3　零序电流、电压保护

电容器的零序电流、电压保护有两个作用，一是用于电容器组内个别元件损坏的保护，用以代替分组熔断器保护；二是用作电容的单相接地保护。

1. 零序电流保护

1) 零序电流整定值计算

(1) 用以代替分组熔断器，作为个别元件损坏的保护时，其动作零序电流为

$$I_{op,0}\geqslant0.15I_{CN} \tag{10-29}$$

式中，I_{CN}为电容器组的额定电流。

(2) 用作电容器的单相接地保护。

按电力系统规定，6～10kV 系统接地电流大于 20A 时，应设零序过流保护，因此，零序电流二次整定值为

$$I_{op,0} \geqslant \frac{20}{n_{TA,0}} \tag{10-30}$$

式中，$n_{TA,0}$为电容器组零序电流互感器变比。

2）时限整定

按与不平衡电流时限配合原则一般取 0.2～0.5s。

2. 零序电压保护

1）零序电压整定

零序电流保护加零序电压的目的是防止用三相电流叠加获得零序电流时，因 TA 断线造成误动，二者与的方式出口。因此，零序电压应按躲过正常运行时的不平衡电压来整定，一般取 5～20V，如采用零序电流互感器，可整定为 2～5V。即

$$U_{op,0} \geqslant 5 \sim 20V \quad 或 \quad U'_{op,0} \geqslant 2 \sim 5V$$

2）延时整定

零序过压保护的延时按与不平衡电压时限配合一般取 0.2～0.5s。

练习与思考

10.1　什么是异步电动机的综合保护？应配置哪些保护？

10.2　电流速断反应什么故障？为什么要考虑高、低定值？

10.3　负序电流保护有何作用？

10.4　电力电容器可能存在哪些故障？有何对策？

第 11 章　智能变电站继电保护新技术

11.1　智能变电站体系架构

变电是电力生产的重要环节之一，智能变电站是智能电网的重要组成部分。所谓智能变电站，就是采用先进、可靠、集成、低碳、环保的智能设备，以全站信息数字化、通信平台网络化、信息共享标准化为基本要求，自动完成信息采集、测量、控制、保护、计量和监测等基本功能，并可根据需要支持电网智能调节、在线分析决策、协同互动等高级功能，实现与相邻变电站、电网调度互动的变电站。

作为智能电网的一个重要节点，智能变电站以设备的智能化、数字化和高速网络通信平台为基础，对数字信息建立统一标准，实现站内外信息共享和互操作，具有“一次设备智能化、全站信息数字化、信息共享标准化、高级应用互动化”等重要特征。

智能变电站自动化的通信体系按“三层设备、两层网络”的模式设计，通过高速网络完成变电站的信息集成。全站的智能设备在功能逻辑上分为站控层设备、间隔层设备和过程层设备；三层设备之间用分层、分布、开放式的二层网络系统连接，即站控层网络、过程层网络；三层设备、两层网络之间的关系如图 11-1 所示。

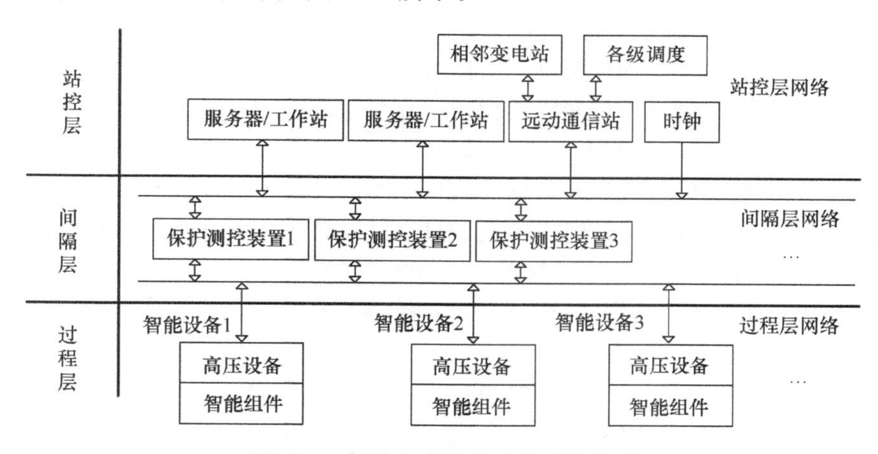

图 11-1　智能变电站自动化通信体系

智能变电站全站设置统一的站控层网络，站控层网络主要用于实现各设备之间的横向通信以及站控层与间隔层设备之间的纵向通信。智能化变电站的站控层网络通信是通过 DL/T860 标准(即 IEC 61850 标准)提供的特定通信服务映射(SCSM)技术映射到站控层网络的制造报文规范(MMS)来实现的。

过程层网络包括通用面向对象的变电站事件(GOOSE)网和采样值(SV)网。间隔层设备通过过程层 GOOSE 网实现本层设备之间的横向通信(主要是联闭锁、保护之间的配合等)、通过 GOOSE 网和 SV 网与过程层设备(智能终端、合并单元)实现纵向通信；间隔层的保护设备与过程层的智能终端、合并单元之间的通信采用交换机连接或设备通信接口直接连接方式，测控装置、故障录波等设备采用网络方式实现与过程层设备的通信。过程层网络带有鲜明的 IEC 61850 特点。无论是 SV 网还是 GOOSE 网络都对信息传输的实时性有很高要求，IEC 61850 提供的特定通信服务映射(SCSM)技术可以将过程层设备信息直接映射到网络的数据链路层，保证了信息传输的事实性。过程层网络的应用取代了常规电气一、二次设备间的控制电缆，将具有数字接口的智能一次设备纳入到全站的网络系统中来。

智能变电站分为过程层、间隔层和站控层。过程层包括变压器、断路器、隔离开关、电流/电压互感器等一次设备及其所属的智能组件以及独立的智能电子装置；间隔层设备一般指继电保护装置、系统测控装置等二次设备，实现使用一个间隔的数据并作用于该间隔一次设备的功能，即与各种远方输入/输出、传感器和控制器通信；站控层包括站级监视控制系统的站域控制、通信系统、对时系统等，实现面向全站设备的监视、控制、告警及信息交互功能，完成数据采集和监视控制(SCADA)、操作闭锁以及同步相量采集、电能量采集、保护信息管理等相关功能。

站控层功能宜高度集成，可用一台计算机或嵌入式装置实现，也可分布在多台计算机或嵌入式装置中。智能变电站数据源应统一标准，实现网络共享。智能设备之间应实现进一步的互联互通，支持采用系统级的运行控制策略。智能变电站自动化系统采用的网络架构应合理，可采用以太网、环形网络，网络冗余方式宜符合 IEC 61499 及 IEC 62439 的要求。

11.2 智能变电站继电保护系统

智能变电站继电保护与站控层信息交互采用 DL/T860(IEC 61850)标准，跳合闸命令和联闭锁信息通过 GOOSE 机制传输，电压电流量通过合并单元采集。智能变电站继电保护在提高保护智能化水平的同时，应满足“可靠性、选择性、灵敏性、速动性”的要求。智能变电站继电保护应直接采样，对于单间隔的保护应直接跳闸，涉及多间隔的保护(母线保护)宜直接跳闸。继电保护设备与本间隔智能终端之间通信应采用 GOOSE 点对点通信方式，继电保护之间的联闭锁信息、失灵启动等信息宜采用 GOOSE 网络传输方式。

过程层设备主要包括电子式/光学电流、电压互感器(统称非常规互感器)、合并器[或称合并单元(MU)]、智能一次设备等。现阶段由于技术层面的原因，智能开关由传统开关加智能终端方式来实现开关设备智能化，并采用互感器与合并器的输出相连完成与一些跨间隔合并器的数据传输。

智能变电站的过程层是一次设备与二次设备的结合面。过程层设备具有自我检测、自我描述功能，支持 IEC 61850 过程层协议，传输介质采用光纤传输。过程层的主要功能包括电力运行实时电气量检测、对运行设备状态进行参数检测、对操作控制进行执行与驱动等。

11.2.1 非常规互感器

电子式互感器根据采集单元传感头构成原理的不同，可分为有源式和无源式两大主要类型，如图 11-2 所示。

其中，有源电子式互感器的高压平台传感单元需要供电电源，利用传统电磁感应原理采集被测信号，包括基于 Rogowski 线圈和低功率铁心线圈的电流互感器，基于电容分压和电阻分压的电压互感器等。这类电子式互感器配有电子电路构成的高压侧电子模块，通过应用有源器件调制技术对采集输出信号进行滤波、积分处理及 A/D 转换，同时需要将电信号转换而来的数字信号经光纤传输系统送出。由于在变电站的强电磁场环境下，不可能采用

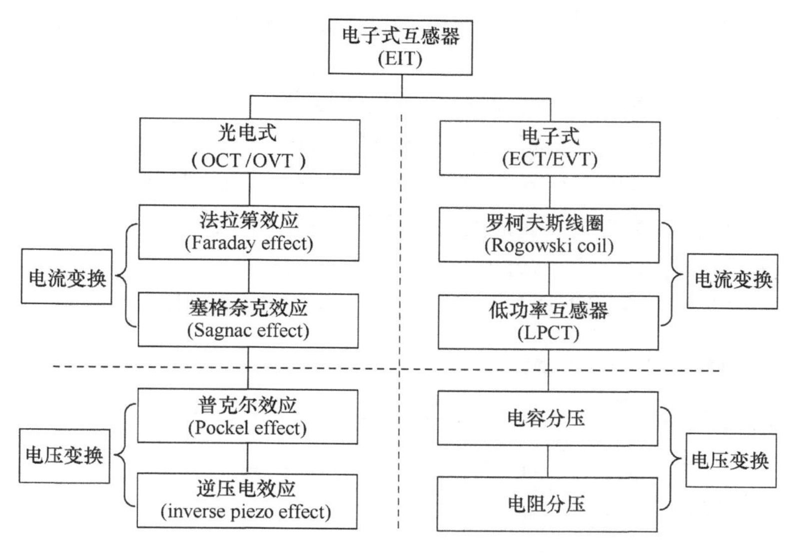

图 11-2　电子式互感器分类图

模拟电信号远距离传输，必须有调制电路将待传输信号转换为数字信号，因此需要工作电源。一次转换单元的供电方式有母线取能、激光供电、电容分压器取能、光电池供电等。目前，有源电子式互感器是数字化变电站中实用化程度最高的一类。

另一类为基于光学原理的无源电子式互感器，主要包括基于 Faraday 磁光效应的电流互感器和基于晶体 Pockel 电光效应的电压互感器。该类电子式互感器利用光在磁场或电场中的偏转，根据偏转角度间接折算出待测电气量。原理上无测量频带障碍，且不需要复杂的供能系统，采用光纤可直接将测量信号送出，使高压侧与低压侧处理单元完全隔离，尤其适合于超高压测量。其灵敏度高，绝缘性能好。但它的缺点是技术尚不成熟，光传感头性能不稳定，光学系统易受到多种环境因素的影响，存在长期运行可靠性问题，目前更多处于研制阶段。

有源和无源电子式互感器的应用，均使占地面积减少、成本大幅降低，简化了现场二次系统接线，是数字化变电站的发展方向。无源电子式互感器维护方便，测量品质优良，为独立配置互感器的理想方案。

11.2.2　合并单元

随着电子式互感器的应用，在试点过程中逐步成熟和普及，合并单元作为电子式互感器的一部分承担了智能变电站模型化数字传输的重要工作，也承担了一些相应的同步、积分等算法工作，在有些场合合并单元也可能以一个独立设备的方式存在。国家电网公司在推进智能变电站的过程中，由于电子式互感器的应用可靠性以及成本等多方面的原因，传统互感器配上合并单元来实现智能变电站也将是一种技术方案。

合并单元也称合并器，合并器是对传感模块传来的三相电气量进行合并和同步处理，并将处理后的数字信号按特定的格式提供给间隔层设备使用的装置。合并器的输出格式符合 IEC 60044-8、IEC 61850-9-1、IEC 61850-9-2 要求。合并器具有的基本功能如下。

(1) 接收传统互感器的模拟信号，进行 A/D 转换。

(2) 以光能量形式为电子式互感器采集器提供工作电源。

(3) 可接收来自多路电子式互感器采集器的采样光信号，汇总之后按照 IEC 61850 规定以光信号形式对外提供采集数据。

(4) 接收来自站级或继电保护装置的同步光信号，实现采集器间的采样同步功能。

一般来讲，合并器的配置方案将决定系统的安全性与可靠性，配置原则是保证一套系统出问题不会导致保护误动，也不会导致保护拒动。电子式互感器的就地采集单元的二次转换模块需要冗余配置，转换器中电流需要冗余采样，分别用于测量、保护启动和保护动作，数据合并器冗余配置，并分别连接冗余的电子式互感器模块。

合并器可以安装在开关附近或保护小室。合并器的汇总输出功能如图 11-3 所示。

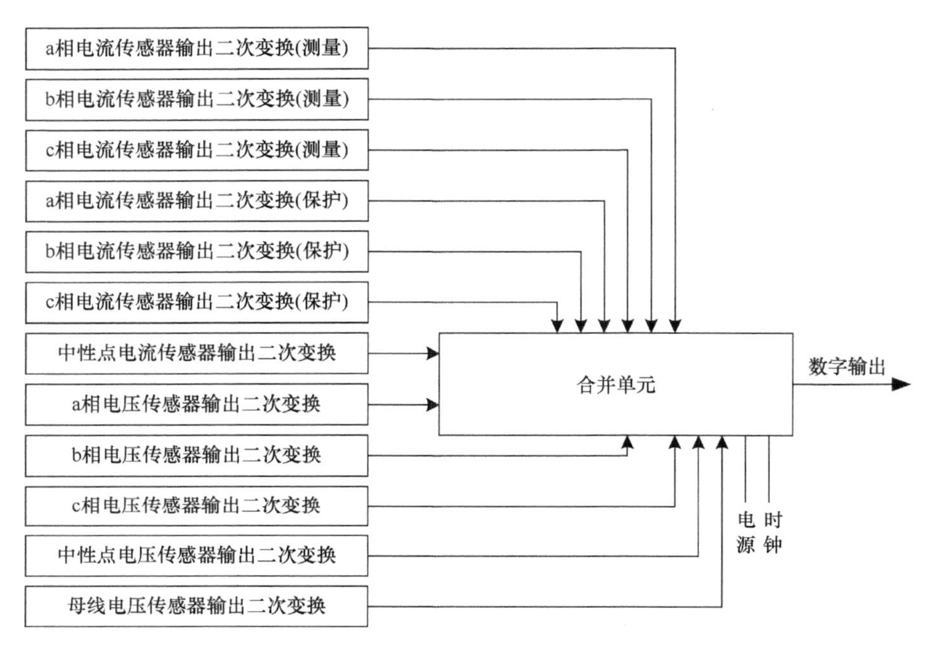

图 11-3　合并器的汇总输出功能示意图

图 11-3 中，7 个电流互感器包括 3 个测量 ECT、3 个保护 ECT 和一个中性 ECT；5 个电压互感器包括 3 个保护和 3 个测量 EVT、1 个母线 EVT 和 1 个中性 EVT。它们都能够连接在合并器上，然后这个合并器通过多路点对点连接或组网方式为二次设备提供一组时间一致的电流和电压数据。数字信号传输使测量中的 A/D 转换没有附加的误差，测量精度完全取决于电流传感器的输出。而合并器的关键在于要在尽量短的时间内将多路的输入进行时间同步，并将组织好的数据转发至保护和测控装置。特别是保护装置对数据处理的延时和数据的同步要求很高，如果出现数据不同步或者延时过长就会导致保护误动或拒动，造成事故范围扩大，影响电网的安全稳定运行。

11.2.3　智能操作箱

高压断路器二次技术的发展趋势是用微电子、计算机技术和新型传感器建立新的断路器二次系统，开发具有智能化操作功能的断路器。其主要特点是：由电力电子技术、数字化控制装置组成执行单元，代替常规机械结构的辅助开关和辅助继电器；可按电压波形控制跳、合闸角度，精确控制跳、合闸过程的时间，减少瞬间过电压、电流幅值。断路器操作所需的各种信息由装在断路器设备内的数字化控制装置直接处理，使断路器装置能独立地执行其当地功能，而不依赖于站控层的控制系统。新型传感器与数字化控制装置相配合，独立采集运行数据，可检测设备缺陷和故障，在缺陷变为故障之前发出报警信号，以便采取措施避免事故发生。智能操作箱的硬件框图如图 11-4 所示。

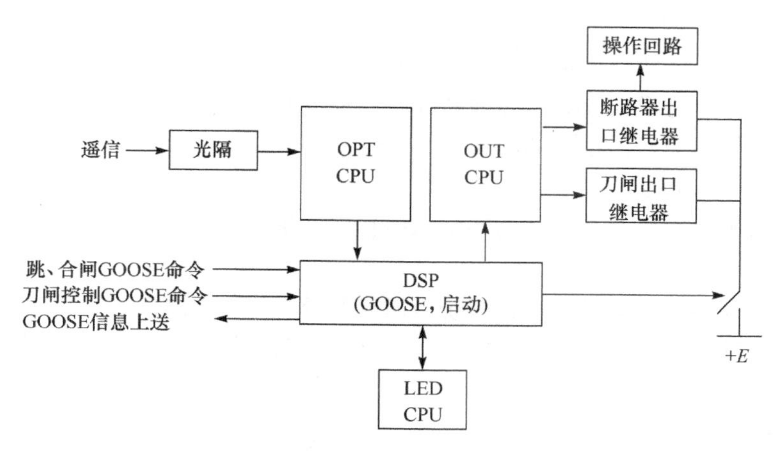

图 11-4　智能操作装置通用硬件框图

智能断路器实现了电子操动，变机械储能为电容储能，变机械传动为变频器经电动机直接驱动，机械运动部件减少到一个，机械系统的可靠性提高；智能断路器具有数字化的接口，可以将位置信息、状态信息、分合闸命令通过网络方式传输。

由于智能断路器控制电子电路的寿命、可靠性等关键技术的工程化应用有待突破，目前智能断路器实现方式上主要采用智能操作箱＋传统断路器的模式。所谓智能操作箱是在现有断路器的基础上引入智能控制单元，它由智能识别、数据采集和调节装置 3 个基本模块构成。

智能识别模块是智能控制单元的核心，由微处理器系统构成，能根据操作前所采集到的电网信息和主控室发出的操作信号，自动识别操作时断路器所处的电网工作状态，根据对断路器仿真分析的结果决定合适的分合闸运动特性，并对执行机构发出调节信息，待调节完成后再发出分合闸信号。

数据采集模块主要由新型传感器组成。执行机构由可接收定量控制信息的部件和驱动执行器组成，用来调整操动机构的参数，以便改变每次操作时的运动特性。

此外，还可根据需要加装显示模块、通信模块以及各种检测模块，以扩大智能操作断路器的智能化功能。

智能断路器技术的进一步发展就是将非常规互感器、间隔内的隔离开关、接地刀闸等一次设备及其相应控制装置有机地组合和集成，这种集成装置可称为组合电器系统。按照互感器的使用可以分为基于 ECT/EVT 和 OCT/OVT 的组合电器，这种形式能够大幅度减少土地占用、减少寿命周期成本。在国外，组合电器系统的使用已经有了一定的运行经验。

11.3　智能变电站继电保护建模技术

11.3.1　IEC 61850 标准体系结构

IEC 61850 标准的目的既不是对在变电站运行的功能进行标准化，也不是对变电站自动化系统的映射分配进行标准化，而是尽最大可能地去使用现有的标准和被广泛接受的通信原理，通过对变电站运行功能进行识别和描述，分析运行功能对通信协议要求的影响(被交换的数据总量、交换时间约束等)，将应用功能和通信分开，对应用功能和通信之间的中性接口进行标准化，允许在变电站自动化系统的组件之间进行兼容的数据交换。

IEC 61850 标准包括以下十部分内容。

1. IEC 61850-1 标准整体介绍

该部分从整体上对 IEC 61850 标准系列的结构与框架进行介绍，还介绍了标准制定的方法以及标准如何适应通信技术的不断发展。

2. IEC 61850-2 术语

该部分给出了 IEC 61850 标准的特定术语集以及标准其他部分所用到的定义。

3. IEC 61850-3 总体要求

该部分详细介绍了变电站自动化系统对通信网络的总体要求，重点是对通信网络的质量要求还涉及了环境条件和辅助服务的指导方针，并根据其他的标准与规范，对相关的特定要求提出了建议。

4. IEC 61850-4 系统与项目管理

该部分介绍系统与项目管理的过程及其要求，包括以下几个方面。

(1) 工程过程及其支持工具。

(2) 整个系统及其智能电子设备(IED)的寿命周期。

(3) 开始于研发阶段终止于变电站自动化系统及其 IED 停产退出运行的质量保证。

5. IEC 61850-5 功能的通信要求与设备模型

该部分规范变电站自动化系统的通信要求与设备模型。在该部分中对功能的描述不是用于功能的标准化，而是为了区分变电站内 IED 之间的通信要求，其基本目的在于设备的相互作用中实现互操作性以及互换性。

6. IEC 61850-6 变电站自动化系统中 IED 的通信配置描述语言

该部分规定了用于描述 IED 的配置、参数、通信系统配置及它们之间关系的文件格式，其目标是以某种通用的语言，实现不同 IED 管理工具和系统管理工具之间信息的交互。

7. IEC 61850-7 变电站与馈线设备的基本通信结构

该部分包含以下四节内容。

(1) IEC 61850-7-1 原理和模型：介绍在 IEC 61850 使用到的建模方法、通信原理以及信息模型。

(2) IEC 61850-7-2 抽象通信服务接口(ACSI)：该节定义的抽象通信服务接口 ACSI，用于智能电子设备(IED)之间实现实时协作的变电站领域，并且独立于底层的通信系统。

(3) IEC 61850-7-3 公共数据类：定义了与变电站应用相关的公共属性类型和公共数据类，这些公共数据在 IEC 61850-7-4 中被使用，公共数据属性通过 IEC 61850-7-2 中定义的服务被访问。

(4) IEC 61850-7-4 可兼容逻辑节点类与数据类：定义与变电站相关的设备及功能的信息模型，特别是在 IED 间用于通信的可兼容逻辑节点名称和数据名称，包括逻辑节点与数据之间的关系。

8. IEC 61850-8-1 特殊通信服务映射(SCSM)到 MMS 及 ISO/IEC8802-3 的映射

该部分规范了通过局域网将 ACSI 的对象与服务映射到 MMS 以实现数据交换的方法。定义了如何利用 MMS 的概念、对象和服务来实现 ACSI 的概念、对象和服务，是实现互操作性和互换性的关键。

9. IEC 61850-9 特殊通信服务映射 SCSM

(1) IEC 61850-9-1 规范了以单向多路点对点方式实现间隔层与过程层之间的通信。该方式在第二版的 IEC 61850 标准中已经被取消。

(2) IEC 61850-9-2 规范了以 ISO/IEC 8802-3 方式实现间隔层与过程层之间的通信。该方式是以后发展的方向。

10. IEC 61850-10 一致性测试

为了保证通信数据的一致性,该部分定义了设备一致性测试的方法。

IEC 61850 与以往的通信协议不同的是,除了定义了变电站自动化系统的通信要求和数据交换外,还对整个系统的对象模型、通信网络结构、项目管理控制以及测试方法进行了全面的描述和规范。

11.3.2 智能变电站配置描述语言

智能电子设备 IEC 61850 第六部分规范了用来配置变电站 IED 的描述语言——变电站配置描述语言(Substation Configuration description Language,SCL)。

SCL 能够将 IED 配置描述传给通信和应用系统管理工具,也能够以某种兼容的方式将系统的配置描述传回 IED 配置工具。这样实现了配置数据可以在不同制造商提供的 IED 配置工具和系统配置工具之间相互交换。

SCL 语言是基于 XML 语言的。SCL 采用了 XML 语法格式、描述方法以及表达方式,根据变电站自动化系统的实际需要,对变电站系统及 IED 的数据模型、通信系统配置、运行参数以及拓扑关系等进行描述。其目标是以某种通用的语言,实现不同 IED 管理工具和系统管理工具之间信息的交互。

1. SCL 语言的形成

(1) DTD 文件:完成声明标记的任务,在 DTD 中定义了标签及其属性。

从理论上说,可以根据需要任意定义标签及属性,但实际中,DTD 的定义有很高的难度。制定 DTD 需要考虑标签的可用性、有效性、简洁性等。一般来说,根据良好的数据模型(schema)定义的 DTD 才是实际可用的。

SCL 语言的 DTD 文件是根据 IEC 61850 的规定定义的,其模型就是 IEC 61850-7 部分规定的变电站和线路设备数据模型。

在 IEC 61850-6 标准中给出了 SCL 语言的 DTD 文件的详细定义,即规定了 DTD 描述的有效标记及其属性。所有支持 IEC 61850 标准的装置都应该使用相同的 DTD 文件。

(2) XML 文件:采用 DTD 文件定义的标签,完成为文件(数据对象)置标的任务。XML 文件严格受定义的 DTD 约束,并严格受 XML1.0 规范的语法约束。无论是从物理结构上讲,还是从逻辑结构上讲,XML 文件都必须符合规范,才能被正确解释处理。

IEC 61850 标准没有规定功能,也没有规定功能的分配。各装置功能不相同,配置在 IED 上的逻辑节点(LN)也不同,所以配置数据的内容是不同的。

标准没有规定配置数据的内容,即没有规定 XML 程序中的 XML 文件。在标准中,根据 IEC 61850 标准定义的 DTD,形成的 XML 文件称之为 SCL 文件。

(3) 样式单:专门描述结构文档表现方式的文档。

样式单既可以描述这些文档如何在屏幕上显示,也可以描述它们的打印效果,甚至声音效果。样式单一般不包含在 XML 文档内部，而以独立的文档方式存在。

综上所述，SCL 语言就是不同的生产商的装置的配置工具都采用相同的 DTD 文件，形成装置 XML 描述文件(即 SCL 文件)。

2. SCL 语言的对象模型

SCL 语法除了遵守 XML 语言的语法外，还需要遵守 IEC 61850 规范的 SCL 标签的用法；语义只有通过引用的模型本身才能充分理解。无论是 SCL 语法还是 SCL 语义，都需要在具体的变电站结构、设备、通信系统中有实际的意义。标准第 7 部分规范的逻辑节点类中包含必选的、可选的和用户自定义的数据以及可选的服务。具体实现时，定义具体的 LN-Type，包括实际可用的数据和服务模板。

SCL 的对象模型如图 11-5 所示，这里包括了应用和通信两类信息。一方面，描述 IED 中所配置的逻辑装置，以及每个逻辑装置中所配置的逻辑节点；另一方面，逻辑装置被组织于服务器之下，服务器又通过访问点来访问，这样就将在通信模型和实现通信的装置模型之间建立了关联。该部分建立的 SCL 对象模型主要如下。

```
      http://www.iec.ch/61850/2003/SCL SCL.xsd">
4       <Header id="CB Controller" nameStructure="IEDName"/>
5       <!-- Model CB Controller captured at 08/30/2006_15:38:13.875 by IEDScout version 1.12 -->
6       <Communication>
7         <SubNetwork name="NONE">
8           <ConnectedAP iedName="OMIC1" apName="P1">
9             <Address>
17            <GSE ldInst="CB" cbName="gcST">
25          </ConnectedAP>
26        </SubNetwork>
27      </Communication>
28      <IED name="OMIC1" type="Circuit Breaker" manufacturer="OMICRON" configVersion="1.01">
29      <Services>
30        <DynAssociation/>
31        <GetDirectory/>
32        <GetDataObjectDefinition/>
33        <DataObjectDirectory/>
34        <GetDataSetValue/>
35        <SetDataSetValue/>
36        <DataSetDirectory/>
37        <ConfDataSet max="2"/>
38        <ReadWrite/>
39        <TimerActivatedControl/>
40        <ConfReportControl max="10"/>
41        <GetCBValues/>
42        <ConfLogControl max="10"/>
43        <GSEDir/>
44        <GOOSE max="10"/>
45        <GSSE max="10"/>
46        <FileHandling/>
47      </Services>
48        <AccessPoint name="P1">
49          <Server>
50            <Authentication none="true"/>
51            <LDevice inst="CB">
52              <LN lnType="LLN0_0" lnClass="LLN0" inst="">
83              <LN  lnType="GGIO_0" lnClass="GGIO" prefix="" inst="1">
109             <LN  lnType="LPHD_0" lnClass="LPHD" prefix="" inst="1">
145             <LN  lnType="XCBR_0" lnClass="XCBR" prefix="" inst="1">
208           </LDevice>
209         </Server>
210       </AccessPoint>
211     </IED>
212     <DataTypeTemplates>
392   </SCL>
```

图 11-5　SCL 的对象模型

(1) IED(智能电子装置)：变电站自动化系统中的物理装置，通过逻辑节点执行变电站自动化功能。IED 之间通过通信系统进行通信，在通信系统中，IED、子网之间的连接由访问点对象实现。

(2) Server(服务器)：IED 内的一个通信实体，可通过访问点对服务器中的逻辑装置和逻辑节点的数据进行访问。

(3) LDevice(逻辑装置)：是 IED 内的逻辑概念上的虚拟设备，汇集相关逻辑节点和数据集，为访问和引用数据进行通信提供便利。

(4) LNode(逻辑节点):是一个可被调用的最小子功能,提供分层引用一组或多组相关功能、子功能、数据和数据对象的手段。

(5) Data(数据):逻辑节点中的数据对象,由一个或多个数据项构成的结构,描述设备功能。数据对象可以分层,也可以多层嵌套。

11.3.3 智能变电站继电保护模型

对于智能变电站继电保护设备,我们常接触到三种文件——ICD、SCD、CID。

1. ICD模型文件

ICD模型文件分为四个部分:Header、Communication、IED和Data Type Templates。ICD模型的逻辑节点和数据对象类型具体规范参考规约IEC 618507-2和7-3部分。厂家通过自己的IED配置工具生成装置的ICD文件(为XML标准格式),如图11-6所示。ICD文件里描述装置的数据模型和能力:

(1) 装置包含哪些逻辑装置、逻辑节点。

(2) 逻辑节点类型、数据类型的定义。

(3) 数据集定义、控制块定义。

(4) 装置通信能力和参数的描述。

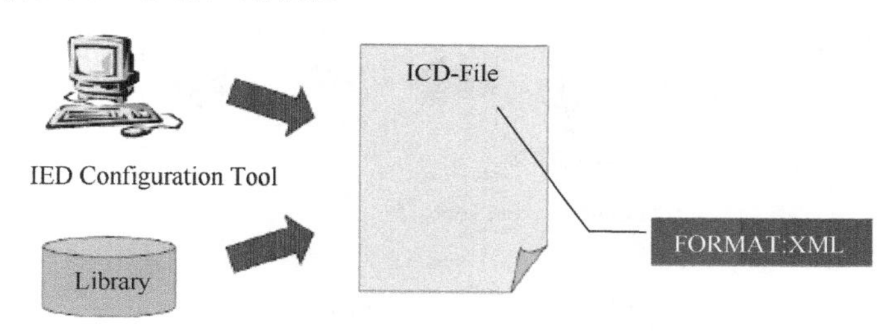

图11-6 ICD文件(为XML标准格式)的配置

ICD文件应包含模型自描述信息。如逻辑设备(LD)和逻辑节点(LN)实例应包含中文描述“desc”属性,实例化的数据对象实例(DOI)应包含中文“desc”和数据描述(dU)赋值。

ICD文件应按照工程远景规模配置实例化的DOI元素。ICD文件中DOI应包含中文的“desc”描述和dU属性赋值,两者应一致并能完整表达该数据对象具体意义。

ICD文件应明确包含制造商(manufacturer)、型号(type)、配置版本(configuration version)等信息,增加“铭牌”等信息并支持在线读取。

ICD文件中可包含定值相关数据属性如“units”、“stepSize”、“minVal”和“maxVal”等配置实例,客户端应支持在线读取这些定值相关数据属性。

2. SCD模型文件

以智能变电站各种类型二次设备的ICD文件和变电站的SSD文件为输入,通过SCD配置工具生成变电站的数据文件SCD文件,实施过程见图11-7。SCD文件应作为后台、远动以及后续其他配置的统一数据来源,应能妥善处理ICD文件更新带来的不一致问题,SCD文件信息包含:

(1) 变电站一次系统配置(含一二次关联信息配置)。

(2) 二次设备配置(包含信号描述配置、GOOSE信号连接配置)。

(3) 通信网络及参数的配置。

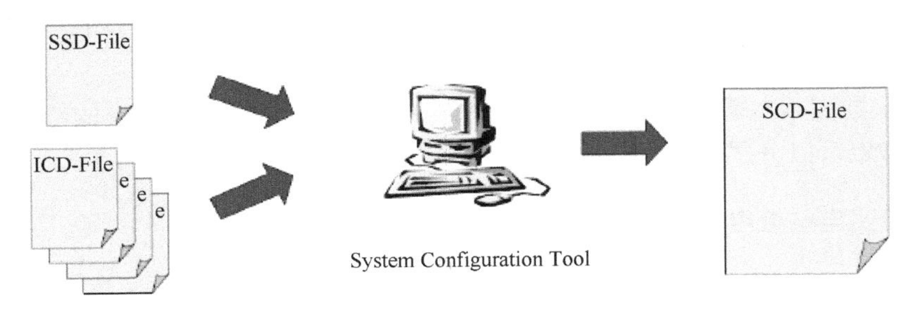

图 11-7　SCD 文件的配置过程

3. CID 模型文件

使用装置厂家工具从 SCD 文件中导出装置运行所需的 CID 文件和 goose. txt 文件，工程实施见图 11-8。CID 文件是 PowerPC 插件 IEC 61850 程序元件运行需要的信息，goose. txt 是 goose 插件的 goose 程序元件运行需要的信息，CID 文件信息包括：

(1) CID 文件中包含的实例化信息、数据模板信息和 ICD 文件中的信息一致。

(2) CID 文件中也有和 ICD 文件不同的特有信息，包含 SCD 文件中针对该装置的配置信息，配置信息包括 MMS 和 GOOSE 通信地址、IED 名称、GOOSE 输入等。

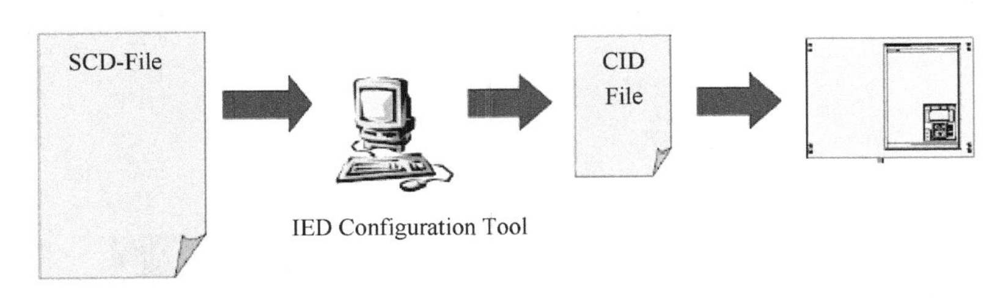

图 11-8　CID 文件的配置方法

CID 模型文件在智能变电站继电保护装置的解析流程如下。

(1) 读取(LD)名称(inst)，创建 LD 链表节点并加入 LD 链表，然后以 IEC 61850_LD_STRUCT 类型为其创建节点私有数据结构，用以存放 LD 名称。

(2) 遍历当前 LD 下面的 LN(inst)，用以创建模型链表；由于 CID 文件的 IED 部分仅存储(LD)类型和实例化的 DO，因此必须同步从 CID 文件的模板部分读取 LN，DO 和数据属性(DA)数据模板，以创建完整的模型链表。

① 解析 DA 时，先从 DA 得到功能约束集(FC)并在 LN 下创建 FC 链表，将该 DA 所属的 DO 加入该 FC 链表(如果有 SDO，还要将 SDO 节点挂在 DO 下)，然后才将 DA 挂在 DO 下并初始化其私有数据结构；

② 如果 LN 名称是 LLN0，还要解析数据集，报告控制块和定制控制块；

③ 每个 LN 解析完成后，要解析数据属性实例(DAI)的短地址(sAddr)，为每个最底层的节点(DA 或者 SDA)创建 UAPC_DATA_ITEM 结构并将其加入到 uapc_index 链表中。

4. 物理设备建模(IED)原则

一个物理设备，应建模为一个 IED 对象。该对象是一个容器，包含 Server 对象，Server 对象中至少包含一个 LD 对象，每个 LD 对象中至少包含 3 个 LN 对象：LLN0、物理信息节点(LPHD)及其他应用逻辑接点。

装置模型 ICD 文件中 IED 名应为“TEMPLATE”。实际工程系统应用中的 IED 名由系统配置工具统一配置。

1）服务器（Server）建模原则

服务器描述了一个设备外部可见（可访问）的行为，每个服务器至少应有一个访问点（Access Point）。访问点体现通信服务，与具体物理网络无关。一个访问点可以支持多个物理网口。无论物理网口是否合一，过程层 GOOSE 服务与 SV 服务应分别访问点建模。站控层 MMS 服务与 GOOSE 服务（联闭锁）应统一访问点建模。

支持过程层的间隔层设备，对上与站控层设备通信，对下与过程层设备通信，应采用 3 个不同访问点分别与站控层、过程层 GOOSE、过程层 SV 进行通信。所有访问点，应在同一个 ICD 文件中体现。

2）逻辑设备（LD）建模原则

逻辑设备建模原则，应把某些具有公用特性的逻辑节点组合成一个逻辑设备。LD 不宜划分过多，保护功能宜使用一个 LD 来表示。报告控制块（SGCB）控制的数据对象不应跨 LD，数据集包含的数据对象不应跨 LD。

逻辑设备的划分宜依据功能进行，按以下几种类型进行划分：

（1）公用 LD，inst 名为“LD0”；

（2）测量 LD，inst 名为“MEAS”；

（3）保护 LD，inst 名为“PROT”；

（4）控制 LD，inst 名为“CTRL”；

（5）GOOSE 过程层访问点 LD，inst 名为“PIGO”；

（6）SV 过程层访问点 LD，inst 名为“PISV”；

（7）智能终端 LD，inst 名为“RPIT”（Remote Process Interface Terminal）；

（8）录波 LD，inst 名为“RCD”；

（9）合并单元 GOOSE 访问点 LD，inst 名为“MUGO”；

（10）合并单元 SV 访问点 LD，inst 名为“MUSV”。

若装置中同一类型的 LD 超过一个可通过添加两位数字尾缀，如 PIGO01、PIGO02。

3）逻辑节点（LN）建模原则

需要通信的每个最小功能单元建模为一个 LN 对象，属于同一功能对象的数据和数据属性应放在同一个 LN 对象中。LN 类的数据对象统一扩充。统一扩充的 LN 类，见附录[①] A 和附录 B。

IEC 61850 标准、附录 A 和附录 B 中已经定义 LN 类而且是 IED 自身完成的最小功能单元，应按照 IEC 61850 标准、附录 A 和附录 B 建立 LN 模型；IEC 61850 标准、附录 A 和附录 B 中均已定义的 LN 类，应优先选用附录 A 和附录 B 中的定义；其他没有定义或不是 IED 自身完成的最小功能单元应选用通用 LN 模型（GGIO 或 GAPC），或按照本标准的原则扩充，如测控装置的断路器本体信号、主变本体信号和保护装置的非电量保护信号、稳控装置等。

4）逻辑节点类型（LNode Type）定义

（1）统一扩充的逻辑节点类及其数据对象类，见附录 A 和附录 B，逻辑节点类型中的数据对象排序应与附录一致。

---

① 这里的附录指的是国家电网公司标准《IEC 61850 工程继电保护应用模型》的附录，以下同。

(2) 其他逻辑节点类参照 IEC 61850 标准 7-4 部分，逻辑节点类型中的数据对象排序应与 IEC 61850 标准 7-4 一致。

(3) 自定义逻辑节点类型的名称宜增加“厂商名称_装置型号_模版版本_”前缀，厂商应确保其装置在不同型号、不同时期的模型版本不冲突。

5) 数据对象类型(DOType)定义

(1) 统一扩充的公用数据类，见附录 C。

(2) 装置使用的数据对象类型应按附录 D 统一定义，其中数据属性排序应与附录 D 一致。

(3) 附录 D 统一定义的数据类型中装置未实际映射的数据属性可不上送，同时应在装置模型实现一致性声明文件中说明。

(4) 附录 D 中无法表达的数据类型，各制造厂商需扩充时命名宜增加“厂商名称_装置型号_模版版本_”前缀，厂商应确保其装置在不同型号、不同时期的模型版本不冲突。

6) 数据属性类型(DAType)定义

(1) 公用数据属性类型不应扩充。

(2) 保护测控功能用的数据属性类型按附录 D 统一定义，不宜自定义，其中“BDA”排序应与附录 D 一致。

(3) 附录 D 中无法表达的数据类型，各制造厂商需扩充时命名宜增加“厂商名称_装置型号_模版版本_”前缀，厂商应确保其装置在不同型号、不同时期的模型版本不冲突。

7) LN 实例化建模原则

(1) 分相断路器和互感器建模应分相建不同的实例。

(2) 同一种保护的不同段分别建不同实例，如距离保护、零序过流保护等。

(3) 同一种保护的不同测量方式分别建不同实例，如相过流 PTOC 和零序过流 PTOC，分相电流差动 PDIF 和零序电流差动 PDIF 等。

(4) 涉及多个时限，动作定值相同，且有独立的保护动作信号的保护功能应按照面向对象的概念划分成多个相同类型的逻辑节点，动作定值只在第一个时限的实例中映射。

(5) 保护模型中对应要跳闸的每个断路器各使用一个 PTRC 实例，如母差保护按间隔建 PTRC 实例，变压器保护按每侧断路器建 PTRC 实例，3/2 接线线路保护则建 2 个 PTRC 实例。

(6) 保护功能软压板宜在 LLN0 中统一加 Ena 后缀扩充，具体见附录 A，停用重合闸、母线功能软压板与硬压板采用或逻辑，其他均采用与逻辑。

(7) GOOSE 出口软压板应按跳闸、启动失灵、闭锁重合、合闸、远传等重要信号在 PTRC、RREC、PSCH 中统一加 Strp 后缀扩充出口软压板，从逻辑上隔离相应的信号输出，具体见附录 A。

(8) GOOSE、SV 接收软压板采用 GGIO. SPCSO 建模。

(9) 站控层和过程层存在相关性的 LN 模型，应在两个访问点中重复出现，且两者的模型和状态应关联一致，如跳闸逻辑模型 PTRC、重合闸模型 RREC、控制模型 CSWI、联闭锁模型 CILO。

(10) 常规交流测量使用 MMXU 实例，单相测量使用 MMXN 实例，不平衡测量使用 MSQI 实例。

(11) 标准已定义的报警使用模型中的信号，其他的统一在 GGIO 中扩充，告警信号用 GGIO 的 Alm 上送，普通遥信信号用 GGIO 的 Ind 上送。

8）保护定值建模

（1）保护定值要求按照附录A统一扩充。保护定值应按面向LN对象分散放置，一些多个LN公用的启动定值和功能软压板放在LN0下。

（2）定值单采用装置ICD文件中定义固定名称的定值数据集的方式。装置参数数据集名称为dsParameter，装置参数不受SGCB控制；装置定值数据集名称为dsSetting。客户端根据这两个数据集获得装置定值单进行显示和整定。参数数据集dsParameter和定值数据集dsSetting由制造厂商根据定值单顺序自行在ICD文件中给出。定值数据集必须是FC＝SG的定值集合；参数数据集必须是FC＝SP的定值集合。

（3）保护当前定值区号按标准从1开始，保护编辑定值区号按标准从0开始，0区表示当前不允许修改定值。

9）LN实例化建模要求

（1）一个LN中的DO若需要重复使用时，应按加阿拉伯数字后缀的方式扩充。

（2）GGIO和GAPC是通用输入输出逻辑节点，扩充DO应按Ind1，Ind2，Ind3…；Alm1，Alm2，Alm3…；SPCSO1，SPCSO2，SPCSO3…的标准方式实现。

（3）DOI实例配置如遥测系数、遥控超时时间等应支持系统组态配置。

（4）突变量保护是普通保护的实例，如突变量差动保护是PDIF的实例、突变量零序过流保护是PTOC的实例、突变量距离保护是PDIS的实例等。

（5）比例制动差动保护和差动速断保护应分别建不同的实例。

（6）复压闭锁过流使用PVOC模型。

（7）过励磁保护使用PVPH模型。

（8）非电量信号宜使用GGIO模型。

（9）保护的启动信号建模应遵循如下要求：启动信号Str应包含数据属性“故障方向”，若保护功能无故障方向信息，应填“unknown”值；装置的总启动信号映射到逻辑节点PTRC的启动信号中；IEC 61850标准要求每个保护逻辑节点均应有启动信号，装置实际没有的可填总启动信号，也可不填；对于归并的启动信号，如后备启动，可映射到每个后备保护逻辑节点的启动信号上送，也可放在GGIO中上送。

（10）跳闸逻辑节点PTRC的动作信号Op是PTRC产生跳闸信号Tr的条件，保护功能逻辑节点与断路器逻辑节点XCBR之间应有逻辑节点PTRC。

（11）保护装置应包含PTRC模型实例，PTRC中的Str为保护启动信号，Op为保护动作信号，Tr为经保护出口软压板后的跳闸出口信号。

10）故障录波与故障报告模型

（1）故障录波应使用逻辑节点RDRE进行建模。保护装置只包含一个RDRE实例，专用故障录波器可包含多个RDRE实例，每个RDRE实例应位于不同的LD中。

（2）故障录波逻辑节点RDRE中的数据RcdMade，FltNum应配置到保护录波数据集中，通过报告服务通知客户端。

（3）保护装置录波文件存储于\COMTRADE文件目录中，波形文件名称为：IED名_逻辑设备名_故障序号_故障时间，其中逻辑设备名不包含IED名，故障序号为十进制整数，故障时间格式为年月日_时分秒_毫秒（北京时间），如20070531_172305_456。监控后台与保护信息子站等客户端应同时支持二进制和ASCII两种格式的COMTRADE文件。

（4）保护装置故障简报功能通过上送录波头文件实现，保护整组动作并完成录波后，通过报告上送故障序号FltNum和录波完成信号RcdMade，录波头文件放置于装置的

\COMTRADE目录下，文件名按录波文件名要求实现，客户端通过文件读取服务获得录波头文件，解析出故障简报信息。录波头文件统一采用 XML 文件格式，具体文件格式见附录 E。

(5) 专用故障录波器包含多个 RDRE 实例的情况下，每个 RDRE 的录波文件、故障简报存储目录为\LD\LD 实例名\COMTRADE。

5. GOOSE 建模

(1) ICD 文件中应预先定义 GOOSE 控制块，系统配置工具应确保 GOID、APPID 参数的唯一性。

(2) MAC-Address、APPID、VLAN-ID、VLAN-PRIORITY、MinTime、MaxTime 参数由系统组态统一配置，装置根据 SCD 文件的通信配置具体实现 GOOSE 功能。

(3) 装置(除测控联闭锁用 GOOSE 信号外)应在 ICD 文件中预先配置满足工程需要的 GOOSE 数据集，数据集应支持在工程中系统配置时修改、删除或增加成员。

(4) GOOSE 输入采用虚端子模型。GOOSE 输入虚端子模型为包含“GOIN”关键字前缀的 GGIO 逻辑节点实例中定义四类数据对象：DPCSO(双点输入)、SPCSO(单点输入)、ISCSO(整形输入)和 AnIn(浮点型输入)，DO 的描述和 dU 可以明确描述该信号的含义，作为 GOOSE 连线的依据。装置 GOOSE 输入进行分组时，可采用不同 GGIO 实例号来区分。

(5) 系统配置时在相关联逻辑设备下的 LLN0 逻辑节点中的 Inputs 部分定义该设备输入的 GOOSE 连线，每一个 GOOSE 连线包含了该逻辑设备内部输入虚端子信号和外部装置的输出信号信息，虚端子与每个外部输出信号为一一对应关系。Extref 中的 IntAddr 描述了内部输入信号的引用地址，应填写与之相对应的以“GOIN”为前缀的 GGIO 中 DO 信号的引用名，引用地址的格式为“LD/LN. DO. DA”。

6. GOOSE 告警

(1) GOOSE 通信中断应送出告警信号，设置网络断链告警。在接收报文的允许生存时间(Time Allow to live)的 2 倍时间内没有收到下一帧 GOOSE 报文时判断为中断。双网通信时需分别设置双网的网络断链告警。

(2) GOOSE 通信时对接收报文的配置不一致信息需送出告警信号，判断条件为配置版本号及 DA 类型不匹配。

(3) ICD 文件中应配置有逻辑接点 GOAlmGGIO，其中配置足够多的 Alm 用于 GOOSE 中断告警和 GOOSE 配置版本错误告警。GOOSE 告警模型应按 inputs 输入顺序自动排列，系统组态配置 SCD 时添加与 GOOSE 配置顺序一致的 Alm 的“desc”描述和 dU 赋值。

7. SV 建模

(1) ICD 文件中应预先定义 SV 控制块，系统配置工具应确保 SMVID、APPID 参数的唯一性。

(2) 各装置应在 ICD 文件中预先定义采样值访问点 M1，并配置采样值发送数据集。

(3) 通信地址参数由系统组态统一配置，装置根据 SCD 文件的通信配置具体实现 SV 功能。

(4) 采样值输出数据集应为 FCD，数据集成员统一为每个采样值的 i 和 q 属性。

(5) 合并单元装置应在 ICD 文件中预先配置满足工程需要的采样值数据集。

(6) 合并单元装置若需发送通道延时，宜配置在采样值数据集的第一个 FCD。若需发送双 AD 的采样值，双 AD 宜配置相同的 TCTR 或 TVTR 实例，且在采样值数据集中双

AD 的 DO 宜按“AABBCC”顺序连续排放。

(7) SV 输入采用虚端子模型。SV 输入虚端子模型为包含“SVIN”关键字前缀的 GGIO 逻辑节点实例中定义一类数据对象：AnIn(整形输入)，DO 的描述和 dU 可以明确描述该信号的含义和极性，作为 SV 连线的依据。装置 SV 输入进行分组时，可采用不同 GGIO 实例号来区分。

(8) MU 输出数据极性应与互感器一次极性一致。间隔层装置如需要反极性输入采样值时，应建立负极性 SV 输入虚端子模型。

(9) 在 SCD 文件中每个装置的 LLN0 逻辑节点中的 Inputs 部分定义了该装置输入的采样值连线，每一个采样值连线包含了装置内部输入虚端子信号和外部装置的输出信号信息，虚端子与每个外部输出采样值为一一对应关系。Extref 中的 IntAddr 描述了内部输入采样值的引用地址，应填写与之相对应的以“SVIN”为前缀的 GGIO 中 DO 信号的引用名，引用地址的格式为“LD/LN. DO”。

8. SV 告警

(1) 保护装置的接收采样值异常应送出告警信号，设置对应合并单元的采样值无效和采样值报文丢帧告警。

(2) SV 通信时对接收报文的配置不一致信息应送出告警信号，判断条件为配置版本号、ASDU 数目及采样值数目不匹配。

(3) ICD 文件中，应配置有逻辑接点 SVAlmGGIO，其中配置足够多的 Alm 用于 SV 告警，SV 告警模型应按 Inputs 输入顺序自动排列，系统组态配置 SCD 时添加与 SV 配置相关的 Alm 的 desc 描述和 dU 赋值。

9. 模型面向的逻辑节点应用

表 11-1 是 220kV 及以上电压等级的变压器保护模型主要面向的逻辑节点，其他电压等级参照执行。变压器保护应包含下列逻辑节点，其中标注 M 的为必选，标注为 O 的为根据保护实现可选。

表 11-1 变压器保护逻辑节点

功能类	逻辑节点	逻辑节点类	M/O	备注	LD
基本逻辑节点	管理逻辑节点	LLN0	M		PROT
	物理设备逻辑节点	LPHD	M		
差动保护	比率差动动作	PDIF	M		
	差动速断动作	PDIF	M		
	工频变化量差动	PDIF	O		
	零序差动保护	PDIF	M		
	分侧差动保护	PDIF	M		
高压侧后备保护	相间阻抗 1 时限动作	PDIS	M	500kV 变压器	
	相间阻抗 2 时限动作	PDIS	M		
	接地阻抗 1 时限动作	PDIS	M	500kV 变压器	
	接地阻抗 2 时限动作	PDIS	M		
	复压闭锁过流 Ⅰ 段 1 时限	PVOC	M	220kV 变压器	
	复压闭锁过流 Ⅰ 段 2 时限	PVOC	M		

续表

功能类	逻辑节点	逻辑节点类	M/O	备注	LD
高压侧后备保护	高压侧复压闭锁过流Ⅱ段	PVOC	M		PROT
	零序过流Ⅰ段1时限	PTOC	M		
	零序过流Ⅰ段2时限	PTOC	M		
	零序过流Ⅱ段	PTOC	M		
	间隙零序过压保护	PTOV	O		
	过负荷告警	PTOC	O		
中压侧后备保护	相间阻抗1时限动作	PDIS	M	500kV变压器	
	相间阻抗2时限动作	PDIS	M		
	接地阻抗1时限动作	PDIS	M		
	接地阻抗2时限动作	PDIS	M		
	复压闭锁过流Ⅰ段1时限	PVOC	M	220kV变压器	
	复压闭锁过流Ⅰ段2时限	PVOC	M		
	复压闭锁过流Ⅱ段	PVOC	M		
	零序过流Ⅰ段1时限	PTOC	M		
	零序过流Ⅰ段2时限	PTOC	M		
	零序过流Ⅱ段	PTOC	M		
	间隙零序过压保护	PTOV	O		
	过负荷告警	PTOC	O		
低压侧后备保护	过流1时限	PTOC	M	500kV变压器 220kV变压器， 可多个分支	
	过流2时限	PTOC	M		
	过流3时限	PTOC	O		
	复压闭锁过流1时限	PVOC	M		
	复压闭锁过流2时限	PVOC	M		
	复压闭锁过流3时限	PVOC	O		
	过负荷告警	PTOC	O		
公共绕组模块	中性点零流保护动作	PTOC	O		
	公共绕组过负荷告警	PTOC	O		
过励磁保护	定时限过励磁告警	PVPH	M	500kV变压器	
	反时限过励磁保护	PVPH	M		
辅助功能	跳闸逻辑	PTRC	M	可多个	
	故障录波	RDRE	M		
保护输入接口	电压互感器	TVTR	M	可多个	
	电流互感器	TCTR	M	可多个	
保护输入接口	保护开入	GGIO	M	可多个	
保护自检	保护自检告警	GGIO	M	可多个	
保护测量	保护测量	MMXU	M	可多个	
GOOSE和SV接口	管理逻辑节点	LLN0	M		PI0可选
	物理设备逻辑节点	LPHD	M		
	失灵联跳输入	GGIO	O		
	采样值输入	GGIO	O		
	断路器跳闸及起失灵出口	PTRC	M	可多个	

11.4 智能变电站继电保护GOOSE传输

IEC 61850-7-2定义的GOOSE服务模型使系统范围内快速、可靠地传输输入、输出数据值成为可能。在稳态情况下GOOSE服务器将稳定地以$T0$时间间隔循环发送GOOSE报文，当有事件变化时，GOOSE服务器将立即发送事件变化报文，此时$T0$时间间隔将被缩短；在变化事件发送完成一次后，GOOSE服务器将以最短时间间隔$T1$，快速重传两次变化报文；在三次快速传输完成后，GOOSE服务器将以$T2$、$T3$时间间隔各传输一次变位报文；最后GOOSE服务器又将进入稳态传输过程，以$T0$时间间隔循环发送GOOSE报文。

在GOOSE传输机制中，有两个重要参数State Number和Sequence Number，State Number(0～4294967295)反映出GOOSE报文中数据值与上一帧报文数据值是否有变化，Sequence Number(0～4294967295)反映出在无变化事件情况下，GOOSE报文发送的次数。

当GOOSE服务器产生一次变化事件时，State Number值将自动加1(到最大值后，将归0重新开始计数)，同时Sequence Number归0；当GOOSE服务器无变化事件时，State Number值将保持不变，在每发送一次GOOSE报文后，Sequence Number值将加1(到最大值后，将归0重新开始计数)

GOOSE服务器通过重发相同数据来获得额外的可靠性，比如通过增加SqNum和不同传输时间。

图11-9为GOOSE传输过程的示意图。

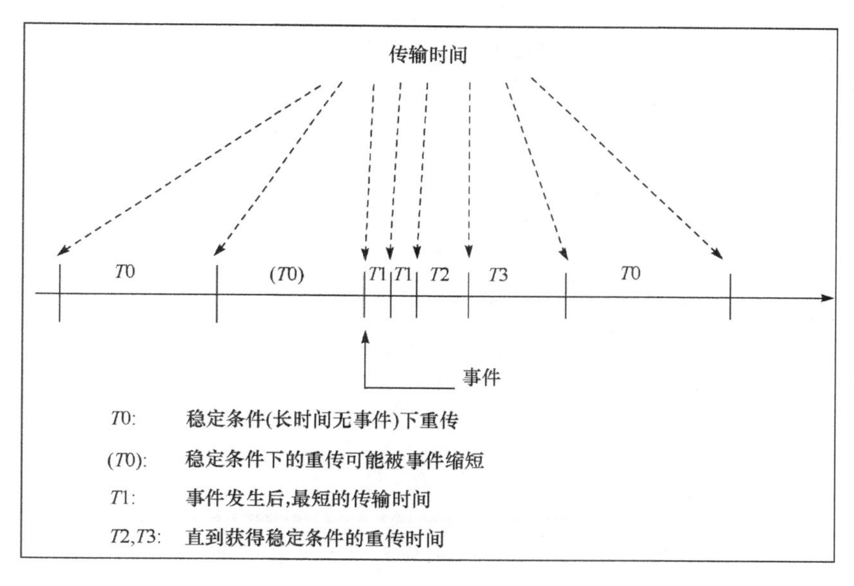

图11-9 GOOSE传输过程示意图

图11-10～图11-14以某距离保护A相跳闸为例演示了保护跳闸信号从动作到返回过程中Send GOOSE Message服务的报文时序。

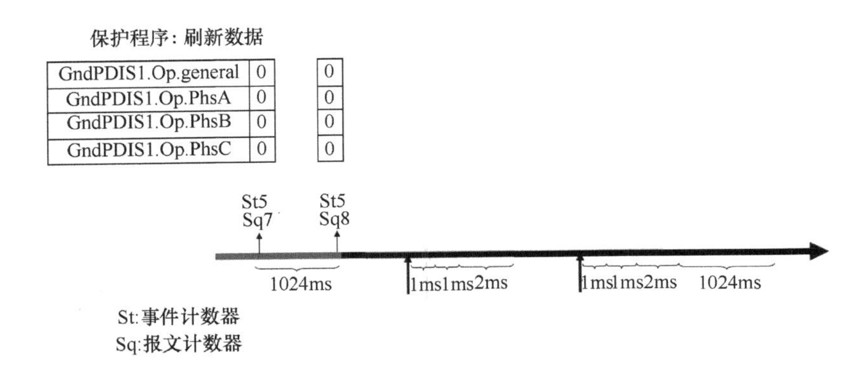

图 11-10　保护动作前数据重发

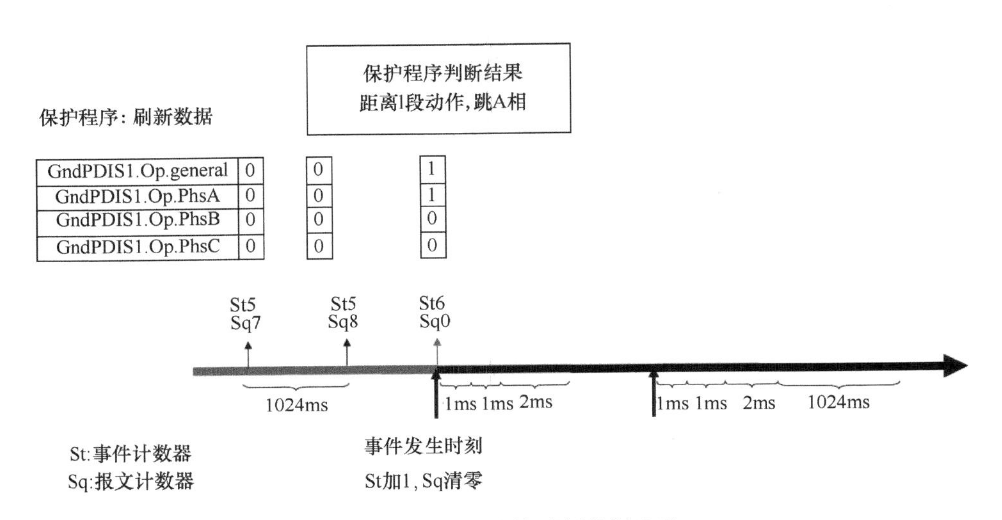

图 11-11　保护动作时刻数据发送

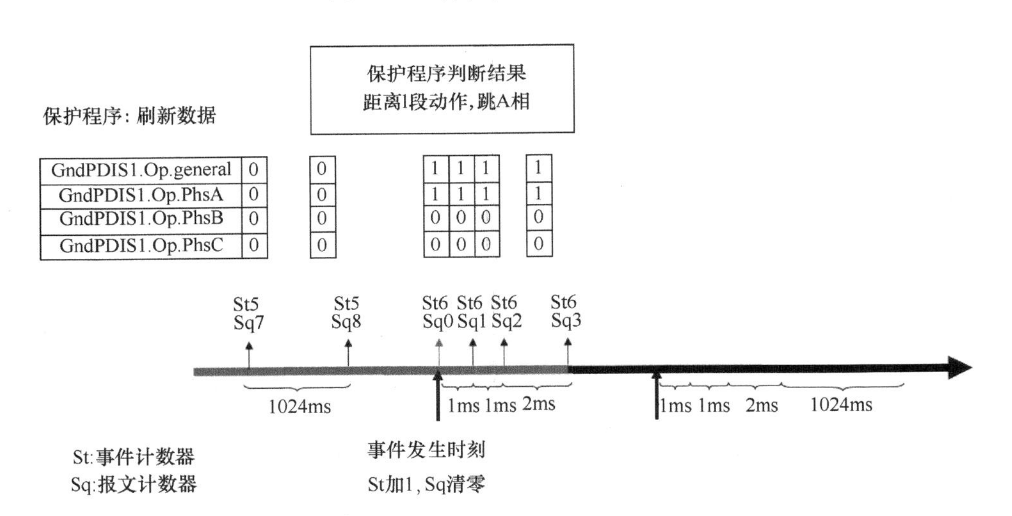

图 11-12　保护动作过程中数据重发

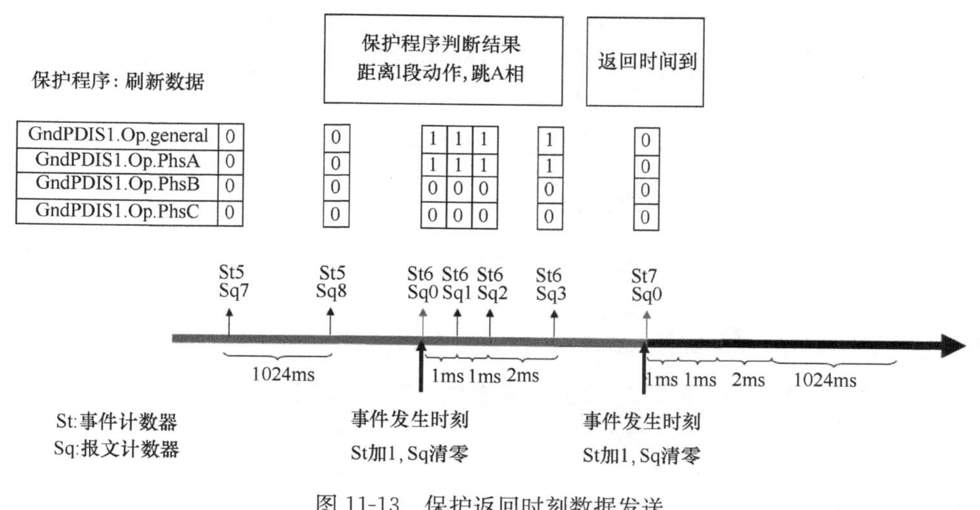

图 11-13 保护返回时刻数据发送

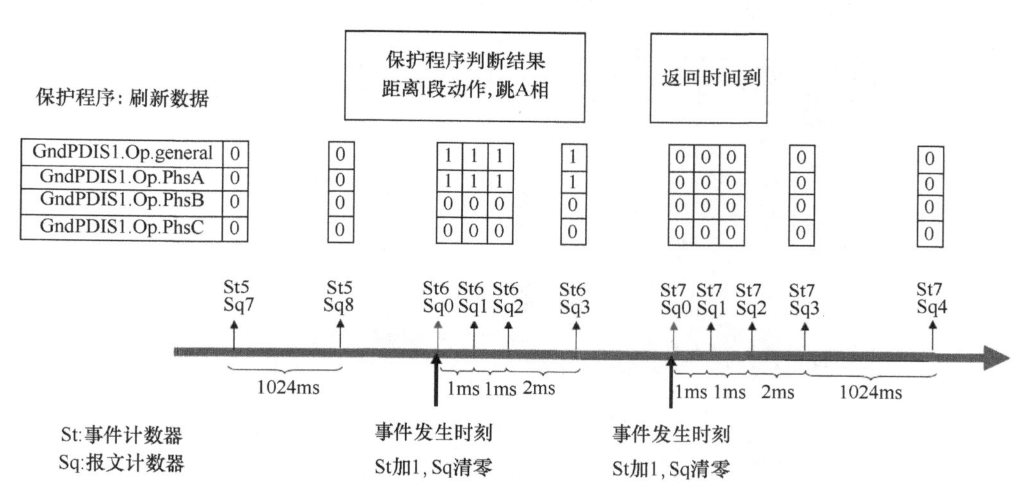

图 11-14 保护返回后数据重发

保护动作前，Send GOOSE Message 服务以最大重传时间间隔 $T0$(图中为 1024ms)重传报文，让接收方能检测到关联的存在，报文数据信息全部是 0，即保护不动作。重传报文时，事件计数器不变 StNum，报文计数器 SqNum 加 1。

保护动作时刻，Send GOOSE Message 服务立即发送变位报文，事件计数器不变 StNum 加 1，报文计数器 SqNum 清零。报文数据中距离保护总动作和 A 相动作信号为 1；B 相和 C 相动作信号为 0，表明此刻距离保护动作，故障相别为 A 相。

保护动作过程中，从事件发生时刻第一帧报文发出起，Send GOOSE Message 服务经过两次最短传输时间间隔 $T1$(图中为 1ms)重传两帧报文后，重传间隔时间逐渐加长直至最大重传间隔时间 $T0$(图中示例并未到 $T0$，保护就返回了，启动新的数据刷新报文)，保证了动作信息传递的实时性、可靠性。

保护返回时刻与保护动作时刻相似，Send GOOSE Message 服务立即发送变位报文，事件计数器不变 StNum 加 1，报文计数器 SqNum 清零。报文数据全为 0，表明此刻距离保护返回。

保护返回后，从返回时刻第一帧报文发出起，Send GOOSE Message 服务经过两次最短传输时间间隔 $T1$ 重传两帧报文后，重传间隔时间逐渐加长直至最大重传间隔时间 $T0$。

11.5 继电保护调试实例

11.5.1 测试仪 PNF800 的使用操作方法

下面以测试仪 PNF800 为例说明，使用其他测试仪的原理与之类似。

第一步，安装软件，这里不详述。

第二步，运行程序，显示如图 11-15 所示。

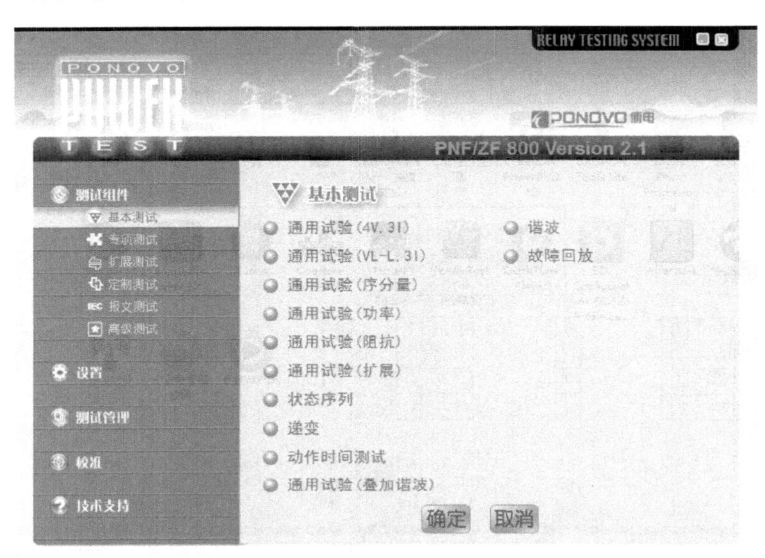

图 11-15 测试仪主界面

第三步，选择左侧的设置，选系统/IEC 配置，选“系统参数设置”，如图 11-16 所示。

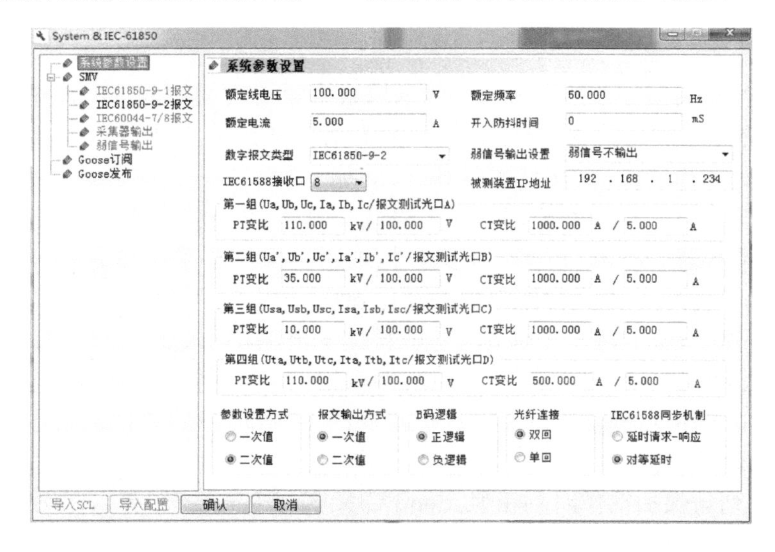

图 11-16 系统参数设置

其中在数字报文格式选择 IEC 61850-9-2，再修改相关参数以及 PT、CT 变比与现场实际一致（图示为示范），然后确定，注意调试装置网段，使你的电脑与调试仪器网段一致，如 192.168.1.xxx。总共可设 4 组变比，前四口尽量全作为输出 SV 采样。

第四步，选择“IEC 81850-9-2 报文”，单左下角“导入 SCL”（即导入 SCD），如图 11-17 所示。（注：SCD 为变电站的数字化映射）

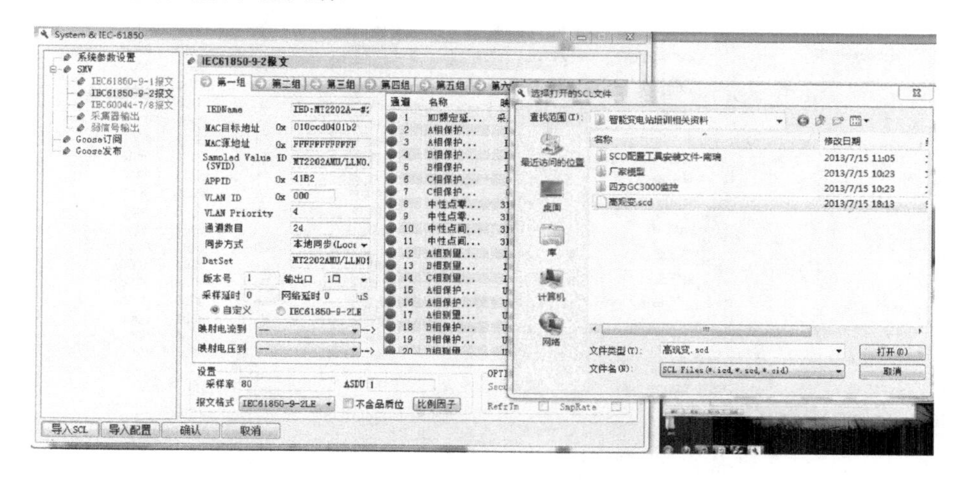

图 11-17　导入 SCL 文件

选择调试的设备，以母联保护为例，选择母联保护并打开，选择“SMV inputs”，并在 SMV 控制模块选择需要的采样内容打钩，或选母联合并单元，选择“SMV outputs”，最后确认如图 11-18 所示。

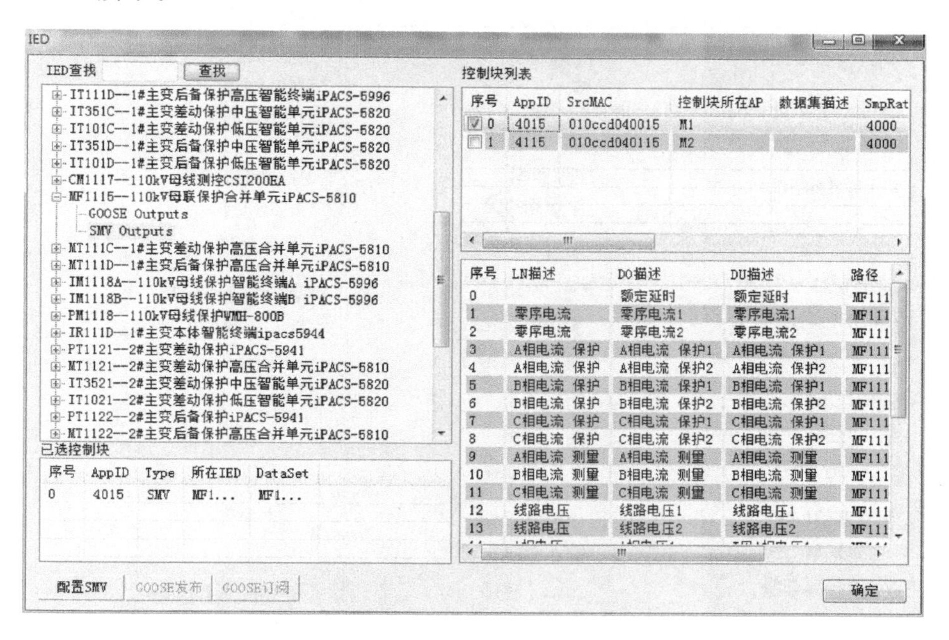

图 11-18　选择要导入的文件

这时，选择第一组数据，单击“配置 SMV”按钮，单击“确定”后退出该菜单栏，选 1 口输出即可。

看下 MAC、VLAN 等地址正确性，选择加的电流电压的映射和品质位，如图 11-19 所示。

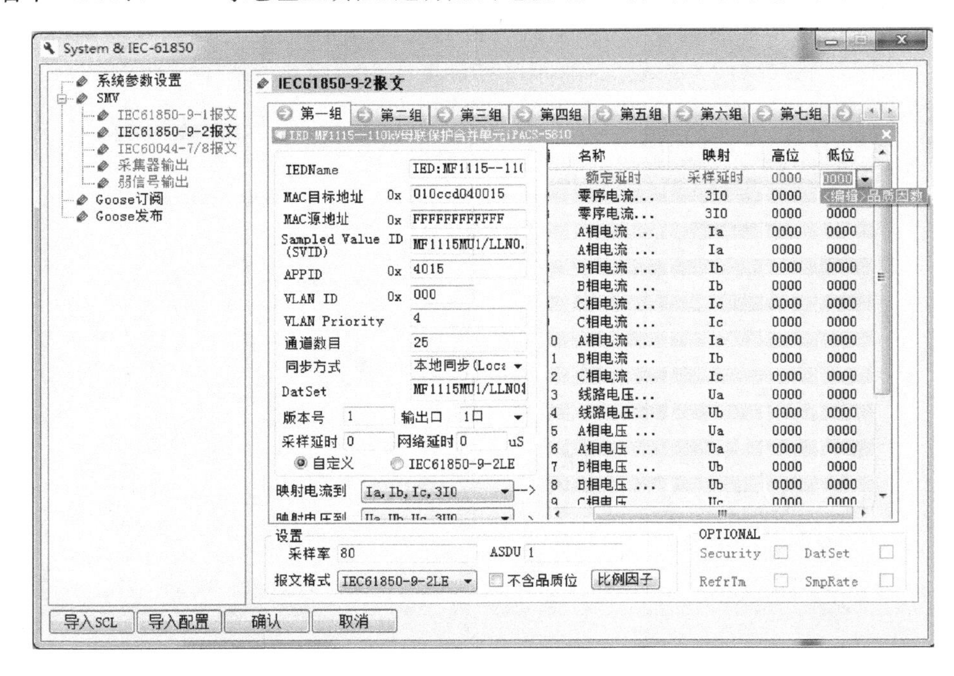

图 11-19　品质位设置

检修位直接在低位输 0800 即可，其他位定义如图 11-20 所示。

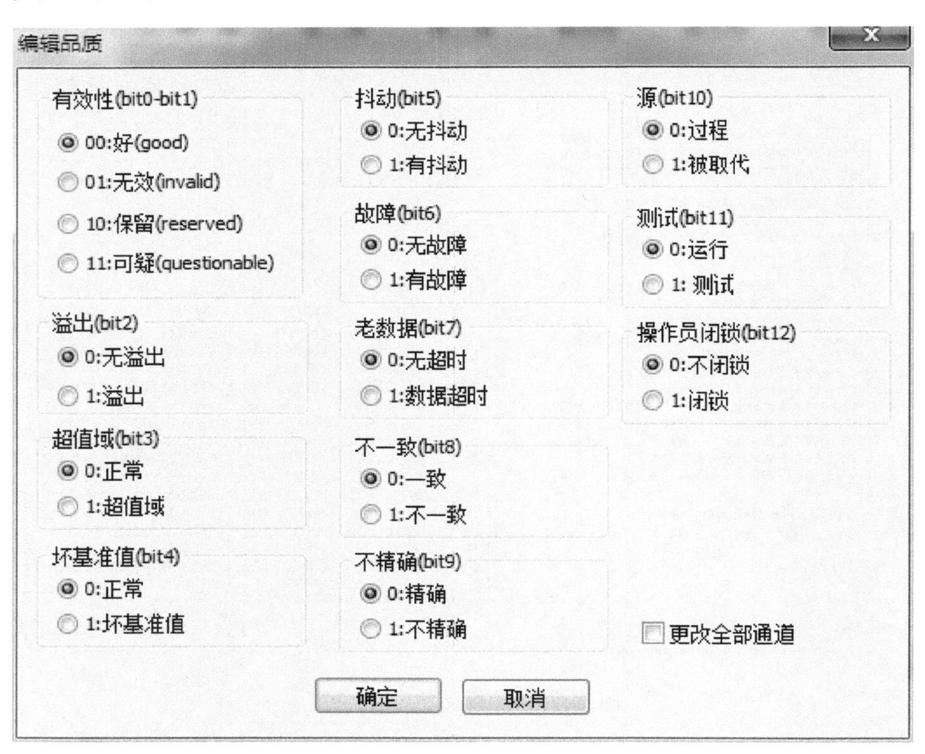

图 11-20　品质位定义

第五步，如果需要将测试仪信号开入保护装置的话，推荐选择 G5 组，光纤推荐接第五口，再选 GOOSE 发布，并同样导入 SCD 文件。

选择母联智能终端并打开，选择“GOOSE outputs”，并在 GOOSE 控制模块选择需要的开入内容打钩，选左下角的“GOOSE 发布”，最后确认，选第五口输出，如图 11-21 所示。

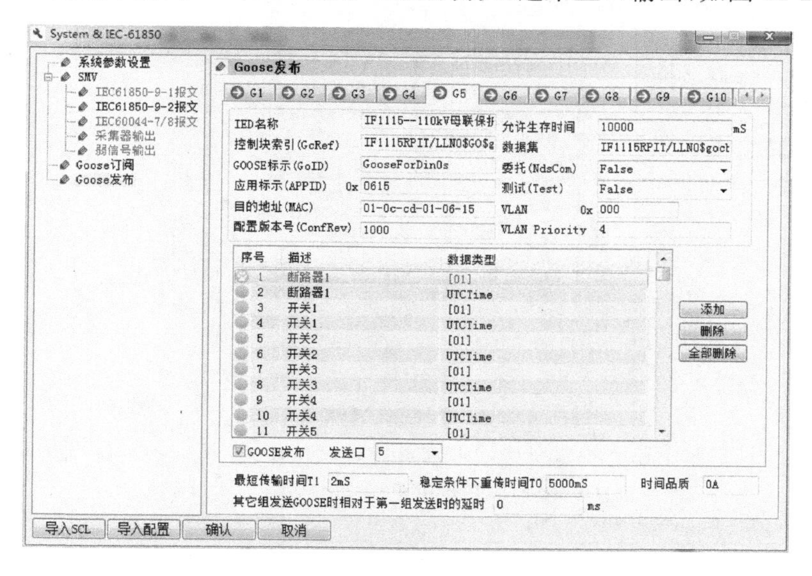

图 11-21　GOOSE 发布界面

第六步，如果需要从保护开出信号至测试仪话，选择 G6，光纤接第六口，选 GOOSE 订阅导入 SCD，(一般情况下订阅发布可以用同一个口，取直跳或向 GOOSE 传信息的口均可，也可以都取)选择母联保护，选 GOOSE outputs，并选你想看到的保护的开出信号，并打钩，选左下角 GOOSE 订阅，选第六口输出，如图 11-22 所示。

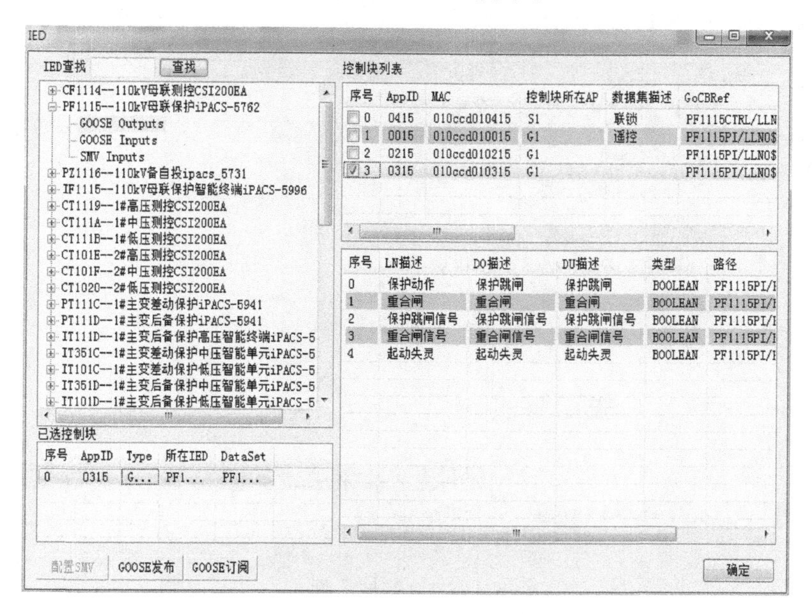

图 11-22　GOOSE 订阅

此时在订阅处打钩，才能往下定义你需要的开出量，然后选择“解除绑定”，开始单击序号1，绑定A，序号2绑定B，操作方法为先选左侧框内内容的圆圈，再选右侧框的A栏的小框，就能把该开出对应的笔记本的A开出显示，以此类推，如图11-23所示。

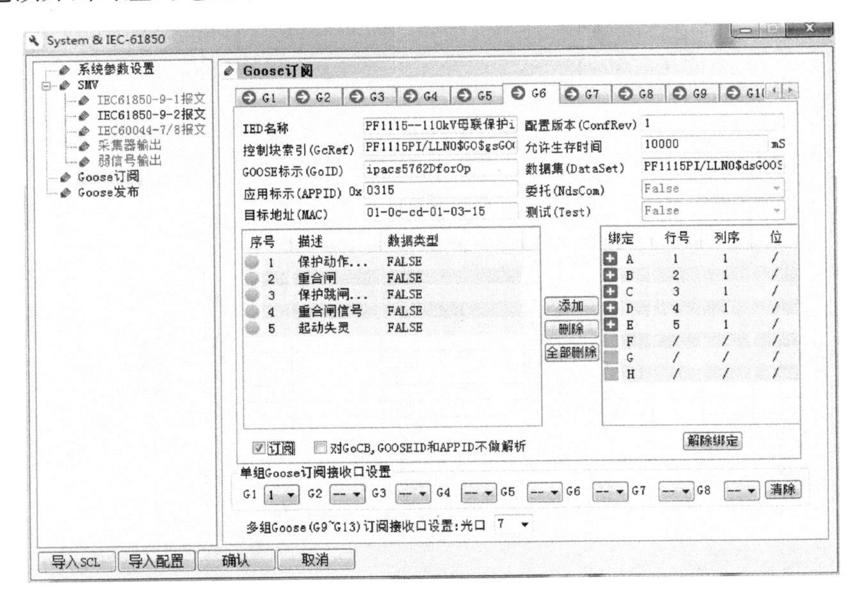

图11-23 GOOSE开出绑定

设置完成，选择确认。

第七步，此时可以选择基本测试，就可以进行日常调试了，调试方法和常规变电站调试方法的类似，只需要注意下方的A-H为保护开出(订阅，变红表示收到开出信号)和1-8的保护开入(发布，开入输入还要在相应的数字打钩，右边常开接点变红并接通则表示输入)，我以通用试验为例，如图11-24所示。

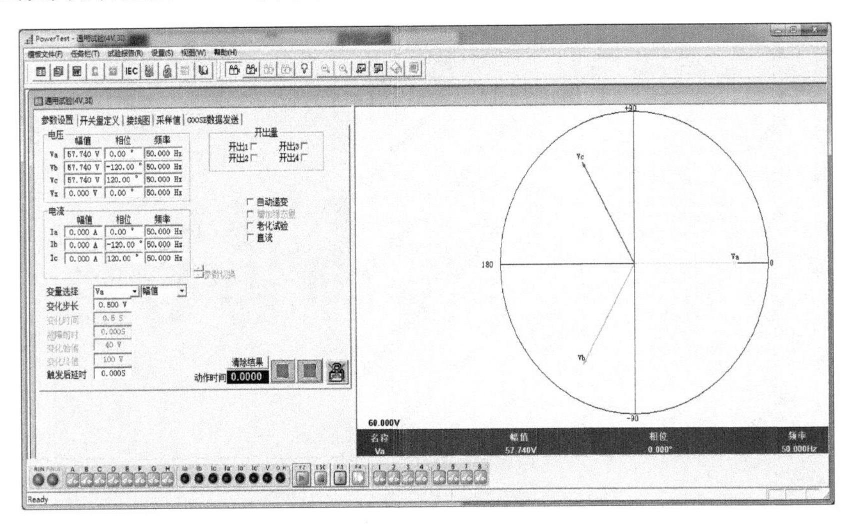

图11-24 测试界面

以上是博电数字化调试仪的一般调试方法。

使用博电调试仪可以进行更多复杂保护的调试，下面以 110kV 母差保护 BP-2-D 合位死区保护为例进行说明。

第一步，还是配置电脑 IP 地址，使电脑与调试仪器网段一致，如 192.168.1.×××。配置 CT、PT 变比。

第二步，将母差保护的母联 SV 输入口接博电调试仪的第一口，将母差保护的一号主变 SV 输入口接博电调试仪第二口，将母差保护的龙都线路 SV 输入口接博电调试仪第三口。将母差保护的 GOOSE 输入输出口接博电调试仪的第五口。

第三步，选系统/IEC 配置，选“系统参数设置”，设定好 CT 变比。然后选择“IEC 61850-9-2 报文”，导入 SMV 采样，可以同时导入多个间隔的合并单元，按照光口接入情况依次勾选相应合并单元，本例为母联合并单元、一号主变合并单元、龙都合并单元，然后选一口输出，就会按照勾选的顺序，依此用一口、二口、三口输出 SV 采样值。然后开始映射电流，如果我做 A 相的差动，那么各个合并单元的 BC 相映射可以映射为 0。电压可以不用映射，因为母差保护母线电压是从 PT 合并单元直采。

其中，母联 A 相映射为 Ia 相，一号主变 A 相映射为 Ib 相，龙都线路 A 相映射为 Ic 相。

运行方式为一号主变运行在一母，龙都线路运行在二母。

图 11-25 为导入和映射的配置图。

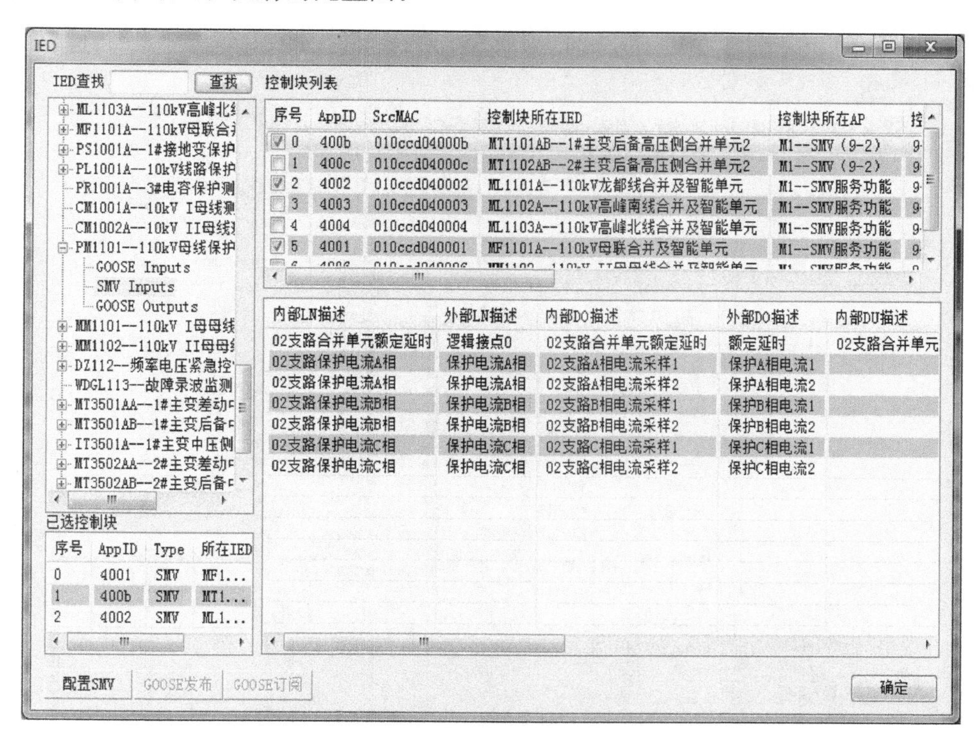

图 11-25　导入和映射的配置图

母联 SV 导入映射如图 11-26 所示。

一号主变 SV 导入映射如图 11-27 所示。

龙都线路 SV 导入映射如图 11-28 所示。

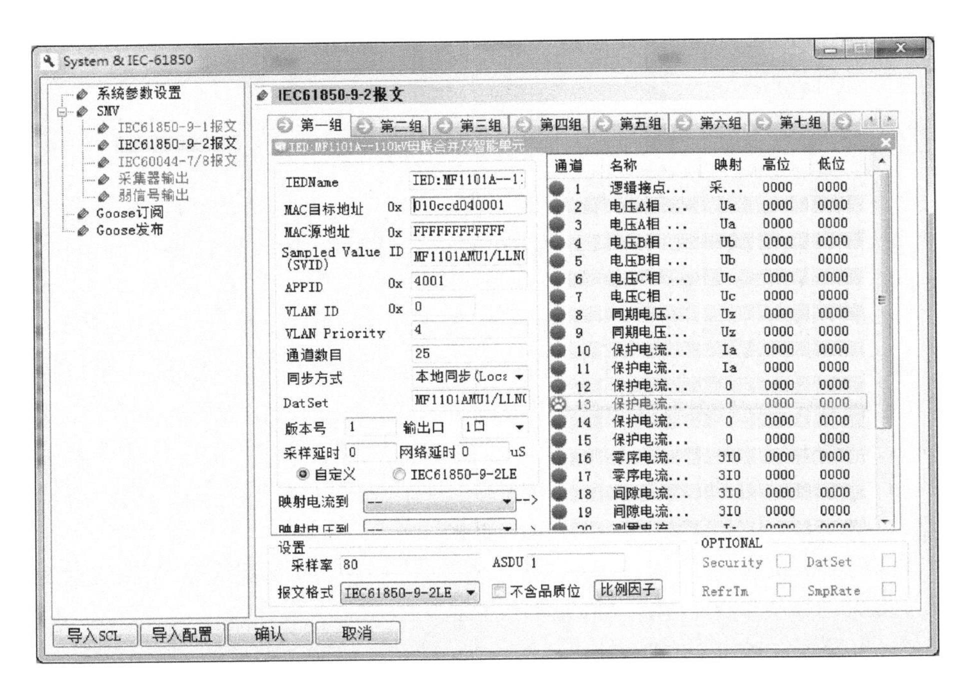

图 11-26　母联 SV 导入映射

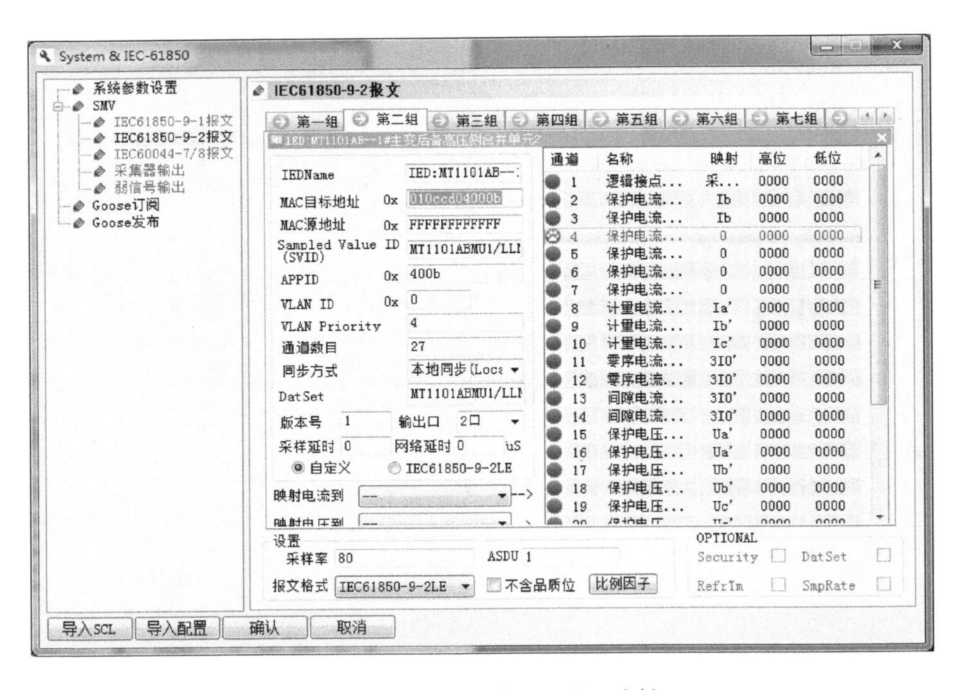

图 11-27　一号主变 SV 导入映射

第四步，选择“GOOSE 订阅”，然后选择 G5 后，导入 SCD。在母线保护中选择“GOOSE Outputs”，勾选跳闸输出数据集，选择“GOOSE 订阅”，定义为 5 口接受该数据，将母联跳闸(支路 1)，1 号主变高压侧跳闸(支路 2)、龙都线路跳闸(支路 5)，(注：要想知道数据集中对应的支路为哪条线路可以在相应的智能终端查看其虚端子，看虚端子连接了母差保护跳闸

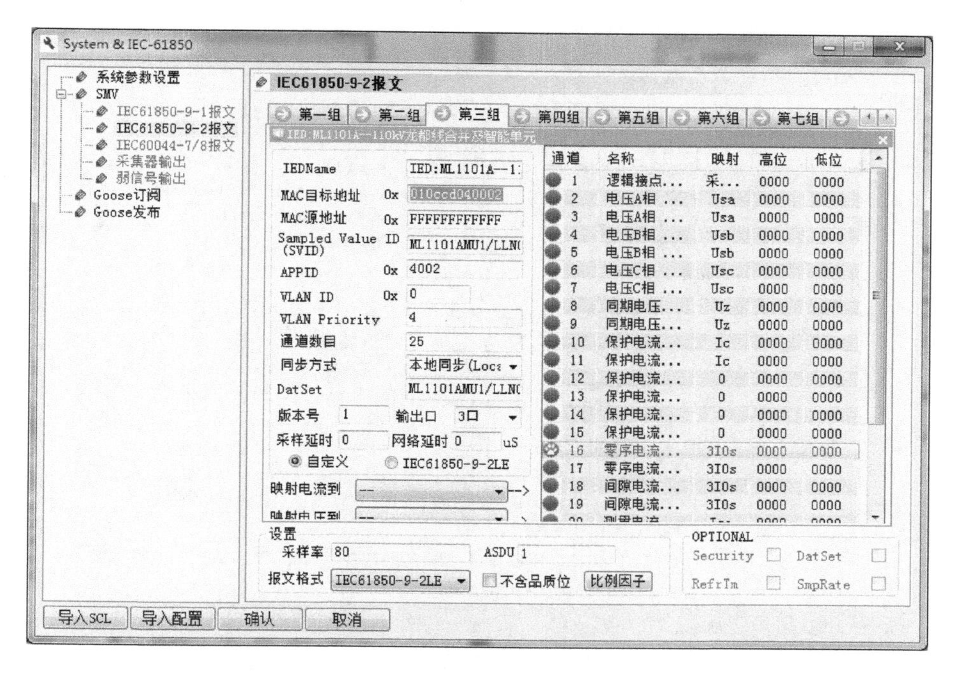

图 11-28　龙都线路 SV 导入映射

数据集那条支路的跳闸命令)分别绑定为 A、B、C 接收,设置过程如图 11-29 所示。

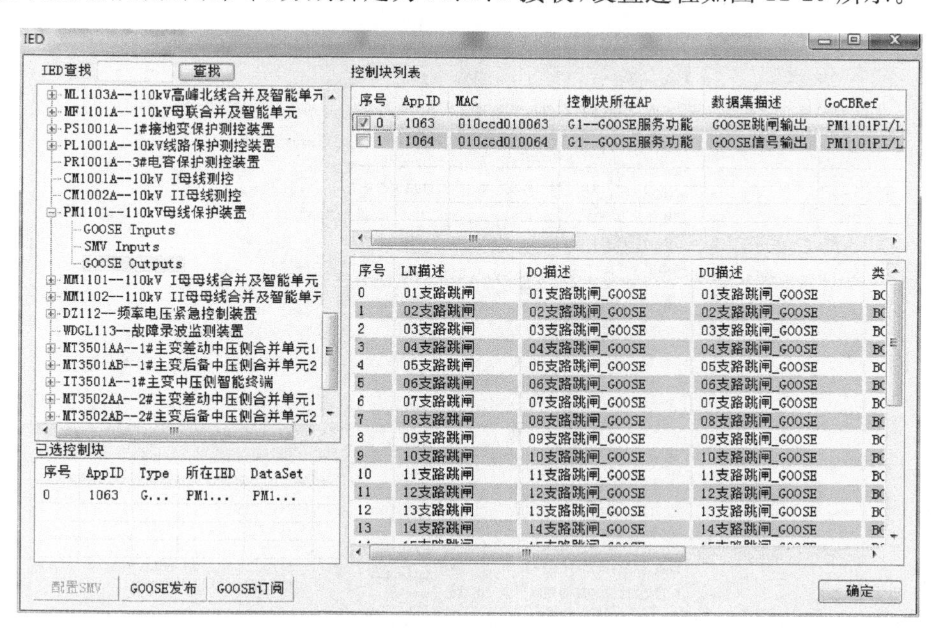

图 11-29　选择跳闸数据集

导入 SCD,勾选跳闸数据集。

绑定对应支路跳闸命令如图 11-30 所示。

第五步,选择“GOOSE 发布”,导入 SCD,选择“GOOSE Inputs”,勾选母联智能终端位置上送数据集,即有母联跳位开入的数据集,选 GOOSE 发布,还是第五口输出。

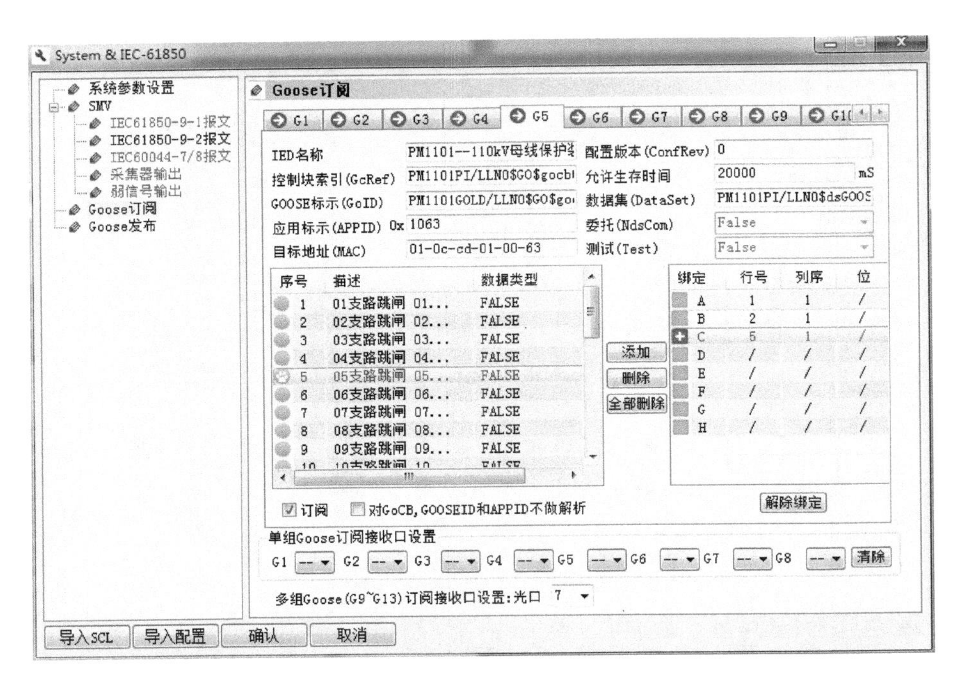

图 11-30　绑定跳闸支路

选择 G5，将母联位置选择 OUT1 输出，勾选输出即是跳位，如图 11-31 所示。

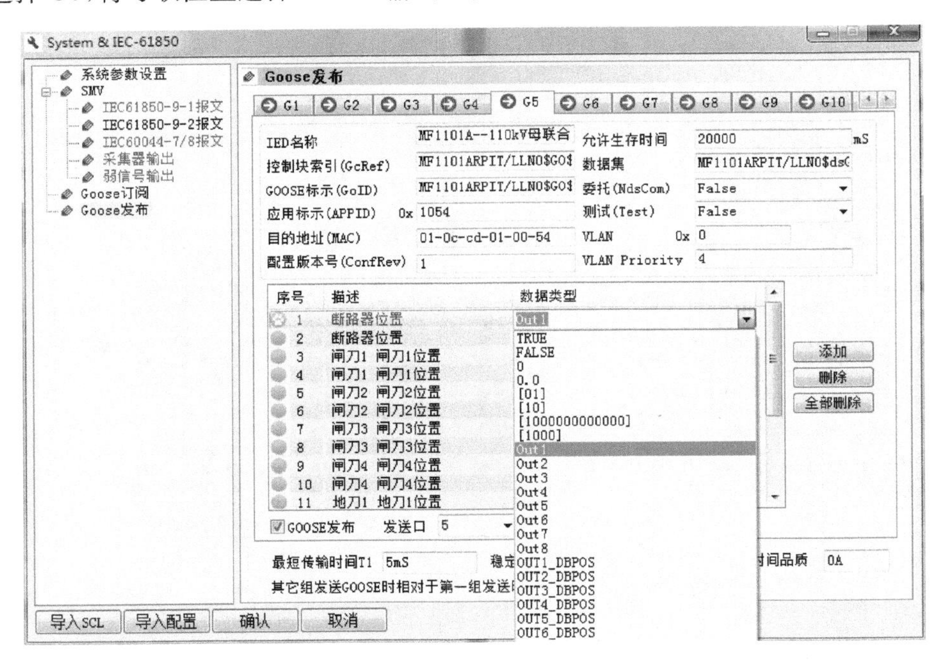

图 11-31　母联位置订阅

全部设置完点确认。

第六步，选择状态序列模块，开始试验。先将状态序列加为 4 个状态（对状态栏右击即可看到增加状态的菜单），其中一态为正常态，什么都不用加，或者加平衡均可，时间翻转。

如图 11-32 所示。

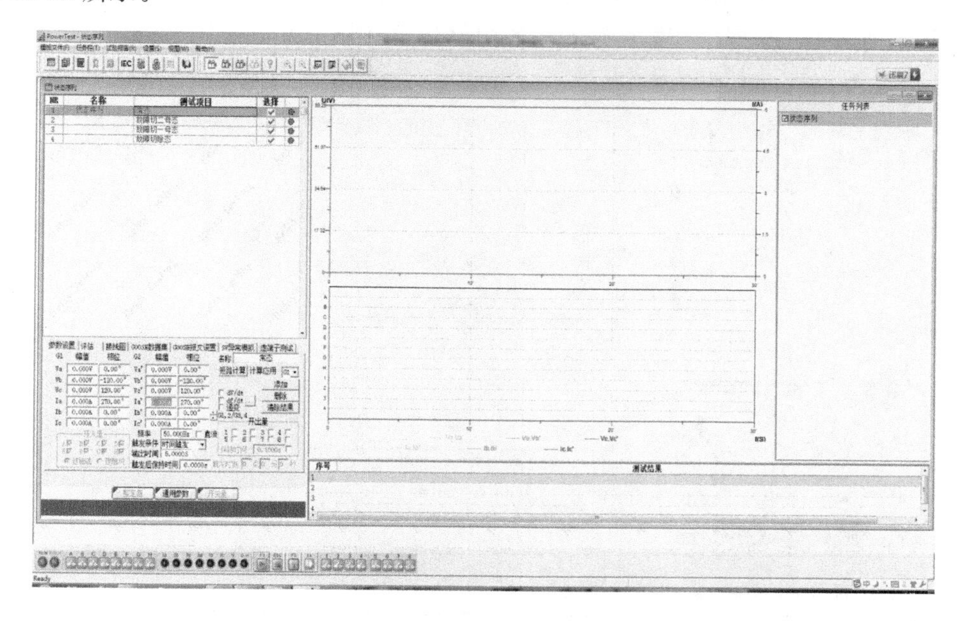

图 11-32　一态

二态如图 11-33 所示，为合位死区故障先跳错误母线（二母）所有支路和母联，电流为母联、龙都和一号变高压侧均流入二母，所以电流都设为 0 度即可（BP 系列母联默认方式）。此时通过输入母联跳令或者龙都线路的跳闸命令翻转状态进入下一态，选的是母联，即 A（GOOSE 订阅的 A 为母联跳闸的开入量）。

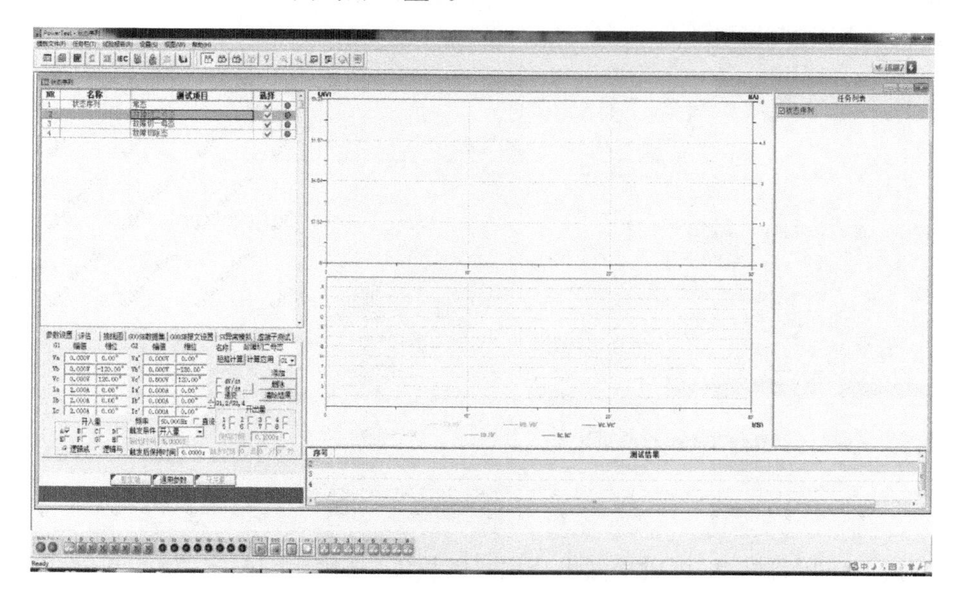

图 11-33　二态

三态如图 11-34 所示，为通过死区故障再跳掉一母所有支路，此时龙都线路加不加电流都可，但为了模拟实际状态，将它的电流去掉了，母联和一号变高侧继续加同样的电流，并向保护输出母联跳位，将开出量1勾选，最后还是通过一号主变高侧跳闸输入来翻转到故障切除后的状态，即选B(注：如果在数据集里设置母联位置"01"为分位，"10"为合位)。

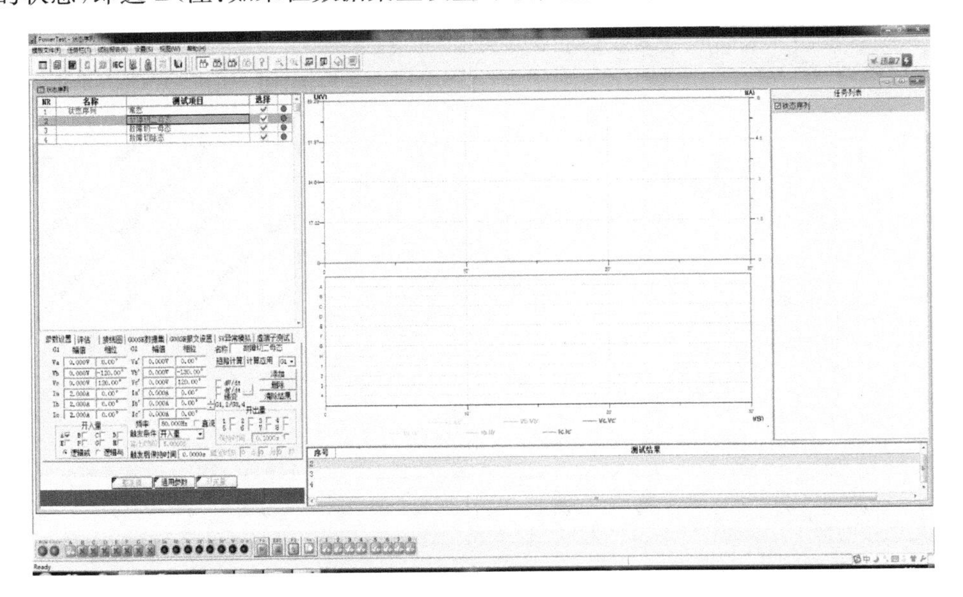

图 11-34　三态

四态如图11-35所示，什么都不加即可。

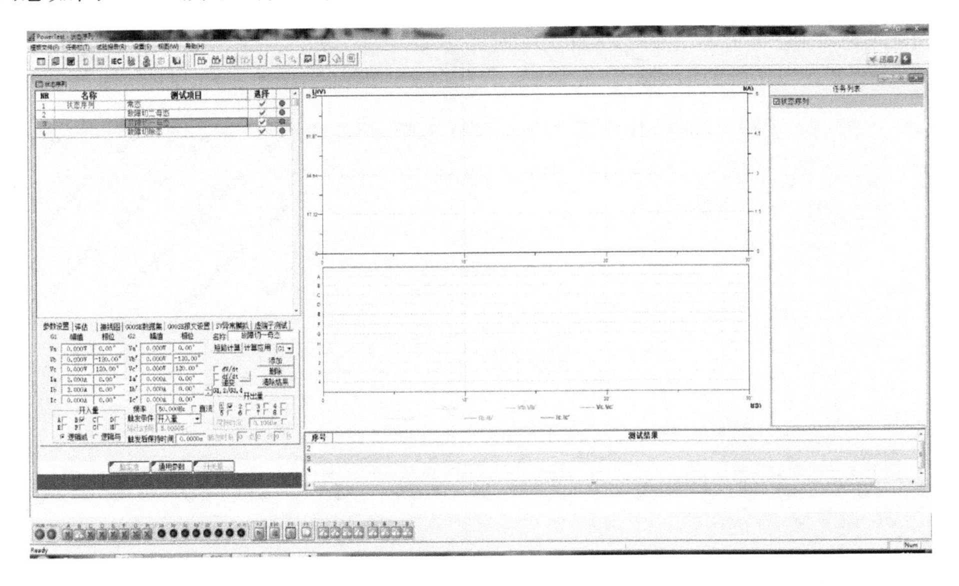

图 11-35　四态

最后，按F2进行试验即可成功做出合位死区故障(当然相应的定值、控制值、软压板一定要整定好，这里不再详述)。

上述已经介绍了测试仪的使用方法，下面详细介绍一下保护装置具体功能的调试方法，鉴于已经介绍了测试仪软件界面的功能，下面只介绍步骤，不再做详细的描述。电压等级较多，这里只介绍典型等级的保护装置。

11.5.2　220kV 线路保护调试

1. 保护单体调试

1）保护采样检查

将博电 PNF800 的光口 1 接至线路保护 SV 接口，相应接口的链路指示灯应正常，即物理链路正确。测试仪从 SCD 文件中导入线路 MU 的 SV 控制块。

验证 SV 链路的正确性。保护装置将“间隔投入压板”投入，PNF800 测试仪光口 1 发送线路电流、电压及母线电压 SV，检查保护装置上“运行状态/测量值”界面的电压、电流幅值和相位都应正确。

2）保护 GOOSE 开入检查

将 PNF800 的光口 2、3 分别接至线路保护点对点 GOOSE 接口、组网 GOOSE 接口，相应接口的链路指示灯应正常，即物理链路正确。测试仪从 SCD 文件中导入线路保护智能终端位置 GOOSE 控制块和母差保护出口 GOOSE 控制块。保护装置将间隔投入软压板投入。

PNF800 的 2 口发送线路开关位置 GOOSE，检查保护装置上应有“断路器 GOOSE 链路恢复”的信息，然后测试仪中改变开关位置，检查保护装置“开入量”界面中相应的开关 TWJ 应正确变位；否则应检查 GOOSE 链路，直至装置面板上出现“断路器 GOOSE 链路恢复”的信息。

PNF800 的 3 口发送母差保护的出口 GOOSE，所有 GOOSE 信号都置 0，检查保护装置上应有“母线保护 GOOSE 链路恢复”的信息，然后测试仪中将母线保护的远跳线路 GOOSE 量状态置 1，检查保护装置“开入量”界面中相应的“G_远方跳闸 1”置 1；测试仪中将母线保护的远跳线路 GOOSE 量状态置 0，检查保护装置“开入量”界面中相应的“G_远方跳闸 1”置 0。

3）保护 GOOSE 开出检查

导入 SCD 配置文件，将 PNF800 接入线路保护的组网 GOOSE 接口，采用“GOOSE 输入”功能模块，检查保护发出的 GOOSE 报文中各参数是否正确，若不正确将有红色显示；

GOOSE 参数检查正确后，采用 PNF800 给线路保护装置施加瞬时性故障，施加线路电流和电压，保护装置中 GOOSE 出口软压板都投入，模拟接地距离 I 段 A 相动作，检查 GOOSE 变位信息，其中“G_A 相跳闸出口”应瞬时动作并复归。采用相同的办法检查其他两相。

保护装置中“GOOSE_跳闸出口压板”软压板退出，PNF800 模拟相同故障，检查 GOOSE 变位情况，“G_A 相跳闸出口”应不变位。

采用相同办法检查其他软压板情况。

4）保护功能测试（差动、距离、零序过流、重合闸）

（1）差动保护。

① “纵联差动保护”软压板投入，“纵联差动保护”控制字投入，将保护装置差动通道自环，本侧和对侧通道识别码设置为一致，差动保护定值设置为 1A，其他保护退出；

② PNF800 测试仪 1 口发送线路电流 SV（I_a～I_c）；

③ 测试仪 2 口接收保护装置输出 GOOSE，并将保护跳断路器的分相出口分别映射至测试仪的开入 1～3；

④ 采用测试仪的电流电压模块进行测试，I_a 施加 0.51/0°，检查线路保护装置差动保护应正确动作，测试仪开入 1 有开入；

⑤ 测试仪 I_a 施加 0.48/0°，线路保护装置差动保护应不动作，测试仪无开入；

⑥ 测试仪 I_a 都施加 0.6/0°，线路保护装置差动保护应动作，通过测试仪开入测试保护动作时间；

⑦ 采用同样方法可测试 B 相和 C 相。

(2) 距离保护。

① 将线路差动保护退出，距离保护投入，保护定值正确设置；

② PNF800 测试仪 1 口线路电流 SV(I_a～I_c)和电压 SV(映射至 U_a～U_c)；

③ 测试仪 2 口接收保护装置输出 GOOSE，并将保护跳线路断路器的分相出口分别映射至测试仪的开入 1～3；

④ 采用测试仪的阻抗测试模块进行测试，测试模块中的线路参数、阻抗参数和时间参数按照保护定值设置；

⑤ 分别进行 A 相接地距离 I 段、BC 相间距离 II 段测试，0.95 倍定值时，距离保护可靠动作，1.05 倍定值时，距离保护不动作，0.7 倍定值时测试时间。

(3) 零序反时限。

① 将线路保护距离保护退出，零序反时限保护投入，保护定值正确设置；

② PNF800 测试仪 1 口线路电流 SV(I_a～I_c)和电压 SV(映射至 U_a～U_c)；

③ 测试仪 2 口接收保护装置输出 GOOSE，并将保护跳线路断路器的分相出口分别映射至测试仪的开入 1～3；

④ 采用测试仪的电流电压模块进行测试，模拟 B 相故障，故障终止由开入量触发，测试零序反时限动作时间；

(4) 重合闸。

① 将线路保护投单相重合闸；

② PNF800 测试仪 1 口线路电流 SV(I_a～I_c)和电压 SV(映射至 U_a～U_c)；

③ 测试仪 2 口接收保护装置输出 GOOSE，并将保护跳线路断路器的分相出口和重合闸分别映射至测试仪的开入 1～4；

④ 将 KM5000 导入 SCD 配置文件，将 KM5000 接入线路保护的点对点 GOOSE 输入口，模拟线路开关三相合闸位置给线路保护，使重合闸充电。

采用测试仪模拟 B 相瞬时性故障，故障持续 0.1s，测试线路保护重合闸动作行为。

2. 整组试验

1) SV 采样值整组测试

(1) 将合并单元的不同准确级绕组(TPY，5P，0.2)输入串接在一起，合并单元至各保护的 SV 光纤连接正确，采用 PNF800 给合并单元时间电流，A 相 0.2/0°，B 相 0.4/－120°，C 相 0.6/120°，检查线路保护、母线保护、测控装置的电流值，同时也能检查监控后台的电流值。

(2) 线路保护差动通道自环，PNF800 施加电流 A 相 1A/0°，线路保护差动动作，母线差动保护动作。

(3) 合并单元检修硬压板投入，PNF800 施加电流 A 相 1A/0°，线路保护、母线保护均不动作，但面板显示值正确，同时应有 SV 检修异常的告警信号。

（4）线路保护和母线保护的检修硬压板均投入，PNF800 施加电流 A 相 1A/0°，线路保护差动动作，母线差动保护动作。

（5）合并单元检修硬压板退出，PNF800 施加电流 A 相 1A/0°，线路保护、母线保护均不动作，但面板显示值正确，同时应有 SV 检修异常的告警信号。

2）GOOSE 整组测试

（1）智能终端与保护装置之间以及各保护装置之间的 GOOSE 连接正确；合上模拟断路器；各保护的出口软压板退出；智能终端硬压板退出；线路保护差动通道自环。

（2）PNF800 施加电流 A 相 1A/0°（长时间），线路保护三跳动作，无失灵动作；智能终端无跳闸指示灯；模拟断路器未跳开。

（3）线路保护跳闸出口软压板投入，重复（2），智能终端跳闸灯亮，模拟断路器未跳开。

（4）线路保护跳闸出口软压板退出，失灵出口软压板投入，重复（2），线路保护三跳动作，无失灵动作，智能终端无跳闸指示灯，模拟断路器未跳开。

（5）线路保护跳闸出口软压板投入，失灵出口软压板投入，母线保护失灵保护投入，重复（2），失灵动作，线路保护远跳开入，智能终端跳闸指示灯亮，模拟断路器未跳开。

（6）保护所有出口软压板投入，智能终端硬压板投入，PNF800 施加电流 A 相 1A/0°（0.1s），线路保护 A 跳，重合闸动作，智能终端跳 A 和合闸指示灯亮，模拟断路器 A 相跳开后重合。

（7）线路保护检修硬压板投入，合并单元检修硬压板投入，PNF800 施加电流 A 相 1A/0°（长时间），线路保护动作，母线保护无启动失灵开入，智能终端无跳闸指示灯。

（8）智能终端检修硬压板投入，PNF800 施加电流 A 相 1A/0°（长时间），线路保护动作，母线保护无启动失灵开入，智能终端跳闸指示灯亮，模拟断路器跳开。

（9）线路保护检修硬压板退出，合并单元检修硬压板退出，PNF800 施加电流 A 相 1A/0°（长时间），线路保护动作，母线保护远跳且失灵动作，智能终端无跳闸指示灯，模拟断路器未跳开。

11.5.3　母线保护调试

1. 单体调试

1）支路电流采样

（1）投入保护装置中“支路 1（母联）SV 采样接收压板”/“支路 6 SV 采样接收板”，分别将支路 6 刀闸位置置于 I 母和 II 母，母联开关合闸位置，测试仪 1 口和 2 口分别发送相关合并单元的 SV 数据，两个电流分别为 1/0°（正序）、1/0°（正序），SV 延时都设置为 1000μs，检查母线保护的支路采样和大差、小差电流。

（2）改变支路电流的相位分别为 1/0°（正序）、1/180°（正序），检查母线保护的支路采样和大差、小差电流。

2）母线电压采样

（1）投入保护装置中“母线电压 MU 压板”，利用测试仪模拟施加 I 母 57.73/0°（正序）电压，检查 I 母电压采样。

（2）施加 II 母 57.73/0°（正序）电压，检查 II 母电压采样。

（3）施加 AB 相电压 57.73V，逐步降低 C 相电压，记录复压动作时 C 相电压，校验此时复压定值。

3）保护 GOOSE 开入检查

母线保护 GOOSE 开入包括母联开关位置、母联手合开入、支路刀闸位置、支路分相启失灵开入等。利用测试仪给母线保护组网口和点对点口分别发送相应的开入信号，检查母线保护中相应的开入量是否变位。

4）保护 GOOSE 开出检查

导入 SCD 配置文件，将测试仪接入母线保护的组网口和点对点口，采用“GOOSE 输入”功能模块，检查保护发出的 GOOSE 报文中各参数是否正确，若不正确将有红色显示；母线保护的各 GOOSE 接口输出 GOOSE 应一致；

GOOSE 参数检查正确后，采用 ZH606 施加支路 6 电流，使母线保护差动动作，依次投入母线保护动作跳不同支路的出口压板，检查 KM5000 中 GOOSE 相应出口是否变位置；各 GOOSE 接口输出 GOOSE 应一致。

5）保护功能测试

（1）差动保护。

① 投入差动保护功能压板及控制字；

② 选择支路 6 和支路 7 验证母线保护的制动曲线。

（2）失灵功能。

分别验证主变失灵、线路失灵、母联开关失灵下保护的动作行为，区分不同情况下的失灵电流判别条件。

（3）复压闭锁功能。

母线电压的两相正常，通过调整另一相电流大小来验证零序电压、负序电压闭锁的定值，区分差动保护复压闭锁和失灵保护复压闭锁。

（4）母联手合闭锁差动功能。

采用状态序列验证母联手合闭锁差动保护的逻辑。

（5）死区保护功能。

验证母联开关合位和分位时，母联开关和 CT 之间发生永久性故障下，保护的动作行为。

2. 整组测试

1）SV 采样值整组测试，平衡电流验证

通过合并单元真实的延时验证母线保护各间隔之间采样的同步性。

2）本间隔 GOOSE 整组测试

给母线保护施加支路 6 和支路 7 同相电流，模拟母线保护差动动作，通过投退出口软压板，检查各支路智能终端的动作行为。

3）失灵整组测试

模拟母线保护启动后线路、主变、母联保护的启动失灵开入，检查此时母线保护的动作行为，验证不同支路性质的情况下的各支路的失灵电流定值，同时校验相应的失灵动作时间。

模拟母线保护动作后相关支路（线路、主变、母联）的电流依然存在，检查智能终端的动作行为，以及线路和主变保护的开入情况。

11.5.4 变压器保护

单体调试方法同上述方法，不再详述，重点介绍一下整组试验。

1）SV 采样值整组测试，平衡电流验证

通过合并单元真实的延时验证变压器保护插值同步的正确性，且所有 SV 接收软压板都投入。通过高一中侧验证电流的平衡。

2）本间隔 GOOSE 整组测试

给主变保护施加电流，模拟主变保护差动动作，通过投退出口软压板，分别检查主变各侧智能终端的动作情况和开关保护开入情况、中压侧母线保护开入情况。

3）失灵联跳整组测试

主变保护和开关保护都置检修，给主变高压侧施加电流（电流大小为保护有流值），采用保护开出传动功能开出失灵联跳主变各侧 GOOSE 信号，检查主变保护的动作情况。

练习与思考

11.1 智能变电站与传统变电站比较都有哪些特点？

11.2 智能变电站继电保护有哪些重要环节？

11.3 请列出智能变电站的建模的层次关系。

11.4 电子式电流/电压互感器因为采样环节原理的不同可被分为哪两类？它们采用的采样原理分别是什么？

11.5 IEC 61850 定义的变电站配置语言（SCL）用于描述哪些内容？

11.6 智能变电站的功能有哪几层？各层包括哪些设备？（每层设备至少列出一种）

11.7 IEC 61850 标准第六部分中，变电站配置描述语言（SCL）定义了四种配置文档类型，请分别简述这四种文档的后缀名和含义。

11.8 智能化变电站中的“三层两网”指的是什么？

11.9 请说明 IEC 61850 标准的建模思想。

11.10 什么是 ICD 模型文件？

11.11 什么是 CID 模型文件？

11.12 请论述 GOOSE 报文传输机制。

参考文献

丁广鑫.2011.智能变电站建设技术[M].北京:中国电力出版社.

冯军.2011.智能变电站原理及测试技术[M].北京:中国电力出版社.

高翔.2008.数字化变电站应用技术[M].北京:中国电力出版社.

高新华.2010.数字化变电站技术丛书测试分册[M].北京:中国电力出版社.

谷永清,王丽君.2013.电力系统继电保护[M].2版.北京:中国电力出版社.

贺家李,李永丽,董新洲.2010.电力系统继电保护原理[M].北京:中国电力出版社.

李佑光,林东.2009.电力系统继电保护原理及新技术[M]. 2版.北京:科学出版社.

刘振亚.2010a.智能电网技术[M].北京:中国电力出版社.

刘振亚.2010b.智能电网知识读本[M].北京:中国电力出版社.

张保会,尹项根.2010.电力系统继电保护[M].2版.北京:中国电力出版社.

张宇辉.2000.电力系统微型计算机继电保护[M].北京:中国电力出版社.

DL/T 860—2004.2007.(IEC 61850-1:2003)变电站通信网络和系统[S].北京:中国电力出版社.

Q/GDW 396—2009.2010.IEC 61850 工程继电保护应用模型[S].北京:中国电力出版社.